Hikmet Akin   Heinrich Siemes

Praktische Geostatistik

Eine Einführung für den Bergbau
und die Geowissenschaften

Mit einem Anhang von H. Schaeben

Mit 98 Abbildungen

Springer-Verlag
Berlin Heidelberg New York
London Paris Tokyo

Prof. Dr.-Ing. habil. Hikmet Akin
Uranerzbergbau GmbH Bonn
Kölnstr. 367
D-5300 Bonn 1

Fachgebiet Lagerstättenforschung
und Rohstoffkunde im Fachbereich
Bergbau- und Geowissenschaften der
TU Berlin
Ernst-Reuter-Platz 1
D-1000 Berlin 12

Prof. Dr.-Ing. Heinrich Siemes
Institut für Mineralogie
und Lagerstättenlehre
RWTH Aachen
Wüllnerstr. 2
D-5100 Aachen 1

ISBN-13: 978-3-540-19085-1   e-ISBN-13: 978-3-642-73542-4
DOI: 10.1007/978-3-642-73542-4

CIP-Titelaufnahme der Deutschen Bibliothek. Akin, Hikmet: Praktische Geostatistik: e. Einf. für d.
Bergbau u. d. Geowiss./Hikmet Akin; Heinrich Siemes. Mit e. Anh. von H. Schaeben. – Berlin;
Heidelberg; New York; London; Paris; Tokyo: Springer, 1988 (Hochschultext)
ISBN-13: 978-3-540-19085-1 (Berlin ...) brosch.
ISBN-13: 978-3-540-19085-1 (New York ...) brosch.
NE: Siemes, Heinrich.

Druck- und Bindearbeiten: Brühlsche Universitätsdruckerei, Gießen
2132/3130-543210 – Gedruckt auf säurefreiem Papier

VORWORT

Diese Einführung in die Geostatistik basiert auf den Lehrerfahrungen der beiden Autoren auf dem Gebiet der Geostatistik an der Technischen Universität Berlin (TUB) bzw. an der Rheinisch–Westfälischen Technischen Hochschule Aachen (RWTH). Darüber hinaus haben sich beide Autoren mit der Praxis der Lagerstätten– und Projektbewertung mit Hilfe von Geostatistik intensiv befaßt, so daß praktische Beispiele und Aufgaben zahlreich in den Text integriert werden konnten. Trotz dieses betont praktischen Charakters wurde aber gleichzeitig auch das Ziel verfolgt, die theoretischen Grundlagen der Geostatistik in einem zumindest für die Praktiker ausreichenden Maße zu vermitteln.

Nur sehr geringe Kenntnisse der Statistik werden vorausgesetzt. Eine kurze Einführung zu Beginn ruft deshalb diejenigen Grundlagen und Begriffe der Statistik in Erinnerung, die auch in der Geostatistik besonders häufig verwendet werden. Mathematische Ableitungen werden nur dann besonders ausführlich vorgenommen, wenn sie für das Verständnis der Grundlagen der Geostatistik als wesentlich erscheinen. Die Betonung liegt jedoch stets auf der Erläuterung der praktischen Bedeutung der Formeln bzw. der verwendeten Symbole und weniger auf der Seite der Theorie und der wissenschaftlichen Vollständigkeit. Deshalb ist eine gewisse Subjektivität bei der Auswahl dessen, was als wichtig einzustufen ist und wie ausführlich es anschließend dargestellt werden soll, nicht zu vermeiden. Ein Formelkompendium der linearen Geostatistik in Anhang IV von Herrn Dipl.–Math. Dr. H. Schaeben versucht deshalb, durch eine knappe und möglichst vollständige Erfassung der Grundformeln diese den praktischen Lehrtexten eigene Unzulänglichkeit zumindest teilweise zu beheben.

Der vorliegende Text eignet sich nach Ansicht der Autoren zum Selbststudium, vor allem aber als Begleitbuch zu Vorlesungen oder Kursen, die als Einführung in die Geostatistik gehalten werden. Die Praktiker sollten nach einem intensiven Studium des Textes in der Lage sein, eigene Problemlösungen zu erarbeiten und einen tieferen Einblick in die Theorie der Geostatistik zu erhalten. Die vorgestellten Rechenverfahren sind zwar in erster Linie anhand von Beispielen aus dem Bereich der Montangeologie bzw. der Lagerstättenkunde erläutert worden, viele von diesen Rechenverfahren sind aber, zumeist ohne wesentliche Einschränkungen, auf andere Bereiche der Geowissenschaften und des Bergbaus übertragbar. Durch das Buch angesprochen sind dementsprechend in erster Linie Studenten und Praktiker aus den geowissenschaftlichen Fachrichtungen und aus dem Bergbau. Aber auch für andere Fachrichtungen, bei denen orts- oder zeitabhängige Variable Beachtung finden (z.B. Bodenkunde, Hydrologie, Aufbereitung und Hütten- wesen, Ökologie, Forstwesen, Landwirtschaft, Meteorologie etc.) ist diese Einführung von Interesse.

Bei der Vorbereitung dieses Lehrbuches wurde von anderen, zumeist veröffentlichten Quellen Gebrauch gemacht. Besonders häufig wurden Unterlagen verwendet, die direkt oder indirekt aus dem Centre de Géostatistique in Fontainebleau stammen. Bei Übernahme von Tabellen oder Diagrammen wurde stets die Quelle aufgeführt und ggf. die entsprechende Abdruckgenehmigung von den betreffenden Verlagen bzw. Autoren eingeholt (s. Anhang II, Tabellen und Diagramme). Bei den von anderen direkt in den Text übernommenen Abbildungen wurde dagegen – wie auch bei Übernahme von Zitaten – nur die Quelle aufgeführt, ohne explizit auf die ggf. eingeholte Genehmigung hinzuweisen.

Danksagung

Unsere Kollegen, Herr Dr. rer.nat P. Diehl (Preussag Öl und Gas, Hannover), Herr Dr. H. Wackernagel (Centre de Géostatistique, Fontainebleau) sowie Herr Prof. Dr.-Ing. F.-W. Wellmer (BGR, Hannover), haben dankenswerterweise eine kritische Durchsicht des Rohmanuskriptes vorgenommen und zahlreiche Verbesserungsvorschläge unterbreitet.

Ohne die grundsätzliche Hilfsbereitschaft der Firma Uranerzbergbau GmbH Bonn (UEB) einerseits und der Kollegen an der RWTH bzw. an der TUB andererseits, wäre dieses Lehrbuch nicht zustande gekommen. Deshalb wird der Geschäftsführung von UEB (Herrn K.-E. Kegel, Assessor des Bergfaches und Herrn G. Glattes, Rechtsanwalt) ausdrücklich gedankt. Herr R. Leifer (Programmierer, UEB) hat sich jederzeit mit besonderer Hilfsbereitschaft und viel Geschick in die Vorbereitung des Manuskriptes mit Hilfe von PC-Textverarbeitungssystemen eingeschaltet und hat zusammen mit Frau A. Özkan (UEB) die Gestaltung des mit Formeln durchsetzten und deshalb schwer handzuhabenden druckfähigen Manuskriptes vorgenommen. Darüber hinaus sind die Autoren Herrn G. Möller (UEB) und Herrn K. Krings † (TUB) für die Erstellung der Zeichnungen, Frau M. Wiechert (RWTH) für die Fotoarbeiten sowie Frau M.-J. Assad (UEB) für die Schreibarbeiten zu Dank verpflichtet.

Die Anregung zu diesem Buch stammt vom Springer-Verlag; Herr W. Engel (Springer- Verlag, Heidelberg) stand den Autoren stets durch Beratung und praktische Hinweise zur Seite.

Die Autoren
Bonn und Aachen, Februar 1988

INHALTSVERZEICHNIS

X

<u>Seite</u>

KAPITEL 1. EINFÜHRUNG

1.1 Zur Entstehung und Entwicklung der Geostatistik

Der Begriff "Geostatistik" wurde von G. MATHERON vom späteren Zentrum für Geostatistik und Mathematische Morphologie (Centre de Géostatistique et de Morphologie Mathématique) an der École Nationale Supérieure des Mines de Paris in Fontainebleau, Frankreich, geprägt: Unter Geostatistik ist die Anwendung der Formalismen von Zufallsfunktionen auf die Erkundung und Schätzung natürlicher Phänomene zu verstehen. Diese natürlichen Phänomene sind ortsabhängige (ortsgebundene) Variable (regionalized variables) wie z. B. Metallgehalte in Erzen, Porositäten von Gesteinen, Spurenelementverteilungen in Böden etc., die statistisch-gesetzmäßig räumlich variieren. Die grundlegende Theorie der ortsabhängigen Variablen wurde bereits in den 50er Jahren von Matheron, basierend auf einer Reihe von Vorarbeiten, entwickelt. Die Veröffentlichung über die Anwendung der Theorie der ortsabhängigen Variablen auf Schätzprobleme erfolgte durch ihn in den 60er Jahren vor allem in Französisch und später in Englisch. Die teilweise empirischen, aber sehr wertvollen Arbeiten von Krige (1951), der schon sehr früh im südafrikanischen Goldbergbau die Problematik der Zuordnung von Einflußzonen zu den Probenwerten erkannt hatte, sowie von de Wijs (1951/53) fanden in den Arbeiten Matherons ihre erweiterte, theoretische Basis. Die Geostatistik wurde zunächst im französischen Sprachraum, besonders im heutigen Centre de Géostatistique, unter Mitwirkung zahlreicher Schüler wie Serra, Maréchal, Blais, Carlier und vieler anderer, die mit ihren Arbeiten z. T. auch in diesem einführenden Buch zitiert sind, vorangetrieben. Eine Übersicht über die internen Berichte des Centre de Géostatistique wurde von Armstrong (1982) gegeben.

In der Folge breitete sich die Geostatistik auch im englischen Sprachraum immer schneller aus und wird heute weltweit, insbesondere zur Berechnung von Lagerstättenvorräten, benutzt. Im Zuge der praktischen Anwendung wurden die theoretischen Ansätze ständig erweitert und neue, den Problemen angepaßte Verfahren entwickelt, die in vielen Bergbau-Zeitschriften, vor allem aber in der Zeitschrift "Mathematical Geology", den APCOM-Proceedings und dem Kongreßband "Advanced Geostatistics in the Mining Industry" (Guarascio et al. 1976) u. a. m., veröffentlicht sind. Innerhalb weniger Jahre erschienen einige Lehrbücher (David 1977, Journel & Huijbregts 1978, Clark 1979). Die Entwicklungen nach dem Erscheinen dieser Bücher sind in einer Fülle weiterer Veröffentlichungen niedergelegt worden.

Herausragend in dieser Hinsicht sind die beiden Kongreßbände "Geostatistics for Natural Resources Characterization" (Verly et al. 1984). Einige kritische Stimmen (Shurtz 1985, Philip & Watson 1986, wobei die letztere polemisch gefärbt ist und größtenteils unhaltbare Behauptungen aufstellt) gaben Anlaß zu Entgegnungen. Unter diesen ist ein Aufsatz des Matheron-Schülers Journel (1986a) mit dem Titel "Geostatistics: Models und Tools for Earth Sciences", der Voraussetzungen, Methoden und Ziele der Geostatistik nach seinem derzeitigen Verständnis zusammenfassend wiedergibt, als besonders bedeutsam anzusehen. Aus der Einführung zu diesem Aufsatz werden deshalb hier einige Abschnitte wiedergegeben:

"The contribution of geostatistics was to use the random function (RF) model, thus capitalizing on existing probalistic tools, and customizing them when necessary. The novelty of geostatistics resides not in the model and tools being used, but in the analysis of the specifics of some earth sciences problems and their expression in terms allowing usage of these tools.

Did Kolomogorov, Feller, Wiener, and other luminaries know about the specifics of ore assessment and that it calls for much more than interpolation? Were they aware of the fundamental importance of notions such as the change of support and spatial smoothing? The unfortunate tendency of some scholars in geostatistics to put new names on old hats should not mask their real contribution in the diffusion of probalistic thinking among practitioners.

Geostatistics is a methodology, a tool box and a machine tool, based on essentially one model, the random function. To think that it is some kind of descriptive natural science such as crystallography or hydrothermal geochemistry would lead to severe disappointments. A random function, characterized only by its bivariate distribution or a few moments thereof, cannot claim to have any genetic significance. However, the RF model provides the most complete set of tools yet available to apprehend various facets of a spatially distributed data set. If a more flexible and user-friendly set of tools were developed, I have little doubt that engineers, including this author, would switch to it.

A model is no scientific theory, it need no a priori justification, and it can only be refuted a posteriori if proven to be inadequate for the goal at hand.

We may now redefine geostatistics as a branch of statistics with spatial phenomena."

Die vor allem durch Philip & Watson (1986) angefachte Diskussion über die Geostatistik ist noch nicht abgeschlossen. Weitere Diskussionsbeiträge, jedoch in einer wesentlich sachlicheren und höheren Ebene, wurden in der Zeitschrift "Mathematical Geology" abgedruckt (z. B. Serra 1987, Journel 1987). Von Bedeutung ist in diesem Zusammenhang auch die Aussage von Francois-Bongarcon (1986) über die Anwendung der Geostatistik in der Praxis:

"After many years of personally applying geostatistics, I have come to the conclusion that the actual use of geostatistical modeling procedures is not particularly important in itself; rather it is the perspective and knowledge that comes from understanding the tools that is critical (even if non-geostatistical methods are used in the final model)." Deshalb ist die Geostatistik als ein notwendiger Bestandteil der Grundausbildung von Lagerstättenkundlern im Bereich der Geowissenschaften und des Bergbaus anzusehen.

Abschließend sei noch bemerkt, daß nach amerikanischem Sprachgebrauch unter Geostatistik auch ganz allgemein und im weitesten Sinne die Anwendung statistischer Methoden in den Geowissenschaften verstanden werden kann.

1.2 Anwendungsgebiete der Geostatistik

Wie eingangs erläutert wurde, befaßt sich die Geostatistik mit der Analyse von räumlichen, ortsabhängigen Daten, die als Realisierungen von Zufallsfunktionen angesehen werden, sowie mit den damit verknüpften Schätzverfahren. Die Probleme können aus vielen Bereichen der Montangeologie und des Bergbaus kommen. Darüber hinaus finden sich Anwendungen in der Aufbereitung und Metallurgie, Bodenkunde, Hydrogeologie, Hydrologie, Erdölgeologie, Seismik, dem Forstwesen und der Kartographie sowie der Meteorologie und Ökologie. Anwendungen in Bereichen der Biologie, der Landwirtschaft und der Medizin sind ebenfalls denkbar.

Anwendungsbeispiele und theoretische Abhandlungen finden sich inzwischen in allen bergtechnischen und geologischen Zeitschriften, besonders aber, wie bereits im Kap. 1.1 erwähnt, in der Zeitschrift "Mathematical Geology" und in den Fortschrittsbänden der Kongresse "Application of Computers and Mathematics in the Mineral Industries (APCOM)", die in jedem zweiten Jahr in verschiedenen Bergbauländern der Erde stattfinden.

Die vorliegende Einführung in die praktische Geostatistik orientiert sich in erster Linie an Problemen des Bergbaus bzw. der Montangeologie. Trotzdem haben sowohl die Grundlagen der Geostatistik als auch die aufgeführten Beispiele und Problemlösungen eine Allgemeingültigkeit, die ohne wesentliche Einschränkungen auf andere Gebiete zu übertragen ist. Im folgenden werden einige leicht zugängliche bzw. neuere Beispiele aus den anderen Gebieten vorweg kurz erwähnt. Die dabei verwendeten Fachbegriffe werden in den nachfolgenden Kapiteln genauer erläutert.

<u>Bodenkunde:</u> Starks (1986) berichtet, daß mit Hilfe geostatistischer Verfahren (Krigen) die charakteristischen, natürlichen Bestandteile und Verunreinigungen des Bodens blockweise aus Bodenproben, die auf regelmäßigen Rastern genommen wurden, geschätzt werden. Der Autor beschreibt eine Optimierung der Probenstützung, so daß die Nahbereichsvarianz (der Nuggeteffekt) und damit auch die Schätzvarianz möglichst klein gehalten werden können. Taylor & Burrough (1986) erläutern verbesserte Methoden der Variogrammanpassung an Bodendaten.

<u>Hydrologie:</u> Im Lehrbuch "Quantitative Hydrology – Groundwater Hydrology for Engineers" von de Marsily (1986) ist ein Kapitel den geostatistischen Verfahren gewidmet. Solow & Gorelick (1986) beschreiben, wie man fehlende Meßwerte von monatlichen Wasserdurchflußmengen in einem Flußsystem mit Hilfe des Kokrigeverfahrens besser als durch andere Verfahren schätzen kann. In der Arbeit finden sich Hinweise auf weitere Anwendungen geostatistischer Verfahren in der Hydrologie. Aboufirassi & Marino (1983, 1984) zeigen die Vorteile auf, die Krigeverfahren bei der Schätzung von Wasserständen und Durchlässigkeiten von Aquiferen bringen.

<u>Geophysik:</u> Carr et al. (1985a) zeigen, wie man Erdbebenintensitäten nach der Mercalli–Skala benutzen kann, um ein Indikatorvariogramm zu berechnen. Das Variogramm wurde benötigt, um die Erdbebenintensität und damit die Wahrscheinlichkeit für das Auftreten von Schäden in Gebieten zu schätzen, in denen keine Messungen vorlagen. In einer anderen Arbeit (Carr et al. 1986) wird dargelegt, daß man bei der Schätzung der Erdbeben–Bodenbewegung durch nichtlineares bzw. disjunktives Krigen bessere Ergebnisse erhält als durch einfaches, lineares Krigen.

<u>Geochemie:</u> Myers et al. (1982) beschreiben vier Variogrammodelle, die anhand einer empirischen, geochemischen Studie an mehr als 10 Elementen im Grundwasser von zwei geologischen Regionen abgeleitet wurden. Die Variogramme erwiesen sich als brauchbar, um quantitativ die Unterschiede in der räumlichen Variabilität sowohl zwischen den verschiedenen geochemischen Daten einer geologischen Einheit als auch die zwischen den beiden verschiedenen Einheiten zu beschreiben. Schätzungen durch Krigen mit den angegebenen Variogrammodellen erwiesen sich im Vergleich zu Wichtungsverfahren mit inversen Abständen in diesem Fall als weniger erfolgreich. Eine Zusammenfassung der geostatistischen Methoden zur Interpretation von multivariaten Daten aus dem Gebiet der Geochemie ist in Wackernagel (1988) zu finden.

<u>Forstwesen:</u> Von Narboni (1979) wurden die Methoden der regionalisierten Variablen auf Probleme des Forstwesens in Gabun angewendet (vgl. auch Matern 1959).

<u>Aufbereitung und Hüttenwesen:</u> Die Theorie und Praxis der Entnahme von Proben aus Materialströmen wurde von Gy (1979) in geostatistischer Schreibweise zusammenfassend dargestellt. Anstelle der Ortsabhängigkeit basieren die angewendeten geostatistischen Methoden auf der Zeitabhängigkeit, wobei die Proben dem Materialstrom in möglichst gleichen Zeitabständen entnommen werden.

<u>Ökologie:</u> Die Beprobung und Analyse von Kontaminationen von Böden, Altlasten, Luftverschmutzung etc. lassen sich mit Hilfe geostatistischer Methoden durchführen. So berichtet z. B. Bilonick (1983) über geostatistisch durch Krigen geschätzte Wasserstoffionen–Konzentration in Niederschlägen in den Staaten New York und Pennsylvania. Kim et al. (1983) beschreiben Methoden der bedingten Simulation zur Planung des Abbaus und der Mischung verschiedener Kohlen, um in einem Kraftwerk die Emissionen unter den gesetzlichen Höchstgrenzen zu halten.

Weitere aktuelle Beispiele aus den hier bereits erwähnten Gebieten und zusätzlich noch aus der Geotechnik, der Erdölindustrie und anderen Bereichen finden sich z. B. im zweiten Teil der Kongreßbände "Geostatistics for Natural Resources Characterization", die von Verly et al. (1984) herausgegeben wurden, sowie in den "Geostatistical Case Studies" (Matheron & Armstrong 1987).

1.3 Einführung in die Statistik

In den nachfolgenden Abschnitten werden die wichtigsten Begriffe und Rechenverfahren der Statistik wiedergegeben, soweit sie für diese Einführung in die Geostatistik von Belang sind. Mehr oder weniger ausführliche Darstellungen, die in erster Linie auf die Bedürfnisse der Geowissenschaften zugeschnittenen sind, finden sich in einer Anzahl von Lehrbüchern: Vor allem die Einführungen in die Statistik von Krumbein & Graybill (1965), Koch & Link (1970, 1971), Till (1974), Marsal (1979), LeMaitre (1982), Schönwiese (1985) und besonders aber Davis (1986) sollen hierzu genannt werden; darüber hinaus sind zahlreiche praktische Hinweise zur Probenahme bzw. zur statistischen Behandlung der Probenwerte in Wilke (1986) bzw. in Wellmer (1988) zu finden.

1.3.1 <u>Problemstellung:</u> Mit Hilfe einer Anzahl von einzelnen Proben, die man zusammenfassend als <u>Stichprobe</u> bezeichnet, und deren Merkmale (Variable wie z. B.

Metallgehalt, Mächtigkeit, Dichte) man quantitativ bestimmt hat, können unter Beachtung statistischer Regeln die Vorräte einer Lagerstätte ermittelt und beurteilt werden. Unter Proben sind dabei Stoffmengen gleicher Abmessungen (z. B. gleichlange Bohrkerne) oder gleicher Volumina (dm^3-Bodenproben) zu verstehen, an denen die gewünschten Merkmale gemessen werden. Proben, die in dieser Hinsicht unterschiedlich sind, d. h. eine unterschiedliche "Stützung" (s. Kap. 4.1.1) haben, dürfen nicht gemeinsam in einen statistischen Rechengang eingebracht werden. Dies ist nur zulässig, wenn man ein geeignetes Wichtungsverfahren anwendet, wie das an folgendem einfachen Beispiel für den Mittelwert gezeigt wird. Liegen vier Bohrkernabschnitte von je 0,5 m Länge mit den Gehalten 4, 5, 15, 10 % Metall vor, dann beträgt der arithmetische Mittelwert (4+5+15+10)/4 = 8,5 %. Würde der gleiche Kern in drei Abschnitten von 0,5, 1,0 und 0,5 m vorliegen mit den Gehalten 4, 10, 10 % Metall, dann ergibt sich als Mittelwert ohne Wichtung fälschlich 24 / 3 = 8 %. Führt man eine Wichtung mit der Länge durch, erhält man: $(4 \cdot 0,5 + 10 \cdot 1,0 + 10 \cdot 0,5) / (0,5 + 1,0 + 0,5) = 8,5$ % als korrektes Ergebnis. Das macht verständlich, daß deshalb auch die aus Proben unterschiedlicher Stützung berechneten Varianzen (Definition, s. unten) nicht richtig sind.

Vernachlässigt man die Position, die die Proben innerhalb einer Lagerstätte einnehmen, und beachtet lediglich, daß sie zufällig verteilt entnommen wurden, dann unterstellt man, daß die Probenwerte x_i Realisierungen einer einzigen Zufallsvariablen (=ZV) X sind. Berücksichtigt man die Positionen der Proben in der Lagerstätte und untereinander, weil man aus Erfahrung weiß, daß benachbarte Proben eine größere Ähnlichkeit haben als etwa weiter entfernte, daß es Zonen reicherer und ärmerer Erze gibt, daß z. B. eine Drift (s. Kap. 6.1 und 6.2) auftreten kann, dann unterstellt man, daß der Satz dieser Probenwerte zu der Realisierung einer Zufallsfunktion (=ZF) gehört. Die Geostatistik macht von dieser Ortsabhängigkeit in ihren Methoden Gebrauch. Dies bedeutet u. a., daß es besser ist, Proben auf einem regelmäßigen oder wenigstens annähernd regelmäßigen Raster zu entnehmen als völlig ungleichmäßig verteilt (s. Kap. 5.2.3 und 5.2.4).

Im folgenden Abschnitt betrachten wir zunächst einige Methoden der Berechnung der Charakteristika von Zufallsvariablen, insbesondere soweit diese auch für geostatistische Fragestellungen benötigt werden.

1.3.2 Histogramm, Mittelwert und Varianz: Zur anschaulichen Darstellung von Meßwerten (x_i) eines Merkmals werden diese in Klassen (Tabelle 1.3.1) eingeteilt und die Häufigkeiten h_i über den Klassenmitten der Merkmalsachse (Abb. 1.3.1) aufgetragen. Eine zweite anschauliche Vorstellung von der Verteilung der Meßwerte erhält man dadurch, daß man die Meßwerte einzeln oder klassenweise aufsummiert und die Summenhäufigkeiten H_i (Abb. 1.3.2) darstellt. Verteilungen von Meßwerten unterscheiden sich durch ihre Lage auf der Merkmalsachse und durch die Weite, mit der die Meßwerte sich über die Achse ausbreiten. Mit Hilfe verschiedener Mittelwerte kann man die Lage einer Verteilung auf der Merkmalsachse kennzeichnen. Die Variabilität der Verteilung im Hinblick darauf, wie sich die Einzelwerte (sehr eng oder sehr weit verstreut) um den mittleren Wert anordnen, werden durch Streuungsmaße beschrieben.

Liegen n Meßwerte x_i einer Variablen vor, dann ergibt sich der <u>arithmetische Mittelwert</u> zu

$$\bar{x} = \frac{1}{n} \sum_{i=1}^{n} x_i \quad \text{oder} \quad \bar{x} = \frac{1}{n} \sum_{j=1}^{k} x_j n_j \ ,$$

wenn die Meßwerte in k Klassen mit den Besetzungen n_j eingeteilt sind und x_j die jeweilige Klassenmitte ist. Der arithmetische Mittelwert wird auch kurz nur Mittel, Mittelwert oder Durchschnitt genannt.

Der <u>Zentralwert</u> oder Median ist der Wert, der in der Mitte der geordneten Reihe der Meßwerte liegt. In der Summendarstellung erhält man den Zentralwert, indem man den Merkmalswert für eine relative Summenhäufigkeit von $H = 0{,}5$ (d. h. 50 %) abliest (s. Abb. 1.3.2).

Der <u>Modalwert</u> oder das Dichtemittel gibt den häufigsten Meßwert an oder die Klasse mit der größten Besetzung.

Das <u>geometrische Mittel</u> errechnet sich als n−te Wurzel aus dem Produkt aller Meßwerte:

$$x_G = \sqrt[n]{x_1 \cdot x_2 \cdot \ldots \cdot x_n} \ .$$

Als Streuungsmaß wird die <u>Varianz</u> verwendet, die sich wie folgt rechnen läßt:

$$s^2(x) = s^2 = \frac{1}{n-1} \sum_{i=1}^{n} (x_i - \bar{x})^2 \quad \text{bzw.}$$

$$= \frac{1}{n-1} \left(\sum_{i=1}^{n} x_i^2 - n\bar{x}^2 \right)$$

oder für klassifizierte Werte

$$s^2(x) = s^2 = \frac{1}{n-1} \left(\sum_{j=1}^{k} n_j x_j^2 - \frac{1}{n} \left(\sum_{j=1}^{k} n_j x_j \right)^2 \right) \quad \text{(vgl. Tab 1.3.1).}$$

Die Standardabweichung s(x) =±s erhält man als Wurzel aus der Varianz. Ersetzt man in der Formel für die Varianz den Divisor (n−1) durch den Wert n, dann erhält man die mittlere quadratische Abweichung der Meßwerte vom arithmetischen Mittel, ein Streuungsmaß, das gelegentlich anstelle der Varianz verwendet wird.

Zur Charakterisierung der Variation von Meßdaten wird der Variationskoeffizient $v = s/\bar{x}$ für $\bar{x} \neq 0$ angegeben, den man auch als relative Standardabweichung $v = s/\bar{x} \cdot 100\ \%$ schreiben kann.

Tabelle 1.3.1: Mittelwert, Varianz und Häufigkeiten von 64 Bleianalysenwerten in k=8 Klassen

Klassen-Nr. j	Klassen-mitte x_j	Häufigkeit (absolut) n_j	$n_j \cdot x_j$	$n_j \cdot x_j^2$	Häufigkeit (relativ) h_j
1	1,6	1	1,6	2,56	1,6
2	1,8	3	5,4	9,72	4,7
3	2,0	11	22,0	44,00	17,2
4	2,2	18	39,6	87,12	28,1
5	2,4	17	40,8	97,92	26,5
6	2,6	9	23,4	60,84	14,1
7	2,8	4	11,2	31,36	6,2
8	3,0	1	3,0	9,00	1,6
Summen:		64	147,0	342,52	100,0

$$\bar{x} = \frac{147,0}{64} = 2,30$$

$$s^2 = \frac{1}{63}\left(342,52 - \frac{1}{64} \cdot 147,0^2\right) = 0,0775 \qquad s = \pm\, 0,28$$

Neben der Varianz, die über die Summe $(x_i - \bar{x})^2$ berechnet wird, gibt es weitere Kenngrößen, die über andere ganzzahlige Exponenten n anstelle von 2 gebildet werden. In Anlehnung an die Mechanik werden diese Kenngrößen, die die Summen von $(x_i - \bar{x})^n$ enthalten, als zentrale Momente (moments about the mean) bezeichnet. Die Varianz (n=2) wird in diesem Zusammenhang als 2. Moment einer Verteilung, die Schiefe (skewness) als 3. Moment und die Wölbung (kurtosis) als 4. Moment bezeichnet. Die beiden letzteren Größen werden hier nicht näher behandelt. Den Mittelwert kann man auch als 1. Moment um den Wert Null beschreiben.

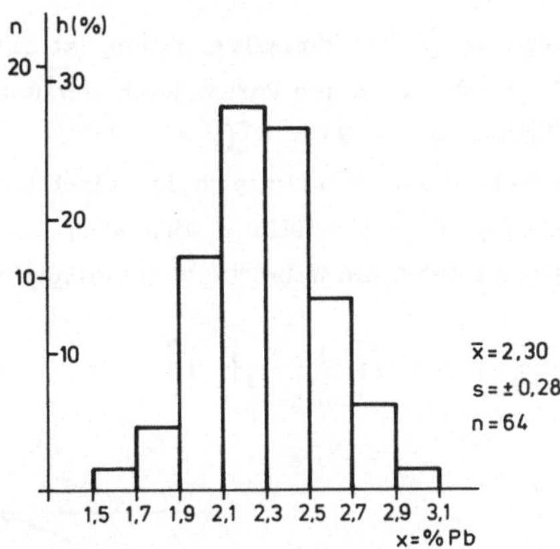

Abb. 1.3.1: Häufigkeitsverteilung (Histogramm) von 64 Bleianalysenwerten der Tabelle 1.3.1. Die Häufigkeiten (n = absolut, h = prozentual) wurden über Klassen der Breite 0,2 % Pb aufgetragen.

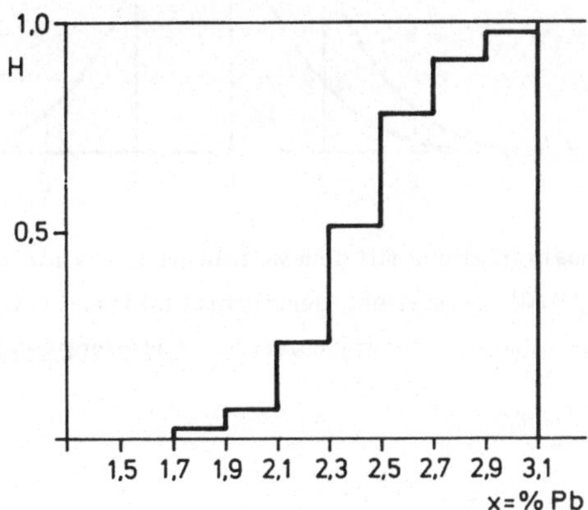

Abb. 1.3.2: Summenhäufigkeiten H (relativ von 0,0 bis 1,0, d. h. bis 100 %) der Bleianalysenwerte der Abb. 1.3.1 bzw. Tab. 1.3.1.

Fallen bei einer experimentellen Verteilung arithmetischer Mittelwert, Zentralwert und Dichtemittel (annähernd) zusammen, so läßt sich dieser eine Normalverteilung als mathematisches Modell anpassen. Durch geeignete Rechenverfahren läßt sich die Anpassung prüfen. Auf die Testverfahren wird hier nicht näher eingegangen.

1.3.3 Die Normalverteilung: Die Normalverteilung ist eine symmetrische, glockenförmige Verteilung, die durch die beiden Parameter Erwartung = E [X] = arithmetischer Mittelwert = μ und Varianz = Var(X) = $E\left[(X - E[X])^2\right]$ = σ^2 beschrieben wird. Der Mittelwert ist gleich dem Zentralwert und gleich dem Dichtemittel dieser Verteilung, die von $-\infty$ bis $+\infty$ reicht. Die Normalverteilung wird auch als die <u>Gauß'sche Verteilung</u> bezeichnet und ist definiert durch die <u>Wahrscheinlichkeitsdichtefunktion</u>:

$$h(x) = \frac{1}{\sigma\sqrt{2\pi}} \cdot \exp\left[-\frac{1}{2}\left(\frac{x-\mu}{\sigma}\right)^2\right] \ .$$

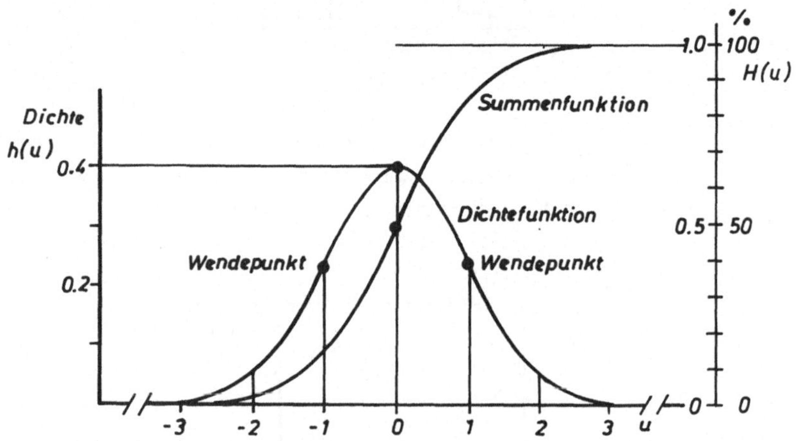

Abb. 1.3.3: Die Normalverteilung mit dem Mittelwert $\mu = 0$ und der Varianz $\sigma^2 = 1$ (nach Stange 1970); Darstellung der Dichtefunktion h(u) und der Summenfunktion H(u), die auch als die (kumulative) <u>Verteilungsfunktion</u> bezeichnet wird.

Durch eine einfache Transformation $u = (x-\mu)/\sigma$ wird die Normalverteilung standardisiert, so daß die <u>Standardnormalvariable</u> U(0,1) die Erwartung $\mu = 0$ und die Varianz $\sigma^2 = 1$ hat. Die Wendepunkte der Kurve liegen bei $u = \pm 1\sigma$ (Abb. 1.3.3), und der Flächeninhalt unter der Kurve ist 1. In standardisierter Form sind sowohl die Dichtewerte h(u) wie auch die Summenwerte H(u) in den Lehr- und Tabellenbüchern der Statistik tabelliert. Siehe dazu das Literaturverzeichnis und Anhang II, Tabelle 1.

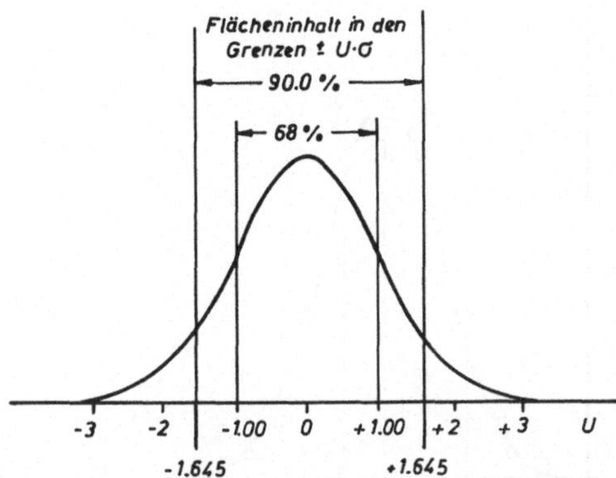

Abb. 1.3.4: Flächeninhalte (=Wahrscheinlichkeiten) der Normalverteilung zwischen zwei Grenzwerten ausgedrückt durch Vielfache der Standardabweichung.

Die Wahrscheinlichkeiten sind nunmehr durch Flächeninhalte innerhalb von vorgegebenen Intervallen ausdrückbar. Man kann die Intervalle durch Vielfache der Standardabweichung charakterisieren, wobei die Aussagesicherheit $S = 1 - \alpha$ dem Flächeninhalt unter den Kurvenabschnitten entspricht (s. Abb. 1.3.4 und Tab. 1.3.2).

Tabelle 1.3.2: Flächeninhalte der Normalverteilung zwischen zwei Grenzwerten ausgedrückt durch Vielfache der Standardabweichung

Flächeninhalt = Aussagesicherheit = statist.Sicherheit $S=1-\alpha$ [%]	Irrtumswahr scheinlichkeit α [%]	Multiplikations faktor für die Standardabweichung s $u_{1-\alpha}$
68.3	31.7	1.000
90.0	10.0	1.645
95.0	5.0	1.960
95.5	4.5	2.000
99.0	1.0	2.576
99.7	0.3	3.000

Die abgegrenzten Intervalle werden in der Praxis z. B. zur Beschreibung der statistischen Sicherheit eines Tests oder eines Vertrauensbereichs verwendet. Im Bergbau werden besonders häufig die statistischen Sicherheiten von 90 oder 95 % mit einer Irrtumswahrscheinlichkeit von 10 bzw. 5 % angegeben. So wird zur Klassifikation von Lagerstätten auf Vorschlag der GDMB (Wellmer 1983a, b) eine statistische Sicherheit von 90 % vorgesehen.

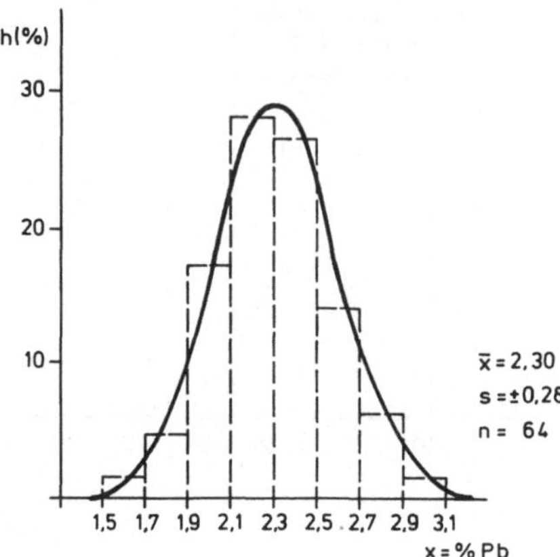

Abb. 1.3.5: Anpassung einer Normalverteilung an das Histogramm der Bleianalysenwerte der Abb. 1.3.1.

Mit den Schätzwerten $\bar{x}$ für den Mittelwert μ und s^2 für die Varianz σ^2 berechnet man die an die empirischen Daten angepaßte Normalverteilung. Abbildung 1.3.5 zeigt die Anpassung einer Normalverteilung an das Histogramm der Abb. 1.3.1. Durch ein geeignetes Testverfahren (χ^2-Test), das in allen Lehr- und Tabellenbüchern der Statistik beschrieben ist, läßt sich die Zulässigkeit der Anpassung prüfen.

Ein einfaches graphisches Verfahren erlaubt jedoch eine leichte visuelle Kontrolle der Anpassung. Trägt man die Summenwerte einer Verteilung in ein Wahrscheinlichkeitspapier ein, dann müssen diese (annähernd) auf einer Geraden liegen (siehe z. B. Abb. 1.3.7).

Entnimmt man einer <u>Grundgesamtheit</u> mit einem normalverteilten Merkmal (z. B. Eisengehalte einer Erzlagerstätte) eine sehr große Anzahl von Einzelproben (z. B. mehrere Tausend) und unterteilt diesen Probenumfang in zufällig genommene Stichproben geringeren Umfangs (z. B. n=50), dann kann man für jede einzelne Stichprobe den Mittelwert und die Varianz berechnen. Diese Mittelwerte und die zugehörigen Varianzen folgen beide selbst wieder einer Normalverteilung. Sie scharen sich eng um den wahren Mittelwert und um die wahre Varianz, sie sind <u>erwartungstreue Schätzer</u> der Parameter μ und σ^2. Das bedeutet, daß man mit Hilfe der Normalverteilung einem aus einer Stichprobe berechneten Mittelwert $\bar{x}$ einen Vertrauensbereich zuordnen kann, innerhalb dessen der wahre Mittelwert μ mit einer vorgegebenen statistischen Sicherheit liegt. Gibt man eine statistische Sicherheit von z. B. 90 % (S=0,90) und dementsprechend eine

Irrtumswahrscheinlichkeit von 10 % (α = 0,10) vor, dann hängt der Vertrauensbereich, d. h. die Angabe eines oberen Grenzwertes μ_0 und eines unteren Grenzwertes μ_u, von der Zahl der Proben und deren Standardabweichung ab:

$$\mu_u \leq \mu \leq \mu_0$$

$$\bar{x} - \left(u_{1-\alpha} \cdot \frac{s}{\sqrt{n}} \right) \leq \mu \leq \bar{x} + \left(u_{1-\alpha} \cdot \frac{s}{\sqrt{n}} \right) \ .$$

Die in den Vertrauensgrenzen auftretende Größe $s/\sqrt{n}$ wird als <u>Standardabweichung des Mittelwertes</u> (standard error of mean) bezeichnet.

Für das Beispiel aus Abb. 1.3.1 erhält man mit s = 0,28 und n = 64 die Standardabweichung des Mittelwertes zu $s/\sqrt{n}$ = 0,035, und mit $u_{0,90}$ = 1,645 ergeben sich für den geschätzten Mittelwert $\bar{x}$ = 2,30 aufgerundet folgende Vertrauensgrenzen:

$$2,24 < 2,30 < 2,36 \ .$$

Das hier angegebene Vertrauensintervall zwischen 2,24 und 2,36 ist jedoch zu eng angesetzt, weil auch die Varianz aus der Stichprobe berechnet wurde und deshalb selbst ein Schätzwert ist. Das wird durch die Student-t-Verteilung (s. Tab. 2 im Anhang II) berücksichtigt. Diese ist wie die Normalverteilung symmetrisch, hängt aber von einem Parameter, dem Freiheitsgrad f=n−1, ab. Es gilt daher:

$$\bar{x} - \left(t_{1-\alpha\, ;\, f} \cdot \frac{s}{\sqrt{n}} \right) \leq \mu \leq \bar{x} + \left(t_{1-\alpha\, ;\, f} \cdot \frac{s}{\sqrt{n}} \right) \ .$$

Für eine statistische Sicherheit von 90 % gilt für unser Beispiel mit n = 64, d. h. f = 63, nunmehr: $t_{0,90;63} \approx 1,67$. Man erkennt, daß der Unterschied gegen die Normalverteilung mit $u_{0,90}$ = 1,645 unerheblich gering ist. Die t-Verteilung ist daher nur dann zu verwenden, wenn die Probenzahl mit etwa ≤ 30 relativ klein ist.

Unterstellt man, daß das Histogramm der Abb. 1.3.1 die Analysenwerte einer Lagerstätte wiedergibt, die zufällig über die ganze Lagerstätte verteilt oder auf einem regelmäßigen Raster liegen, d. h. repräsentativ entnommen worden sind, und unterstellt man weiterhin, daß die Proben voneinander statistisch unabhängig sind, dann kann man sagen, daß der wahre Gehalt der Lagerstätte mit einer statistischen Sicherheit von 90 % innerhalb der Grenzen von 2,24 bis 2,36 liegt. Diese Vertrauensgrenzen

(= <u>Vertrauensintervall</u> = <u>Fehlergrenzen</u>) kann man auch schreiben in der Form:

$$2,30 \ \% \ Pb \ \pm \ 0,06 \ \% \ Pb \quad (\text{für } S = 90 \ \%)$$

oder mit den relativen Grenzen:

$$2,30 \ \% \ Pb \ \pm \ 2,6 \ \% \quad (\text{für } S = 90 \ \%) \ .$$

Die Vertrauensgrenzen sind in diesem Fall in Prozent des Mittelwertes ausgedrückt. Andere statistische Sicherheiten führen zu entsprechend größeren oder kleineren Vertrauensgrenzen in Abhängigkeit von den Faktoren $u_{1-\alpha}$ bzw. $t_{1-\alpha;f}$. Zur Angabe der Vertrauens- oder Fehlergrenzen ist die Angabe der statistischen Sicherheit, der Aussagesicherheit, unabdingbar.

An dieser Stelle sei nochmals ausdrücklich bemerkt, daß die Vertrauensgrenzen nicht nur von der Zahl der Proben und der gegebenen statistischen Sicherheit abhängen, sondern auch vom Volumen (Stützung) der Proben. Große Probenvolumina führen zu niedrigen Varianzen, also zu engen Vertrauensgrenzen, während kleine Volumina hohe Varianzen und damit weite Vertrauensgrenzen aufweisen (s. Kap. 4.1.1).

1.3.4 Die Lognormalverteilung: In vielen Fällen ist eine Verteilung nicht symmetrisch, sondern einseitig linksschief, wie das in Abb. 1.3.6 gezeigt ist. Durch eine Datentransformation $y_i = \ln(x_i)$ oder $y_i = \ln(x_i+\beta)$, mit einer additiven Konstanten β, kann man diese Daten oft in eine Normalverteilung überführen. Man spricht dann von einer zweiparametrigen ($\bar{x}$, s^2) oder dreiparametrigen ($\bar{x}$, s^2, β) Lognormalverteilung.

Meistens genügt es, anstelle der Einzelwerte lediglich die Klassengrenzen zu transformieren. So wurden die Klassenobergrenzen des Histogramms der Abb. 1.3.6 logarithmiert und die Häufigkeiten in ein Wahrscheinlichkeitsnetz über diese transformierten Klassengrenzen aufgetragen. Wie in Abb. 1.3.7 zu sehen ist, liegen die Punkte im Wahrscheinlichkeitsnetz hinreichend genau auf einer Geraden, so daß nach der Transformation eine Normalverteilung vorliegt. Aus den transformierten Daten (s. Tabelle 1.3.3) errechnet man den logarithmischen Mittelwert $\bar{y}$ und die logarithmische Varianz $s^2(y)$ in der üblichen Weise und erhält dann auch den Vertrauensbereich in der gleichen Art wie zuvor:

$$\mu(y)_u \ \leq \ \mu(y) \ \leq \ \mu(y)_0$$

$$\bar{y} - \left(t_{1-\alpha;\ f} \cdot \frac{s(y)}{\sqrt{n}} \right) \leq \ \mu(y) \ \leq \ \bar{y} + \left(t_{1-\alpha;\ f} \cdot \frac{s(y)}{\sqrt{n}} \right) \ .$$

Durch Entlogarithmieren $G(x)=\exp(\mu(y))$ bzw. $x_G=\exp(\bar{y})$ erhält man einen Schätzwert für das geometrische Mittel (d. h. den Zentralwert der ursprünglichen Daten) mit dem zugehörigen Vertrauensbereich. Zwischen dem logarithmischen Mittelwert $\mu(y)$, der logarithmischen Varianz $\sigma^2(y)$ und dem Mittelwert $\mu(x)$ der untransformierten Daten bestehen folgende Beziehungen:

$$\sigma^2(y) = \ln\left(\frac{\sigma^2(x)}{\mu^2(x)}+1\right)$$

$$\mu(y) = \ln(\mu(x)) - \frac{\sigma^2(y)}{2} \qquad \mu(x) = \mu = \exp\left(\mu(y)+\sigma^2(y)/2\right) \ .$$

Tabelle 1.3.3: Mittelwerte, Varianzen und Häufigkeiten der untransformierten und der logarithmierten, linksschief verteilten 64 Bleianalysen in k = 14 Klassen (s. Abb.1.3.6)

j	x_j	n_j	$n_j \cdot x_j$	$n_j \cdot x^2$	h	$y_j=\ln(x_j)$	$n_j \cdot y_j$	$n_j \cdot y_j^2$
1	1,4	3	4,2	5,9	4,7	0,3365	1,0094	0,3396
2	1,6	5	8,0	12,8	7,8	0,4700	2,3500	1,1045
3	1,8	8	14,4	25,9	12,5	0,5878	4,7023	2,7639
4	2,0	11	22,0	44,0	17,2	0,6931	7,6246	5,2850
5	2,2	10	22,0	48,4	15,6	0,7885	7,8846	6,2167
6	2,4	8	19,2	46,1	12,5	0,8755	7,0037	6,1316
7	2,6	6	15,6	40,6	9,4	0,9555	5,7331	5,4780
8	2,8	4	11,2	31,4	6,2	1,0296	4,1185	4,2405
9	3,0	4	12,0	36,0	6,2	1,0986	4,3944	4,8278
10	3,2	2	6,4	20,5	3,1	1,1632	2,3263	'2,7058
11	3,4	1	3,4	11,6	1,6	1,2238	1,2238	1,4976
12	3,6	1	3,6	13,0	1,6	1,2809	1,2809	1,6408
13	3,8	0	0,0	0,0	0,0	1,3350	0,0	0,0
14	4,0	1	4,0	16,0	1,6	1,3863	1,3863	1,9218
Summen:		64	146,0	352,2	100,0		51,0379	44,1535

$$\bar{x} = \frac{146}{64} = 2{,}28 \qquad\qquad \bar{y} = \frac{51{,}04}{64} = 0{,}80$$

$$s^2(x) = \frac{1}{63}\left(352{,}2 - \frac{1}{64}\cdot 146{,}0^2\right) \qquad s^2(y) = \frac{1}{63}\left(44{,}15 - \frac{1}{64}\cdot 51{,}04^2\right)$$

$$= 0{,}3038 \qquad\qquad = 0{,}0548$$

$$s(x) = \pm 0{,}55 \qquad\qquad s(y) = \pm 0{,}23$$

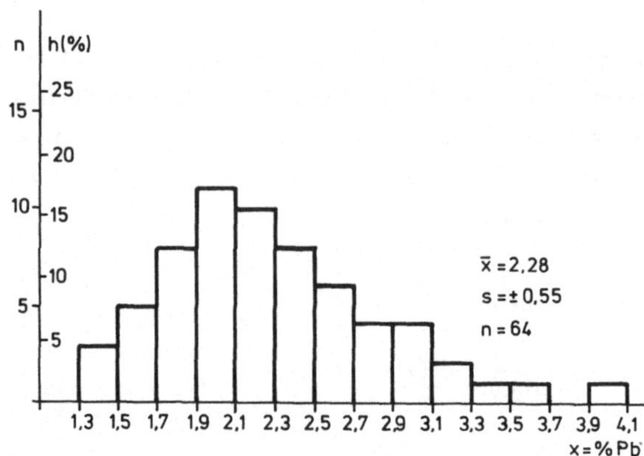

Abb. 1.3.6: Linksschiefe Verteilung von 64 Bleianalysenwerten aus einer Erzlagerstätte. Die Häufigkeiten sind aufgetragen über eine Klassenbreite von 0,2 % Pb.

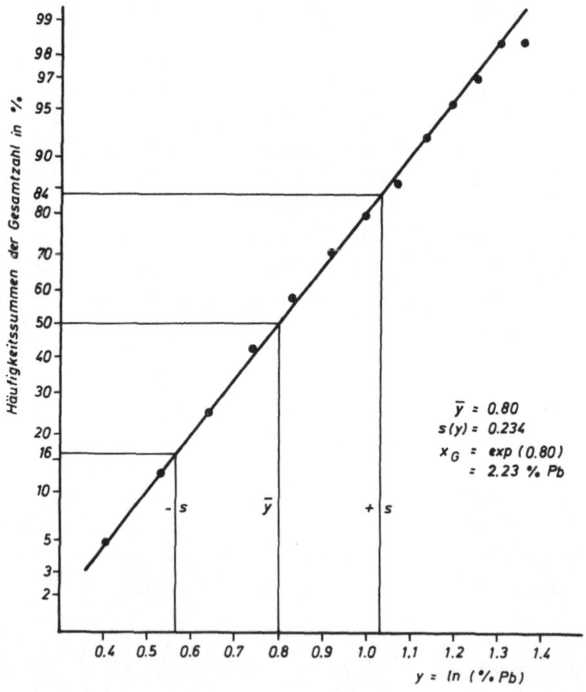

Abb. 1.3.7: Die Häufigkeitsverteilung der Abb. 1.3.6 als Summenverteilung im Wahrscheinlichkeitsnetz nach einer Logarithmierung der Klassenobergrenzen. Da die Punkte im Wahrscheinlichkeitsnetz auf einer Geraden liegen, kann man annehmen, daß die Bleianalysenwerte lognormal verteilt sind.

Da nur die Schätzgrößen x_G für $G(x)$ und $s^2(y)$ für $\sigma^2(y)$ aus einer Stichprobe bekannt sind, gelten diese Beziehungen nur für eine große Anzahl von Meßwerten. Für ein kleines n sind diese Größen keine erwartungstreuen Schätzer mehr. Ein Schätzwert für $\mu(x)$, den arithmetischen Mittelwert, kann dann nur durch geeignete Korrekturverfahren gewonnen werden. Dies ist z. B. mit Hilfe der Tabellen von <u>Sichel</u> (1966) möglich, die Korrekturfaktoren $c_n(s^2(y))$ in Abhängigkeit von der Zahl der Proben und der Probenvarianz enthalten. Es gilt dann:

$$\mu(x) = \exp(\bar{y}) \cdot c_n(s^2(y)) \qquad \text{für } n < 1000$$

$$\mu(x) = \exp(\bar{y}) \cdot \exp(s^2(y)/2) \qquad \text{für } n > 1000 \ .$$

Für das Beispiel der Abb. 1.3.6 bzw. Tab. 1.3.3 erhält man den Korrekturfaktor $c_n(s^2(y)) = c_{64}(0,0548) = 1,027$ (siehe Tab. 3a, Anhang II). Damit gilt dann $\mu(x) = \exp(0,80) \cdot 1,027 = 2,28$. Will man in solchen Fällen den Vertrauensbereich für den Mittelwert angeben, dann benötigt man weitere Tabellen von Sichel (1966) und Wainstain (1975), aus denen man für eine vorgegebene statistische Sicherheit, z. B. von 90 %, in Abhängigkeit von der Varianz und der Probenzahl die entsprechenden Faktoren, $c_\alpha(s^2(y),n)$ bzw. $c_{1-\alpha}(s^2(y),n)$ entnehmen kann (Tabellen 3b und 3c im Anhang II):

$$\mu(x) \cdot c_\alpha(s^2(y),n) \leq \mu(x) \leq \mu(x) \cdot c_{1-\alpha}(s^2(y),n) \ .$$

Für das Beispiel der Tab. 1.3.3 interpoliert man als Sichelfaktoren aus Tab. 3b,c im Anhang II: $c_{0,05}(0,0548;64) = 0,954$ und $c_{0,95}(0,0548;64) = 1,059$. Unterstellt man wiederum die statistische Unabhängigkeit der Proben, dann erhält man als Schätzwert für das arithmetische Mittel und den Vertrauensbereich folgende Werte:

$$\mu(x)_u \leq \mu(x) \leq \mu(x)_0$$

$$2,28 \cdot 0,954 < 2,28 < 2,28 \cdot 1,059$$

$$2,18 < 2,28 < 2,41 \ .$$

Eine Berechnung des Vertrauensbereiches für das arithmetische Mittel $\bar{x} = 2,28$ mit der Standardabweichung $s(x) = 0,55$ unter der Annahme, daß eine Normalverteilung vorläge, ergibt unter sonst gleichen Bedingungen:

$$2,17 < 2,28 < 2,39 \ .$$

Man erkennt an diesem Beispiel, daß der Vertrauensbereich des arithmetischen Mittels der lognormalen Verteilung asymmetrisch und auch etwas weiter ist als derjenige der Normalverteilung.

In Rendu (1978) sind die Tabellen von Sichel und Wainstein abgedruckt und deren Anwendung in weiteren Beispielen dargestellt.

Abschließend ist zu bemerken, daß die logarithmische Datentransformation vorgenommen wurde, um alle Schätz- und Testverfahren benutzen zu können, die für die Normalverteilung von der mathematischen Statistik entwickelt worden sind. Dem gleichen Zweck können auch andere Datentransformationen dienen, die hier nicht behandelt werden (vgl. Kap. 5.4.1.1).

1.3.5 Korrelation und Kovarianz: Liegen in einer Lagerstätte z. B. Analysenwerte von Blei und Zink vor (Tab. 1.3.4), die an den gleichen Proben ermittelt wurden, dann kann man untersuchen, ob ein (statistischer) Zusammenhang zwischen den beiden Merkmalen besteht. Anschaulich läßt sich eine Abhängigkeit untereinander in einem Streudiagramm darstellen, wie das in Abb. 1.3.8 gezeigt ist. Man erkennt, daß mit steigenden Bleigehalten (x) die Zinkgehalte (z) abnehmen, das bedeutet, daß Blei und Zink miteinander negativ korreliert sind. Diese Beziehung kann man durch die Kovarianz ausdrücken:

$$s(x,z) = \frac{1}{n-1} \sum_{i=1}^{n} (x_i - \bar{x}) \cdot (z_i - \bar{z}) \quad ,$$

die je nach Zusammenhang positiv oder negativ sein kann. Liegt ein linearer Zusammenhang vor, dann kann man mit Hilfe der Standardabweichungen der beiden Variablen die Kovarianz normieren und man erhält den linearen Korrelationskoeffizienten:

$$r(x,z) = \frac{s(x,z)}{s(x) \cdot s(z)} \quad \text{mit} \quad -1 \leq r \leq +1 \quad .$$

Für $r = \pm 1$ liegt ein exakter linearer Zusammenhang zwischen x und z vor, für $r = 0$ sind die Merkmale nicht miteinander korreliert.

19

Tabelle 1.3.4: **Mittelwerte, Varianzen, Kovarianz und Korrelationskoeffizient von zwei Variablen x (Bleigehalte) und z (Zinkgehalte)**

i	x_i	z_i	$x_i-\bar{x}$	$z_i-\bar{z}$	$(x_i-\bar{x})^2$	$(z_i-\bar{z})^2$	$(x_i-\bar{x})(z_i-\bar{z})$
1	1,75	1,30	−0,44	+0,34	0,1936	0,1156	−0,1496
2	1,90	1,30	−0,29	+0,34	0,0841	0,1156	−0,0986
3	1,90	1,05	−0,29	+0,09	0,0841	0,0081	−0,0261
4	2,05	0,80	−0,14	−0,16	0,0196	0,0256	+0,0224
5	2,15	1,15	−0,04	+0,19	0,0016	0,0361	−0,0076
6	2,20	0,95	+0,01	−0,01	0,0001	0,0001	−0,0001
7	2,35	0,85	+0,16	−0,11	0,0256	0,0121	−0,0176
8	2,45	0,60	+0,26	−0,36	0,0676	0,1296	−0,0936
9	2,50	0,85	+0,31	−0,11	0,0961	0,0121	−0,0341
10	2,65	0,75	+0,46	−0,81	0,2116	0,0441	−0,0966
$\sum$:	21,90	9,60	0,00	0,00	0,7840	0,4990	−0,5015

$$\bar{x} = 2,19 \qquad\qquad \bar{z} = 0,96$$

$$s^2(x) = \frac{0,7840}{9} = 0,0871 \qquad\qquad s^2(z) = \frac{0,4990}{9} = 0,0554$$

$$s(x,z) = \frac{-0,5015}{9} = -0,0557 \qquad\qquad r(x,z) = -0,80$$

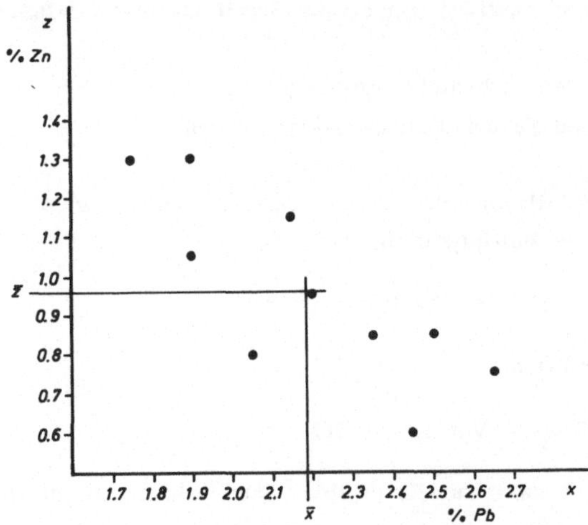

Abb. 1.3.8: Streudiagramm von zwei Variablen x = Pb und z = Zn mit den Mittelwerten $\bar{x}$ und $\bar{z}$. Gemäß der Berechnung in Tabelle 1.3.4 beträgt der Korrelationskoeffizient r = −0,80.

Der Korrelationskoeffizient r(x,z) ist ein Schätzwert für den Korrelationskoeffizienten der Grundgesamtheiten, der sich aus der Kovarianz $\sigma(X,Z) = Cov(X,Z) = E[(X-E[X])\cdot(Z-E[Z])]$ zwischen den beiden Zufallsvariablen X und Z und den Varianzen von X und Z ergibt zu:

$$\wp(X,Z) \; = \; \frac{Cov(X,Z)}{\sqrt{Var(X)\cdot Var(Z)}} \quad .$$

Mit Hilfe statistischer Testverfahren, die von der gewählten statistischen Sicherheit und von der Anzahl der Probenpaare abhängen, kann man einen Vertrauensbereich für $\wp$ berechnen und eine Aussage über die Signifikanz der Abweichung des Korrelationskoeffizienten von Null machen. Eine Voraussetzung für die Anwendbarkeit der Tests ist die, daß die beiden Variablen normalverteilt sind. Dies ist ebenfalls zu prüfen und läßt sich oft aus dem Streudiagramm schon visuell ausreichend genau schätzen. Ohne die Angabe der statistischen Sicherheit und der ermittelten Signifikanz ist ein Korrelationskoeffizient bei einer streng mathematischen Beurteilung wertlos.

Die Berechnung des Korrelationskoeffizienten (s. Tabelle 1.3.4) für das Beispiel der Abb. 1.3.8 ergibt r = −0,80. Ohne den Rechenvorgang hier darzulegen, gilt (s. dazu die zitierten Lehrbücher der Statistik), daß der Korrelationskoeffizient für die 10 Probenpaare noch mit 99 % statistischer Sicherheit signifikant von $\wp = 0$ verschieden ist. Das Vertrauensintervall beträgt für dieses Signifikanzniveau −0,95 < −0,80 < −0,10.

Abschließend sollen noch einige grundlegende Schreibweisen und Regeln des Umgangs mit Varianzen und Kovarianzen dargelegt werden:

1) Ist Z eine Zufallsvariable mit der Varianz $Var(Z) = \sigma^2(Z)$ und a eine Konstante, dann gilt für eine Multiplikation:

$$Var(a\cdot Z) \; = \; a^2\cdot Var(Z) \; = \; a^2\cdot\sigma^2(Z)$$

und für eine Addition:

$$Var(Z+a) \; = \; Var(Z) \; = \; \sigma^2(Z) \quad .$$

2) Sind X und Z zwei Zufallsvariable, dann erhält man durch eine Addition bzw. Subtraktion der beiden eine neue Zufallsvariable Y, für diese gilt:

$$Var(Y) = Var(X) + Var(Z) \pm 2Cov(X,Z)$$

oder $\qquad \sigma^2(Y) = \sigma^2(X) + \sigma^2(Z) \pm 2\sigma(X,Z) \quad .$

Sind X und Z unkorreliert, dann ist die Kovarianz: $\text{Cov}(X,Z) = \sigma(X,Z) = 0$.

3) Sind X und Z zwei Zufallsvariable, dann erhält man durch eine Multiplikation bzw. Division der beiden eine neue Zufallsvariable Y, für diese gilt:

$$\frac{\text{Var}(Y)}{\mu^2(Y)} = \frac{\text{Var}(X)}{\mu^2(X)} + \frac{\text{Var}(Z)}{\mu^2(Z)} \pm \frac{2\text{Cov}(X,Z)}{\mu(X) \cdot \mu(Z)}$$

oder
$$\frac{\sigma^2(Y)}{\mu^2(Y)} = \frac{\sigma^2(X)}{\mu^2(X)} + \frac{\sigma^2(Z)}{\mu^2(Z)} \pm 2\rho \cdot \left(\frac{\sigma(X)}{\mu(X)} \cdot \frac{\sigma(Z)}{\mu(Z)} \right) \;.$$

Sind X und Z unkorreliert, dann ist die Kovarianz wiederum Null.

4) Für eine lineare Kombination von N Zufallsvariablen Z_i gilt aufgrund der vorherigen Beziehungen:

$$\text{Var}\left(\sum_{i=1}^{N} a_i \cdot Z_i \right) = \sum_{i=1}^{N} a_i^2 \cdot \text{Var}(Z_i) = \sum_{i=1}^{N} \sum_{j=1}^{N} a_i \cdot a_j \cdot \text{Cov}(Z_i, Z_j) \;,$$

oder
$$\sigma^2 \left(\sum_{i=1}^{N} a_i \cdot Z_i \right) = \sum_{i=1}^{N} \sum_{j=1}^{N} a_i \cdot a_j \cdot \sigma(Z_i, Z_j) \;.$$

Im Formelkompendium im Anhang IV in den Abschnitten 1. "Elementare Regeln für das Rechnen mit Erwartungswert und Varianzen" und 3. "Elementare Regeln für das Rechnen mit Erwartungswert- und Varianzfunktionen" sind die Zusammenhänge ausführlicher dargestellt. Im übrigen wird auf Lehrbücher der Wahrscheinlichkeitstheorie, wie z. B. Chung (1975) und der Statistik, wie z. B. Stange (1970, 1971), verwiesen.

1.3.6 <u>Mehrdimensionale Verteilungen:</u> In Kap. 1.3.5 war der Zusammenhang zwischen zwei Variablen X und Z in einem zweidimensionalen Streudiagramm dargestelllt und durch die Kovarianz und den Korrelationskoeffizienten beschrieben worden. Sind die Verteilungen der beiden Variablen X und Z, die man als <u>Randverteilungen</u> der zweidimensionalen Verteilung bezeichnet, Normalverteilungen, dann handelt es sich dementsprechend um eine zweidimensionale Normalverteilung, die beispielhaft in Abb. 1.3.9 wiedergegeben ist.

Eine solche bivariate Normalverteilung ist definiert durch:

$$h(x,z) = \frac{1}{2\pi \cdot \sigma_x \cdot \sigma_z \cdot \sqrt{1-\wp^2}} \; \exp\left\{ \frac{1}{2(1-\wp^2)} \left[\left(\frac{x-\mu_x}{\sigma_x}\right)^2 - 2\wp\left(\frac{x-\mu_x}{\sigma_x}\right) \cdot \left(\frac{z-\mu_z}{\sigma_z}\right) + \left(\frac{z-\mu_z}{\sigma_z}\right)^2 \right] \right\} \; ,$$

wobei μ_x, μ_z, σ_x^2, σ_z^2 und $\wp_{(x,z)}$ die Parameter dieser Verteilung sind. Die Behandlung derartiger, bivariater Verteilungen und die dazugehörigen Testverfahren sind in den

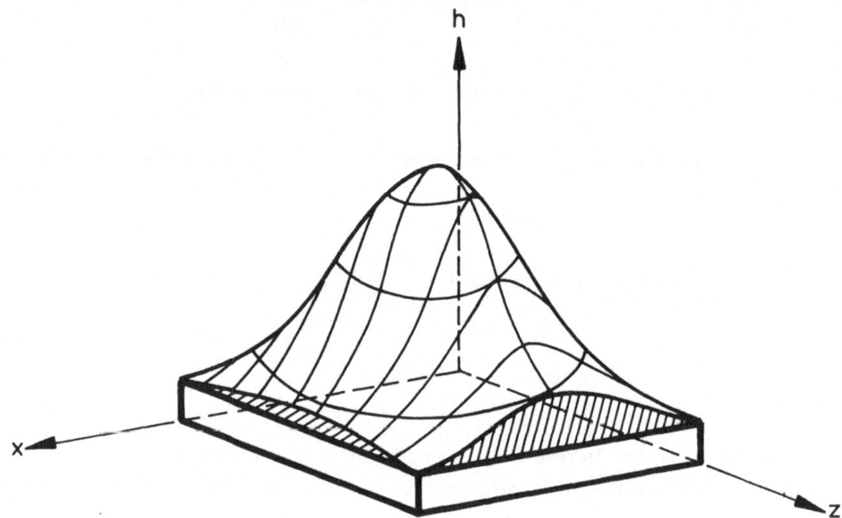

Abb. 1.3.9: Zweidimensionale Normalverteilung (umgezeichnet nach Sachs 1971).

Lehrbüchern der Statistik nachzulesen. Mehrere untereinander abhängige Variable lassen sich mit dem entsprechend verallgemeinerten Rechenformalismus der zweidimensionalen Verteilungen behandeln, so daß mit einigem Aufwand auch Tests auf mehrdimensionale (multivariate) Normalverteilungen ausgeführt werden können.

1.4 Bemerkungen zur Problematik der Reserven-/Resourcenermittlung und -Klassifikation

Die in einem Lagerstätten- oder Bergbaubezirk vorhandenen Rohstoffe werden als die Resourcen eines solchen Bezirkes betrachtet. Sie können in ihrem gesamten Umfang eigentlich nur pauschal und aufgrund der <u>geologischen Kenntnisse</u> geschätzt werden. Sie umfassen sowohl die derzeit <u>nutzbaren Reserven</u> oder <u>Vorräte</u> der einzelnen Bergwerke, die genauer untersucht und bekannt sind, als auch die <u>potentiellen Vorräte</u>, von denen zu erwarten ist, daß sie einmal zu Reserven werden könnten.

Unter einer Lagerstätte versteht man im allgemeinen eine Anreicherung eines oder mehrerer Rohstoffe in einem geologisch abgrenzbaren Körper (z. B. in einer Gesteinseinheit). Eine solche Lagerstätte hat geologische Vorräte oder Reserven, die man als gesamte oder <u>globale Vorräte</u> oder als <u>in–situ Vorräte</u> bezeichnet. Sie unterscheiden sich von den <u>bergmännischen</u> oder <u>gewinnbaren Vorräten</u>, die in der Regel geringer sind als letztere. Denn vor allem aufgrund wirtschaftlich-technischer Überlegungen, die sich insbesondere auf die Marktbedingungen und auf das Abbauverfahren sowie auf die Abbau- und Aufbereitungskosten beziehen, können nur Rohstoffe mit einem bestimmten <u>Mindestgehalt (Cut-off)</u> wirtschaftlich abgebaut werden.

Das Ziel einer jeden Vorratsberechnung für eine Lagerstätte ist es, die vorhandenen Reserven eines Rohstoffes (Erze, nutzbare Gesteine, Kohle etc.) nach Qualität und Menge zu schätzen, den Schätzwerten nach Möglichkeit Vertrauensgrenzen für eine vorgegebene statistische Sicherheit zuzuordnen und die geschätzten Vorräte zu klassifizieren.

Vorräte zu klassifizieren heißt, sie entsprechend dem Erkundungsgrad einer Vorratsklasse zuzuweisen, die z. B. als sicher, wahrscheinlich, angedeutet oder vermutet bezeichnet wird. Solche Klasseneinteilungen existieren mit unterschiedlichen Benennungen in den verschiedenen Bergbauländern der Erde. In einem Vorschlag der Gesellschaft Deutscher Metallhütten- und Bergleute (GDMB) aus dem Jahre 1959 wurden diesen Klassen obere Fehlergrenzen und Aussagesicherheiten zugeordnet, ohne daß zu diesem Zeitpunkt adäquate Rechenverfahren zur Ermittlung dieser statistischen Größen angegeben werden konnten. Diese standen erst mit der Entwicklung der Geostatistik zur Verfügung. Aus den verschiedenen mehr oder weniger aufwendigen Verfahren, die das Ziel haben, eine geostatistisch orientierte Klassifizierung bergmännischer wie geologischer Vorräte (z. B. Diehl 1981, Froidevaux 1982, Sabourin 1983) vorzunehmen, soll hier der Vorschlag einer 1980 gegründeten GDMB-Arbeitsgruppe (Wellmer 1983a, b) in seinen Grundzügen erläutert werden:

1) Definition der Bezugsgröße hinsichtlich der Vorratsklassifikation:
Als Bezugsgröße soll der für das Projekt <u>sensibelste</u> Parameter gewählt werden. Bei vielen Metall-Lagerstätten ist dies der Metallinhalt im Definitionsblock (s. unter 3b), für andere ist es der Durchschnittsgehalt.

2) Definition der Vorratskategorien:

Die Aussagesicherheit ist <u>konstant,</u> und die Fehlergrenzen sind <u>variabel;</u> es ergibt sich das folgende Klassifikationsschema:

Verbale Kategorie	Aussagesicherheit	maximale Fehlergrenzen
sicher	90 %	± 10 %
wahrscheinlich	90 %	± 20 %
möglich I	90 %	± 30 %
möglich II	90 %	± 50 %

Reserven, die auch die Bedingungen der Kategorie "möglich II" noch nicht erfüllen, sollen als "unklassifiziert" bezeichnet werden.

3) Definition der Blockgrößen:

a) Sogenannte "Urblöcke" sind durch das Beprobungsraster (z. B. Bohrungen) vorgegeben und eigentlich nur reine Arbeitszwischenstufen zur Berechnung der Varianzen.

b) Urblöcke werden zu einem größeren Block, dem "Definitionsblock" aufaddiert, der z. B. etwa den sogenannten <u>Kernreserven</u> entspricht. Diese sollten etwa so groß sein, daß mit ihnen z. B. die wirtschaftliche "break−even−Situation" (s. Kap. 7.2) erreicht werden kann. Die Kernreserven im Definitionsblock enthalten oft die Vorratsmenge für eine Abbautätigkeit von etwa drei bis vier Jahren.

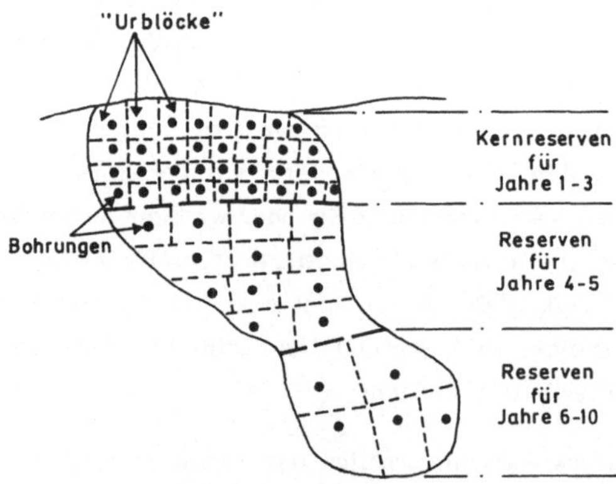

Abb. 1.4.1: Schema für die Ermittlung der Definitionsblöcke nach Wellmer 1983a.

4) Berechnungsmethode:

Variogramme (s. Kap. 2) werden – wenn möglich – für jeden Definitionsblock getrennt erstellt. Fehlergrenzen für den gesamten Definitionsblock werden geostatistisch über die Schätz- bzw. Ausdehnungsvarianzen (s. Kap. 4.2) ermittelt.

In der Abb. 1.4.1 sind die Definitionsblöcke und die Urblöcke schematisch dargestellt. Die Kernreserven sind enger abgebohrt, d. h. die Schätzvarianzen liegen dort niedriger, so daß die Kernreserven logischerweise in eine höhere Kategorie gehören müssen als die anderen, weitständiger abgebohrten Feldesteile der Lagerstätte.

Die Auswahl und Anwendung der geeigneten Rechenverfahren zur Ermittlung und Klassifikation der Gesamtreserven ist eines der Hauptziele der Geostatistik und wird im Rahmen dieser Einführung später in den Kapiteln 5.1 und 5.3 behandelt. Daneben ist die optimale Schätzung der lokalen Reserven innerhalb von relativ kleinen Teilbereichen der Lagerstätte, z. B. innerhalb der Urblöcke, vor allem für die mittel- und kurzfristige Abbauplanung von Bedeutung. Die Schätzverfahren, die sich für diesen speziellen Zweck eignen, werden im Kap. 5.2 vorgestellt. Bei der Berechnung gewinnbarer Reserven, d. h. bei der selektiven Gewinnung unter Anwendung eines Cut-off-Wertes, sind wiederum zusätzliche Aspekte zu beachten, die im Kapitel 5.4 erläutert werden.

Alle geostatistischen Verfahren, die der lokalen oder globalen Ermittlung und Klassifikation der Reserven dienen, basieren grundsätzlich auf einer quantitativen Erfassung der betreffenden Lagerstätteneigenschaften (z. B. der Gehalte) im Hinblick auf ihre Variabilität. Deshalb werden in den nachfolgenden Kapiteln 2 und 3 zuerst die Berechnung und die Interpretation der sogenannten Variogramme dargestellt, die am besten geeignet sind, die Variabilität des betrachteten Lagerstättenparameters quantitativ zu beschreiben.

KAPITEL 2. VARIOGRAMME

Die Abhängigkeit zwischen den Probenwerten einer Variablen im Raum kann durch ein Variogramm, ein Kovariogramm oder ein Korrelogramm beschrieben werden. Das wichtigste Werkzeug der Geostatistik, eine regionalisierte Variable zu beschreiben, ist das Variogramm. Nach einer Einführung in die Theorie der regionalisierten Variablen und der Erläuterung der Zusammenhänge zwischen Variogramm, Kovariogramm und Korrelogramm, werden theoretische Variogrammmodelle vorgestellt und Verfahren der Anpassung der Modelle an die experimentellen Daten beschrieben. Abschließend werden neuere Verfahren der Variogrammerstellung vorgestellt.

Hinweis: In diesem und in den folgenden Kapiteln ist unter "x" immer eine Ortsangabe zu verstehen und wird deshalb kursiv geschrieben. Durch diese Schreibweise wird die Ortsangabe von den Bezeichnungen X bzw. x unterschieden, die im vorigen Kapitel verwendet wurden, um die Zufallsvariable X bzw. die Meß- oder Probenwerte x_i zu beschreiben. Zur Kennzeichnung solcher Variablen wird nunmehr bevorzugt Z bzw. z verwendet, um Verwechslungen zu vermeiden. Die Bezeichnung $Z(x)$ symbolisiert die Zufallsfunktion oder -variable Z an der Stelle x. Der Meß- oder Probenwert am Ort x_i wird nunmehr durch $z(x_i)$ beschrieben.

2.1 Theorie der regionalisierten Variablen

Die Theorie der regionalisierten (ortsabhängigen, ortsgebundenen) Variablen (Matheron 1962–1965) ist in den Lehrbüchern von David (1977) und besonders von Journel & Huijbregts (1978) ausführlicher dargelegt. Im Formelkompendium im Anhang IV im Abschnitt 2 werden die Hypothesen für die Statistik von Zufallsfunktionen genauer behandelt; hier wird nur ein sehr stark vereinfachter Abriß gegeben, soweit er für das Verständnis der Einführung in die praktische Geostatistik notwendig ist.

Die ortsabhängige Variable $z(x)$, die für die folgenden theoretischen Überlegungen zunächst als eine mathematische Beschreibung von punktförmigen Proben angenommen wird, nimmt an jeder Stelle x des dreidimensionalen Raumes einen anderen Wert an. Der Raum ist aus praktischen Gründen beschränkt auf das Volumen D, das als Lagerstätte oder Teil einer Lagerstätte gegeben sein kann, d. h. $x \in D$. Die Veränderung von Ort zu Ort kann vollständig erratisch, unstetig, aber auch mehr oder weniger kontinuierlich sein. Die Gesamtheit der Veränderungen ist deshalb weder statistisch vollständig erfaßbar noch mathematisch–deterministisch durch exakte Formeln beschreibbar. Dennoch steckt hinter dieser Variabilität oft eine Struktur derart, daß z. B. im Mittel Werte von nahe benachbarten Punkten ähnlicher sind als von weiter entfernten. Diese mittlere Struktur verlangt in der Beschreibung einer ortsabhängigen Variablen nach einer gewissen funktionalen Darstellung, so daß man insgesamt unter Berücksichtigung der beiden Aspekte (Zufälligkeit und Strukturabhängigkeit) ortsabhängige Variable $z(x)$ als Realisierung einer bestimmten Zufallsfunktion ansehen kann: Hierbei wird der Wert der ortsabhängigen Variablen $z(x)$ am Punkt x_i als eine Realisierung einer bestimmten Zufallsvariablen $Z(x_i)$ interpretiert, die an diesem Punkt x_i definiert ist. Dementsprechend kann auch die ortsabhängige Variable, die aus einem Satz von Werten $z(x)$ besteht (die ihrerseits aus allen Punkten x innerhalb einer Lagerstätte stammen), als eine Realisierung des Satzes von Zufallsvariablen $\{ Z(x), x \in D \}$ interpretiert werden. Dieser Satz von Zufallsvariablen wird nunmehr als eine Zufallsfunktion bezeichnet. Hinweis: Im folgenden werden die Realisierungen bzw. die Beobachtungen (ortsabhängige Variable bzw. Probenwerte) in kleinen Buchstaben, $z(x)$, $z(x_i)$, und deren wahrscheinlichkeitstheoretische Interpretationen (Zufallsvariable bzw. Zufalls– funktionen) in großen Buchstaben, $Z(x_i)$, $Z(x)$, dargestellt.

Betrachtet man einen Satz von n Punkten des Raumes, dann erhält man einen Vektor von n Zufallsvariablen mit n Komponenten und eine zugehörige Verteilungsfunktion. Nimmt man einen zweiten Satz von n anderen Punkten im gleichen Raum, dann erhält man einen zweiten Vektor und eine zweite Verteilungsfunktion. Setzt man dies fort, dann kann man sagen, daß der Satz aller Verteilungsfunktionen für alle n und für jede Wahl der n Punkte das "spezielle Gesetz der Zufallsfunktion" beinhaltet. In der Anwendung geostatistischer Methoden werden aber nur die beiden ersten Momente (s. Kap. 1.3.2) der Zufallsfunktion benutzt:

Die Erwartungswertfunktion oder das erste Moment der Zufallsfunktion $Z(x)$ ist abhängig von x, d. h.:

$$E[Z(x)] = m(x) \ .$$

Die drei verschiedenen zweiten Momente sind wie folgt definiert:

a) Die Varianzfunktion, das zweite Moment um die Erwartung, ist ebenfalls von x abhängig, d. h.:

$$\mathrm{Var}[Z(x)] = E[(Z(x){-}m(x))^2] \ .$$

b) Die Kovarianzfunktion zwischen zwei Zufallsvariablen $Z(x_1)$ und $Z(x_2)$ einer Zufallsfunktion, die eine Varianz haben, ist eine Funktion der beiden Punktsätze x_1 und x_2 und wird als Kovariogramm bezeichnet, d. h.

$$\mathrm{Cov}[x_1,x_2] = K(x_1,x_2) = E[(Z(x_1)-m(x_1)) \cdot (Z(x_2)-m(x_2)] \ .$$

c) Das Variogramm ist definiert als die Varianz des Inkrements von zwei Zufallsvariablen einer Zufallsfunktion d. h.:

$$2\gamma(x_1,x_2) = \mathrm{Var}[Z(x_1)-Z(x_2)] \ .$$

Aus den Definitionen für das Kovariogramm und für das Variogramm geht hervor, daß diese gleichzeitig von den Punktsätzen x_1 und x_2 abhängig sind. Das bedeutet, daß jedes Paar von Daten mit gleichem Abstandsvektor h ggf. als eine verschiedene Realisierung des Paares von Zufallsvariablen $Z(x_1),Z(x_2)$ angesehen werden kann. Es sind nicht die speziellen Positionen von x_1 und x_2, sondern nur der Abstandsvektor h von Bedeutung (s. weiter unten!).

Da in der Praxis nur eine Realisierung $z(x)$ der Zufallsfunktion $Z(x)$ bekannt ist, ist es notwendig – bezüglich der Wahrscheinlichkeitsstruktur – Annahmen zu treffen, d. h. zu einer von drei brauchbaren Hypothesen zu greifen, um so anhand dieser einen Realisierung weitreichende statistische Schlußfolgerungen ziehen zu können. Diese Hypothesen werden im folgenden kurz beschrieben:

1. Hypothese der strengen Stationarität: Eine Zufallsfunktion ist streng stationär, wenn ihr "räumliches Verteilungsgesetz" invariant gegen Translation ist. D. h. die vorher beschriebenen n–Komponenten–Vektoren weisen dann für jeden Translationsvektor h das gleiche Verteilungsgesetz auf, und der Erwartungswert sowie die zweiten Momente sind unabhängig von x. Da die lineare Geostatistik jedoch nur die beiden ersten Momente benötigt, genügt es anzunehmen, daß diese Momente existieren, um so die Annahme der Stationärität auf diese zu beschränken.

2. Hypothese der Stationarität 2. Ordnung: Eine Zufallsfunktion weist eine Stationarität 2. Ordnung (= schwache Stationarität) auf, wenn der Erwartungswert unabhängig von x ist, d. h.:

$$E[Z(x)] = m \ ,$$

und wenn für jedes Paar von Zufallsvariablen $(Z(x),Z(x+h))$ die Kovarianz in Abhängigkeit vom Abstandsvektor h (das Kovariogramm) existiert:

$$K(h) = E[Z(x+h) \cdot Z(x)] - m^2 \ .$$

Die Abhängigkeit der Kovarianz nur vom Abstandsvektor h bedeutet, daß auch Varianz und Variogramm nur noch von h abhängig sind, d. h.:

$$Var[Z(x)] = E[(Z(x)-m)^2 = K(0)$$

$$\gamma(h) = \frac{1}{2} E[(Z(x+h)-Z(x))^2] = K(0)-K(h) \ .$$

Letztere Gleichung bedeutet, daß unter der Hypothese der Stationarität 2. Ordnung das Kovariogramm und das Variogramm äquivalente Beschreibungen der Autokorrelation zwischen den Variablen $Z(x+h)$ und $Z(x)$ sind. Daraus kann man das Korrelogramm ableiten, d. h.:

$$\rho(h) = \frac{K(h)}{K(0)} = 1 - \frac{\gamma(h)}{K(0)} \ .$$

Die Hypothese der Stationarität 2. Ordnung verlangt die Existenz der Kovarianz und damit eine endliche Varianz $Var[Z(x)] = K(0)$. Diese existiert jedoch nicht immer, während das Variogramm immer existiert, so daß man die Stationarität 2. Ordnung zur intrinsischen Hypothese abschwächt.

3. <u>Intrinsische Hypothese</u>: Eine Zufallsfunktion genügt der intrinsischen Hypothese, wenn der Erwartungswert der Differenzen zwischen $Z(x+h)$ und $Z(x)$ gleich Null ist d. h.:

$$E[Z(x+h)-Z(x)] = m(h) = 0 \ ,$$

und wenn für alle Abstandsvektoren h das <u>Inkrement</u> $(Z(x+h)-Z(x))$ eine endliche Varianz unabhängig von x aufweist, d. h.

$$Var[Z(x+h)-Z(x)] = E[(Z(x+h)-Z(x))^2] = 2\gamma(h) \ .$$

Arbeitet man unter den Bedingungen der intrinsischen Hypothese mit linearen geostatistischen Methoden, dann braucht man nur das Semivariogramm zu kennen.

Sind die Bedingungen dieser Hypothesen (Unabhängigkeit von x) nicht erfüllt, d. h. liegt eine Drift mit $m(h) \neq 0$ vor, dann muß man zu anderen, fortgeschrittenen Methoden der Geostatistik greifen, die im Kapitel 6 behandelt werden.

Die mathematische Kovarianzfunktion ist positiv definit, während das Variogramm einer Zufallsfunktion $(-\gamma(h))$ "bedingt" positiv definit ist (vgl. Anhang IV, Abschnitt 2).

Deshalb beachte man bei einer Variogrammanpassung, daß das empirische Variogramm auch diese Eigenschaft besitzt (vgl. Kap. 2.3.2), weil die anhand des Variogramms berechneten Varianzwerte positiv sein müssen.

In der Praxis stehen ortsabhängige Variable in der Regel nur als Meßwerte von Proben an diskreten Stellen zur Verfügung. Variable gemessen an Proben mit gleicher Geometrie und gleichem, endlichen Volumen, d. h. mit einer konstanten, endlichen Stützung (support), die bezüglich des Gesamtvolumens nicht vernachlässigbar ist, beinhalten einen Glättungseffekt, der die wahre Variabilität punktförmiger Proben verschleiert (vgl. Kap. 4.1.3). Ist die Stützung der Proben klein gegen das Volumen, dem sie entnommen wurden, dann kann man die Proben als punktförmig annehmen.

2.2 Experimentelle Berechnung der Variogramme, Kovariogramme und Korrelogramme

Innerhalb einer Lagerstätte sind die einzelnen Merkmale (z. B. die Variablen: Metallgehalte, Mächtigkeit, Dichte, Porosität) nur an den Stellen bekannt, an denen Proben gewonnen und die entsprechenden Probenwerte (Merkmalswerte) gemessen wurden. Es liegt dann eine einzige Realisierung $z(x)$ der jeweiligen Zufallsfunktion $Z(x)$ vor. Die Korrelation zwischen den ortsabhängigen Probenwerten $z(x_i)$ kann durch Variogramme, Kovariogramme und Korrelogramme beschrieben werden.

2.2.1 **Variogramm**: Das gebräuchlichste und grundlegende Mittel der Geostatistik, das dazu dient, die den Merkmalen innewohnende ortsabhängige Struktur zu charakterisieren, ist das Variogramm, wie das in Kap. 2.1 dargelegt wurde. Dieses läßt sich als experimentelles Semivariogramm auf eine sehr einfache Weise aus den Probendaten gewinnen. Hinweis: Im folgenden Text wird der Kürze halber anstelle des Begriffes Semivariogramm oft auch der Begriff Variogramm verwendet. Aus den jeweils angegebenen Formeln ist zu erkennen, ob damit $\gamma(h)$ oder $2\gamma(h)$ gemeint ist.

Entlang einer Linie (Bohrung, Strecke oder Traverse) sei in gleichen Abständen d an den Stellen x_i jeweils eine Probe entnommen worden. Die gemessenen Probenwerte der Variablen seien $z(x_i)$:

i =	1	2	3	4		5	6	7	8	9	10
$z(x_i)$ =	6	7	9	10	d	12	11	14	14	16	15 .

Im experimentellen Semivariogramm werden die halben, mittleren quadrierten Differenzen der Werte zwischen Punkten mit gleichen Abständen $h = 1d, 2d, \cdots$ dargestellt. Unter der Annahme der intrinsischen Arbeitshypothese erfolgt die Berechnung nach folgender Gleichung:

$$\gamma^*(h) = \frac{1}{2} \cdot \frac{\sum\limits_{i=1}^{n(h)} \{[z(x_i+h)-z(x_i)]^2\}}{n(h)}$$

mit $n(h) = $ der Anzahl der Wertepaare für jede <u>Schrittweite</u> h. Für das obige Beispiel erhält man dann:

$$h = 1d: \quad \gamma(h) = 1/2 \cdot [(\;7-\;6)^2+(\;9-\;7)^2+(10-\;9)^2+(12-10)^2+(11-12)^2+(14-11)^2$$
$$+(14-14)^2+(16-14)^2+(15-16)^2]/9 = 1,4$$

$$h = 2d: \quad \gamma(h) = 1/2 \cdot [(\;9-\;6)^2+(10-\;7)^2+(12-9)^2+(11-10)^2+(14-12)^2+(14-11)^2$$
$$+(16-14)^2+(15-14)^2]/8 = 2,9$$

$$h = 3d: \quad \gamma(h) = 1/2 \cdot [(10-\;6)^2+(12-\;7)^2+(11-\;9)^2+(14-10)^2+(14-12)^2+(16-11)^2$$
$$+(15-14)^2]/7 = 6,5$$

$$h = 4d: \quad \gamma(h) = 1/2 \cdot [(12-\;6)^2+(11-\;7)^2+(14-\;9)^2+(14-10)^2+(16-12)^2+(15-11)^2]$$
$$/6 = 10,4$$

$$h = 5d: \quad \gamma(h) = 1/2 \cdot [(11-\;6)^2+(14-\;7)^2+(14-\;9)^2+(16-10)^2+(15-12)^2]$$
$$/5 = 14,4$$

u.s.f.

$$h = 0: \quad \text{Da die Differenzen zwischen gleichen Probenwerten Null sind, ist}$$
$$\gamma(0) = 0 \;.$$

In Abb. 2.2.1 ist der Zusammenhang zwischen den berechneten Variogrammwerten und den Schrittweiten graphisch dargestellt. Aus dieser Abbildung kann man ablesen, daß im Mittel der Unterschied zwischen zwei nahe benachbarten Proben gering ist, während er bei zunehmend entfernteren Proben schnell größer wird. Damit charakterisiert das Variogramm die Veränderlichkeit einer Vererzung, d. h. es beschreibt eine strukturelle Eigenschaft. Es sei noch angemerkt, daß das Variogramm keine Aussage über die absoluten Größen der verarbeiteten Probenwerte enthält, da in den Rechenvorgang nur die Differenzen zwischen den Probenwerten eingegangen sind.

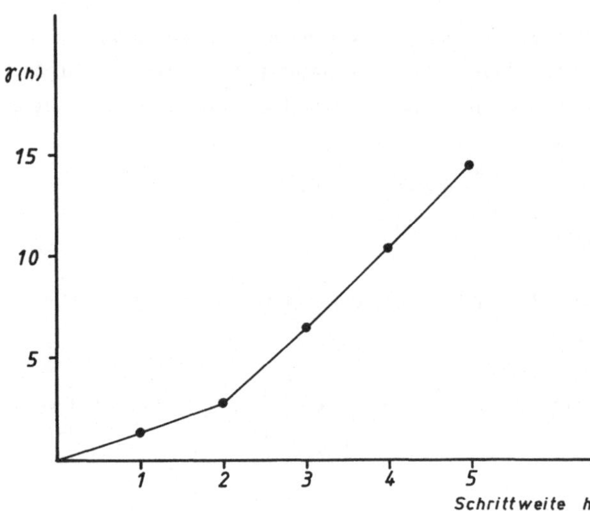

Abb. 2.2.1: Experimentelles Variogramm des Rechenbeispiels im Text.

Unterstellt man, daß das arithmetische Mittel der Differenzen der Probenwerte im Abstand h jeweils 0 ist, dann gibt das Variogramm für jeden Abstand h die Varianz der Verteilung der Differenzen als $2\gamma(h)=E[((Z(\mathbf{x}_i)-Z(\mathbf{x}_i+h))^2]$ an. Die Aussage, daß m(h) = 0 sein muß, bedeutet, daß keine Drift in der ortsabhängigen Variablen vorliegt. Die Bedingungen der intrinsischen Hypothese sind somit erfüllt.

Erreicht das Variogramm in einem Abstand a (= Reichweite, range) Werte, die um einen Grenzwert C = $\gamma(\infty)$ (= Schwellenwert, sill), der gleich der statistischen Varianz der Werte ist, schwanken (siehe Abb. 2.2.2), sind die Bedingungen einer Stationarität zweiter Ordnung erfüllt. Die Konsequenzen, die sich ergeben, wenn diese Bedingungen nicht erfüllt sind, werden im Kap. 6 behandelt. Vereinfachend war h als der Abstand zwischen zwei Probenwerten bezeichnet worden, ohne auf eine Richtung Rücksicht zu nehmen. Ein Variogramm ist jedoch sowohl vom Abstand als auch von der Orientierung von h abhängig, wie dies ebenfalls nachfolgend gezeigt wird.

Zusammenfassend ist zu sagen, daß das Variogramm eine Aussage über die statistische Verteilung der Differenzen in den Probenwerten in Abhängigkeit vom Abstandsvektor und damit auch eine Aussage über die Struktur der Vererzung macht.

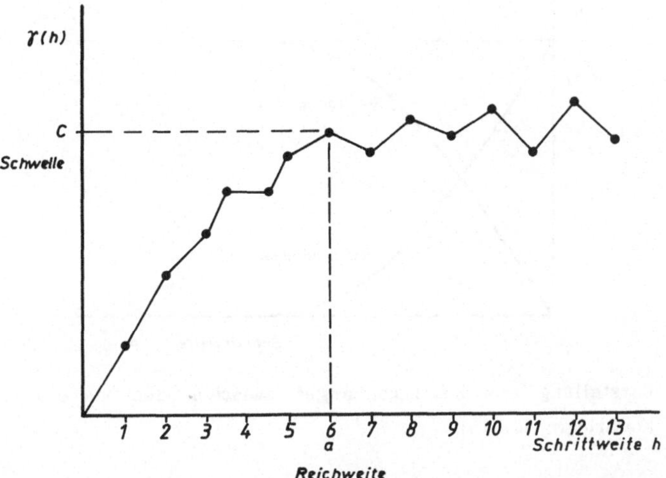

Abb. 2.2.2: Experimentelles Variogramm mit Schwellenwert C und Reichweite a
(schematisch).

2.2.2 Kovariogramm: So wie das Variogramm den Erwartungswert der quadrierten
Paardifferenzen in Abhängigkeit vom Abstand h, d. h. die Varianzen in Abhängigkeit
von h, wiedergibt, gibt das Kovariogramm den Erwartungswert für die Kovarianzen in
Abhängigkeit von h wieder:

$$K(h) \; = \; E \left\{ \left[Z(x_i) - E[Z(x_i)] \right] \cdot \left[Z(x_i + h) - E[Z(x_i + h)] \right] \right\} \; .$$

Sind die Bedingungen der Stationarität zweiter Ordnung erfüllt, dann besteht
zwischen Kovariogramm und Variogramm die Beziehung (Abb. 2.2.3):

$$\gamma(h) \; = \; \gamma(\infty) \; - \; K(h) \; = \; K(0) \; - \; K(h) \; .$$

In diesem Fall sind Variogramm und Kovariogramm äquivalente Beschreibungen der
Ortsabhängigkeit.

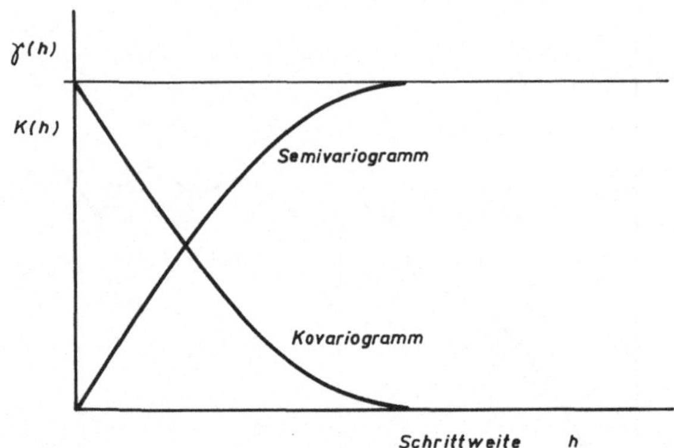

Abb. 2.2.3: Darstellung des Zusammenhanges zwischen Semivariogramm γ(h) und Kovariogramm K(h).

2.2.3 Korrelogramm: Das Korrelogramm beschreibt die Korrelation zwischen den Variablenpaaren $Z(x_i)$ und $Z(x_i+h)$ in Abhängigkeit von den Abständen h:

$$\wp(h) \ = \ \frac{K(h)}{\sqrt{Var(Z(x_i)) \cdot Var(Z(x_i+h))}} \quad .$$

In der Tabelle 2.2.1 ist der Rechengang zur Ermittlung der Kovarianzen und Korrelationen anhand der Daten des Variogramms der Abb. 2.2.1 für die Schrittweite h=5 wiedergegeben. In Tabelle 2.2.2 sind die Rechenergebnisse für alle Schrittweiten von h=0 bis h=5 zusammengestellt. Man erkennt, daß die Kovarianzen und die Korrelationszahlen in Abhängigkeit von h deutlich abnehmen, d. h. die Unterschiede zwischen den Proben werden mit zunehmender Entfernung größer bzw. die strukturelle Abhängigkeit nimmt ab.

Tabelle 2.2.1: Berechnung der arithmetischen Mittel, Varianzen, Kovarianzen und des Korrelationskoeffizienten von Probenwerten im Abstand h=5 anhand der Daten des Kapitels 2.2.1

i	$z(x)$	i+5	$z(x+5)$	$z(x)-\bar{z}_1$	$z(x+5)-\bar{z}_2$	$[z(x)-\bar{z}_1]^2$	$[z(x+5)-\bar{z}_2]^2$	$(z(x)-\bar{z}_1)\cdot(z(x+5)-\bar{z}_2)$
1	6	6	11	−2,8	−3,0	7,84	9,00	8,40
2	7	7	14	−1,8	0,0	3,24	0,00	0,00
3	9	8	14	+0,2	0,0	0,04	0,00	0,00
4	10	9	16	+1,2	+2,0	1,44	4,00	2,40
5	12	10	15	+3,2	+1,0	10,24	1,00	3,20
$\sum$:	44		70	0,0	0,0	22,80	14,00	14,00

$$\bar{z}_1(h=5) = \frac{44}{5} = 8,8 \quad \mathrm{Var}(z(x)) = s_1^2(h=5) = \frac{22,80}{4} = 5,70 \quad \mathrm{Cov}(h=5) = s_{12} = \frac{14,00}{4} = 3,50$$

$$\bar{z}_2(h=5) = \frac{70}{5} = 14,0 \quad \mathrm{Var}(z(x+5)) = s_2^2(h=5) = \frac{14,00}{4} = 3,50 \quad r(h=5) = \frac{3,50}{\sqrt{5,7\cdot3,5}} = 0,78$$

Tabelle 2.2.2: Arithmetische Mittel, Varianzen, Kovarianzen und Korrelationszahlen der Abstände h=0 bis h=5 anhand der Daten des Kapitels 2.2.1

h	$n(h)$	$\bar{z}_1(h)$	$\bar{z}_2(h)$	$s_1^2(h)$	$s_2^2(h)$	$s_{1,2}(h)$	$r(h)$
0	10	11,4	11,4	11,60	11,60	11,60	1,00
1	9	11,0	12,0	11,25	9,00	9,13	0,91
2	8	10,4	12,6	8,94	6,27	7,16	0,96
3	7	9,9	13,1	7,81	4,81	5,02	0,82
4	6	9,2	13,7	5,37	3,47	4,07	0,94
5	5	8,8	14,0	5,70	3,50	3,50	0,78

<u>Hinweis:</u> Der theoretische Zusammenhang $\gamma(h) = K(0) - K(h)$ sollte zur Berechnung von $\gamma(h)$ (vgl. Abb. 2.2.1) nicht benutzt werden, da $K(h)$ nicht definiert ist.

Semivariogramm, Kovariogramm und Korrelogramm geben in gleicher Weise die Abhängigkeiten der Probenwerte von der Örtlichkeit wieder. Im folgenden wird jedoch in erster Linie auf das Variogramm zurückgegriffen, da es unter den Bedingungen der intrinsischen Hypothese stets benutzbar ist.

2.2.4 <u>Experimentelle Semivariogramme:</u> In Kapitel 2.2.1 war dargelegt worden, wie ein experimentelles Variogramm entlang einer Linie berechnet wird. In der Praxis sind die strengen Voraussetzungen bezüglich des regelmäßigen Abstandes der Probenpunkte selten erfüllt. Es ist durchaus so, daß Proben entlang eines regelmäßigen Rasters ausfallen und daß Proben nicht exakt in gleichen Abständen genommen werden können. Diese Unzulänglichkeiten werden überwunden, indem man für die Schrittweite d eine Toleranz von Δd zuläßt, und bei der Variogrammberechnung die Wertepaare ausläßt, für die eine Probe fehlt. Dies wird am modifizierten Beispiel der Abb. 2.2.1 dargelegt.

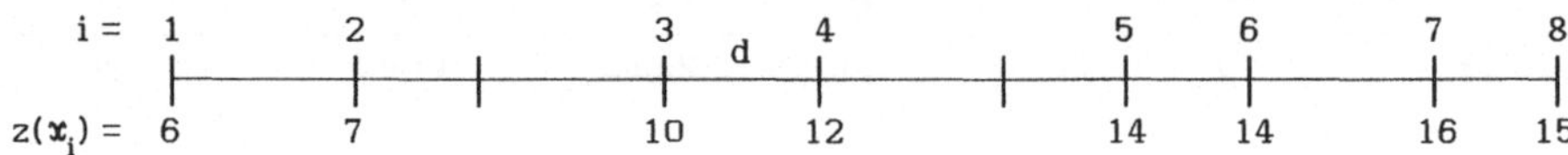

Die Entnahmepunkte x_i der Proben liegen jetzt nicht mehr in gleichen Abständen und es fehlen zwei Proben in der Folge. Als Toleranz für die Schrittweite Δd wird hier d = ± 0,3d vorgegeben. Die Berechnung erfolgt ähnlich wie zuvor:

$$h = 1d: \quad \gamma(h) = \frac{1}{2} \cdot \frac{(7-6)^2 + (12-10)^2 + (14-14)^2 + (16-14)^2 + (15-16)^2}{5} = 1,0$$

$$h = 2d: \quad \gamma(h) = \frac{1}{2} \cdot \frac{(10-7)^2 + (14-12)^2 + (16-14)^2 + (15-14)^2}{4} = 2,3$$

$$h = 3d: \quad \gamma(h) = \frac{1}{2} \cdot \frac{(10-6)^2 + (12-7)^2 + (14-10)^2 + (14-12)^2 + (15-14)^2}{5} = 6,2$$

$$h = 4d: \quad \gamma(h) = \frac{1}{2} \cdot \frac{(12-6)^2 + (14-7)^2 + (14-10)^2 + (16-12)^2}{4} = 9,0$$

$$h = 5d: \quad \gamma(h) = \frac{1}{2} \cdot \frac{(14-7)^2 + (16-10)^2 + (15-12)^2}{3} = 15,7$$

$$\text{u.s.f.}$$

$$h = 0: \quad \gamma(0) = 0 \ .$$

Die Berechnung mit der verminderten Zahl von Proben und den weniger regelmäßigen Abständen ergibt hier durchaus vergleichbare Variogrammwerte. Des weiteren ist es möglich, die einzelnen Wertepaare durch die zugehörigen Abstände zu wichten. Es bleibt jedoch festzustellen, daß die größere Zahl von Meßwertepaaren mit gleichmäßigen Abständen meistens zu dem besser gesicherten Variogramm führt.

Die Berechnung des Variogramms für Probenpunkte, die in einer Ebene verteilt sind, erfolgt ähnlich wie die Berechnung eines Variogramms entlang einer Linie. Merkmale, die Proben in der Ebene aufweisen, könnten die Spurenelementgehalte in Böden [ppm], die Mächtigkeiten einer schichtigen Lagerstätte [m], die mittleren Metallgehalte von Bohrkernen [%], das Produkt aus Mächtigkeit und Gehalt (= Akkumulation, [m · %]), die Niederschlagsmenge [cm^3] etc. sein. Theoretisch wird wieder gefordert, daß die Proben auf einem Raster $d_1 \cdot d_2$ liegen, wobei die beiden Abstände nicht notwendigerweise gleich sein müssen. In Abb. 2.2.4 sind Probenwerte $z(x_i, y_i)$ auf einem Raster mit $d = d_1 = d_2$ wiedergegeben.

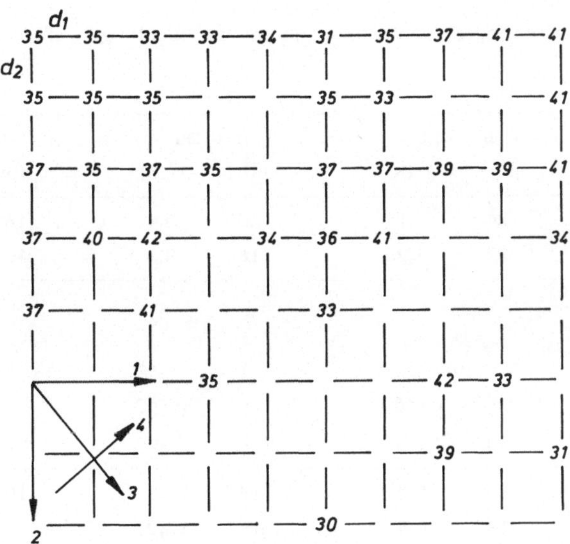

Abb. 2.2.4: Probenwerte in der Ebene auf einem Raster $d = d_1 = d_2$ mit Angabe der vier Richtungen zur Bestimmung der Variogramme (Journel & Huijbregts 1978).

In der Ebene lassen sich Variogramme für verschiedene Richtungen berechnen. Als praktisch hat es sich erwiesen, die Richtungen parallel und diagonal durch die Rasterpunkte zu legen, so daß die Schrittweiten d_1, d_2 und $\sqrt{d_1^2 + d_2^2}$ betragen.

Für jede der Richtungen bestimmt man das Variogramm in der gleichen Weise wie für Linien. Die Quadrate der Differenzen zwischen den Wertepaaren im gleichen Abstand h sind für parallele Reihen durch das Raster zu addieren, d. h. es wird nicht das Variogramm einer einzelnen Reihe berechnet, sondern das Variogramm der Richtung. Das Rechenergebnis für das Beispiel der Abb. 2.2.4 ist in der Tabelle 2.2.3

zusammengestellt. In Abb. 2.2.5 sind die ermittelten Semivariogrammwerte getrennt für jede Richtung über die Entfernung h aufgetragen. Die Variogrammwerte der vier Richtungen liegen so nahe beieinander, daß man sie zu einem einzigen linearen Semivariogramm zusammenfassen kann, wie das in der Tabelle 2.2.3 durch eine gewichtete Mittelwertbildung erfolgt ist. Die Anzahl der Wertepaare $n(h)$ für die einzelnen Abstände wurde als Wichtung gewählt. Sind die Semivariogramme für die verschiedenen Richtungen nicht gleich, dann liegt eine Anisotropie in der Ortsabhängigkeit der Merkmale vor. Auf solche Fälle wird im Kapitel 3.1.2 eingegangen werden.

Tabelle 2.2.3: Semivariogrammberechnungen in vier Richtungen anhand der Daten der Abb. 2.2.4

	$h = 1d$		$h = 2d$		$h = 3d$	
	$n(h)$	$\gamma^*(h)$	$n(h)$	$\gamma^*(h)$	$n(h)$	$\gamma^*(h)$
Richtung 1	24	4,1	20	8,4	18	12,1
Richtung 2	22	4,25	18	8,2	15	10,9

	$h = 1d\sqrt{2}$		$h = 2d\sqrt{2}$		$h = 3d\sqrt{2}$	
	$n(h)$	$\gamma^*(h)$	$n(h)$	$\gamma^*(h)$	$n(h)$	$\gamma^*(h)$
Richtung 3	19	5,0	16	11,9	10	17,3
Richtung 4	18	6,5	14	11,3	8	15,4

Gewichtete Mittelwerte der $\gamma^*(h)$

h	$1d$	$1d\sqrt{2}$	$2d$	$2d\sqrt{2}$	$3d$	$3d\sqrt{2}$
$n(h)$	46	37	38	30	33	18
$\gamma^*(h)$	4,1	5,7	8,3	11,6	11,6	16,4

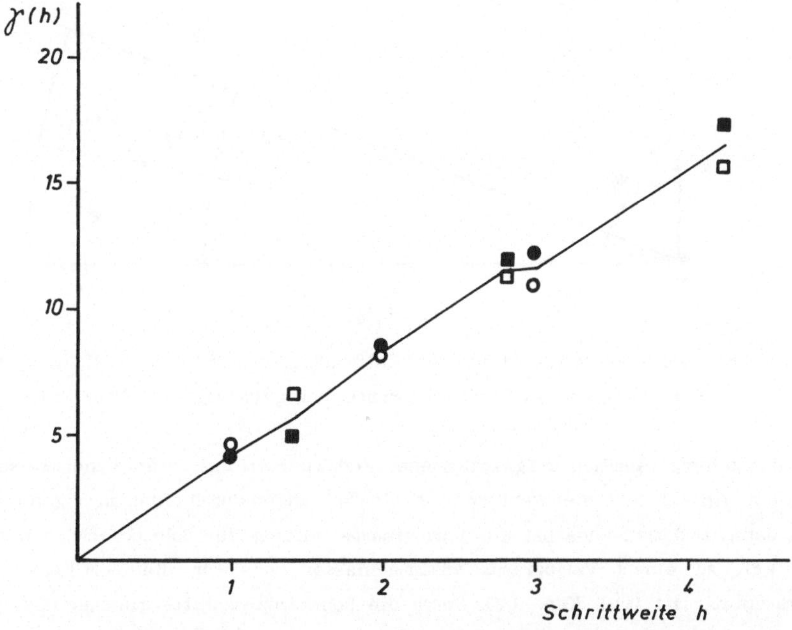

Abb. 2.2.5: Semivariogrammpunkte der vier Richtungen (1 = O, 2 = ●, 3 = ■ , 4 = □)
der Probenwerte der Abb. 2.2.4 und mittleres experimentelles Variogramm
nach Tabelle 2.2.3 (Journel & Huijbregts 1978).

Liegen die Probenpunkte <u>nicht</u> auf einem regelmäßigen Raster, so kann man zwischen
verschiedenen Verfahren wählen, um ein Variogramm zu bestimmen. Liegen die
Probenpunkte nur geringfügig von den Rasterpunkten entfernt, dann kann man die
Probenpunkte auf die nächstliegenden Rasterpunkte verschieben. Eine zweite Möglichkeit
besteht darin, Linien verschiedener Orientierung durch die Ebene zu legen, die
Probenpunkte auf die jeweils benachbarte Linie zu projizieren und entlang dieser
Linien das Semivariogramm mit einer Schrittweite d ±Δd zu berechnen. Ein drittes
Verfahren wird dann angewendet, wenn die Probenpunkte völlig regellos verteilt sind.
Man legt die gewünschten Richtungen für verschiedene Winkel ψ_i fest und läßt zum
einen eine Toleranz in der Richtung von ±Δψ <u>(Öffnungswinkel)</u> zu und zum anderen für
die gewählte Schrittweite d eine Toleranz von ±Δd, wie das in der Abb. 2.2.6
wiedergegeben ist. Alle Punkte, die in das Fenster ±Δψ, ±Δd fallen, werden vom Punkt
x_i der Richtung ψ_i und dem Abstand h als ein Punkt x_i+h zugeordnet.

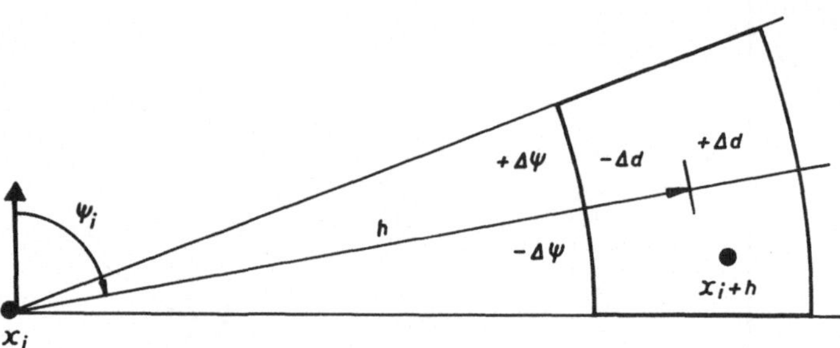

Abb. 2.2.6: Toleranzbereiche $\pm\Delta d$ der Entfernung und $\pm\Delta\psi$ der Richtung für die Berechnung eines Semivariogramms unregelmäßig verteilter Probenpunkte.

Die Behandlung räumlich aufgeschlossener Erzkörper erfolgt in ähnlicher Weise. Liegt z. B. eine Anzahl mehr oder weniger paralleler Bohrungen durch einen massigen Erzkörper vor, dann wird man zunächst die Variogramme entlang der Bohrlochachsen bestimmen und ggf. zu einem Variogramm zusammenfassen, das für die vertikale Richtung repräsentativ ist (vgl. Kap. 3.2). Durch die Bohrkernabschnitte gleicher Höhe werden schichtweise horizontale Variogramme für verschiedene Richtungen berechnet. Die Variogrammberechnungen zeigen dann, ob die Vererzung isotrop oder anisotrop ist. Liegen die Probenpunkte auf einem räumlich unregelmäßigen Raster (etwa bei fächerförmigen Bohrungen), dann erfolgt die Berechnung am besten, indem man räumliche Richtungen mit einem kegelförmigen Toleranzbereich und mit Toleranzen in der Schrittweite untersucht.

2.2.5 <u>Experimentelles Kreuzvariogramm</u>: Das Kreuzvariogramm ist das multivariate Analogon zum Semivariogramm. Es wird benötigt, wenn man z. B. mit Hilfe einer Variablen eine andere schätzen will, wie das in den Kokrigeverfahren (s. Kap. 5.0 bzw. 5.4.2.2) durchgeführt wird. Die Berechnung des experimentellen Kreuzvariogramms $\gamma_{yz}(h)$ für den Satz der beiden Probenwerte $y(\mathbf{x}_i)$ und $z(\mathbf{x}_i)$ erfolgt in Analogie zur Berechnung des experimentellen Semivariograms nach folgender Beziehung:

$$\gamma_{yz}^{*}(h) = \frac{1}{2} \cdot \frac{\sum_{i=1}^{n(h)} [(y(\mathbf{x}_i+h)-y(\mathbf{x}_i)) \cdot (z(\mathbf{x}_i+h)-z(\mathbf{x}_i))]}{n(h)},$$

mit n(h) = der Anzahl der Paare für jede Schrittweite h. Von Nienhuis (1987b) wird ein einfaches Rechenprogramm zur Berechnung von Semi- und Kreuzvariogrammen angegeben. Im übrigen wird auf die Literatur verwiesen, die in Kap. 5.0 im Zusammenhang mit dem Kokrigeverfahren zitiert ist.

2.3   Variogrammtypen und Modelle

Die experimentellen Variogramme werden aus den Meßwerten einer endlichen Anzahl von n Proben mit endlichen Abständen h berechnet. So wie man einem Histogramm als mathematisches Modell z. B. die Normalverteilung unterlegt, so kann man auch den experimentellen Variogrammen ein mathematisches Modell anpassen. Um eine solche Anpassung ausführen zu können, werden hier einige wichtige Eigenschaften experimenteller Variogramme dargelegt sowie einige Variogrammtypen und Modelle vorgestellt.

Variogrammwerte mit kleinen Probenabständen sind durch eine größere Anzahl $n(h)$ von Wertepaaren belegt, während mit zunehmendem Abstand h die Zahl der Wertepaare abnimmt. Das bedeutet, daß bei der Modellierung von Variogrammen den $\gamma(h)$ mit kleinem h ein größeres Gewicht zukommt als denen mit großem h, die stets stärker streuen. Es ist daher zweckmäßig, daß man Variogrammwerte auch nur bis zu 1/3 oder 1/2 der maximal möglichen Abstände berechnet und benutzt. Der Verlauf des Variogramms zwischen $\gamma(h=0) = 0$ und $\gamma(h=1) > 0$ bedarf stets einer gewissen Interpretation. Diese Interpretation wird in der Regel so ausgeführt, daß man die "ersten" Punkte gegen die $\gamma(h)$-Achse linear extrapoliert, um auf diese Weise einen Wert C_0 zu schätzen (siehe Abb. 2.3.1). Dieser Wert C_0 wird <u>Nuggetvarianz</u> genannt und quantifiziert den sogenannten <u>Nuggeteffekt</u> in einer Lagerstätte. Eine genaue Aussage über das Intervall $\gamma(h=0)$ bis $\gamma(h=1)$ ist nur dann möglich, wenn der Probenabstand kleiner gewählt wird, was sich aus Kostengründen in der Regel verbietet.

Der Begriff Nuggeteffekt ist ursprünglich mit Goldlagerstätten verknüpft, in denen durch die in hohem Maße unregelmäßige Verteilung der Goldnuggets eine hohe Varianz zwischen sogar sehr eng benachbarten Probenwerten entsteht. Die Reichweite einer Nuggetstruktur ist deshalb unter Umständen "mikroskopisch" klein (siehe dazu den Abschnitt 6. "Nuggeteffekt" im Formelkompendium im Anhang IV). In der Nuggetvarianz können sich aber noch weitere Varianzen verbergen. Läßt man den Probenabstand gegen Null gehen und stellt sich vor, daß man an genau der gleichen Stelle mehrere Proben nehmen und analysieren könnte, dann würden sich in $\gamma(h=0)$ die Varianzen der Meß-, Analysen- und Probenahmefehler summieren. In der Nuggetvarianz vereinigen sich also sowohl nicht auflösbare, strukturell bedingte Varianzen als auch Varianzen der Probenanalyse und der Probenahme.

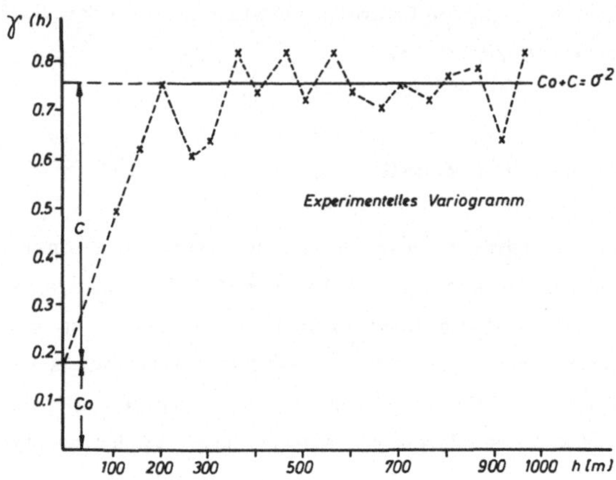

Abb. 2.3.1: Beispiel eines experimentellen Variogramms der Mächtigkeiten einer Uranlagerstätte mit Schwellenwert und Nuggetvarianz.

In der Praxis ist die Beurteilung der verschiedenen Anteile der Nuggetvarianz sehr schwierig bzw. kaum möglich. Die durch den Nuggeteffekt erhöhte Varianz trägt dazu bei, daß die Schätzungen (s. Kap. 4.2) bzw. die Genauigkeitsangaben auf der sicheren Seite liegen. Bei Vorliegen einer Nuggetvarianz sollte jedoch immer versucht werden, die Ursachen wenigstens qualitativ zu klären.

2.3.1 Variogrammtypen: In den Abbildungen 2.2.1 und 2.2.2 sind zwei experimentelle Semivariogramme gezeigt, die recht unterschiedliche Eigenschaften aufweisen. In Abb. 2.2.1 steigt das Variogramm nahe dem Ursprung nur langsam an, es wird eine hohe Kontinuität angezeigt, d. h. benachbarte Proben unterscheiden sich nur sehr geringfügig. Für große Abstände steigt das Variogramm schneller an, ohne daß ein Grenzwert für $\gamma(h)$ erreicht wird. In Abb. 2.2.2 steigt das Variogramm am Anfang sehr viel schneller an, so daß man nur von einer mäßigen Kontinutät sprechen kann. Die Differenzen zwischen benachbarten Proben sind im Mittel größer als im ersten Fall. Nach einer gewissen Entfernung, der Reichweite a, wird für $\gamma(h)$ ein Grenzwert, der Schwellenwert $\gamma(h=a)=C$, erreicht, um den die Variogrammwerte für h>a streuen. Die Probenwerte für Abstände h>a sind nicht mehr miteinander korreliert. In der Literatur werden solche Variogramme, die linear ansteigen und dann horizontal verlaufen, auch als Variogramme vom transitiven Typ bezeichnet.

Es gibt also sowohl Variogramme, die einen Schwellenwert C erreichen, als auch andere, die einen solchen Grenzwert nicht aufweisen.

Ein dritter Typ von Variogrammen, wie in Abb. 2.3.2 gezeigt, gibt die vollständige Unabhängigkeit von Probenwerten wieder. Die $\gamma(h)$-Werte streuen in diesem Fall von Anfang an $\gamma(h=1)$ um einen Wert C (Zufallsvariogramm). Würde man den Probenabstand verringern, d. h. gegen Null gehen lassen, dann müßte natürlich auch dieses Variogramm theoretisch in $\gamma(h=0)$ den Ursprung erreichen, wie das in der Abb. 2.3.2 skizziert ist.

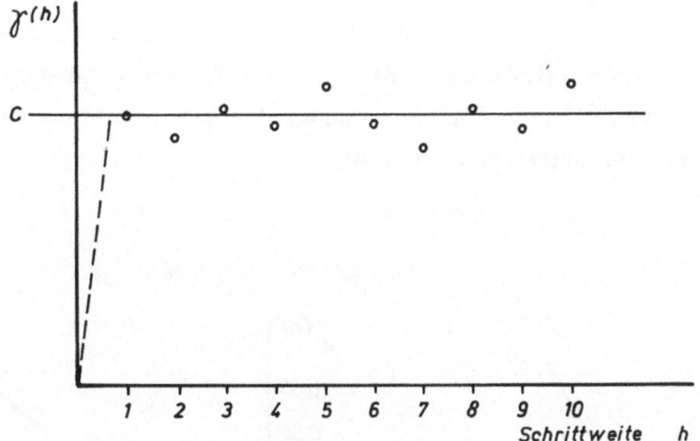

Abb. 2.3.2: Beispiel (schematisch) eines experimentellen Variogramms, das bei dem gegebenen Probenabstand statistische Unabhängigkeit der Analysenwerte anzeigt. Erst eine Verkürzung des Probenabstandes könnte den Bereich $\gamma(h=0)$ bis $\gamma(h=1)$ auflösen.

2.3.2 Variogrammodelle: In der Praxis haben sich zur Anpassung an die experimentellen Variogramme einige Modelle bewährt, die einerseits bedingt positiv definit, andererseits aber auch ausreichend flexibel und leicht zu handhaben sind, sowie in den Rechenprogrammen wenig Zeit z. B. zur Lösung der Krigegleichungen (s. Kap. 5.2) benötigen.

Ohne Schwellenwert sind folgende Modelle bekannt:

a) lineares Modell (Abb. 2.3.3)

$$\gamma(h) = w \cdot |h|$$

mit einer Konstanten w, die den Anstieg (Neigung) der Geraden bestimmt.

Anmerkung: In der Praxis wird, wie häufig auch in diesem Text, anstelle von $|h|$ (Betrag des Abstandsvektors) oft nur die Entfernung h eingesetzt ($h \geq 0$).

b) <u>Potenzmodell</u> (Abb. 2.3.3)

$$\gamma(h) = w \cdot |h|^{\alpha} \qquad \text{mit} \quad w > 0 \quad \text{und} \quad 0 < \alpha < 2 \ .$$

Für $\alpha = 1$ erhält man natürlich wiederum das lineare Modell.

c) <u>logarithmisches oder de Wijs Modell</u> (Abb. 2.3.4)

$$\gamma(h) = 3\alpha \cdot \log|h| \qquad |h| > 0 \ ,$$

wobei 3α die Neigung darstellt (α wird auch als "absolute <u>Dispersionskonstante</u>" bezeichnet). Dieses Modell hat besonders im südafrikanischen Goldbergbau Verwendung gefunden. Siehe dazu besonders Krige (1978).

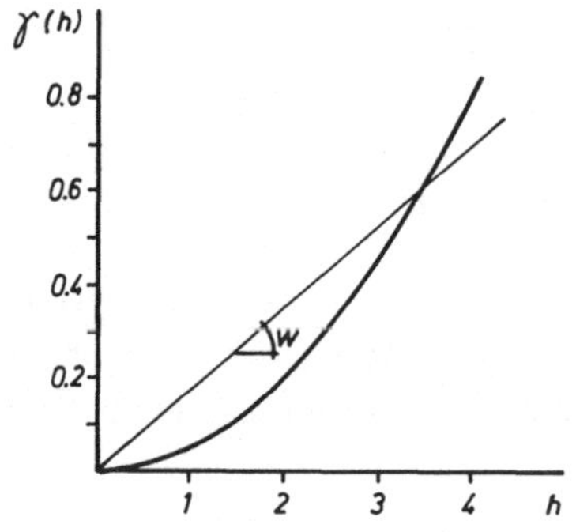

Abb. 2.3.3: Lineares Modell und Potenz-
               modell.

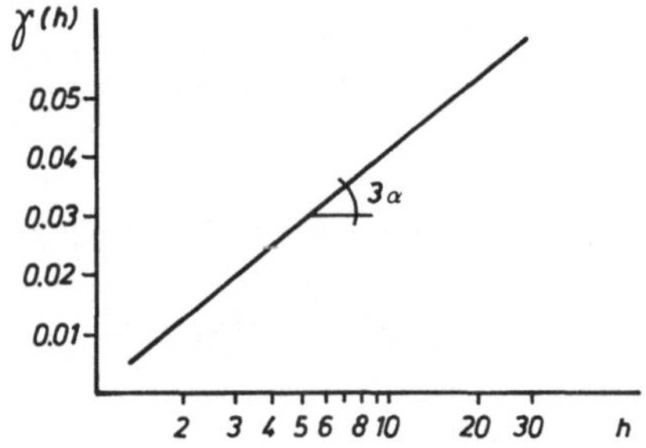

Abb. 2.3.4: Logarithmisches
               Variogrammodell.

<u>Mit Schwellen</u> sind mehrere Modelle bekannt und in Verwendung:

a) <u>sphärisches Modell</u> (Abb. 2.3.5)

$$\gamma(h) = C \cdot \left(\frac{3}{2} \cdot \frac{|h|}{a} - \frac{|h|^3}{2 \cdot a^3} \right) \quad \text{für} \quad h \le a$$

$$\gamma(h) = C \qquad\qquad\qquad\qquad \text{für} \quad h > a \ .$$

Dieses Modell paßt sehr gut zu dem experimentellen Variogramm der Abb. 2.2.2, das nahe dem Ursprung zunächst linear ansteigt und dann allmählich in den horizontalen

Schwellenwert C übergeht, der bei der Reichweite a erreicht ist. Für die Anpassung des Modells an ein experimentelles Variogramm ist wichtig zu wissen, daß die Verlängerung des linearen Anstiegs mit dem Schwellenwert in $2/3 \cdot a$ zum Schnitt kommt, und daß der Schwellenwert C gleich der statistischen Varianz σ^2 ist. Denn für die intrinsische Hypothese gilt (s. Kap. 2.1):

$$
\begin{aligned}
2\gamma(h) &= E[((Z(\mathbf{x}) - Z(\mathbf{x}+h))^2] \\
&= Var[((Z(\mathbf{x}) - Z(\mathbf{x}+h))] \\
&= Var[Z(\mathbf{x})] + Var[Z(\mathbf{x}+h)] - 2Cov[Z(\mathbf{x}),Z(\mathbf{x}+h)] \ .
\end{aligned}
$$

Da es sich bei $Z(\mathbf{x})$ und $Z(\mathbf{x}+h)$ um die gleichen Variablen handelt, sind auch ihre Varianzen gleich, ferner ist $Cov[Z(\mathbf{x}),Z(\mathbf{x}+h)] = 0$, wenn $h > a$ ist, weil für $h > a$ keine spezielle Abhängigkeit mehr existiert. Es gilt also:

$$
\gamma(h{\geq}a) = \gamma(\infty) = Var[Z(\mathbf{x})] = C = \sigma^2 \ .
$$

Da die Varianz der Probenwerte s^2 ein Schätzwert für die Varianz σ^2 ist, ist sie gleichzeitig ein Schätzwert für den Schwellenwert C.

In der Tabelle 4 im Anhang II ist das sphärische Variogrammodell $\gamma_M(h/a)$ standardisiert auf $h/a=0{,}0$ bis $h/a=1{,}0$ und $C=1{,}0$ berechnet. Die Benutzung der Tabelle wird im Zusammenhang mit den Beispielen in Kap. 2.3.3 und Kap. 3.3 erläutert.

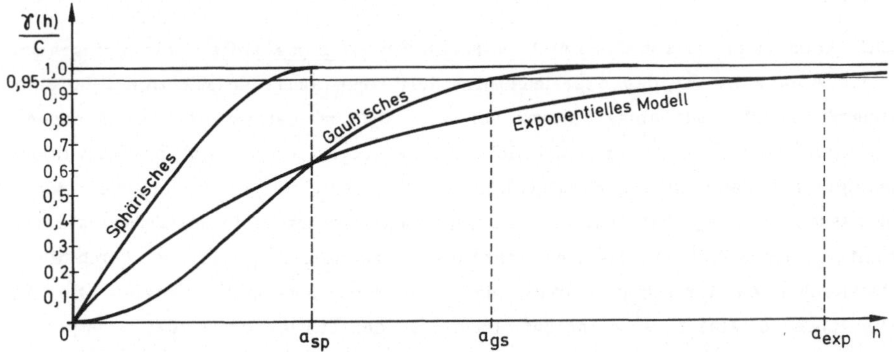

Abb. 2.3.5: Sphärisches, Gauß'sches und exponentielles Variogrammodell (nach Rendu 1978).

b) _exponentielles Modell_ (Abb. 2.3.5)

$$\gamma(h) = C \left(1 - \exp[-|h|/a]\right) \ .$$

Dieses Modell zeichnet sich durch einen flacheren Verlauf als das sphärische Modell aus und erreicht den Schwellenwert C nur asymptotisch. Der Schnittpunkt des linearen Anstiegs mit C liegt bei h/a=1. Praktisch wird als Reichweite der Wert 3a benutzt, bei dem 95 % des Schwellenwertes erreicht ist.

c) _Gauß'sches Modell_ (Abb. 2.3.5)

$$\gamma(h) = C \left(1 - \exp[-h^2/a^2]\right) \ .$$

Das Variogramm verläuft nahe dem Ursprung parabolisch und nähert sich dem Schwellenwert C schneller als im Falle des exponentiellen Modells. Der Verlauf am Ursprung zeigt die sehr große Ähnlichkeit eng benachbarter Proben an. Als Reichweite wird in diesem Fall der Wert 1,73 a benutzt, der ebenfalls bei 95 % des Schwellenwertes erreicht ist.

Unter den beschriebenen Modellen ist sicherlich das sphärische Modelle dasjenige, das am häufigsten anzutreffen und am flexibelsten zu verwenden ist. So können z. B. experimentelle Variogrammdaten, die an sich zu einem logarithmischen bzw. De Wijs Modell (s. oben) passen, oft auch hinreichend genau durch ein sphärisches Variogrammodell beschrieben werden, wenn man die Abstände linear benutzt. Die praktische Anpassung an ein experimentelles Semivariogramm wird anhand eines Beispieles im folgenden Kapitel gezeigt.

2.3.3 Anpassung des sphärischen Modells an ein experimentelles Semivariogramm:

In der Abb. 2.3.1 ist das experimentelle Semivariogramm der Mächtigkeiten einer Uranerzlagerstätte mit einer Varianz von $s^2 = 0,75 \ m^2$ dargestellt. Diesem experimentellen Variogramm, das offensichtlich eine Nuggetvarianz aufweist, zunächst linear ansteigt und dann in einen Schwellenwert übergeht, ist ein sphärisches Modell anzupassen. Man legt zunächst eine Gerade durch die ersten Variogrammpunkte und erhält aus dem Schnitt mit der $\gamma(h)$-Achse die Nuggetvarianz $C_0 = 0,17 \ m^2$. Durch die im Schwellenbereich liegenden Punkte legt man eine horizontale Gerade, die die $\gamma(h)$-Achse in $\gamma(h) = s^2$ schneidet. Damit ist der Schwellenwert $C+C_0$ festgelegt: $C = s^2-C_0 = 0,58 \ m^2$. Der Schnittpunkt der beiden Geraden ergibt dann als Abzisse den Wert $2/3 \cdot a = 215$ m und damit steht die Reichweite mit $a = 322,5$ m fest (aufgerundet 325 m).

Zur Prüfung der Anpassung wird mit den ermittelten Parametern C_0, C und a das sphärische Modell berechnet oder mit Hilfe der Tab. 4 des Anhangs II bestimmt. Der Tabelle entnimmt man für eine geeignete Folge von h-Werten die zugehörigen, standardisierten $\gamma_M(h/a)$-Werte. Diese werden mit dem Schwellenwert C multipliziert und zur Nuggetvarianz addiert. So erhält man die zu den h-Werten gehörenden Ordinatenwerte. Für eine Reihe von Punkten ist die Rechnung in Tabelle 2.3.1 ausgeführt. Die so erhaltenen Punktepaare des Modells überträgt man in die Abbildung des experimentellen Variogramms und zeichnet das Modellvariogramm. Geht das berechnete Modell (siehe Abb. 2.3.6) hinreichend genau durch die experimentellen Punkte, ist der Anpassungsvorgang erledigt. Ist das nicht der Fall, müssen die Parameter entsprechend modifiziert werden. Für derartige Anpassungsarbeiten sind Rechenprogramme mit der Darstellung der Anpassungsschritte auf dem Bildschirm eines Rechners eine besonders hilfreiche Einrichtung.

Eine abschließende Überprüfung der Qualität des ausgewählten bzw. angepaßten Variogrammodells kann in der Praxis durch Punktkrigen (Kreuzprüfung), wie es in Kap. 5.2.2 beschrieben ist, erfolgen.

Tabelle 2.3.1: Berechnung des theoretischen sphärischen Variogrammmodells zur Abb. 2.3.6 mit a = 325 m, C = 0.58 m^2, Co = 0,17 m^2

h	$\dfrac{h}{a}$	$\gamma_M(\dfrac{h}{a})$	$C \cdot \gamma_M(\dfrac{h}{a})$	$C_0 + C \cdot \gamma_M(\dfrac{h}{a})$
0	0,000	0,000	0,00	(0,17)*
100	0,308	0,447	0,26	0,43
125	0,385	0,549	0,32	0,49
150	0,462	0,644	0,37	0,54
175	0,538	0,729	0,42	0,59
200	0,615	0,806	0,47	0,64
225	0,692	0,872	0,51	0,68
250	0,769	0,926	0,54	0,71
275	0,846	0,966	0,56	0,73
300	0,923	0,991	0,57	0,74
325	1,000	1,000	0,58	0,75

(*) für h = 0 ist $\gamma(h=0)$ = 0, für h $\cong$ 0 ist $\gamma(h \cong 0)$ = C_0 = 0,17

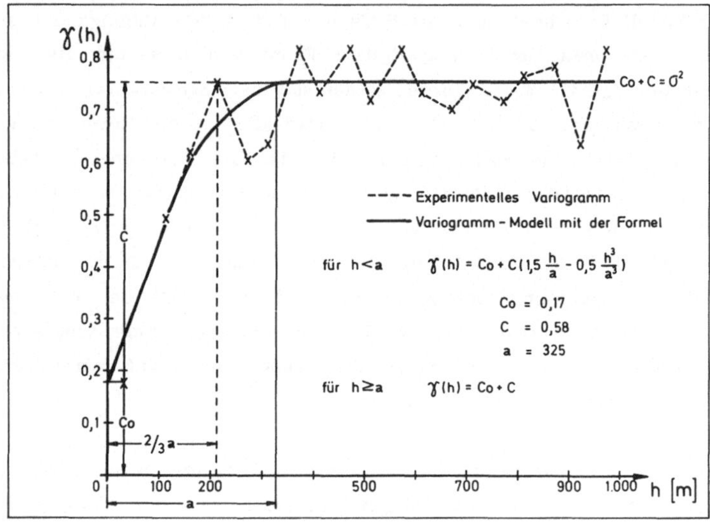

Abb. 2.3.6: Experimentelles Variogramm der Mächtigkeiten einer Uranlagerstätte mit dem angepaßten sphärischen Variogrammodell (Akin 1983a).

2.4 Neuere Verfahren der Variogrammerstellung

Die angemessene Beschreibung der ortsabhängigen Eigenschaften der Variablen einer Lagerstätte durch Variogramme (die Variographie) ist sicherlich der aufwendigste aber auch wichtigste Teil einer geostatistischen Bearbeitung. Die Güte eines experimentellen Variogramms wird von vielen Fehlerquellen (Armstrong 1984b) beeinflußt, die oft in den Daten und deren Strukturierung liegen, wie z. B. Fehlanalysen, fehlerhafte Behandlung der Analysenwerte an der Nachweisgrenze, Ausreißer, falsche Wahl der Schrittweite und Toleranz bei der Berechnung des Variogramms usw. Die Bedeutung, die der Ermittlung des experimentellen Variogramms und der Zuweisung eines Modells zukommt, kann man u. a. daran ermessen, daß es nicht an Bemühungen fehlt, das Verfahren zu verbessern und sicherer zu machen. Einige Hinweise zu diesem Problem werden in den folgenden Abschnitten gegeben.

2.4.1 Entwicklungstendenzen: Das Gewicht, mit dem die einzelnen Punkte des experimentellen Variogramms in die Modellanpassung eingehen, ist durch die Anzahl der Wertepaare gegeben. Daher ist z. B. in Abb. 5.3.4 zu jedem Punkt des experimentellen

Variogramms angegeben, wie groß die Zahl der Wertepaare n(h) für die Berechnung von γ(h) war.

In Ergänzung zu dieser Praxis wurde von Chauvet (1982) vorgeschlagen, im Laufe der Ermittlung des experimentellen Variogramms alle einzelnen Variogrammwerte als Punktwolke in Abhängigkeit vom Probenabstand aufzutragen und diese klassenweise zu analysieren, um besser erkennen zu können, welchen Einfluß einzelne Probenwerte auf die experimentellen Variogrammwerte haben. Mit Hilfe des Punktwolkenvariogramms kann man z. B. leicht erkennen, ob die Schrittweite und Toleranz, d. h. die Klasseneinteilung, richtig gewählt wurde. Eine weitergehende Datenanalysentechnik unter Benutzung von verschiedenen Diagrammen, die besonders für Proben auf einem Raster in der Ebene geeignet sind, wurde von Cressie (1984) beschrieben. Ziel dieser Analysentechnik ist es u. a., die Daten auf eine Verträglichkeit mit der Hypothese der Stationarität zur prüfen, um ggf. nichtstationäre Bereiche auszugrenzen oder mehrere Teilbereiche abzugrenzen, für die jeweils lokal die Hypothese der Stationarität (s. Kap. 6.1) angenommen werden kann.

Die Modellierung eines Variogramms aus den experimentellen Daten läßt sich mit Hilfe von interaktiv arbeitenden Rechenprogrammen stark vereinfachen. In einem solchen Ablauf kann auch die mathematische Anpassung eines Variogrammodells mit Hilfe der Methode der kleinsten Abweichungsquadrate (least square) mit einer Wichtung durch die Anzahl der Wertepaare hilfreich sein (z. B. Cressie 1985). Diese mathematische Anpassung darf jedoch niemals "blind", d. h. ohne visuelle Kontrolle angewandt werden. Die Erfahrung in der Anwendung geostatistischer Methoden hat gezeigt, daß sich aus ortsabhängigen Variablen, vor allem wenn die Probenwerte eine relativ geringe Variation aufweisen, in der Regel sehr leicht brauchbare Variogramme ableiten lassen, die sich auch geologisch-strukturell interpretieren lassen. Probleme ergeben sich vor allem dann, wenn die Ausgangsdaten einer sehr starken Variation unterworfen sind und "Ausreißer" enthalten. Wenn man diese nicht mehr oder weniger willkürlich entfernen will, ist es notwendig, eine geeignete Datentransformation auszuführen. Andernfalls haben die Ausreißer einen starken, störenden Einfluß auf das experimentelle Variogramm, weil die großen Differenzen zu den kleinen Werten quadriert in die Variogrammberechnung eingehen. Sind die Ausreißer als Probenwerte einer lognormalen Verteilung zu interpretieren, dann kann eine logarithmische Datentransformation hilfreich sein. Diese Transformation ist jedoch nicht linear (s. Kap. 1.3.4) und erfordert anschließend auch angemessene nichtlineare Schätzverfahren (s. Kap. 5.4.2.1).

Eine Fülle von Veröffentlichungen beschäftigt sich mit Untersuchungen, durch geeignete Datentransformationen einen sog. "robusten" Schätzer für das theoretische Variogramm zu finden (s. z. B. Cressie & Hawkins 1980, Armstrong 1984a). Die bisherigen Bemühungen zur Ermittlung der robusten Variogrammwerte oder die Anwendung komplexer mathematischer Verfahren bei der Anpassung der Variogrammodelle haben jedoch nicht zu einer allgemeinen Übernahme dieser Vorschläge in der Praxis geführt. Dieser Umstand ist darauf zurückzuführen, daß insbesondere bei Projekten in der Anfangsphase die sonstigen Unsicherheiten die Anwendung dieser Methoden meist nicht rechtfertigen. Des weiteren führen die zuvor dargestellten Methoden der Variogrammrechnung und der Anpassung oft zu Ergebnissen, die "robust" sind und sich nicht wesentlich ändern, auch wenn das Variogrammodell − insbesondere bezüglich des Schwellenwertes und der Reichweite − variiert wird. Im folgenden Abschnitt wird die Ermittlung des Indikatorvariogramms beschrieben, das u. a. ebenfalls auf eine robuste Variogrammermittlung zielt und bei fortgeschrittenen Schätzverfahren eingesetzt wird (s. Kap. 5.4.2.2).

2.4.2 Indikatorvariogramm: Von Journel (1983) wurde in einem Aufsatz über nicht−parametrische, d. h. verteilungsunabhängige Schätzverfahren das Indikatorvariogramm vorgestellt, das sich dazu eignet, qualitative Merkmale (z. B. Erz oder taubes Gestein; Vererzung über oder unter dem Cut−off) als Treffer oder Nichttreffer zu verwenden. Damit bietet sich auch eine Möglichkeit, den Schwierigkeiten, die mit einer starken Variation der Probendaten verknüpft sind, zu entgehen. Dieses Verfahren hat schon weite Verbreitung gefunden und wird beim Schätzen von gewinnbaren Vorräten über dem Cut−off durch Indikatorkrigen verwendet (s. Kap. 5.4.2.2). Transformiert man eine ortsabhängige Variable $z(x)$ in der Weise, daß

$$I(x, z_c) = \begin{cases} 1 \text{ wenn } z(x) \geq z_c \\ 0 \text{ wenn } z(x) < z_c \end{cases}$$

ist, dann spricht man von einer Indikatorvariablen, die von x und von der Wahl des Grenzwertes z_c abhängt. Aus der Indikatorvariablen läßt sich in der gleichen Weise wie zuvor beschrieben ein experimentelles Variogramm berechnen und ein Modell anpassen. Wählt man z. B. den Median der Probendaten als Grenzwert z_c, dann wird die Hälfte der Probendaten den Indexwert Eins und die andere Hälfte den Wert Null erhalten. An einem einfachen, konstruierten Beispiel, das an sich aus viel zuwenig Daten besteht, wird hier die Berechnung eines Indikatorvariogramms vorgestellt:

51

Die dargestellte ortsabhängige Variable z(x) entlang einer Linie unterscheidet sich von dem Textbeispiel in Kap. 2.2.1 nur dadurch, daß zwei Probenwerte an den Stellen x_5 und x_6 verändert wurden. Insbesondere ist der Probenwert z(x_5) = 22 sehr groß gegen die anderen Werte und kann als ein Ausreißer betrachtet werden. Für die z(x) ist die Indikatorvariable I(x,z_c) mit z_c= 12 berechnet worden:

$$
\begin{array}{lcccccccccc}
x = & 1 & 2 & 3 & 4 \quad d & 5 & 6 & 7 & 8 & 9 & 10 \\
z(x) = & 6 & 7 & 9 & 10 & 22 & 8 & 14 & 14 & 16 & 15 \\
I(x,12) = & 0 & 0 & 0 & 0 & 1 & 0 & 1 & 1 & 1 & 1 \;.
\end{array}
$$

Berechnet man für die z(x) das experimentelle Variogramm, so erkennt man aus Abb. 2.4.1, daß es dem der Abb. 2.2.1 kaum noch ähnlich ist.

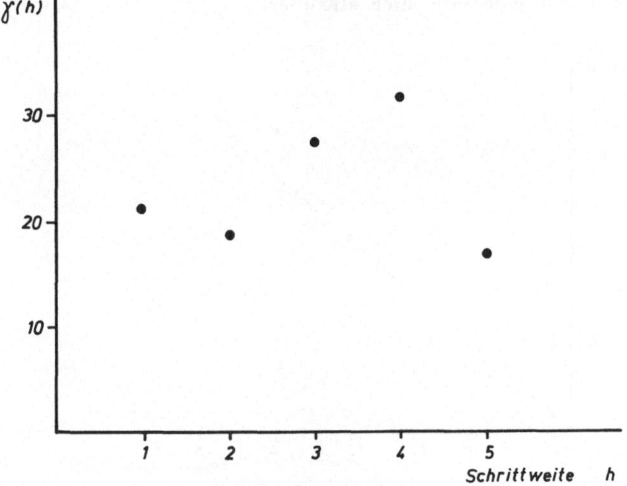

Abb. 2.4.1: Experimentelles Variogramm der Probenvariablen z(x) des Textbeispiels.

Wählt man in diesem Beispiel zur Ableitung der Indikatorvariablen willkürlich z. B. den Median (der zwischen 10 und 14 liegt) als Grenzwert, dann erhalten 5 Proben den Index Null und 5 den Index Eins. Aus der Indikatorvariablen I(x,12) wird das experimentelle Indikatorvariogramm berechnet:

$$
h = 1d: \qquad \gamma(h) = \frac{1}{2} \cdot \frac{0+0+0+1+1+1+0+0+0}{9} = 0,16
$$

$$h = 2d: \quad \gamma(h) = \frac{1}{2} \cdot \frac{0+0+1+0+0+1+0+0}{8} = 0{,}13$$

$$h = 3d: \quad \gamma(h) = \frac{1}{2} \cdot \frac{0+1+0+1+0+1+0}{7} = 0{,}21$$

$$h = 4d: \quad \gamma(h) = \frac{1}{2} \cdot \frac{1+0+1+1+0+1}{6} = 0{,}33$$

$$h = 5d: \quad \gamma(h) = \frac{1}{2} \cdot \frac{0+1+1+1+0}{5} = 0{,}30$$

$$h = 0: \quad \gamma(h) = 0 \quad .$$

Das experimentelle Indikatorvariogramm ist in Abb. 2.4.2 wiedergegeben und ist dem ursprünglichen experimentellen Variogramm wieder recht ähnlich. Der starke Einfluß des Ausreißerwertes 22 ist jedenfalls hier eliminiert.

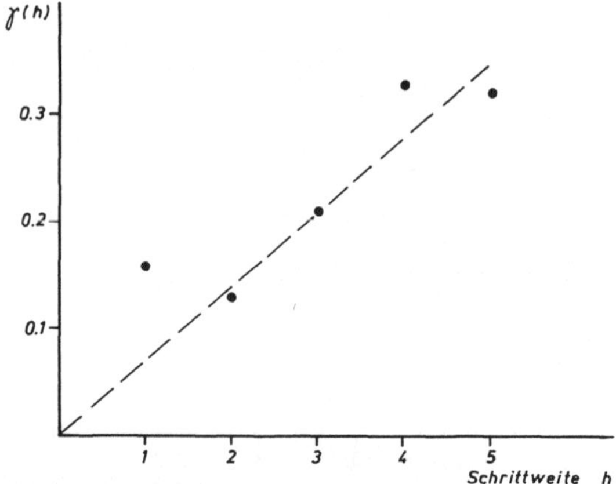

Abb. 2.4.2: Experimentelles Variogramm der Indikatorvariablen I(x,12) des Rechenbeispiels im Text.

In der Regel wird man verschiedene Grenzwerte (z_c) wählen und verschiedene Indikatorvariogramme berechnen (s. dazu auch Kap. 5.4.2.2). Lemmer (1986) konnte zeigen, daß es einen bestimmten Grenzwert z_c gibt, für den eine Indikatorkovarianz existiert, die der Kovarianz der Gehalte proportional ist (mononodaler Grenzwert). Das mononodale Indikatorvariogramm ist ein guter Ersatz für das normale Variogramm, wenn schwierig zu behandelnde Probenwerte vorliegen.

KAPITEL 3. STRUKTURANALYSE, VARIOGRAMMINTERPRETATION

In diesem Kapitel werden vornehmlich eine Reihe von praktischen Hinweisen gegeben, wie man die experimentelle Bestimmung der Variogramme auf die gegebenen geologischen Strukturen zuschneidet, und wie man geeignete Variogrammodelle auffindet und den experimentellen Variogrammdaten anpaßt. In umgekehrter Weise lassen sich in den Variogrammen wichtige Lagerstätteneigenschaften wiedererkennen. Falls das Variogramm auf Strukturen oder Richtungen hinweist, die bis dahin noch unbekannt waren, kann im Extremfall eine neue geologische Interpretation der Lagerstätte notwendig werden.

3.1 Analyse der strukturellen Eigenschaften

In den Kapiteln 2.2 und 2.3 war bereits angeklungen, daß das Variogramm durch die ortsabhängigen Varianzbeziehungen die strukturellen Eigenschaften einer Lagerstätte beschreibt. Diese drücken sich sowohl in den Variogrammtypen aus, die verschiedenartige Kontinuitäten und Reichweiten der Vererzungen wiedergeben, als auch in dem Vorhandensein und in der Größe eines Nuggeteffekts. Im folgenden sollen weitere strukturelle Eigenschaften mit den zugehörigen Variogrammen erläutert werden.

3.1.1 Geschachtelte Strukturen: Liegen in einer Lagerstätte Strukturen verschiedener Größenordnung vor, so kann sich dies in einem komplexen experimentellen Semivariogramm bemerkbar machen. Bei Variogrammen vom sphärischen Typ erkennt man oft zwei (oder auch mehr) unterschiedliche lineare Anstiege im Kurvenverlauf, die man auf eine Überlagerung von zwei (oder mehreren) Semivariogrammen zurückführen kann. Die Ursache kann z. B. in zwei Vererzungszyklen mit verschiedenen räumlichen Dimensionen liegen.

In Abb. 3.1.1 und Abb. 3.1.2 sind Beispiele solcher Variogramme und ihre Auflösung in Einzelvariogramme gezeigt. Die allgemeine Gleichung für ein derartiges Modell mit zwei (größeren) Strukturen und einem Nuggeteffekt ist:

$$\gamma(h) = C_0 + C_1 \cdot \left(\frac{3}{2} \cdot \frac{|h|}{a_1} - \frac{|h|^3}{2 \cdot a_1^3} \right) + C_2 \cdot \left(\frac{3}{2} \cdot \frac{|h|}{a_2} - \frac{|h|^3}{2 \cdot a_2^3} \right) \quad \text{für } h \leq a_1$$

$$\gamma(h) = C_0 + C_1 + C_2 \cdot \left(\frac{3}{2} \cdot \frac{|h|}{a_2} - \frac{|h|^3}{2 \cdot a_2^3} \right) \quad \text{für } a_1 \leq h \leq a_2$$

$$\gamma(h) = C_0 + C_1 + C_2 \quad \text{für } h > a_2$$

$$\gamma(h) = 0 \quad \text{für } h = 0 \ .$$

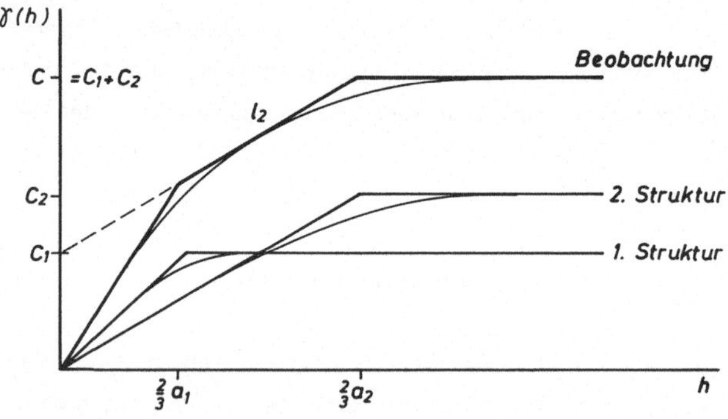

Abb. 3.1.1: Geschachteltes Variogramm zusammengesetzt aus zwei Modellen (1 und 2) mit unterschiedlichen Reichweiten a_1 und a_2 und verschiedenen Schwellenwerten C_1 und C_2. Der Anstieg des Modells 1 ist steiler als der des Modells 2. Im linearen Teil ℓ_2 erkennt man den Anstieg des Variogramms 2 wieder.

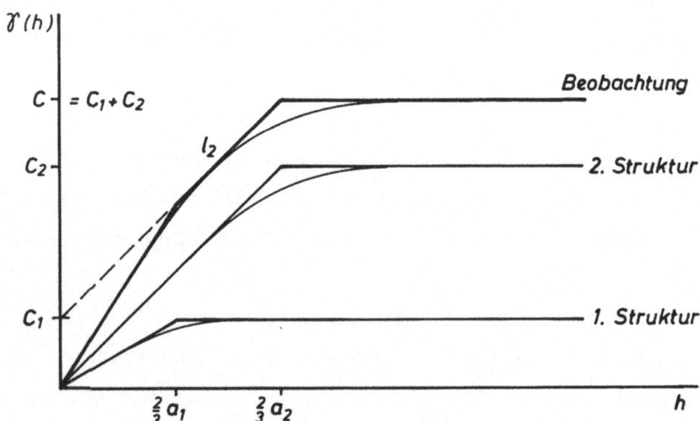

Abb. 3.1.2.: Geschachteltes Variogramm zusammengesetzt aus zwei Modellen (1 und 2) mit unterschiedlichen Reichweiten a_1 und a_2 und verschiedenen Schwellenwerten C_1 und C_2. Der Anstieg des Modells 1 ist flacher als der des Modells 2. Im linearen Teil ℓ_2 erkennt man den Anstieg des Variogramms 2 wieder.

In Abb. 3.1.1 ist der Anstieg der Komponente mit der kleineren Reichweite steiler als der mit der größeren Reichweite, in Abb. 3.1.2 ist es umgekehrt. Derartige Variogramme werden in der geostatistischen Literatur häufig beschrieben und kommen sowohl entlang der Bohrlochachsen als auch in horizontalen Schnitten durch eine Lagerstätte vor. Die Zerlegung eines doppelten experimentellen Variogramms in seine beiden Komponenten kann so erfolgen, daß man zunächst den Anstieg des 2. Modells mit der $\gamma(h)$-Achse zum Schnitt bringt. Man zerlegt damit den Schwellenwert in zwei Teilkomponenten $(C_0 + C_1)$ und C_2 und bestimmt damit 2/3 der Reichweite a_2. Das so ermittelte 2. Modell subtrahiert man von dem experimentellen Gesamtvariogramm und bestimmt dann die Parameter der 1. Komponente in der üblichen Weise. Diese Methode führt sehr schnell zum Ziel, wenn die linearen Bereiche im experimentellen Gesamtvariogramm deutlich ausgebildet sind. Anderenfalls erhält man zunächst nur eine erste grobe Schätzung der Parameter. Die weitere Anpassung muß dann durch eine schrittweise Veränderung derselben vorgenommen werden, wie das im Kapitel 2.3.3 erklärt wurde (siehe dazu auch Aufgabe 1 in Kap. 3.3).

Abschließend ist zu bemerken, daß die Beschreibung experimenteller Variogramme durch geschachtelte sphärische Modelle sehr flexibel ist (s. Kap. 3.1.2, zonale Anisotropie). Ferner wird vollständigkeitshalber nochmals darauf hingewiesen, daß der Nuggeteffekt auch eine eigenständige Struktur mit einer "beliebig kleinen" Reichweite darstellt, die durch die Schrittweite der Beprobung nicht aufgelöst und erfaßt wird.

3.1.2 Anisotropien: Bereits im Kapitel 2.2.4 wurde angedeutet, daß die Variogramme verschiedener Richtungen eine Isotropie oder Anisotropie der Vererzung anzeigen können:

a) <u>Isotropie</u> liegt vor, wenn die Variogramme in den verschiedenen Richtungen gleich sind.

b) <u>Geometrische Anisotropie</u> liegt vor, wenn die Variogramme der verschiedenen Richtungen den gleichen Schwellenwert, aber verschiedene Reichweiten aufweisen. Die Reichweiten liegen dann auf dem Umfang einer Ellipse (Abb. 3.1.3). Durch eine einfache Koordinatentransformation läßt sich das eine Variogramm in das andere überführen. Zur Beschreibung einer geometrischen Anisotropie gibt man die Reichweite a_1, d. h. den großen Halbmesser der Ellipse, die Orientierung ψ dieser Reichweite und das Verhältnis $\lambda = a_1 / a_2$ sowie den Schwellenwert C an (vgl. dazu Aufgabe 2 in Kap. 3.3).

Eine solche Ellipse der Anisotropie der Reichweiten läßt sich schon aus Variogrammen für mindestens drei verschiedene Richtungen konstruieren, so daß man die Orientierung der beiden Hauptachsen der Ellipse und damit die ggf. unbekannten Hauptrichtungen der Anisotropie der Vererzung erhält (s. z. B. Kim & Knudsen 1979).

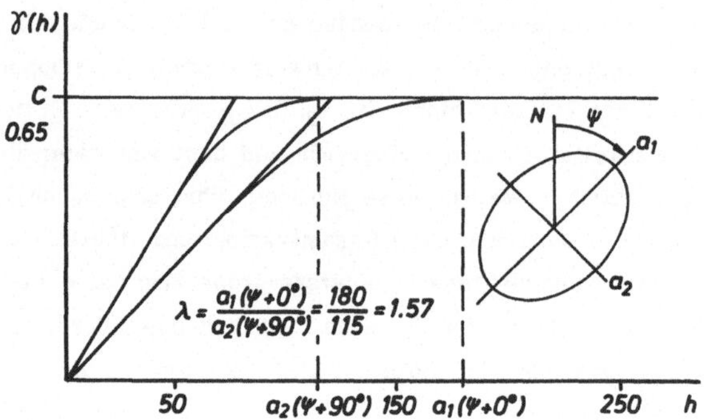

Abb. 3.1.3: Geometrisch anisotrope Variogramme mit den Extremwerten der Reichweiten a_1 und a_2, aufgenommen in einer Ebene mit der Orientierung ψ der Reichweite a_1 gegen die Nordrichtung, $\lambda = a_1 / a_2 = 1{,}57$.

Eine interessante Variante der Variogrammanpassung bei Vorliegen von Anisotropien wurde von Rendu (1979) vorgestellt. Die für viele Richtungen berechneten $\gamma(h)$-Werte werden in eine Karte übertragen. In dieser Karte werden Linien gleicher $\gamma(h)$-Werte interpoliert. Anschließend wird das angepaßte zweidimensionale Variogrammodell in Form von Ellipsen in diese Darstellung eingetragen.

c) <u>Zonale Anisotropien</u> lassen sich daran erkennen, daß die Variogramme verschiedener Richtungen durch Unterschiede sowohl in den Schwellenwerten als auch in den Reichweiten gekennzeichnet sind (Abb. 3.1.4). Die zonale Anisotropie wird in der Praxis ähnlich wie geschachtelte oder geometrisch-anisotrope Strukturen behandelt, indem man sie in additive Anteile aufschlüsselt.

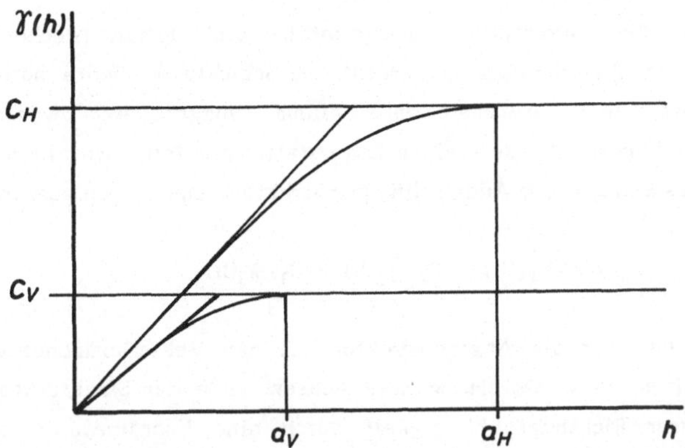

Abb. 3.1.4: Zonale Anisotropie von horizontalem und vertikalem Variogramm mit unterschiedlichen Reichweiten und unterschiedlichen Schwellenwerten.

Ist das Variogramm mit dem niedrigen Schwellenwert $\gamma_1(h)$ isotrop und generell, d. h. für alle Richtungen gültig, dann kann das Differenzvariogramm $\gamma_{zon}(h) = \gamma_2(h) - \gamma_1(h)$ zwischen dem Variogramm mit dem höheren und dem Variogramm mit dem niedrigeren Schwellenwert als eine richtungsabhängige, additiv einzusetzende Komponente behandelt werden. D. h.:

$$\gamma(\vec{h}) = \gamma_1(h) + \gamma_{zon}(\vec{h})$$

ggf. mit $\vec{h} = h \cdot \sin\alpha$. Wobei α den Winkel zwischen dem Abstandsvektor h und der Richtung des ersten Variogramms mit dem niedrigeren Schwellenwert angibt (s. Aufgabe 3 in Kap. 3.3).

Der Nuggeteffekt ist normalerweise als eine isotrope Komponente anzusehen. Gegenbeispiele sind jedoch in der Praxis ebenfalls bekannt. In solchen Fällen muß er, ähnlich wie oben dargestellt, als eine richtungsabhängige Komponente behandelt werden.

Die verschiedenen Anisotropien sind in der Regel mit der Genese der Lagerstätte verknüpft, ohne daß man aber vom Variogrammtyp allein auf einen bestimmten Bildungsprozeß schließen kann. Andererseits kann sehr häufig ein bestimmter Variogrammtyp aus der Genese einer Lagerstätte erklärt werden (s.Kap. 3.2). In einer langgestreckten, schichtigen Lagerstätte könnten z. B. (geschachtelte) sphärische, geometrisch anisotrope Variogramme auftreten, bei denen die größte Reichweite mit der

Längserstreckung der Lagerstätte zusammenfällt und dementsprechend die kurze Reichweite mit der Querrichtung. Senkrecht zur Schichtung könnte noch eine zonale Anisotropie auftreten. Zusammen mit einem Nuggeteffekt würde sich das dreidimensionale Variogrammodell einer Lagerstätte wie folgt schreiben lassen, wenn man wiederum das Konzept der Additivität der Strukturkomponenten zugrunde legt:

$$\gamma(h) = C_0 + C_1 \cdot \gamma_1(h) + C_2 \cdot \gamma_2(h) + C_3 \cdot \gamma_3(h) \ .$$

Der Abstand h ist hier als Abstandsvektor mit den Vektorkomponenten h_u, h_v, h_w zu verstehen, mit u, v, w als orthogonale Achsen. Jede der Strukturkomponenten ist entsprechend ihrer Richtungsabhängigkeit durch eine Koordinatentransformation zu berücksichtigen, wenn die Anisotropieachsen nicht mit den Koordinatenachsen zusammenfallen.

Liegt eine Anisotropie der Variogramme vor, dann ergibt sich als eine praktische Konsequenz, z. B. das Probenraster entsprechend dieser Anisotropie anzulegen. Beträgt die geometrische Anisotropie zum Beispiel $\lambda = a_1/a_2 = 2$, dann ist es günstiger, anstelle eines quadratischen Probenrasters mit den Seitenlängen $d_1 = d_2$ eines mit einem Seitenverhältnis von $d_1/d_2 = 2$ zu wählen.

Im Falle von anisotropen Variogrammen kann man natürlich auch ein Variogramm berechnen, das unabhängig von der Richtung nur die Abstände zwischen den Probenpunkten berücksichtigt. Ein solches mittleres Variogramm (overall variogram) wird auch im Falle einer zonalen, sphärischen Anisotropie einen Schwellenwert aufweisen, welcher der Probenvarianz entspricht.

Bei logarithmischen Variogrammtypen (s. Kap. 2.3) macht sich eine geometrische Anisotropie durch parallel verlaufende Semivariogramme bemerkbar, die zonale Anisotropie durch Semivariogramme mit verschiedenem Anstieg.

3.1.3 Proportionalitätseffekt:

3.1.3 Proportionalitätseffekt: Experimentelle Variogramme aus verschiedenen Bereichen einer Lagerstätte, z. B. von Sohlen einer steilstehenden Ganglagerstätte, weichen manchmal dadurch voneinander ab, daß lediglich ihre Schwellenwerte unterschiedliche Größen aufweisen (Abb. 3.1.5). Dies ist mit einer Proportionalität zwischen den Mittelwerten und den Standardabweichungen bzw. den quadrierten Mittelwerten und den Varianzen der Proben aus diesen Bereichen verknüpft. Zwischen den beiden Größen besteht ein (häufig linearer) Zusammenhang (Abb. 3.1.6). In solchen Fällen zeigt eine statistische Untersuchung der Analysendaten, daß diese

59

Proportionalität meist auf eine lognormale Verteilung zurückzuführen ist. Eine Lösung des Problems bietet die Berechnung von <u>relativen Variogrammen</u>, d. h. bei der Berechnung der experimentellen Variogramme wird jeweils für jede Schrittweite das entsprechende $\gamma(h)$ durch den quadrierten Mittelwert $[\bar{z}(h)]^2$ der beteiligten Analysenpaare dividiert:

$$\gamma_r^*(h) = \frac{1}{2} \cdot \frac{\sum\limits_{i=1}^{n(h)} [z(x_i+h)-z(x_i)]^2}{n(h) \cdot [\bar{z}(h)]^2}$$

mit

$$\bar{z}(h) = \frac{1}{2} \cdot \frac{\sum\limits_{i=1}^{n(h)} [z(x_i+h)+z(x_i)]}{n(h)} \quad .$$

Die Variogramme aus den verschiedenen Bereichen fallen dann zu einem einzigen relativen Variogramm zusammen.

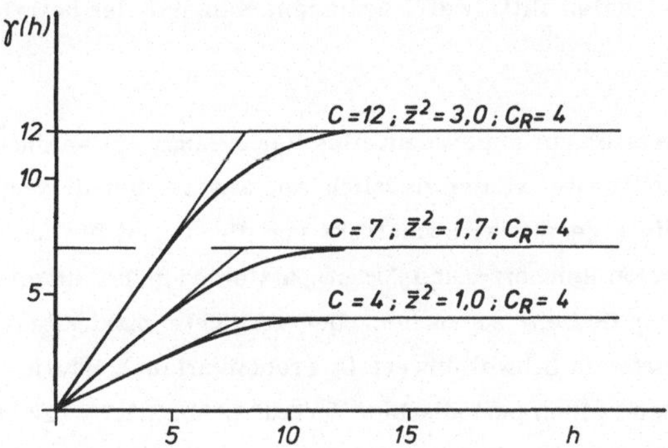

Abb. 3.1.5: Variogramme (schematisch), die eine Proportionalität zwischen der Varianz ($\sigma^2 = C$) und den quadrierten Mittelwerten aufweisen. Die relativen Varianzen und damit die relativen Variogramme sind gleich.

Zur Feststellung des Proportionalitätseffektes kann man die Lagerstätte (willkürlich) in größere Blöcke unterteilen, die jeweils eine "ausreichende" Anzahl von Proben beinhalten. Anschließend ermittelt man die Mittelwerte und Varianzen der Probenwerte innerhalb dieser Blöcke und stellt ein Streudiagramm wie in Abb. 3.1.6 auf.

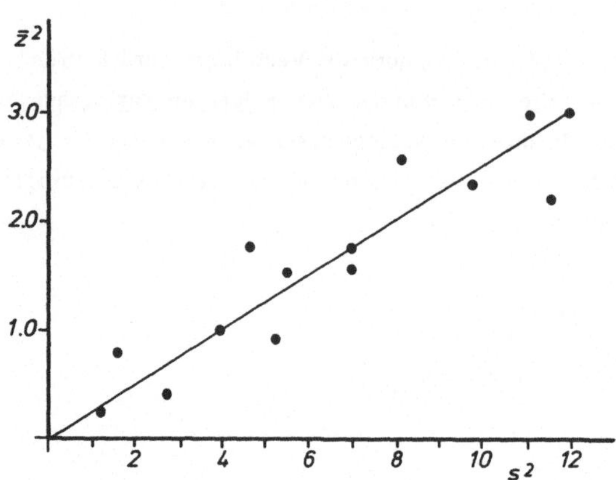

Abb. 3.1.6: Streudiagramm der lokalen, quadrierten Mittelwerte $\bar{z}^2$ über den zugehörigen Varianzen. Es besteht eine statistische Proportionalität zwischen
den beiden Größen.

Die Verwendung von relativen Variogrammen bietet zusätzliche Vorteile insbesondere
bei der Angabe von Fehlerwerten, da sich diese dann (prozentual) auf den Mittelwert
(d. h. den jeweiligen lokalen Mittelwert) beziehen, ohne daß der betreffende Mittelwert
bekannt sein muß.

3.1.4 Locheffekt: Erreicht ein experimentelles Variogramm ein Maximum und fällt dann
mit zunehmender Schrittweite wieder deutlich ab, anstatt bei diesem Maximalwert zu
bleiben, dann liegt ein sogenannter Locheffekt vor. Der Grund für sein Auftreten ist in
einem Nebeneinander von Reicherz- und Armerzpartien oder im Auftreten einer Erzlinse
im umgebenden tauben Gestein zu suchen. Der erreichte maximale Wert für $\gamma(h)$ ist
höher als der zu erwartende Schwellenwert (= Probenvarianz). Häufig zeigt ein solches
Variogramm anschließend einen periodischen Verlauf (Abb. 3.1.7), bzw. Periodizitäten in
der Struktur der Vererzung (z. B. einen Wechsel von Reich- und Armerzabschnitten
entlang der Richtung des berechneten Variogramms).

Die Periodizitäten sollten nicht mit normalen Fluktuationen eines experimentellen
Variogramms verwechselt werden. Auftretende Periodizitäten müssen geologisch
interpretierbar sein. In schwierigen Fällen sind Verwechslungen nicht immer
vermeidbar. Variogramme mit Locheffekten können mit Hilfe von Sinus- oder
Kosinusfunktionsgliedern beschrieben werden (siehe dazu Journel & Huijbregts 1978).
Ein ausführliches Beispiel aus einer Wolframlagerstätte ist in einer Arbeit von Journel
& Froideveaux (1982) zu finden.

Als ein praktischer Hinweis sei die Möglichkeit angedeutet, daß ein experimentelles Variogramm mit Locheffekt durch ein sphärisches Variogrammodell beschrieben werden kann, für das man den Maximalwert von $\gamma(h) = \sigma^{2\prime}$ als Schwellenwert annimmt (s. Abb. 3.1.7). Dieses Variogramm darf jedoch nur für Abstände $h \leq a$ verwendet werden.

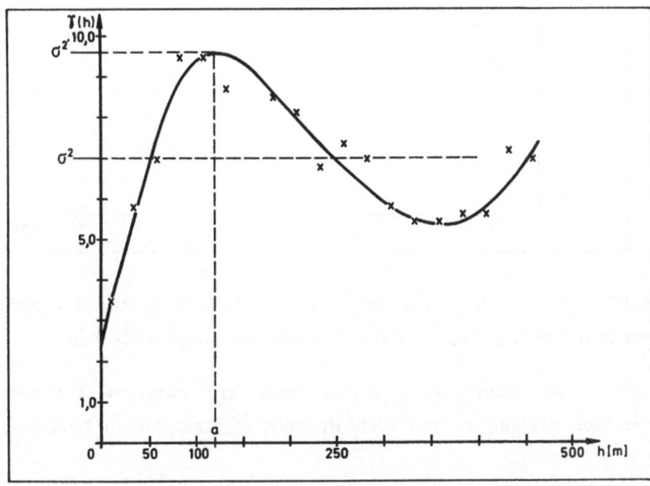

Abb. 3.1.7: Sphärisches Variogramm mit Locheffekt und einem angedeuteten periodischen Verlauf, das durch ein Sinus–/Kosinusglied beschrieben werden kann (Journel & Huijbregts 1978). Der Wert σ^2 entspricht der Probenvarianz, während $\sigma^{2\prime}$ und a die Parameter des angepaßten sphärischen Variogrammodells sind.

3.1.5 <u>Drift:</u> Experimentelle Variogramme, die sich z. B. im Anfangsbereich wie ein sphärisches Variogramm verhalten und einen Schwellenwert erreichen, können mit zunehmendem Abstand parabolisch ansteigen (Abb. 3.1.8). Dies ist ein Hinweis darauf, daß eine (lineare) Drift vorliegt, d. h. die ortsabhängige Variable bzw. die Zufallsfunktion ist nicht mehr stationär, der erwartete Wert der Differenzen der Variablenpaare im Abstand h ist nicht mehr Null, er hängt vom Abstand h ab.

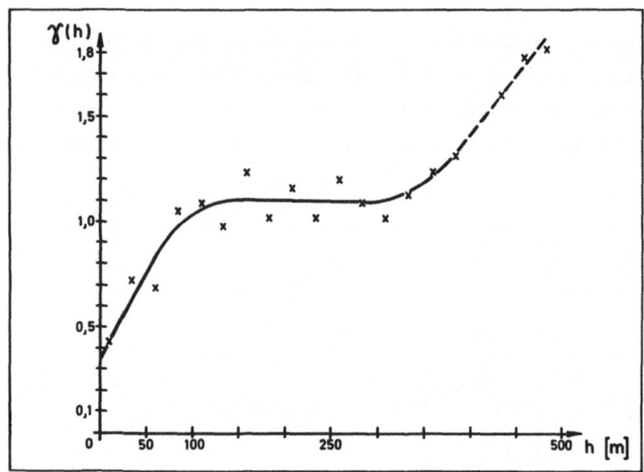

Abb. 3.1.8: Sphärisches Variogramm mit einer Driftkomponente, die sich durch den starken Anstieg bei größeren Abständen bemerkbar macht.

Eine Drift läßt sich nachweisen, indem man die mittlere Differenz $D(\vec{h})$ der Probenwerte an den Stellen x_i und x_i+h in Abhängigkeit von h berechnet:

$$D^*(\vec{h}) \;=\; \frac{1}{2} \cdot \frac{\sum\limits_{i=1}^{n(h)} [z(x_i+\vec{h})-z(x_i)]}{n(\vec{h})}$$

und graphisch darstellt, wie dies für die Daten aus Kap. 2.2.1 in Abb. 3.1.9 wiedergegeben ist. Der Vektor $\vec{h}$ verdeutlicht dabei die stets gleiche Richtung des Abstandsvektors bei der Bildung der Differenzen zwischen den Probenpaaren. Liegt keine Drift vor, dann streuen die $D(\vec{h})$ um die h-Achse, anderenfalls nimmt $D(\vec{h})$ mit größer werdendem Abstand h systematisch zu oder ab.

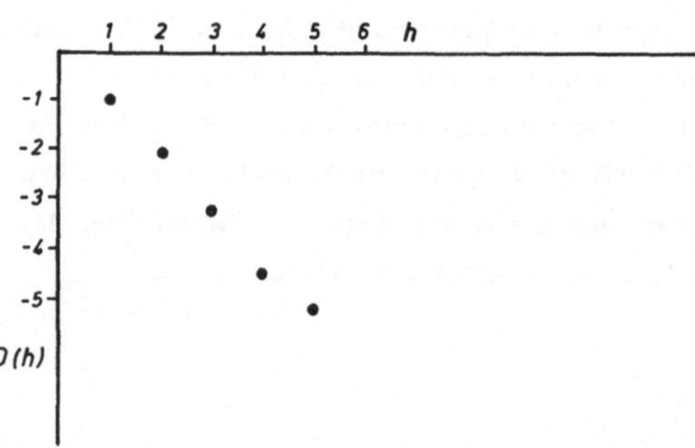

Abb. 3.1.9: Driftdiagramm der Daten aus Kap. 2.2.1. Es liegt eine starke Drift vor.

Liegt eine Drift vor, dann ist eine Entscheidung darüber zu treffen, wie bei den anschließenden Verfahren zur Schätzung der Erzvorräte durch Krigen (s. Kap. 5.2) vorgegangen werden soll. Vom theoretischen Standpunkt aus betrachtet können die einfacheren Krigeverfahren nicht mehr angewendet werden; es ist der Übergang zu den aufwendigeren Verfahren, dem universellen Krigen oder dem Krigen der k−ten Ordnung (s. Kap. 6.1 und 6.2), notwendig. Dies läßt sich jedoch in praktischen Fällen oft umgehen: Ist die Lagerstätte ausreichend groß und dicht beprobt, dann läßt sich ggf. eine Unterteilung in mehrere quasistationäre Teilbereiche vornehmen. In solchen Fällen werden relative Variogramme verwendet, um die unterschiedlichen Mittelwerte und Varianzen in den verschiedenen quasistationären Teilbereichen auszugleichen. Liegt ein Variogramm vom sphärischen Typ wie in Abb. 3.1.8 vor und macht sich die Driftkomponente erst nach Überschreiten des Schwellenwertes bemerkbar, dann kann man die Drift völlig vernachlässigen, da zur Schätzung von Erzblöcken in der Regel ohnehin nur Probenwerte verwendet werden, die in einem Abstand kleiner als die Reichweite zu diesem Block liegen.

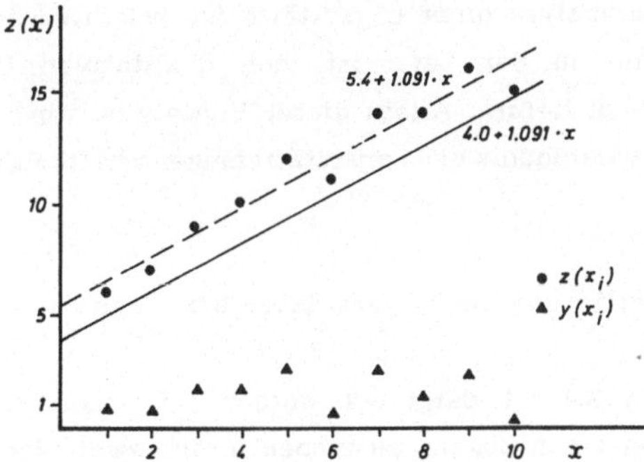

Abb. 3.1.10: Darstellung der Daten $z(x_i)$ aus Kap. 2.2.1 über x_i mit der linearen Regressiongeraden $z_L = 5{,}4 + 1{,}091 \cdot x$ und der um $\Delta z = 1{,}4$ verschobenen Driftgeraden $m(x) = 4{,}0 + 1{,}091 \cdot x$ sowie der Residuen $y(x_i) = z(x_i) - m(x_i)$.

Ist die Drift jedoch nicht vernachlässigbar und die deterministische Komponente z. B. linear, d. h. durch ein Polynom 1. Grades beschreibbar, kann man $z(x)$ in den Driftanteil $m(x)$ und die Residuen $y(x)$ zerlegen, wie das in Abb. 3.1.10 gezeigt ist. Anhand der Residuen wird anschließend ein Variogramm berechnet (Abb. 3.1.11), das in diesem Fall vom Zufallstyp ist. Bei der Schätzung wird der Zufallsanteil mit Hilfe des Variogramms der Residuen und der deterministische Anteil aus der Funktion bestimmt. Es muß jedoch darauf hingewiesen werden, daß das Variogramm der Residuen nicht erwartungstreu ist und daher nicht ohne weiteres verwendet werden kann (s. Kap. 6.1).

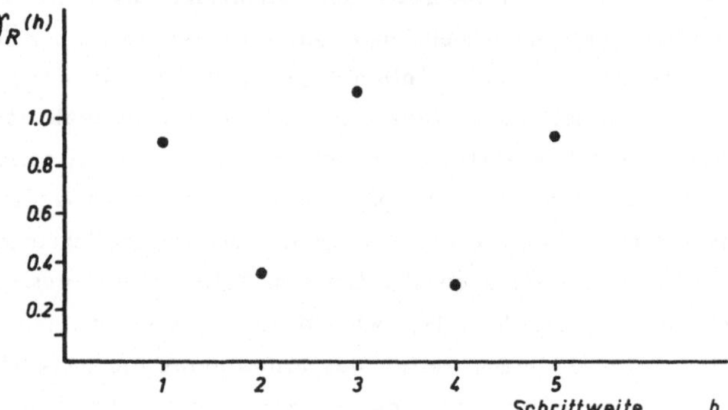

Abb. 3.1.11: Das experimentelle Semivariogramm der Residuen γ_R(h) zeigt keine Ortsabhängigkeit an, es ist vom Zufallstyp (s. Text).

Aus der Sicht der Strukturanalyse einer Lagerstätte ist jedoch zu betonen, daß schon die einfache Variographie in der Lage ist, den qualitativen Hinweis über das Vorhandensein einer Drift zu liefern. Allein dieser Hinweis ist ein wertvoller Beitrag der Geostatistik, die das Verständnis der Lagerstätteneigenschaften maßgeblich fördert.

3.2 Mathematische Modellierung der Lagerstätten bzw. des betrachteten Objekts

In den Kapiteln 2.2 und 2.4 ist dargelegt worden, wie man ein experimentelles Variogramm berechnet, wenn man Zugang zu Proben in ein, zwei oder drei Dimensionen hat. Einige geologisch-strukturelle Eigenschaften, die sich in einem Variogramm abbilden, waren im Kapitel 3.1 beschrieben worden. Bei den dort gegebenen Beispielen war stillschweigend vorausgesetzt worden, daß die Probenahme, die Probenanordnung und die Koordinaten zur Berechnung des Variogramms optimal der geologischen Struktur, der Mineralisation (ggf. verschiedener Phasen) und den petrologischen Gegebenheiten angepaßt ist. Diesen Bedingungen, die bei der Modellierung eines optimalen Variogramms eine bedeutende Rolle spielen, soll noch etwas Raum gegeben werden.

Voraussetzung für jede statistische oder geostatistische Bearbeitung von Daten ist die geordnete Erfassung aller relevanten Informationen in einer Datenbank. Eine Datenbank, in der z. B. Bohrungen erfaßt sind, sollte Informationen über die Bohrung selbst, über die Analysenwerte und über die geologischen Gegebenheiten enthalten. Die Informationen über die Bohrung sollten mindestens die Nummer oder Bezeichnung der Bohrung, das Bohrverfahren, den Durchmesser und insbesondere die Koordinaten des Bohransatzpunktes umfassen. Dazu gehören ggf. auch Daten, die den Verlauf der Bohrung in Abhängigkeit von der Entfernung vom Ansatzpunkt durch Azimuth und Neigung beschreiben. Die Analysendaten sollten neben den einzelnen Analysenwerten auch den prozentualen Kerngewinn und den Abstand des Beginns und des Endes des analysierten Kernabschnittes enthalten. Nicht zuletzt ist es notwendig, mit einer geeigneten Kodierung die Kernabschnitte mit geologischen Informationen z. B. über die stratigraphische oder petrologische Zuordnung, über den Vererzungstyp etc. zu versehen.

In vielen Fällen kann diese Datenbank in ihrer usprünglichen Form nicht für eine statistische oder geostatistische Analyse unmittelbar verwendet werden. Aus dieser primären Datenbank wird man häufig sekundäre Dateien ableiten müssen, die geologischen, bergtechnischen oder statistischen Erfordernissen angepaßt sind. Anhand einiger Beispiele soll insbesondere der Zusammenhang zwischen geologischen Gegebenheiten und der Variographie erläutert werden.

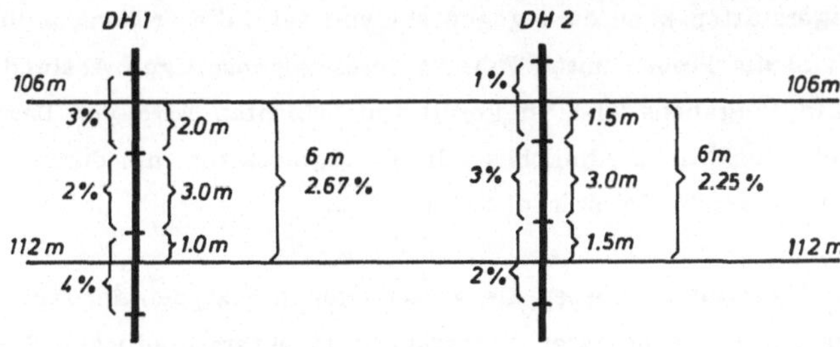

Abb. 3.2.1: Zusammenfassung von Analysenwerten aus 3-m-Kernabschnitten zu Analysenwerten von 6-m-Kernabschnitten gleicher topographischer Höhe durch gewichtete Mittelwertbildung.

In einer massigen, homogenen Lagerstätte, die z. B. durch vertikale Bohrungen aufgeschlossen ist, kann man die Ermittlung der Variogramme beschränken auf eine Berechnung entlang der Bohrlochachsen und auf unterschiedliche Richtungen in horizontalen Scheiben der Lagerstätte. Die Variogramme der einzelnen Bohrungen werden zu einem mittleren Variogramm der Bohrlochrichtung zusammengefaßt und die der verschiedenen Richtungen der horizontalen Scheiben der Lagerstätte ebenfalls. Dazu ist es oft notwendig, diejenigen Bohrlochabschnitte, die ganz oder teilweise in eine solche Scheibe fallen, rechnerisch zu neuen Proben zusammenzufassen (s. z. B. Abb. 3.2.1 mit 6 m Scheibenmächtigkeit).

Liegt eine geschichtete Lagerstätte vor, die sonst ungestört ist, aber gleichmäßig einfällt, dann muß die Berechnung der horizontalen Variogramme in gleichen Schichteinheiten erfolgen und nicht etwa in Schichten gleicher topographischer Höhe, wie das in Abb. 3.2.2 skizziert ist.

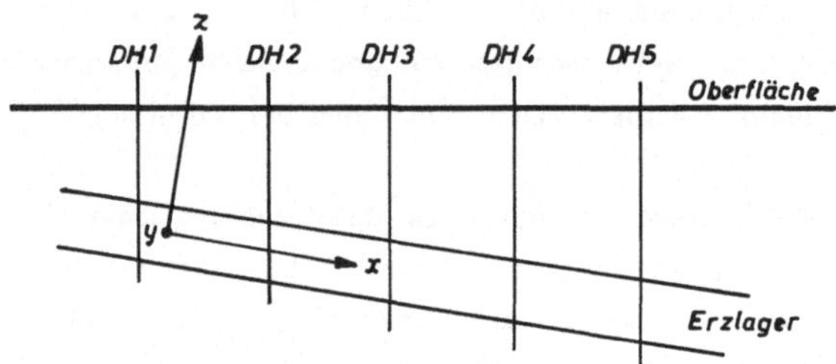

Abb. 3.2.2: Schichtige Lagerstätte erschlossen durch Bohrungen von der Tagesoberfläche mit einem dem Einfallen angepaßten Koordinatensystem.

In gefalteten Lagerstätten kann es dagegen sinnvoll sein, die Probenkoordinaten so zu transformieren, daß die Proben unter Wahrung ihres gegenseitigen Abstandes in einer Ebene liegen. Die Vorgehensweise in gefalteten Schichten wird von Dagbert et al. (1983) eingehender diskutiert. Ähnliches gilt für Lagerstätten, die durch Bruchfaltung in gegeneinander versetzte Teilstücke zerlegt sind.

In porphyrischen Lagerstätten müssen die verschiedenen Erztypen der Oxidations- und Zementationszone sowie die primären Vererzungen in unterschiedlichen Gesteinstypen getrennt auf die Ortsabhängigkeit der Vererzung analysiert werden. Porphyrische Lagerstätten, die z. B. kuppel- bis schlauchförmig sein können und in Schnitten senkrecht zum Erzkörper eine mehr oder weniger deutliche, ringförmige Vererzung aufweisen, verlangen ein dieser Form angepaßtes Koordinatensystem, das von einem orthogonalen, kartesischen Koordinatensystem abweicht. In einem solchen Fall sollte eine Richtung bei der Variogrammberechnung etwa dem Einfallen der Vererzung folgen (y-Richtung). Die x-Richtung sollte dann radial in der Vererzung liegen und die z-Richtung senkrecht zum jeweiligen Einfallen der Vererzung (Abb. 3.2.3). Weitere sehr instruktive, z. T. kompliziertere Fälle sind in Veröffentlichungen von Rendu & Readdy (1982), Barnes (1982), Rendu (1984) und Sinclair & Giroux (1984) zu finden.

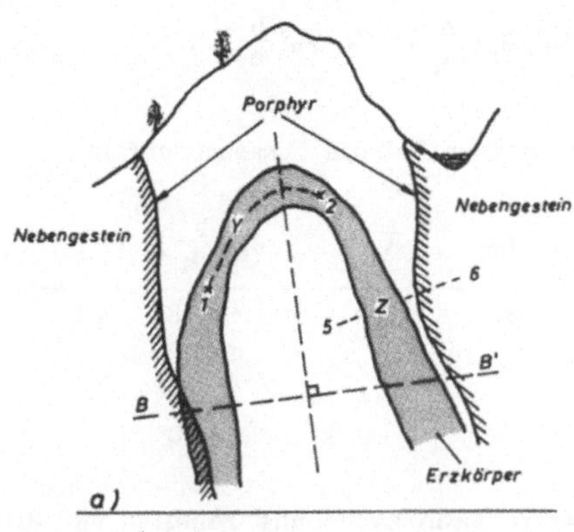

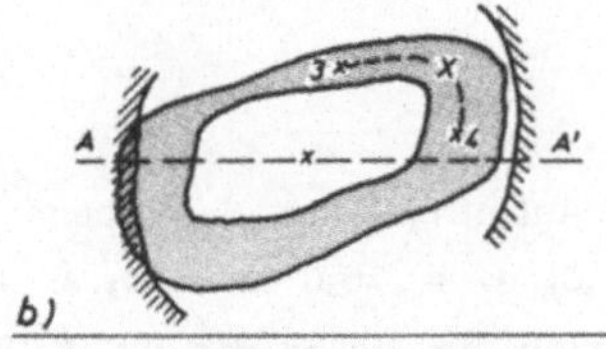

Abb. 3.2.3: Schnitte durch eine kuppel– bis schlauchförmige porphyrische Lagerstätte mit der y–Richtung (1–2), x–Richtung (3–4) und z–Richtung (5–6) zur Berechnung genetisch relevanter Variogramme (nach Rendu & Readdy 1982)

    a) Schnitt A–A' parallel zur Achse der porphyrischen Vererzung

    b) Schnitt B–B' senkrecht zur Achse der porphyrischen Vererzung

3.3 Aufgaben mit Lösungen als Beispiele zur Berechnung von Variogrammwerten

Aufgabe 1:

Es liegt ein geschachteltes sphärisches Variogramm mit $C_0 = 2{,}0$, $C_1 = 5{,}0$, $C_2 = 4{,}0$, $a_1 = 15$ m und $a_2 = 75$ m vor. Die Variogrammwerte für h = 7,5 m, 22,5 m, 60,0 m und 90,0 m sind zu berechnen.

Lösung:

Wie in Kapitel 3.1.1 dargelegt wurde, sind die einzelnen Komponenten eines geschachtelten Variogramms additiv, so daß man mit Hilfe der Tabelle 4 im Anhang II die Variogrammwerte aus folgender Gleichung berechnen kann:

$$\gamma(h) = C_0 + C_1 \cdot \gamma_M\left(\frac{h}{a_1}\right) + C_2 \cdot \gamma_M\left(\frac{h}{a_2}\right) \ .$$

Die Berechnung ist in folgender Tabelle zusammengefaßt:

h	$\frac{h}{a_1}$	$\frac{h}{a_2}$	C_0	C_1	$\gamma_M\left(\frac{h}{a_1}\right)$	C_2	$\gamma_M\left(\frac{h}{a_2}\right)$	$\gamma(h)$
7,5	0,5	0,1	2,0	5,0	0,688	4,0	0,149	6,0
22,5	>1,0	0,3			1,000		0,436	8,7
60,0	>1,0	0,8			1,000		0,944	10,8
90,0	>1,0	>1,0			1,000		1,000	11,0

Die Ermittlung dieser Werte kann auch ohne Tabellen mit Hilfe der Gleichungen für das sphärische Modell erfolgen, ein Weg, der in Rechenprogrammen stets genommen wird.

Aufgabe 2:

Es liegt eine geometrische Anisotropie in der Ebene mit folgenden sphärischen Variogrammdaten vor: $C = 7,0$, $a_1 = 75,0$ m (EW), $\lambda = a_1/a_2 = 5,0$ und $\psi = 0^0$. Für einen Abstand h = 7,5 m sind die $\gamma(h)$-Werte für 0^0 (EW), 15^0, 45^0 und 90^0 (NS) zu berechnen. (ψ ist hier die Orientierung der Ellipse gegenüber der EW-Richtung.)

Lösung:

Aus der Gleichung der Ellipse läßt sich folgende Beziehung für die richtungsabhängigen Werte der Reichweite a ableiten:

$$a_\alpha = \frac{a_1}{\sqrt{\cos^2\alpha + \lambda^2 \cdot \sin^2\alpha}}$$

Mit Hilfe der Tabelle 4 im Anhang II sind die Variogrammwerte nach der Gleichung $\gamma(h) = C_0 + C \cdot \gamma_M(h/a)$ berechnet und in der Tabelle zusammengefaßt worden:

α	a_α	$\frac{7,5}{a_\alpha}$	$\gamma_M\left(\frac{h}{a_\alpha}\right)$	C_0	C_1	$\gamma(h)_\alpha$
0	75,0	0,100	0,149	0,0	7,0	1,0
15	46,4	0,162	0,241			1,7
45	20,8	0,361	0,518			3,6
90	15,0	0,500	0,688			4,8

Aufgabe 3:

Es liegt eine zonale Anisotropie vor. Das relative sphärische Variogrammodell in der einen Hauptrichtung (einfachheitshalber EW) weist die geringste Variabilität auf und hat die Parameter C = 0,42 und a = 275 m. Die andere Hauptrichtung NS weist die höchste Variabilität auf (s. Abb. 3.3.1). Variogrammwerte für eine Folge von Schrittweiten wurden den Variogrammodellen entnommen und sind in der nachfolgenden Tabelle aufgeführt.

h	γ(h)–EW	γ(h)–NS	Differenz
0	0,00	0,00	0,00
25	0,06	0,08	0,02
50	0,11	0,16	0,05
75	0,17	0,24	0,08
100	0,22	0,32	0,10
150	0,31	0,46	0,15
200	0,38	0,58	0,20
250	0,41	0,66	0,25
300	0,42	0,72	0,30
400	0,42	0,82	0,40

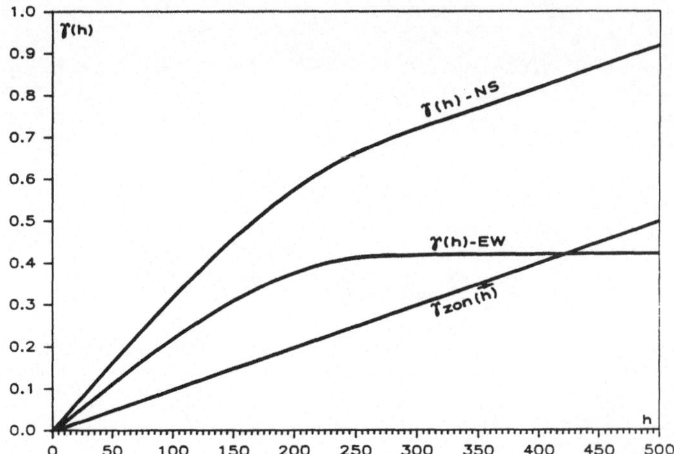

Abb. 3.3.1: Zonale Anisotropie, relative Variogramme der EW– und NS–Richtung und die ermittelte zonale Komponente.

Zum einen ist die zonale Komponente des Variogrammodells zu bestimmen und zum anderen sind die Variogrammwerte für einen Abstand von h = 125 m für die Richtungen α = 0⁰, 15⁰, 45⁰ und 90⁰ zu berechnen.

Lösung:

Die Differenzwerte zwischen den beiden Variogrammodellen für die EW- und NS-Richtung lassen sich durch eine Gerade mit einem Anstieg von $w = 0,001$ beschreiben, so daß man als zonale Komponente ein lineares Variogramm $\gamma_{zon} = 0,001 \cdot \vec{h}$ erhält.

Die gewünschten Variogrammwerte für die verschiedenen Richtungen erhält man aus der folgenden Gleichung:

$$\gamma(125 \text{ m}) = \gamma_{EW}(125 \text{ m}) + \gamma_{zon}(\vec{h} = 125 \cdot \sin\alpha) \;;$$

die Ergebnisse sind in der folgenden Tabelle aufgeführt:

α	$125 \cdot \sin\alpha$	$\gamma_{zon}(\vec{h})$	$\gamma_{EW}(125 \text{ m})$	$\gamma(125 \text{ m})$
0	0	0	0,27	0,27
15	32,35	0,032	0,27	0,302
45	88,38	0,088	0,27	0,358
90	125,00	0,125	0,27	0,395

KAPITEL 4. ERMITTLUNG DER VARIANZEN

Das Variogramm ist eine Funktion, mit deren Hilfe verschiedene Varianzwerte ermittelt werden können. Diese Varianzwerte haben für die Lösung von praktischen Fragestellungen eine wesentliche Bedeutung. In diesem Kapitel wird die Ermittlung der Varianzwerte, die als "Dispersions"- und "Schätzvarianzen" bezeichnet werden, vorgeführt. Die "Krigevarianz" ist eine Sonderform der Schätzvarianz und wird erst im Kapitel 5 behandelt. Die Ableitung der Formeln zur Ermittlung der Varianzen wird dagegen im Rahmen einer mehr theoretischen Betrachtung noch in diesem Kapitel (4.3) erläutert. Aufgaben mit Lösungen, die als einfache Beispiele für praktische Anwendungen anzusehen sind, befinden sich am Schluß des Kapitels 4. Ferner sind die wichtigsten Aspekte bezüglich der geostatistischen Varianzen im Formelkompendium (Anhang IV, Abschnitte 4 und 5) nochmals zusammenfassend dargestellt.

4.1 Dispersionsvarianz

Die Dispersions- oder die Verteilungsvarianz beschreibt die Streuung (z. B. der Probenwerte) innerhalb einer gegebenen Fläche oder eines Volumens um den wahren Mittelwert in dieser Fläche oder in diesem Volumen. Sie ist mit den aus der Statistik bekannten Begriffen "Varianz der Stichprobe" bzw. "Varianz einer Wahrscheinlichkeitsverteilung" vergleichbar. In der Geostatistik werden aber zusätzlich die natürliche Form und Größe der Proben, deren räumliche Korrelation sowie die Ausdehnung der betrachteten Flächen bzw. der Volumina mit berücksichtigt. Als praktische Beispiele können Gehaltsvariationen von Kernproben oder von Abbaublöcken in einem bestimmten Grubenbereich oder Gehaltsvariationen in der täglichen Förderung bzw. bei der Beschickung einer Aufbereitungsanlage aufgeführt werden.

4.1.1 Erläuterung des Begriffes "Stützung": Grundsätzlich sind verschiedene geometrische Größenordnungen und Formen für die Zuordnung der Meß- oder Analysenwerte zu beachten, wobei diese unterschiedlichen Größenordnungen in der Geostatistik i. a. mit dem Begriff der "Stützung" charakterisiert werden. Als ein Synonym bietet sich der Begriff "Träger" an; in Anlehnung an die frühere Bezeichnungsweise in der geostatistischen Literatur wird hier jedoch der Begriff Stützung vorgezogen. Folgende Stützungen sind in der Praxis von besonderer Bedeutung (vgl. Abb. 4.1.1):

1. <u>Punktförmige Stützung</u>: Jeder Meß– oder Analysenwert an einem Punkt oder jede Probe, die im Vergleich zu der betrachteten Domäne (z. B. Block oder Erzkörper) eine vernachlässigbare Größe aufweist, wird in der Praxis als eine Probe mit punktförmiger (punktweiser oder punktartiger) Stützung angesehen. Sie wird mit dem Symbol (O) gekennzeichnet. Die Schreibweisen (O/V) oder (O/D) symbolisieren "punktförmige Probe(n) innerhalb des Volumens V oder D". Die Verwirklichung einer punktförmigen Probenahme ist praktisch unmöglich, aber handstückgroße Proben oder Kern– oder Schlitzproben können für praktische Zwecke als punktförmig angesehen werden, wenn sie nicht zu groß oder zu lang sind. Als Größenvergleiche dienen hierbei zum einen die Dimensionen der betrachteten Domäne und zum anderen die Reichweite des Variogramms. Die Größe (= Stützung) der Proben beeinflußt die Varianzrechnung (s. Kap. 4.1.2). Darum können z. B. Analysenwerte von größeren Haufwerksproben, die bergmännischen Schürftätigkeiten entstammen, nicht mit Kernproben zusammen in einem einzigen Vorgang statistisch charakterisiert werden. Die Varianz der Kernproben und der Haufwerksprobenwerte werden sich im allgemeinen voneinander grundsätzlich unterscheiden, und zwar in dem Sinne, daß die Varianz mit zunehmender Stützung abnimmt (s. später).

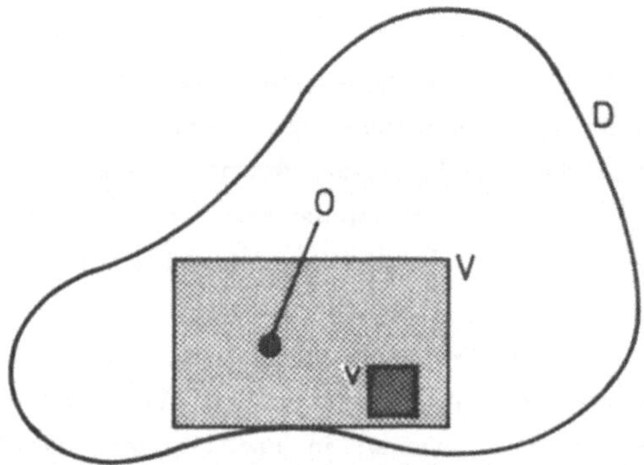

Abb. 4.1.1: Verschiedene geometrische Stützungen:

   O : Probe mit punktförmiger Stützung

   v : Selektionseinheit oder Abbaublock

   V : Block (z. B. Vorratsblock)

   D : (Deposit) Erzkörper (oder Lagerstätte).

2. <u>Blöcke</u>: Sie werden entweder durch Explorationstätigkeiten (Vorratsblöcke) oder durch die Abbauplanung definiert. Solche Blöcke (V) sind im allgemeinen rechtwinklig; unregelmäßige Formen (z. B. geologische Blöcke) kommen jedoch ebenfalls vor.

Man sollte in diesem Zusammenhang unbedingt auf den Unterschied zwischen den Stützungen "Abbaueinheit" bzw. "Selektionseinheit" und "Block" hinweisen: Wenn eine Lagerstätte selektiv (d. h. über einem vorgegebenen Cut-off-Wert) abgebaut wird, muß die kleinste Einheit definiert werden, an der die Cut-off-Anwendung erfolgt. Diese kleinste technisch definierte "Einheit" wird als eine Abbaueinheit oder als eine Selektionseinheit (Abk. SE) bezeichnet. Ein Block (V) (z. B. Reservenblock oder ein Abbaufeld) besteht demnach aus einer (meist großen) Anzahl von Abbau- oder Selektionseinheiten. Die Größenordnung dieser Einheit kann z. B. eine Lastwagenladung, ein Abschlag oder eine Förderwagenladung sein. Diese Stützung wird i. a. mit (v) symbolisiert; die Schreibweise (v/V) kennzeichnet demnach "Abbaueinheit(en) v im Block V" (vgl. auch Abb. 5.4.1a und b). Nur in regelmäßigen Lagerstätten wird der Reservenblock die gleiche Stützung aufweisen wie die Selektionseinheit.

3. Erzkörper oder Lagerstätte: Sowohl Proben mit Punktstützung (0) als auch die Selektionseinheiten (v) oder Blöcke (V) befinden sich in einer größeren Fläche oder in einem größeren Volumen (Erzkörper oder eine Lagerstätte oder größere Teile davon). Diese Stützung wird i. a. mit (D) symbolisiert. Auch Lagerstättenbezirke, die aus mehreren Lagerstätten oder Erzkörpern bestehen, können grundsätzlich in eine solche Betrachtung mit einbezogen werden.

Hinweis: Es sollte folgendes hinzugefügt werden, um möglichen Mißverständnissen vorzubeugen: Wenn im folgenden Text von "Mittelwert oder Varianz von Proben bzw. Blöcken in einem Erzkörper oder in einer Lagerstätte" die Rede ist, dann stellt diese Bezeichnung eine in der Praxis übliche Vereinfachung dar. In Wahrheit meint man "Mittelwert oder Varianz von Probenwerten oder Blockwerten in einem Erzkörper oder in einer Lagerstätte".

4.1.2 Dispersionsvarianz und die Volumen-Varianz-Beziehung:

Basierend auf der obigen Definition der verschiedenen Stützungen kann nunmehr der Begriff der "Dispersionsvarianz" in der Geostatistik genauer erläutert werden:

Die ortsabhängige Variable $z(\mathbf{x})$, z. B. der Gehalt in einer Lagerstätte, wird als eine Realisierung der Zufallsfunktion $Z(\mathbf{x})$ angesehen. Falls alle Werte von $z(\mathbf{x})$ innerhalb eines Blockes V bekannt wären, dann wäre der wahre Mittelwert m_V von $z(\mathbf{x})$ im Block V

$$m_V = \frac{1}{V} \int_V z(\mathbf{x}) \, d\mathbf{x}$$

und die Varianz dieser Werte

$$s^2(O/V) = \frac{1}{V} \int_V [z(x)-m_v]^2 \, dx \ .$$

Die experimentelle Varianz $s^2(O/V)$ von punktförmigen Proben (O) im Block (V) wird als eine Realisierung der Zufallsvariablen $S^2(O/V)$ interpretiert.

(<u>Anmerkung</u>: Integrale über V sind hierbei entsprechend den Dimensionen von V als ein-, zwei- oder dreidimensional zu verstehen, vgl. Anhang I.)

Die Dispersionsvarianz von $Z(x)$ innerhalb von V, symbolisiert durch $\sigma^2(O/V)$, wird als der erwartete Wert von $S^2(O/V)$ definiert:

$$\sigma^2(O/V) = E\ [S^2(O/V)]$$

$$= E\{\frac{1}{V} \int_V [Z(x)-m_V]^2 \, dx\} \ .$$

Es kann gezeigt werden, daß

$$\sigma^2(O/V) = \frac{1}{V^2} \int_V dx \int_V \gamma(x-y) \, dy$$

gilt (vgl. Kap. 4.3). Das Integral in dieser Formel ist der mittlere Wert des Variogramms im Block V, wobei die Punkte x und y die Endpunkte des Abstandsvektors h symbolisieren und voneinander unabhängig alle möglichen Positionen innerhalb des Blocks V einnehmen. Die Dispersionsvarianz $\sigma^2(O/V)$ entspricht demnach der mittleren strukturellen Variabilität innerhalb des Blockes:

$$\sigma^2(O/V) = \overline{\gamma}(V,V) \ .$$

$\overline{\gamma}(V,V)$ ist unter dem Namen <u>F-Funktion</u> bekannt und kann in der Praxis durch eine "<u>Diskretisierung</u>" des Blockes anhand von "<u>Hilfspunkten</u>" auf einfache Weise approximiert werden (vgl. Abb. 4.1.2): Zu diesem Zweck wird der Block durch eine begrenzte Anzahl von innerhalb des Blockes regelmäßig verteilten Hilfspunkten "ersetzt". Der mittlere Variogrammwert aus allen möglichen Punkt-Punkt-Kombinationen ist ein Näherungswert für $\sigma^2(O/V)$. Die Anzahl der Hilfspunkte zur Diskretisierung des Blockes beträgt in der Praxis erfahrungsgemäß 16 (= 4 · 4) oder 9 (= 3 · 3) in der Ebene. Bei dreidimensionaler Betrachtung wird die Anzahl der Hilfspunkte entsprechend größer, d. h. (4^3) = 64 oder (3^3) = 27. Bei rechteckigen Blöcken benutzt man entlang der längeren Achse mehr Punkte als entlang der kürzeren Achse.

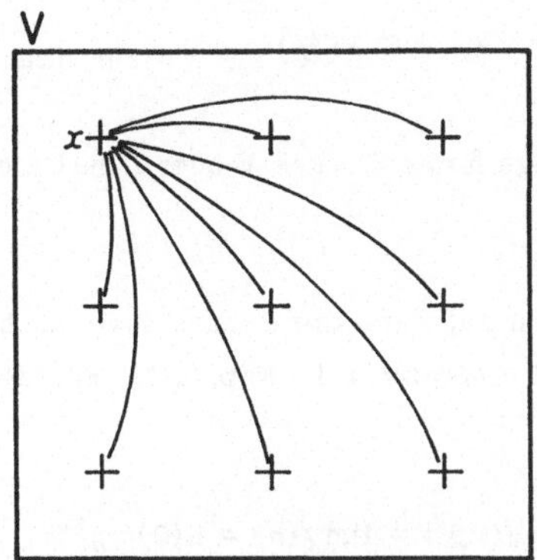

Abb. 4.1.2: Ermittlung des (mittleren) Variogrammwertes innerhalb des Blockes V mit Hilfe der Diskretisierung des Blockes anhand von im Block gleichmäßig verteilten Hilfspunkten.

Zur schnellen Ermittlung von $\bar{\gamma}(V,V)$ innerhalb einer Geraden oder einer regelmäßigen Fläche (ein Rechteck) bzw. in einem dreidimensionalen Block (Quader oder Prisma) kann man in der Praxis auch standardisierte Hilfstabellen bzw. Hilfsdiagramme verwenden, die unter den Namen "F-Diagramme" bekannt sind (vgl. Diagramme D1a, 1b, 1c im Anhang II am Ende des Buches). Diese Diagramme gelten jeweils für ein bestimmtes Variogrammodell; hier wird grundsätzlich nur von dem sphärischen Modell Gebrauch gemacht. Bei Verwendung dieser Diagramme (z. B. D1b) wird anhand der Quotienten (oder Verhältniszahlen), "Blockdimensionen (h, ℓ) dividiert durch Reichweite (a)", ein Wert $F(h/a; \ell/a)$ abgelesen (der F-Wert). Dieser Wert gilt aber vorerst nur für ein standardisiertes Variogramm mit den Parametern $C_0 = 0$ und $C = 1$ und muß daher mit dem C-Wert des aktuellen Variogramms multipliziert werden. Darüber hinaus wird, falls vorhanden, die Nuggetvarianz C_0 hinzuaddiert (s. unten). Erst nach diesen Korrekturen erhält man den gesuchten Wert für die Dispersionsvarianz innerhalb der betrachteten Stützung:

$$\sigma^2(0/V) = \bar{\gamma}(V,V) = C_0 + C \cdot F(\tfrac{h}{a}; \tfrac{h}{a}; \tfrac{\ell}{a})$$ für den dreidimensionalen Block V (z. B. für ein Quader mit den Kantenlängen h, h, ℓ) oder

$$\sigma^2(0/V) = \bar{\gamma}(S,S) = C_0 + C \cdot F(\tfrac{h}{a}; \tfrac{\ell}{a})$$ für die Fläche (S) bzw. für den zweidimensionalen Block (Rechteck) mit den Kantenlängen h und ℓ sowie

$$\sigma^2(O/V) = \overline{\gamma}(\ell,\ell) = C_0 + C \cdot F(\tfrac{\ell}{a}) \qquad \text{für eine Gerade der Länge } \ell.$$

(<u>Anmerkung</u>: Die Kantenlänge $\hbar$ des Blockes V oder S darf nicht mit dem Abstandsvektor h verwechselt werden!)

Die Dispersionsvarianz nimmt zu, wenn die Dimensionen der betrachteten Domäne größer werden (s. Abb. 4.1.3 und Aufgabe 1 in Kap. 4.4). Für den Fall, daß V "sehr groß" wird, gilt:

$$\lim_{V \to \infty} \sigma^2(O/V) = \lim_{V \to \infty} \overline{\gamma}(V,V) = \lim_{h \to \infty} \gamma(h) = K(O) \quad ,$$

d. h. die Dispersionsvarianz entspricht dann dem Sillwert des Variogramms, falls dieser existiert. In diesem Zusammenhang ist wiederum auf die grundsätzlich unterschiedliche Betrachtungsweise gegenüber der klassischen Statistik hinzuweisen: Die Geostatistik definiert die Varianz nunmehr als eine Funktion der Stützung.

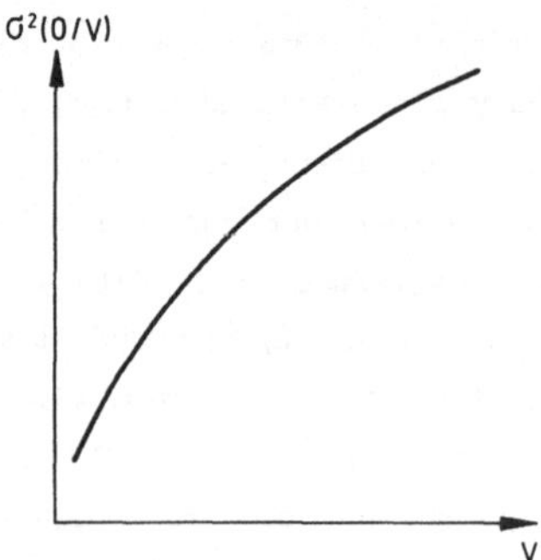

Abb. 4.1.3: Schematische Abbildung zur Beziehung zwischen der Dispersionsvarianz $\sigma^2(O/V)$ und der Blockgröße V.

In den bisherigen Ausführungen wurde die Dispersionsvarianz für die <u>punktförmige Stützung</u> (O) in einem Block (V) betrachtet. Falls aber stattdessen die Dispersionsvarianz von Blockwerten <u>mit der gleichbleibenden Stützung V</u> in einem noch größeren Volumen z.B. in einer Lagerstätte (D) ermittelt werden soll, muß sich die obige Ableitung auf die Blockstützung beziehen (für die theoretische Ableitung s. Kap. 4.3.2):

Der Mittelwert der Proben mit punktförmiger Stützung (O) in einer Lagerstätte (D) m(O/D) und der Mittelwert der Blöcke (V) in dieser Lagerstätte (D) m(V/D) sind identisch; d. h.

$$m_D = m(O/D) = m(V/D)$$

$$= \frac{1}{D} \int_D z(x)\, dx = \frac{1}{D} \int_D m_V\, dV = \frac{1}{D} \int_D dV \, \frac{1}{V} \int_V z(x)\, dx \ .$$

Die Dispersionsvarianz $\sigma^2(V/D)$, die auch als <u>Blockvarianz</u> bezeichnet wird, ist definitionsgemäß:

$$\sigma^2(V/D) = E\{\frac{1}{D} \int_D [Z_V(x) - m_D]^2\, dx\} \ ,$$

wenn $Z_V(x)$ eine Zufallsfunktion – definiert bezogen auf die Stützung V – darstellt.

Es kann gezeigt werden, daß

$$\sigma^2(V/D) = \frac{1}{D^2} \int_D dx \int_D \gamma(x - y)\, dy - \frac{1}{V^2} \int_V dx \int_V \gamma(x - y)\, dy$$

gilt, wobei die Punkte x und y wiederum die Endpunkte des Abstandsvektors h symbolisieren und voneinander unabhängig alle möglichen Positionen innerhalb der Lagerstätte D bzw. innerhalb des Blockes V einnehmen. Diese Beziehung kann in einer gekürzten Form, und zwar wie folgt dargestellt werden:

$$\sigma^2(V/D) = \overline{\gamma}(D,D) - \overline{\gamma}(V,V) \quad , \text{bzw.}$$

$$\sigma^2(V/D) = \sigma^2(O/D) - \sigma^2(O/V) \ .$$

Sie wird als die "<u>Volumen–Varianz–Beziehung</u>" bezeichnet und besagt z. B., daß die Dispersionsvarianz der (identischen) Blöcke V in der Lagerstätte D (= Blockvarianz) durch eine Substraktion des mittleren Variogrammwertes $\overline{\gamma}(V,V)$ im Block V, von dem mittleren Variogrammwert $\overline{\gamma}(D,D)$ in der Lagerstätte D, erhalten wird. Die Blockvarianz

$\sigma^2(V/D)$ wird häufig auch durch σ_V^2 symbolisiert.

Falls die Blockvarianz für identische Blöcke V regelmäßiger Form (z. B. ein Quader mit den Kantenlängen h, h und ℓ) ohne Rechner und schnell ermittelt werden soll, kann man wiederum das F-Diagramm verwenden. Aus der Formel

$$\sigma^2(V/D) = \sigma^2(O/D) - \sigma^2(O/V)$$

folgt:
$$\sigma^2(V/D) = C_0 + C - [C_0 + C \cdot F(\tfrac{h}{a}; \tfrac{h}{a}; \tfrac{\ell}{a})]$$
$$= C\,[1 - F(\tfrac{h}{a}; \tfrac{h}{a}; \tfrac{\ell}{a})] \ ,$$

da
$$\sigma^2(O/D) = \overline{\gamma}(D,D) = C_0 + C \qquad \text{und}$$
$$\sigma^2(O/V) = C_0 + C \cdot F(\tfrac{h}{a}; \tfrac{h}{a}; \tfrac{\ell}{a}) \quad \text{sind,}$$

wenn ein isotropes Variogrammmodell sphärischen Typs vorliegt und seine Parameter C_0, C und a sind (vgl. auch Aufgabe 1 im Kap. 4.4).

Der Nuggeteffekt (C_0) der punktförmigen Proben beeinflußt demnach die Blockvarianz nicht (s. oben), wenn die Stützung der Proben im Vergleich zu der Stützung der Blöcke sehr klein ist. In der Praxis ist diese Bedingung in der Tat fast immer erfüllt (vgl. Anhang IV, Abschnitt 6).

In diesem Zusammenhang ist darauf hinzuweisen, daß die oben vorgestellte Volumen-Varianz-Beziehung zur Ermittlung der Blockvarianz mit $\sigma^2(V/D) = \sigma^2(O/D)-\sigma^2(O/V)$ schon früher von KRIGE experimentell festgestellt wurde. Sie ist deshalb auch unter dem Namen "Krigebeziehung" bekannt und lautet in ihrer Grundform:

$$\sigma^2(O/D) = \sigma^2(O/V) + \sigma^2(V/D) \ .$$

Demnach setzt sich die Dispersionsvarianz von Proben mit punktförmiger Stützung (O) in der Lagerstätte (D) aus der Summe der Dispersionsvarianz von punktförmigen Proben (O) innerhalb des Blockes (V) und der Dispersionsvarianz von Blöcken (V) in dieser Lagerstätte (D) zusammen. Diese Beziehung ist ohne weiteres auf andere Stützungs-konstellationen wie z. B:

$$\sigma^2(O/V) = \sigma^2(O/v) + \sigma^2(v/V)$$

übertragbar, wobei (v) die Selektionseinheit und (V) den Block symbolisieren, innerhalb dessen sich diese Selektionseinheiten befinden (s. Abb. 4.1.1, 4.1.3 und 4.1.4). In analoger Weise kann die Formel auch auf einen großen Lagerstättenbezirk ausgedehnt werden.

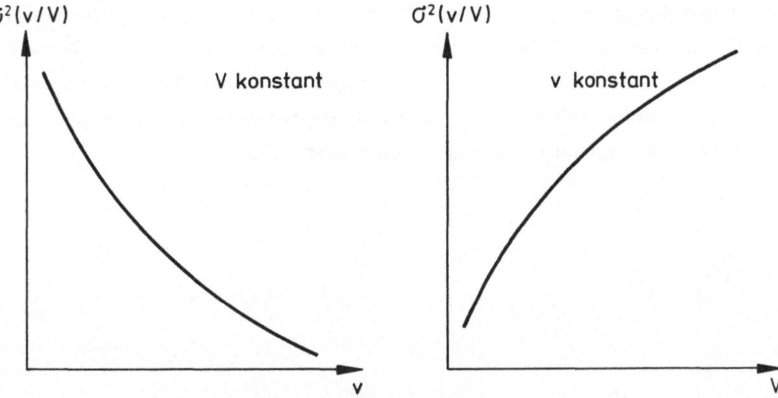

Abb. 4.1.4: Schematische Darstellung der Volumen–Varianz–Beziehung: Die Varianz der Selektionseinheiten v innerhalb des Blockes V ist um so größer, je kleiner die Stützung von v ist (links); aber auch mit zunehmender Blockgröße V nimmt die Blockvarianz $\sigma^2(v/V)$ zu (rechts), wenn die Größe von v konstant ist.

Aus der Volumen–Varianz–Beziehung geht klar hervor, daß die Blockvarianz in einer Lagerstätte mit zunehmender Blockgröße abnimmt. Dagegen nimmt die Dispersionsvarianz $\sigma^2(0/V)$ innerhalb eines Blockes mit zunehmender Blockgröße zu und erreicht den maximalen Wert, wenn $V \equiv D$ ist. Die Blockvarianz $\sigma^2(V/D)$ erreicht hingegen ihren maximalen Wert dann, wenn aus der Blockstützung eine Punktstützung wird. Diese Zusammenhänge verdeutlichen auch, warum und wie sich die Varianz von Kernproben–werten und die Varianz von Blockwerten in der gleichen Lagerstätte unterscheiden; es gilt immer:

$$\sigma^2(0/D) > \sigma^2(V/D) \ .$$

Die Volumen–Varianz–Beziehung ist demnach ein quantitativer Ausdruck für den Tatbestand, daß zum einen die Varianz von der Stützung abhängig ist und zum anderen, wie diese Abhängigkeit funktional zusammengesetzt ist.

4.1.3 **Vergleichmäßigung und Gradieren:** Die geostatistischen Grundalgorithmen beziehen sich normalerweise auf die punktförmige Stützung. Denn in der Praxis kann in den meisten Fällen von einer Probenahme mit punktförmiger Stützung ausgegangen werden. Wenn aber abweichend davon die Probenwerte sich auf größere Stützungen z.B. auf Haufwerke oder auf relativ lange Kernprobenabschnitte beziehen, dann tritt eine Vergleichmäßigung in der Variation der ortsgebundenen Veränderlichen ein; d. h. die Varianz wird geringer. (Diese Tatsache geht auch aus der Krigebeziehung hervor und wird in der Abb. 4.1.5 anhand des Variogramms verdeutlicht.) Aus diesem Grunde können die Grundalgorithmen, die sich auf die punktförmige Stützung beziehen, nicht ohne weiteres auf größere Stützungen übertragen werden.

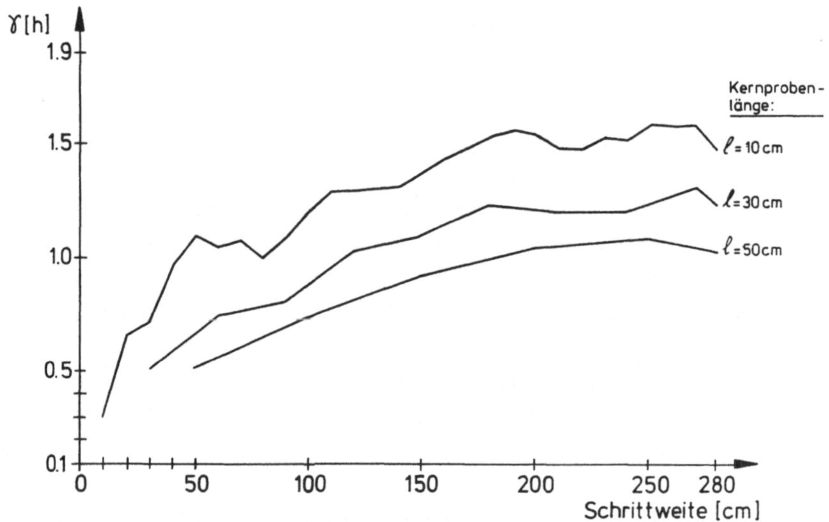

Abb. 4.1.5: Veränderung des Variogramms aufgrund der Vergleichmäßigung, die durch eine Zusammenfassung von Kernprobenabschnitten verursacht wird.

Falls die Reichweite des Variogramms gegenüber der betrachteten Stützung (z. B. Kernlänge) sehr groß ist, kann die Vergleichmäßigung i. a. vernachlässigt werden; das Variogramm dieser Kernabschnitte ist dann wie üblich als das Variogramm für punktförmige Stützung anzusehen. Falls aber diese Bedingung nicht zutrifft, muß eine Korrektur des Variogramms vorgenommen werden. Diese Korrektur wird als Stützungskorrektur bezeichnet. Bei dem vergleichmäßigten Variogramm ist die

Reichweite des Variogramms länger und der Schwellenwert niedriger, wenn man z. B. das sphärische Variogrammodell betrachtet. Auch die Nuggetvarianz ist reduziert oder sie verschwindet völlig. Darüber hinaus kommt es zu einer Formänderung im Variogrammverlauf nahe dem Ursprung durch eine stärkere Reduzierung der Varianz für kleinere Abstände (s. Abb. 4.1.6).

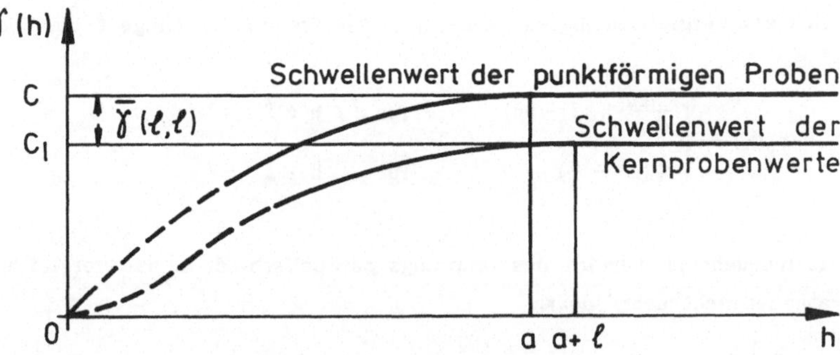

Abb. 4.1.6: Formänderung nahe dem Ursprung bei Vergleichmäßigung, ℓ ist die Länge der Kernprobenabschnitte (umgezeichnet aus Journel & Huijbregts 1978).

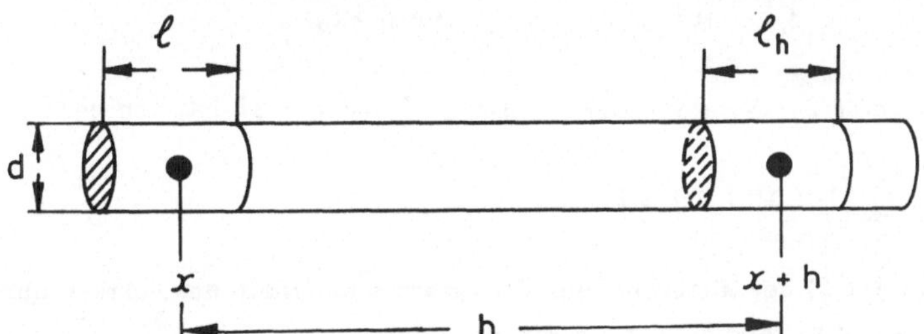

Abb. 4.1.7: Vergleichmäßigung anhand von Kernprobenabschnitten (umgezeichnet aus Journel & Huijbregts 1978).

In der Praxis tritt das Problem der Vergleichmäßigung wie oben angedeutet am häufigsten bei der Bohrkernbeprobung auf (s. Abb. 4.1.7). Während der Bohrkerndurchmesser (d) diesbezüglich nur eine untergeordnete Rolle spielt, kann die zunehmende Länge der Probenabschnitte (ℓ) manchmal eine nicht zu vernachlässigende Vergleichmäßigung des Variogramms verursachen.

Im folgenden sind die Formeln für die vergleichmäßigten Variogramme des linearen und des sphärischen Typs für größere Bohrkernlängen aufgeführt:

Für das <u>lineare Variogramm</u> mit punktförmiger Stützung

$$\gamma(h) = w \cdot |h|$$

ergibt sich als vergleichmäßigtes Variogramm für Proben der Länge ℓ die Formel:

$$\gamma_\ell(h) = \begin{cases} \dfrac{w|h|^2}{3\ell^2}\,(3\ell - |h|) & \text{für } 0 < h < \ell \\[2ex] w\left(|h| - \dfrac{\ell}{3}\right) & \text{für } \quad h \geq \ell \quad ; \end{cases}$$

$\gamma_\ell(h)$ ist nunmehr im Bereich des Ursprungs parabolisch; d. h. das vergleichmäßigte Variogramm ist nicht mehr linear.

Im Falle des standardisierten <u>sphärischen Variogramms</u> mit der Formel:

$$\gamma(h) = \begin{cases} \dfrac{3|h|}{2a} - \dfrac{|h|^3}{2a^3} & \text{für } h \leq a \\[2ex] 1 \quad (C=1) & \text{für } h \geq a, \end{cases}$$

geht man unter der Voraussetzung, daß $|h| \geq \ell$ und $a \geq 3\ell$ ist, von der Approximation

$$\gamma_\ell(h) \cong \gamma(h) - \bar{\gamma}(\ell,\ell)$$

aus, wobei $\bar{\gamma}(\ell,\ell)$ der Mittelwert des Variogramms innerhalb des Bohrkernabschnitts der Länge ℓ ist und für Abstände $\ell \leq a$ mit Hilfe von

$$\bar{\gamma}(\ell,\ell) = \dfrac{\ell}{2a} - \dfrac{\ell^3}{20a^3}$$

ermittelt werden kann (vgl. Abb. 4.1.6 und 4.1.7).

Um die Vergleichmäßigung eines Variogramms mit ursprünglich punktförmiger Stützung quantitativ durchzuführen, werden in der Praxis standardisierte Diagramme oder Tabellen verwendet (vgl. Diagramme D 2a, 2b-1 bzw. 2b-2 im Anhang II und Aufgabe 2 im Kap. 4.4).

In der Regel liegen aber in Anpassung an die experimentellen Daten bereits vergleichmäßigte Variogramme vor, die man durch die Stützungskorrektur "rückwärts", d. h. auf eine ursprünglich punktförmige Stützung umrechnen muß. Die Schwierigkeit besteht hierbei in der quantitativen Ermittlung der Nuggetvarianz für die punktförmige Stützung, weil der Nuggeteffekt bei dem vergleichmäßigten Variogramm bereits stark reduziert sein kann oder nicht mehr vorhanden ist (s. unten! und vgl. Anhang IV). Bei Außerachtlassung des Nuggeteffekts geht man bei Vorliegen einer Vergleichmäßigung bezogen auf Kernabschnitte der Länge ℓ von den beiden Beziehungen

$$C_\ell = C - \overline{\gamma}(\ell,\ell) = C\left(1 - \frac{\ell}{2a} + \frac{\ell^3}{20a^3}\right) \qquad \text{für } \ell \leq a \text{ und}$$

$$a_\ell = a + \ell$$

aus, wenn das sphärische Modell betrachtet wird. Anhand dieser Formeln kann man die beiden Parameter C und a für das Variogramm mit der punktförmigen Stützung schnell ermitteln (s. Aufgabe 2 im Kap. 4.4). Ob dann ein Teil des Schwellenwertes C als Nuggetvarianz angesehen werden muß, ist erst durch weitere Untersuchungen feststellbar (vgl. Rendu 1978). Für das in der Praxis oft auftretende Problem der Vergleichmäßigung aufgrund der unterschiedlich langen Kernprobenabschnitte kann zur Feststellung der Nuggetvarianz ggf. die Beziehung

$$C_{0\ell_2} = C_{0\ell_1} \cdot \frac{\ell_1}{\ell_2}$$

verwendet werden, wobei $C_{0\ell_1}$ und $C_{0\ell_2}$ die Nuggetvarianzen für die Kernlängen ℓ_1 und ℓ_2 sind (mit $\ell_1 < \ell_2$; vgl. auch Anhang IV, Abschnitt 6 "Bemerkungen zum Nuggeteffekt").

<u>Gradieren</u> ist eine Sonderform der Vergleichmäßigung. Man erhält ein gradiertes Variogramm, wenn das Variogramm der Gehaltswerte für eine konstante Mächtigkeit (z. B. Strossenhöhe im Tagebau) berechnet wird. Diese Art der Vergleichmäßigung ist grundsätzlich von der oben erläuterten Vergleichmäßigung anhand der Bohrkerne entlang einer Bohrung zu unterscheiden: Bei der Gradierung liegen die Probenabschnitte zueinander parallel und sind um den Vektor h voneinander entfernt; der Vektor h steht jeweils senkrecht zu den Probenabschnitten. Bei der Vergleichmäßigung (s. o.) liegen die Bohrkernabschnitte dagegen auf einer Linie, bzw. entlang einer Bohrung; die Richtung des Abstandsvektors h verläuft parallel zu den Probenabschnitten.

Trotzdem ist die Beziehung

$$\gamma_\ell(h) = \gamma(h) - \bar{\gamma}(\ell,\ell) \qquad \text{für } h \geq \ell$$

bei einer praktischen Betrachtungsweise für beide Fälle gültig, so daß der Schwellenwert des gradierten Variogramms

$$\gamma_g = 1 - \bar{\gamma}(\ell,\ell)$$

ist, wenn das Variogramm mit der punktförmigen Stützung einen Schwellenwert von $C = 1$ aufweist, d. h. standardisiert ist. Die Reichweite des gradierten Variogramms ist die gleiche wie bei dem Variogramm mit der punktförmigen Stützung.

4.2 Schätzvarianz

4.2.1 Definition und Einführung: Das Variogramm als eine Varianzfunktion kann verwendet werden, um zu ermitteln, welche Varianz zu erwarten ist, wenn der unbekannte Wert $z(x_i)$ an einem Punkt x_i durch den bekannten Wert $z(x_j)$ an einem anderen Punkt x_j geschätzt wird (s. Abb. 4.2.1). Da die Distanz h zwischen diesen beiden Punkten bekannt ist, kann anhand der Variogrammfunktion ein Varianzwert $\gamma(h)$ berechnet werden. Dieser Wert ist die mittlere quadrierte Abweichung bei allen möglichen Schätzungen dieser Art für den gleichen Abstand h. Er wird als Schätzvarianz bezeichnet. Der Variogrammwert zur Schrittweite h

$$\text{mit} \qquad 2\gamma(h) = E\{[Z(x+h) - Z(x)]^2\}$$

$$= \text{Var}\,[Z(x+h) - Z(x)]$$

wird demnach im intrinsischen Fall als die "fundamentale Schätzvarianz" interpretiert. Im Gegensatz zur Dispersionsvarianz bezieht sich die Schätzvarianz nicht mehr nur auf die wahren, sondern auf die geschätzten Werte.

Die Reservenermittlung ist grundsätzlich ein Schätzvorgang und basiert auf einer Interpolation und/oder Extrapolation von bekannten Werten aus verschiedenen Probenahmestellen. Man betrachte den Fall, bei dem der Blockwert z_v, z. B. der Metallgehalt des Blockes, mit Hilfe von n Probenwerten, die sich innerhalb und außerhalb dieses Blockes befinden, geschätzt wird (s. Abb. 4.2.2). Dabei liefert eine lineare

Kombination der Form

$$z_V^* = \sum_{i=1}^{n} \lambda_i \cdot z(x_i) \qquad\qquad i=1 \ \text{.......} \ n$$

den Schätzwert z_V^* für z_V. Hierbei sind (λ_i) die Wichtungsfaktoren (oder Wichtungen) für die einzelnen Probenwerte $z(x_i)$. Die Wichtungen (λ_i) können grundsätzlich mit Hilfe von unterschiedlichen Methoden und Verfahren ermittelt werden: Bei der klassischen Polygonmethode wird nur der zentral gelegene Probenwert verwendet, deshalb ist $\lambda_i = 1$ mit $i = 1$. Wenn dagegen der arithmetische Mittelwert von n Proben als der gesuchte Schätzwert angesehen wird, betragen die Wichtungen $\lambda_i = 1/n$ gleichbleibend für alle Proben. Auch die unter der Bezeichnung IDW (<u>Inverse distance weighting</u>) bekannte Methode basiert auf einer Wichtung der Probenwerte, und zwar in Abhängigkeit von ihrer Entfernung (d) zum Block (z. B. mit $\lambda_i = 1/d_i^n$, wobei n eine empirisch bestimmte konstante Zahl ist).

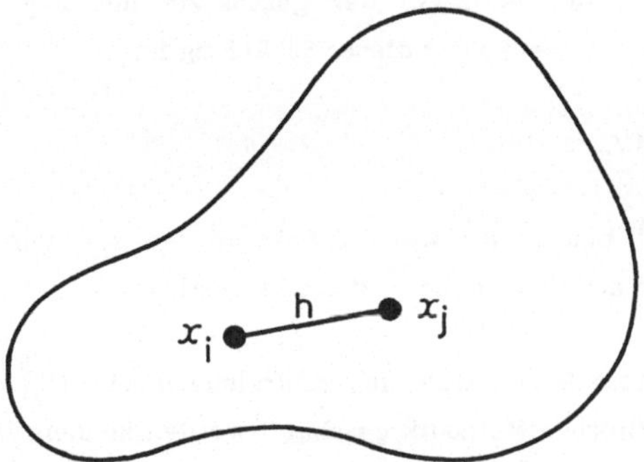

Abb. 4.2.1: Schätzung des Wertes $z(x_i)$ am Punkt x_i durch den bekannten Wert $z(x_j)$ am Punkt x_j; h ist die lineare Entfernung zwischen den beiden Punkten x_i und x_j.

Die bei diesen Verfahren verwendeten Wichtungen sind meist willkürlich ausgewählt oder sie basieren auf Erfahrungen. Wenn im Sinne der Geostatistik die "beste" Schätzung erreicht werden soll, ist das Krigeverfahren anzuwenden, bei dem die "optimalen" Wichtungen rechnerisch ermittelt werden können. Die Begriffe "beste Schätzung" und "optimale Wichtungen" beziehen sich dabei auf die Minimierung der Schätzvarianz, wie dies später gezeigt wird (s. Kap. 5.2).

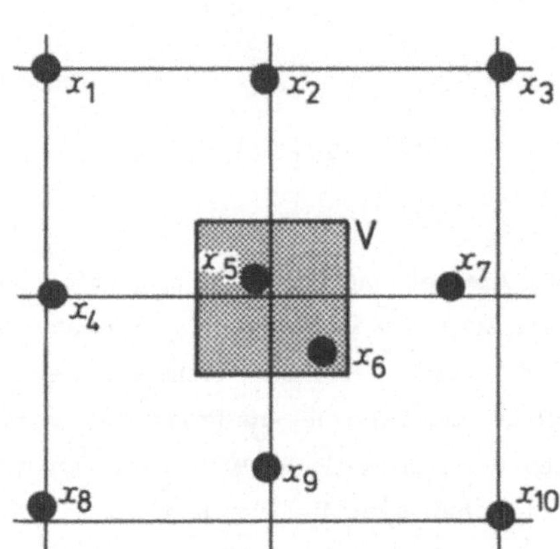

Abb. 4.2.2: Schätzung des Blockwertes Z(V) für den Block V mit Hilfe von $Z(x_i)$.

Ungeachtet dessen, welches Verfahren für die Bestimmung der Wichtungen bzw. für die Schätzungen verwendet wird, sei $Z^*(V)$ der geschätzte und $Z(V)$ der wahre, aber unbekannte Wert des Blockes. Der Fehler dieser Schätzung ist

$$\varepsilon = Z(V) - Z^*(V) \ .$$

Dieser Differenzwert ist und bleibt i. a. unbekannt, es sei denn, der Block wird vollständig abgebaut und der Metallgehalt ist exakt bestimmt.

Innerhalb einer Lagerstätte D befinden sich zahlreiche Blöcke (V_i) der gleichen Form und Größe, die mit der gleichen Methodik geschätzt werden können. Die Verteilung von allen Differenzwerten $[Z(V_i) - Z^*(V_i)]$, d. h. die Verteilung des Schätzfehlers (ε_i) folgt, wie experimentell festgestellt werden kann, annähernd einer Normalverteilung (s. Kap. 4.2.2). Damit die Schätzungen unverzerrt sind, d. h. keine einseitige Tendenz vorhanden ist, gilt die Bedingung der Erwartungstreue mit

$$m_\varepsilon = E[\varepsilon_i] = E[Z(V_i) - Z^*(V_i)] = 0 \ ,$$

d. h. der Mittelwert m_ε der Verteilung des Schätzfehlers ist Null. Das bedeutet unter Berücksichtigung der Hypothese der schwachen Stationarität:

$$E[Z^*(V)] = \sum_i \lambda_i \cdot E[Z(x_i)] = m \cdot \sum \lambda_i = E[Z(V)] = m \ ,$$

wobei m den Mittelwert von $Z(x)$ in der betrachteten Domäne darstellt. Die Bedingung der Erwartungstreue ist demnach erfüllt, wenn

$$\sum_i \lambda_i = 1 \qquad \text{gilt.}$$

Die gesuchte Varianz der Verteilung des Schätzfehlers (= Schätzvarianz) ist

$$\text{Var}[\mathcal{E}_i] = \text{Var}[Z(V_i) - Z^*(V_i)]$$

$$= \text{Var}[Z(V_i)] + \text{Var}[Z^*(V_i)] - 2\text{Cov}[Z(V_i),Z^*(V_i)]$$

$$= \text{Var}[Z(V_i)] + \text{Var}[\sum_i \lambda_i \cdot Z(x_i)] - 2\sum_i \lambda_i \cdot \text{Cov}[Z(V_i),Z(x_i)]$$

$$= \text{Var}[Z(V_i)] + \sum_i \sum_j \lambda_i \cdot \lambda_j \cdot \text{Cov}[Z(x_i),Z(x_j)] - 2\sum_i \lambda_i \cdot \text{Cov}[Z(V_i),Z(x_i)]$$

oder in vereinfachter Form ausgedrückt:

$$\sigma_e^2 = \sigma_V^2 + \sum_i \sum_j \lambda_i \cdot \lambda_j \cdot K_{x_i x_j} - 2\sum_j \lambda_i \cdot \bar{K}_{Vx_i} \quad ,$$

wobei

σ_e^2 = Schätzvarianz

σ_V^2 = Blockvarianz (Varianz der Gehaltswerte der Blöcke der Größe V)

$K_{x_i x_j} = K(x_i x_j)$ = Kovarianz der Werte an den Stützungsstellen x_i und x_j für den Abstand

$\qquad h = x_i - x_j$ und

$\bar{K}_{Vx_i} = \bar{K}(Vx_i)$ = Kovarianz des Blockes V und des Wertes an der Stützungsstelle x_i

bedeuten.

– Die Ermittlung und Bedeutung des ersten Terms σ_V^2, d. h. der Blockvarianz, wurde bereits zuvor erläutert (s. Kap. 4.1.2).

– Der zweite Term ist mit Hilfe des Variogramms zu ermitteln:

$$K_{x_i x_j} = K(0) - \gamma(x_i - x_j) \quad ,$$

wobei K(0) die Kovarianz bei h = 0 und $\gamma(x_i - x_j)$ der Variogrammwert zwischen den Probenahmestellen x_i und x_j ist.

– Der dritte Term K_{Vx_i}' wird in der Praxis nach einer <u>Diskretisierung</u> des Blockes und wiederum mit Hilfe des Variogramms gerechnet: Der Block wird zu diesem Zweck durch innerhalb der Blockgrenzen regelmäßig verteilte "Hilfspunkte" diskretisiert (vgl. Kap. 4.1.2, Abb. 4.1.2). Anschließend werden die $\gamma(h)$–Werte zwischen der Probe (x_i) und den

Hilfspunkten (x) einzeln errechnet und gemittelt (s. Abb. 4.2.3). Der gesuchte Kovarianzwert ist dann:

$$\bar{K}_{V x_i} = K(0) - \bar{\gamma}(x_i - x)$$

mit $\bar{\gamma}(x_i - x)$ als der "mittlere" Variogrammwert zwischen x_i und dem Block V.

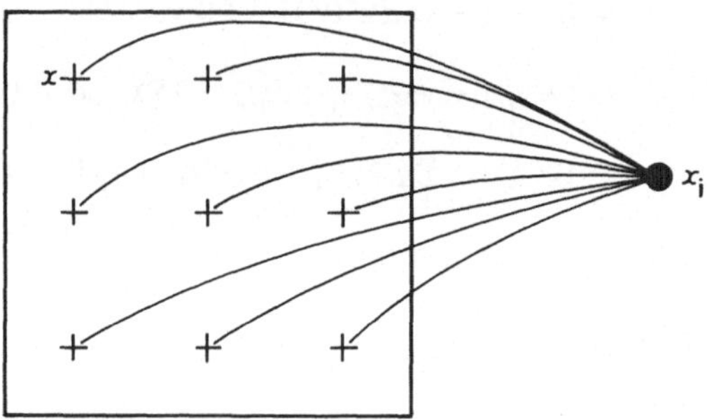

Abb. 4.2.3: Ermittlung des Variogrammwerts zwischen einem Block und einer Probe mit Hilfe des Diskretisierung des Blockes anhand von Hilfspunkten. $\bar{\gamma}(V x_i)$ ist ein Maß für die mittlere strukturelle Variabilität zwischen x_i und V, d. h. zwischen x_i und allen x innerhalb von V.

Es wird deutlich, daß unter der Annahme der Stationarität 2. Ordnung die Kovarianzwerte $K_{x_i x_j}$ und $\bar{K}_{V x_i}$ nicht mehr von den Probenwerten selbst, sondern von den Abständen h abhängig sind. Natürlich besteht die Möglichkeit, die Schätzvarianz anstatt durch Kovarianzwerte durch Variogrammwerte auszudrücken. Man erhält:

$$\sigma_e^2 = 2 \sum_i \lambda_i \cdot \bar{\gamma}(V x_i) - \bar{\gamma}(V,V) - \sum_i \sum_j \lambda_i \cdot \lambda_j \cdot \gamma(x_i - x_j) \ ,$$

wobei $\bar{\gamma}(V x_i)$ den Mittelwert von $\gamma(h)$ darstellt, wenn das eine Ende des Abstandsvektors am Probenpunkt fixiert ist und das andere Ende das Volumen V überstreicht; d. h. dieser Wert ist mit $\bar{\gamma}(x_i - x)$ identisch (s. oben). Die Variogrammwerte zwischen den Probenwerten x_i und x_j sind in der obigen Formel durch $\gamma(x_i - x_j)$ symbolisiert, und $\bar{\gamma}(V,V)$ ist bekanntlich der mittlere Variogrammwert innerhalb von V. Diese Formel bietet den Vorteil, daß sie auch dann verwendet werden kann, wenn die Kovarianzfunktion theoretisch nicht existiert. Bekanntlich setzt die Hypothese der schwachen Stationarität die Existenz einer Kovarianz voraus, während das Variogramm lediglich auf der intrinsischen Hypothese beruht (vgl. Kap. 2.1).

Der häufig verwendete Begriff "Ausdehnungsvarianz" ist grundsätzlich mit der
Schätzvarianz identisch. Es hat sich eingebürgert, in der Praxis von Ausdehnungs-
varianz zu sprechen, wenn höchstens vier Probenwerte, die sich innerhalb des zu
schätzenden Blockes befinden, für die Schätzung verwendet werden (vgl. Abb. 4.2.4).
Es gilt hierbei die Feststellung, daß bei der gleichen Probenkonfiguration die
Ausdehnungsvarianz mit wachsender Blockgröße zunimmt. Das Symbol $\sigma_e^2(0,V)$ bzw.
$\sigma_e^2(v,V)$ verdeutlicht die Ausdehnungsvarianz, wenn der Wert einer Probe mit der
Stützung 0 oder v zu einer größeren Stützung (V) ausgedehnt wird (vgl. Kap. 4.3.1).

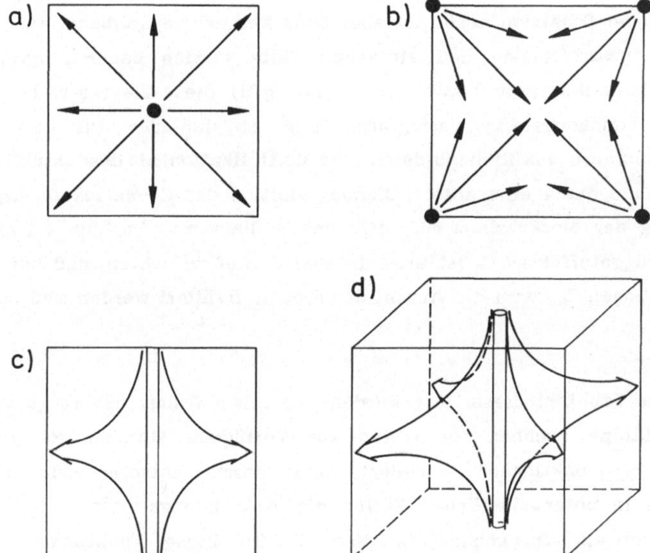

Abb. 4.2.4: Schätzung durch Ausdehnung von Probenwerten zu Flächen bzw. Volumina.

Mit Hilfe der Formel für die Schätz- bzw. Ausdehnungsvarianz können nunmehr für
beliebige Probenkonfigurationen und Entfernungen sowie für beliebige Blockdimensionen die Schätzvarianzen ermittelt werden. D. h., diese Formel ermöglicht es, auch dann
eine Schätzvarianz anzugeben, wenn die Schätzung mit Hilfe von klassischen Verfahren
(z. B. Polygonmethode, s. Kap. 5.1) vorgenommen wird. Die einzige Voraussetzung ist,
daß das Variogramm bekannt sein muß. Wichtig ist auch die Feststellung, daß die in
dieser Formel verwendeten Größen nicht mehr von den einzelnen Probenwerten abhängig
sind. Zwar werden anfangs alle Probenwerte gemeinsam verwendet, um das Variogramm
zu ermitteln, sie spielen aber (bei der linearen Geostatistik) keine Rolle mehr, wenn
anschließend die lokalen Schätzvarianzen ermittelt werden (vgl. Kap. 5.4.2.1).

Als ein weiteres Beispiel sei die Schätzung des Blockwertes Z(V) anhand von n Probenwerten durch eine einfache Mittelwertbildung aufgeführt, wobei die n Probenwerte $\{z(x_i), i = 1 \dots n\}$ jeweils die gleiche Wichtung $\lambda_i = 1/n$ erhalten, und x bzw. y die Endpunkte des Abstandsvektors h innerhalb von V sind. Die Schätzvarianz ist in diesem Fall gegeben durch

$$\sigma_e^2 = \frac{2}{nV} \sum_i \int_V \gamma(x-x_i)\,dx - \frac{1}{V^2} \int_V dx \int_V \gamma(x-y)\,dy - \frac{1}{n^2} \sum_i \sum_j \gamma(x_i-x_j) \ .$$

Die Berechnung der Schätzvarianzen ist aber ohne Rechner zeitraubend. Für die in der Praxis häufig anzutreffenden und einfachen Fälle wurden daher Diagramme bzw. Tabellen erstellt (s. Diagramm D 3a bis 3f im Anhang II). Diese Diagramme beziehen sich wiederum auf standardisierte Variogrammodelle, so daß der aus dem Diagramm ermittelte Varianzwert anschließend durch eine Multiplikation mit dem aktuellen C-Wert zu korrigieren und durch eine entsprechende Addition des C_0-Wertes zu ergänzen ist (vgl. Ermittlung der Blockvarianz mit Hilfe des F-Diagramms im Kap. 4.1.2). Bei der Addition des Nuggeteffektes C_0 ist aber diesmal darauf zu achten, daß bei Vorliegen von mehreren Proben C_0 durch die Anzahl der Proben dividiert werden muß (s. Aufgabe 3 im Kap. 4.4).

Diagramme oder Tabellen dieser Art wurden vor allem früher bevorzugt verwendet, weil leistungsfähige Rechner nur selten zur Verfügung standen. Es wurden die sogenannten "Hilfsfunktionen" definiert und durch entsprechende Diagramme dargestellt, um in unterschiedlichen Fällen die Ausdehnungs- bzw. Schätzvarianzen vereinfacht ermitteln zu können (s. Kap. 5.2.3). Diese Funktionen beinhalten vorberechnete Werte für $\bar{\gamma}$, bezogen auf geometrische Formen, die in der Praxis besonders häufig anzutreffen sind. Eine solche Funktion wurde bereits im Kap. 4.1.2 unter dem Namen F-Funktion vorgestellt und diente zur Ermittlung des mittleren Variogrammwertes innerhalb eines geraden Segmentes (eindimensional), eines Rechteckes (zweidimensional) oder eines Blockes (dreidimensional). Es sind weitere Hilfsfunktionen bekannt, die im folgenden kurz vorgestellt werden:

Bei der eindimensionalen Betrachtungsweise sind zwei Hilfsfunktionen definierbar:

1. Die Funktion $\chi(\ell)$ als der mittlere Wert von $\gamma(h)$, wenn das eine Ende des Vektors h an einem der Begrenzungspunkte des Segmentes der Länge ℓ auf einer Geraden fixiert ist und das andere Ende die gesamte Länge ℓ des Segmentes überstreicht und

2. die Funktion F(ℓ) als der mittlere Wert von γ(h), wenn die beiden Enden des Vektors h voneinander unabhängig das Segment der Länge ℓ auf einer Gerade überstreichen (s. Diagramm D1a in Anhang II).

Zweidimensional können dagegen vier Funktionen definiert werden:

1. Die Funktion $\alpha(h;\ell)$ ist der mittlere Wert von γ(h), wenn das eine Ende des Vektors h eine der kürzeren Seiten (ℓ) eines Rechtecks überstreicht und das andere Ende unabhängig davon die gegenüberliegende Seite, die sich von der ersten um den Betrag h entfernt befindet.

2. Die Funktion $\chi(h;\ell)$ ist der mittlere Wert von γ(h), wenn das eine Ende des Vektors h die Seite der Länge ℓ und das andere Ende das gesamte Rechteck mit den Kantenlängen ℓ und h überstreichen.

3. Die Funktion $F(h;\ell)$ ist, wie bereits oben vorgestellt, der mittlere Wert von γ(h) innerhalb des Rechtecks mit den Kantenlängen h und ℓ (vgl. Diagramm D1b in Anhang II) und

4. die Funktion $H(h;\ell)$ ist der mittlere Wert von γ(h), wenn das eine Ende des Vektors h an einem der Eckpunkte des Rechtecks fixiert ist und das andere Ende unabhängig davon das gesamte Rechteck mit den Kantenlängen h und ℓ überstreicht (vgl. Diagramm D1d in Anhang II).

Bei der dreidimensionalen Betrachtung dagegen beschränkt man die Verwendung dieser Hilfsfunktionen auf Prismen mit quadratischer Basis (vgl. Diagramm D1c in Anhang II für die F-Funktion), weil sie sonst zu unhandlich werden.

Im Rahmen dieser Einführung wird neben der <u>F-Funktion</u> lediglich von der <u>H-Funktion</u> Gebrauch gemacht (s. Kap. 5.2.3).

4.2.2 Fehlergrenzen und Vertrauensniveau der Schätzungen: Fallstudien aus der Praxis bestätigen die Annahme des Normalverteilungsmodells für den Schätzfehler, so daß die Varianz dieser Verteilung (d. h. die Schätzvarianz σ_e^2) ein geeignetes Maß zur quantitativen Beschreibung der Güte der Schätzungen darstellt. Wenn die Schätzungen unverzerrt sind, ist der Mittelwert dieser Verteilung gleich Null, d. h.

$$E[Z(V_i) - Z^*(V_i)] = 0 \ .$$

Das Intervall zwischen $[-2\sigma_e$ und $+2\sigma_e]$ charakterisiert dann den Bereich der ≈ 95 %igen Aussagesicherheit, wobei der Wert σ_e als der Standardfehler des geschätzten (Mittel-)Wertes anzusehen ist (vgl. Kap. 1.3.3): Wenn in einer Lagerstätte zahlreiche Blöcke mit dem gleichen Verfahren unverzerrt geschätzt wurden, ist zu erwarten, daß etwa 5 % aller Blockschätzwerte die jeweiligen Fehlergrenzen von $[Z^*(V) \pm 2\sigma_e]$ unter- bzw. überschreiten dürfen (5 % Irrtumswahrscheinlichkeit). Deshalb beträgt diejenige Wahrscheinlichkeit, daß der geschätzte Wert jedes einzelnen Blockes den wahren Blockwert unter- oder überschreiten wird, auch individuell betrachtet etwa 5 %. Da die Geostatistik für jede Schätzung auch eine Schätzvarianz liefert, besteht demnach immer die Möglichkeit zu beurteilen, ob die betreffende Schätzung zuverlässig ist oder nicht.

Die Kombination der beiden Begriffe Fehlergrenze und Aussagesicherheit ermöglicht es ferner, eine Klassifikation der geschätzten Vorräte nach der Genauigkeit der Schätzungen bzw. nach dem "Erkundungsgrad" dieser Vorräte vorzunehmen, weil die Schätzgenauigkeit eine Funktion des Erkundungsgrades (der Probendichte) und der Lagerstättenvariabilität ist. Es ist ersichtlich, daß je höher das Vertrauensniveau eingestuft wird, desto größer die Fehlergrenzen werden. In der Lagerstättenbewertung wird gewöhnlich von einer Aussagesicherheit (= Vertrauensniveau) von 95 % (d. h. von ca. $\pm 2\,\sigma_e$ als Fehlergrenzen) ausgegangen. Abweichend davon wurde von der GDMB (Gesellschaft Deutscher Metallhütten- und Bergleute) die Anwendung eines 90 %igen Vertrauensniveaus (d. h. $\pm 1{,}6\,\sigma_e$ für die Angabe der Fehlergrenzen) empfohlen (vgl. Kap. 1.4 und Wellmer 1983a, b).

Aufgrund der starken Ausbreitung der geostatistischen Methoden wird derzeit in zunehmendem Maße versucht, die früher überwiegend qualitativ definierten Begriffe der Vorratsklassifizierung nunmehr zu quantifizieren. Schwierigkeiten liegen hierbei zum einen, wie im Kap. 1.4 bereits dargelegt, in der Definition der Blockgröße und zum anderen in der schlechten Vergleichbarkeit der Schätzvarianzen für verschiedene Rohstoffe und für unterschiedliche Lagerstättentypen, vor allem dann, wenn die üblichen Bezeichnungen wie "sicher", "wahrscheinlich" und "möglich" beibehalten werden sollen. Es ist deshalb zu erhoffen, daß künftig mit der weiteren Zunahme des Verständnisses für die Geostatistik die Angabe der Fehlergrenzen und des dazugehörigen Vertrauensniveaus allein genügend ist, die Schätzungen zu charakterisieren, so daß die übliche Klassifizierung der Reserven einer Lagerstätte nach den qualitativen und z. T. subjektiv auslegbaren Kategorien überflüssig wird.

Bei Verwendung der Fehlerangaben ist zu beachten, daß aufgrund von zahlreichen Annahmen und Vereinfachungen, von denen wie bei jeder Vorratsermittlung auch bei der Geostatistik ausgegangen wird, diese nur als grobe Richtwerte zu verstehen sind. Rechnerisch geringe Abweichungen (z. B. um wenige Prozente) sind ohne Bedeutung. In der Praxis kommt es vielmehr auf die Bestimmung von Größenordnungen wie z. B. ±20 % oder ±50 % bzw. darüber an: Hohe Fehlerwerte wie ±60 % oder ±70 % können sich zwar rein rechnerisch ergeben, aber ihre quantitative Verwendung ist nicht immer sinnvoll. Diese beiden Zahlen bedeuten lediglich, daß die Schätzungen in beiden Fällen "schlecht" sind. Deshalb ist es auch nicht empfehlenswert, eine Schätzung mit Fehlergrenzen von z. B. ±70 % mit einer anderen Schätzung mit Fehlergrenzen von ±90 % bezüglich der Genauigkeit zu vergleichen; in diesem Fall sind beide Schätzungen sehr ungenau bzw. unbrauchbar.

4.2.3 <u>Zur Optimierung der Probenahme anhand von Schätzvarianzen:</u> Die Ermittlung der Schätzvarianz basiert auf dem Variogrammmodell. Lage und Entfernung der Proben zueinander und zu dem zu schätzenden Block sowie die Form und Dimensionen des Blockes beeinflussen die Varianz. Weder die berechneten Wichtungen noch die ermittelten Varianzen sind von den lokalen Werten direkt abhängig, da die Probenwerte nur bei der Aufstellung des Variogrammmodells zu Beginn verwendet werden (s. Kap. 4.2.1). Aus diesem Grunde ist es möglich, anhand des Variogrammmodells verschiedene Probenahme- und Schätzvorgänge auch rein theoretisch zu evaluieren. Demnach ist eine Optimierung der Probenahme mit Hilfe eines Variogramms bereits vor der Verwirklichung des Probenahmevorganges möglich, vorausgesetzt eine Mindestanzahl von Proben steht für die Berechnung des Variogramms zur Verfügung.

Die Optimierung bezieht sich im Normalfall auf die Reduzierung der Schätzgenauigkeit durch Erkundungsarbeiten, wodurch das Risiko, z. B. bei Investitionsentscheidungen, möglichst vermindert wird. Demgegenüber stehen wirtschaftliche Grenzen bei den Ausgaben für die erforderlichen Erkundungsarbeiten. Eine Kombination dieser beiden Kriterien führt in der Praxis zu einer optimalen Probenahmestrategie (s. Kap. 7.). Die einfache Optimierung beginnt im Kleinbereich; man möchte z. B. wissen, welche Probenkonfiguration für die Schätzung eines Blockes die beste ist (vgl. Abb. 4.2.5). Bereits ein größenordnungsmäßiger Vergleich der für die verschiedenen Proben- konfigurationen ermittelten theoretischen Varianzwerte kann ein Urteil darüber ermöglichen, in welchem Fall ein Optimum vorliegt. Die Anisotropien sollten hierbei unbedingt mit berücksichtigt werden. Oft ist aber erkennbar, daß trotz einer

Intensivierung der Probenahme eine wirksame Verbesserung der Schätzgenauigkeit nicht zu erwarten ist. Dies kann z. B. durch einen hohen Nuggeteffekt verursacht werden.

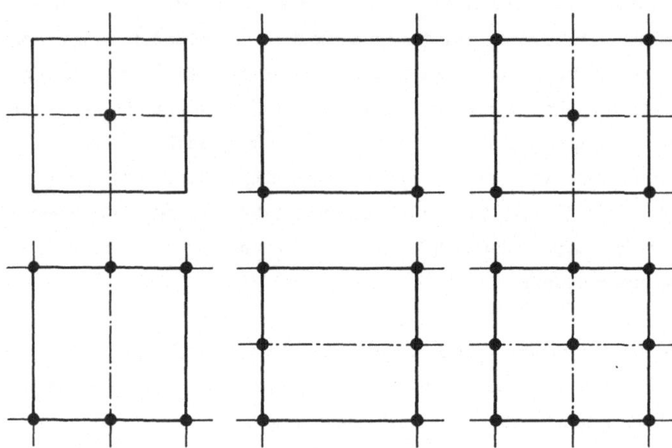

Abb. 4.2.5: Regelmäßige Probenahmekonfigurationen zur Schätzung des Blockwertes.

Auch die Optimierung der Probenahme in der gesamten Lagerstätte bzw. in größeren Teilen davon ist auf ähnliche Weise durchführbar. Bekanntlich ist die Schätzvarianz des Mittelwertes (s_m^2) mit Hilfe der Beziehung: $s_m^2 = s_x^2 / n$ zu ermitteln (s. Kap 1.3.3), wobei s_x^2 die Varianz der Probenwerte und n die Anzahl der Proben sind. Diese Formel der Statistik ermöglicht das Erkennen der Abhängigkeit der Schätzgenauigkeit von der Anzahl der Proben bzw. Bohrungen. Hierbei wird angenommen, daß es sich um unabhängige und identisch verteilte Probenwerte handelt. Eine Erhöhung dieser statistischen Schätzgenauigkeit ist dagegen möglich, wenn durch geostatistische Rechenmethoden die spezielle Korrelation der Proben (Ortsabhängigkeit) zusätzlich Berücksichtigung findet (vgl. Aufgabe 4 in Kap. 4.4). In der obigen Formel entspricht s_x^2 praktisch dem Schätzwert für $\sigma^2(O/D)$ in der Schreibweise der Geostatistik. Je nach Art des vorliegenden Probenahmerasters, d. h. regulär, quasi-regulär oder unregelmäßig (vgl. Kap. 5.3 und Abb. 5.3.1), werden in der Geostatistik anstelle des Wertes $\sigma^2(O/D)$ andere Varianzwerte eingesetzt: Bei Vorliegen einer regelmäßigen Probenahme verwendet man die Schätzvarianz σ_e^2, die sich auf die Ausdehnung eines in der Mitte des Blockes befindlichen Probenwertes zum gesamten Block bezieht. Falls eine quasi-reguläre Probenahme vorliegt, wird die Dispersionsvarianz $\sigma^2(O/V)$ verwendet, da in diesem Fall die Probe innerhalb des Blockes jede Lage einnehmen kann und die (mittlere) Ausdehnungsvarianz σ_e^2 dann dem Wert $\sigma^2(O/V)$ entspricht (vgl. Kap. 4.3.2).

Beide Varianzwerte, d. h. σ_e^2 oder $\sigma^2(O/V)$, sind im Normalfall niedriger als die Varianz der Probenwerte $\sigma^2(O/D)$, die in der Geostatistik nur dann verwendet wird, wenn eine zwar völlig <u>unregelmäßige, aber trotzdem repräsentative Probenahme</u> vorliegt oder das Variogramm (noch) dem Zufallstyp zugehört. Wie bereits zu Beginn angedeutet, ist es möglich, allein anhand dieser einfachen Methoden und ggf. in Kombination mit den Anforderungen der Reservenklassifikationssysteme zu erkennen, welche Lösungen (bezüglich der Anzahl der Bohrungen und der Form des Bohrrasters) im Bereich des Optimums liegen (vgl. als Beispiele aus der Praxis die Abbildungen 4.2.6 und 4.2.7).

Eine Kombination der Schätzvarianz bzw. der Probenzahl mit den Kosten der Erkundungsarbeiten bzw. mit der Wirtschaftlichkeit des Gesamtprojektes ermöglicht dagegen eine exaktere Lösung für die Optimierung der Probenahme (vgl. Bilodeau & Mackenzie 1979), wie dies in Kap. 7.3, Beispiel 2 genauer erläutert wird.

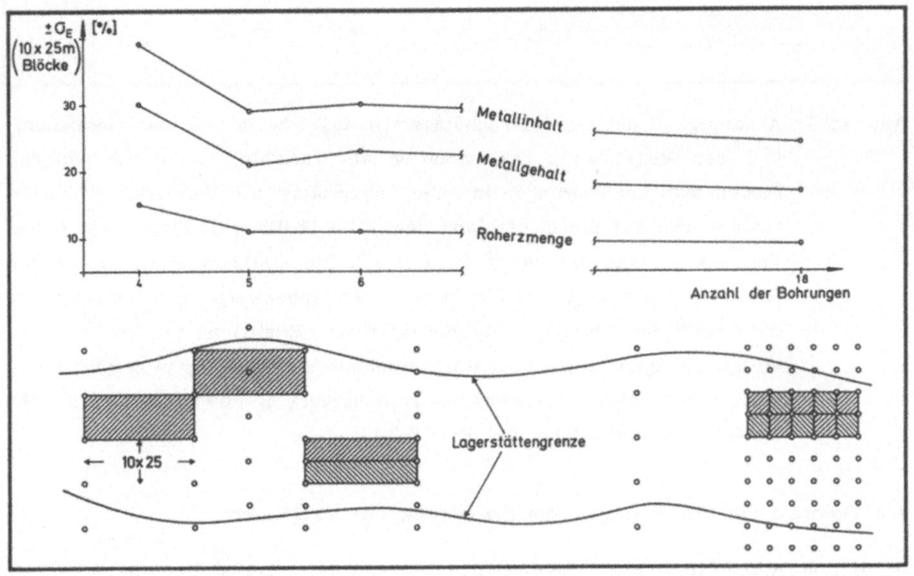

Abb. 4.2.6: Verringerung der relativen Schätzvarianzen (σ_e^2) bzw. der Standardabweichungen (σ_e) der geschätzten Werte für die Reservenparameter mit Zunahme der Anzahl der Proben. Die Schätzvarianzen beziehen sich in allen oben dargestellten Fällen auf zweidimensionale Blöcke der Größe (10 m · 25 m).

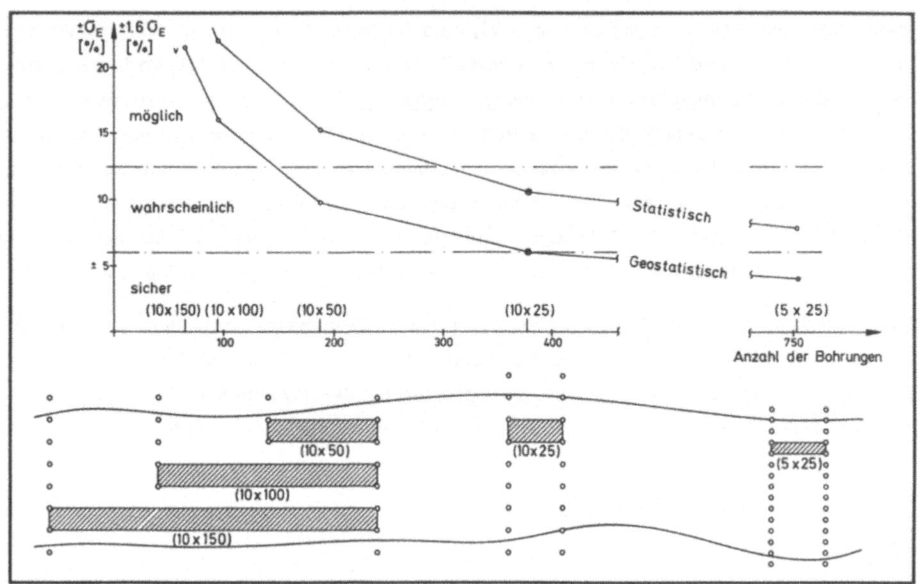

Abb. 4.2.7: Abhängigkeit der relativen Schätzvarianz (σ_e^2) bzw. der Standardabweichung (σ_e) des Mittelwertes (Akkumulation als Variable) von der Anzahl der Proben bzw. der Bohrungen in einer Lagerstätte. Die Vorratsklassifikation bezieht sich auf die Empfehlung der GDMB (Wellmer 1983a, b) bei einem Vertrauensniveau von 90 % ($\pm 1{,}6 \cdot \sigma_e$). Die statistische Ermittlung der Schätzvarianz erfolgt über die Varianz der Probenwerte s_x^2 dividiert durch die Anzahl der Bohrungen. Die geostatistische Ermittlung der Schätzvarianz erfolgt dagegen (z. B.) über die Ausdehnungsvarianz des in der Mitte des Blockes befindlichen Probenwertes zu dem Block dividiert durch die Anzahl der (identischen) Blöcke (vgl. Kap. 5.3.1).

4.3 Theoretische Ableitungen zur Ermittlung der Varianzen

In diesem Abschnitt werden theoretische Überlegungen dargestellt, die zu einem besseren bzw. vertieften Verständnis der geostatistischen Varianzbegriffe führen sollen. Die Ableitung der Formeln stützt sich hierbei im wesentlichen auf die im Lehrbuch von Journel & Huijbregts (1978) enthaltenen Modellvorstellungen. Das Studium dieses Abschnittes ist für erste praktische Anwendungen nicht notwendig. Da auch das Verständnis der nachfolgenden Kapitel ohne ein Studium dieser theoretischen Überlegungen möglich ist, kann dieser Abschnitt bei einer ersten Durchsicht unberücksichtigt bleiben.

<u>Anmerkung:</u> Bei den nachfolgenden Ableitungen wird von der Schreibweise der (linearen) Geostatistik Gebrauch gemacht, bei der K(h) durch $-\gamma(h)$ ersetzt werden kann. Diese Schreibweise bezieht sich auf die bekannte Beziehung $K(h) = K(0) - \gamma(h)$ zwischen dem Variogramm und dem Kovariogramm.

4.3.1 <u>Schätzvarianz:</u> $Z(x)$ soll eine Zufallsfunktion darstellen, die schwachstationär ist. Der Erwartungswert dieser Funktion sei m, die Kovarianz K(h) und das Semivariogramm $\gamma(h)$.

Der arithmetische Mittelwert z_L von L <u>unbekannten</u> regionalisierten Werten $\{\, z(x_\ell),$ $\ell = 1 \cdots L\,\}$ sei:

$$z_L = \frac{1}{L} \sum_{\ell=1}^{L} z(x_\ell) \quad .$$

Der lineare Schätzer z_L^* für z_L ist der arithmetische Mittelwert von n <u>bekannten</u> Werten $\{\, z(x_i),\ i = 1 \cdots n\,\}$, die aus den L unbekannten Werten stammen:

$$z_L^* = \frac{1}{n} \sum_{i=1}^{n} z(x_i) \quad .$$

Der unbekannte Fehler dieser Schätzung $(z_L - z_L^*)$ kann als eine Realisierung der Zufallsvariablen $[Z_L - Z_L^*]$ interpretiert werden, wobei die Bedingung der Unverzerrtheit erfüllt ist, da

$$E[Z_L] = \frac{1}{L} \sum_{\ell} E[Z(x_\ell)] = m \qquad \text{und}$$

$$E[Z_L^*] = \frac{1}{L} \sum_{i} E[z(x_i)] = m \qquad \text{,so daß}$$

$$E[Z_L - Z_L^*] = 0 \qquad \text{gilt.}$$

Die Varianz der Zufallsvariablen $[Z_L - Z_L^*]$ bzw. die Schätzvarianz σ_e^2 ist wie folgt definiert:

$$\sigma_e^2 = E[(Z_L - Z_L^*)^2] = E[Z_L^2] + E[Z_L^{*2}] - 2E[Z_L \cdot Z_L^*] \quad .$$

Der erste Term in dieser Formel kann zum einen durch

$$E[Z_L^2] = \frac{1}{L^2} \ E[\sum_{\ell} \sum_{\ell'} Z(x_{\ell}) \cdot Z(x'_{\ell})]$$

und zum anderen nach einem Umtausch des Summenzeichens mit dem Erwartungsoperator E durch den Ausdruck

$$E[Z_L^2] = \frac{1}{L^2} \ E[\sum_{\ell} \sum_{\ell'} Z(x_{\ell}) \cdot Z(x'_{\ell})] = \frac{1}{L^2} \sum_{\ell} \sum_{\ell'} [K(x_{\ell} - x'_{\ell}) + m^2]$$

ersetzt werden, da definitionsgemäß für die Kovarianzfunktion

$$K(x_{\ell} - x'_{\ell}) = E[Z(x_{\ell}) \cdot Z(x'_{\ell})] - m^2 \qquad \text{gilt.}$$

Dementsprechend ist der zweite Term durch den Ausdruck

$$E[Z_L^{*2}] = \frac{1}{n^2} \sum_{i} \sum_{j} [K(x_i - x_j) + m^2]$$

und ähnlicherweise auch der dritte Term durch

$$E[Z_L \cdot Z_L^*] = \frac{1}{L \cdot n} \sum_{\ell} \sum_{i} [K(x_{\ell} - x_i) + m^2] \qquad \text{ersetzbar.}$$

Hieraus folgt:

$$\sigma_e^2 = E[(Z_L - Z_L^*)^2] = \frac{1}{L^2} \sum_{\ell} \sum_{\ell'} K(x_{\ell} - x'_{\ell}) + \frac{1}{n^2} \sum_{i} \sum_{j} K(x_i - x_j) - \frac{2}{L \cdot n} \sum_{\ell} \sum_{i} K(x_{\ell} - x_i) \ .$$

Falls $\bar{L}((L),(n))$ als Mittelwert der Kovarianzfunktion $K(h)$ definiert wird, wobei das eine Ende des Abstandsvektors h den Datensatz $\{x_i, \ i = 1 \ \cdots \ n\}$ und das andere den Datensatz $\{x_{\ell}, \ \ell = 1 \ \cdots \ L\}$ überstreicht, dann erhält man

$$\bar{L}((L),(n)) = \frac{1}{L \cdot n} \sum_{\ell \in (L)} \sum_{i \in (n)} K(x_{\ell} - x_i) \ .$$

Die Schätzvarianz σ_e^2 ist deshalb – für den diskreten Fall – wie folgt darstellbar:

$$\sigma_e^2 = \bar{K}((L),(L)) + \bar{K}((n),(n)) - 2\bar{K}((L),(n)) \ .$$

Dieses wichtige Ergebnis kann anschließend zu dem stetigen bzw. generellen Fall erweitert werden: Nunmehr geht man davon aus, daß die L Punkte x_ℓ sich innerhalb des Volumens V und die n Punkte x_i sich innerhalb eines anderen Volumens v befinden. Die Mittelpunkte dieser Volumina seien x (in V) und x' (in v). Wenn L und n gegen Unendlich gehen, sind die Mittelwerte z_L und z_L^* als Mittelwerte der Punktvariablen $z(y)$ innerhalb von V bzw. v anzusehen:

$$z_L \rightarrow z_V(x) = \frac{1}{V} \int\limits_{V(x)} z(y)\, dy \qquad \text{und}$$

$$z_L^* \rightarrow z_v(x') = \frac{1}{v} \int\limits_{v(x')} z(y)\, dy \quad .$$

Diese Mittelwerte $z_V(x)$ und $z_v(x')$ werden als Realisierungen von Zufallsvariablen $Z_V(x)$ und $Z_v(x')$ interpretiert mit:

$$Z_V(x) = \frac{1}{V} \int\limits_{V(x)} Z(y)\, dy \qquad \text{und}$$

$$Z_v(x') = \frac{1}{v} \int\limits_{v(x')} Z(y)\, dy \quad .$$

Da $E[Z_V(x)] = E[Z_v(x')] = m$ ist, wäre auch die Bedingung der Unverzerrtheit erfüllt.

Die Schätzvarianz für den stetigen Fall ist dann definiert als

$$\sigma_e^2 = E\{[Z_V(x) - Z_v(x')]^2\}$$

$$= \frac{1}{V^2} \int\limits_{V(x)} dy \int\limits_{V(x)} K(y-y')\, dy' + \frac{1}{v^2} \int\limits_{v(x')} dy \int\limits_{v(x')} K(y-y')\, dy' - \frac{2}{V \cdot v} \int\limits_{V(x)} dy \int\limits_{v(x')} K(y-y')dy' \quad .$$

Diese Beziehung kann in vereinfachter Form dargestellt werden, wenn $\bar{K}(V,v)$ den Mittelwert der Kovarianzfunktion $K(h)$ für den Fall darstellt, daß der eine Endpunkt des Abstandsvektors h die Domäne $V(x)$ und der andere Endpunkt unabhängig davon die Domäne $v(x')$ überstreicht:

$$\sigma_e^2 = \bar{K}(V,V) + \bar{K}(v,v) - 2\bar{K}(V,v) \quad .$$

Ferner kann diese Formel so umgeschrieben werden, daß anstelle der Kovarianzwerte die Variogrammwerte erscheinen:

$$\sigma_e^2 = 2\bar{\gamma}(V,v) - \bar{\gamma}(V,V) - \bar{\gamma}(v,v) \quad .$$

Die Schätzvarianz σ_e^2 in dieser Formel kann gleichzeitig als die Ausdehnungsvarianz von v zum Volumen V (symbolisiert durch $\underline{\sigma_e^2(v,V)}$) interpretiert werden. Die Bedeutung dieser Interpretation liegt darin, daß hierdurch der Übergang zwischen den beiden Grundvarianzen der Geostatistik deutlich wird: Die (mittlere) Schätz- oder Ausdehnungsvarianz einer punktförmigen Probe zu einem Block entspricht der Dispersionsvarianz $\sigma^2(0/V)$, wenn die Probe alle möglichen Positionen innerhalb des Blockes einnehmen kann. Die "Variogrammform" der Formel für die Schätzvarianz ist übrigens auch dann gültig, wenn die Kovarianzfunktion theoretisch nicht existiert.

4.3.2 <u>Dispersionsvarianz/"Volumen–Varianz–Beziehung"</u>: Wenn ein Volumen V mit dem Zentralpunkt x in N gleichgroße Einheiten $v(x_i)$ mit den Zentralpunkten x_i unterteilt wird, dann gilt

$$V = \sum_{i=1}^{N} v_i = N \cdot v \quad .$$

Falls $z(y)$ eine ortsgebundene Variable darstellt, ist der Mittelwert dieser Variablen in jeder dieser Einheiten $v(x_i)$:

$$z_V(x_i) = \frac{1}{v} \int_{v(x_i)} z(y)\, dy \quad .$$

Dementsprechend ist der Mittelwert von $z(y)$ in V durch

$$z_V(x) = \frac{1}{V} \int_{V(x)} z(y)\, dy = \frac{1}{N} \sum_{i=1}^{N} z_V(x_i) \qquad \text{gegeben.}$$

Analogerweise ist die Varianz von N Werten $z_V(x_i)$ gegen deren Mittelwert $z_V(x)$ durch

$$s^2(x) = \frac{1}{N} \sum_{i=1}^{N} \left[z_V(x) - z_V(x_i) \right]^2 \qquad \text{definiert.}$$

Die Größe $s^2(x)$ wird als eine Realisierung der Zufallsvariablen $S^2(x)$ interpretiert: Unter Anwendung der Hypothese der Stationarität entspricht der Erwartungswert von $S^2(x)$ definitionsgemäß der Dispersionsvarianz der Einheiten v innerhalb von V, d. h.:

$$\sigma^2(v/V) = E[S^2(\textbf{x})] = E\{\tfrac{1}{N} \sum_i [Z_V(\textbf{x}) - Z_V(\textbf{x}_i)]^2\} \ .$$

Während $S^2(\textbf{x})$ noch vom Ort $\textbf{x}$ abhängig ist, hängt $\sigma^2(v/V)$ nur noch von der Größe der Volumina v und V sowie von der Kovarianzfunktion K(h) ab (s. unten!).

Die Verallgemeinerung der Definition der Dispersionsvarianz basiert wiederum auf der Modellvorstellung der Aufteilung eines sehr großen Volumens V in eine große Anzahl von sehr kleinen Einheiten v (v << V). Der Zentralpunkt von jeder Einheit v sei diesmal $\textbf{y}$. Der mittlere Wert der quadratischen Abweichungen, d. h. $s^2(\textbf{x})$, innerhalb von V ist durch ein Integral der Form:

$$s^2(\textbf{x}) = \tfrac{1}{V} \int_{V(\textbf{x})} [z_V(\textbf{x}) - z_V(\textbf{y})]^2 \, d\textbf{y}$$

darstellbar (s. oben). Für die Dispersionsvarianz von v innerhalb von V gilt deshalb dementsprechend:

$$\sigma^2(v/V) = E\{\tfrac{1}{V} \int_{V(\textbf{x})} [Z_V(\textbf{x}) - Z_V(\textbf{y})]^2\} \, d\textbf{y} \ .$$

Nach einem Umtausch der Reihenfolge des Integralzeichens mit dem Erwartungsoperator E erhält man:

$$\sigma^2(v/V) = \tfrac{1}{V} \int_{V(\textbf{x})} E\{[Z_V(\textbf{x}) - Z_V(\textbf{y})]^2\} \, d\textbf{y}$$

$$= \tfrac{1}{V} \int_{V(\textbf{x})} \sigma_e^2(V(\textbf{x}),v(\textbf{y})) \, d\textbf{y} \ ;$$

d. h. $\sigma^2(v/V)$ ist der Mittelwert der Schätzvarianz σ_e^2, wenn $Z_V(\textbf{x})$ durch den Wert $Z_V(\textbf{y})$ geschätzt wird, wobei sich v innerhalb von V befindet. Der Ausdruck für $\sigma^2(v/V)$ kann anschließend weiterentwickelt werden, und zwar basierend auf der Annahme, daß $Z(\textbf{x})$ eine stationäre Zufallsfunktion mit der Erwartung m, der Kovarianz K(h) und dem Variogramm $\gamma(h)$ ist:

$$\sigma_e^2(V(\textbf{x}),v(\textbf{y})) = \bar{K}(V(\textbf{x}),V(\textbf{x})) + \bar{K}(v(\textbf{y}),v(\textbf{y})) - 2\bar{K}(V(\textbf{x}),v(\textbf{y}))$$

(vgl. Formel für die Schätzvarianz in Kap. 4.3.1).

Da aber K(h) zu einer stationären ZF gehört, sind die ersten zwei Terme dieser

Gleichung nicht von der Lage von x und von y der Volumina V und v, sondern nur von der jeweiligen Geometrie von V und v abhängig. Daher gelten folgende Vereinfachungen für die beiden ersten Terme dieser Gleichung:

$$\bar{K}(V(x),V(x)) = \bar{K}(V,V) \qquad \text{und}$$

$$\bar{K}(v(y),v(y)) = \bar{K}(v,v) \quad .$$

Diese beiden Terme bleiben deshalb auch dann unverändert, wenn deren Mittelwert über $V(x)$ gebildet wird, d. h:

$$\frac{1}{V} \int\limits_{V(x)} [\bar{K}(V(x),V(x)) + \bar{K}(v(y),v(y))] \, dy = \bar{K}(V,V) + \bar{K}(v,v) \quad .$$

Der dritte Term in der obigen Formel für die Schätzvarianz entspricht zu

$$\frac{1}{V} \int\limits_{V(x)} [\bar{K}(V(x),v(y)) \, dy = \bar{K}(V(x),V(x)) = \bar{K}(V,V) \quad ,$$

da $v \ll V$ ist.

Hieraus folgt für die Dispersionsvarianz:

$$\sigma^2(v/V) = \bar{K}(v,v) - \bar{K}(V,V)$$

oder, wenn anstelle der Kovarianzfunktion das Variogramm verwendet wird:

$$\sigma^2(v/V) = \bar{\gamma}(V,V) - \bar{\gamma}(v,v) \quad ,$$

wobei die letztere Formel ihre Gültigkeit auch dann behält, wenn die Kovarianzfunktion theoretisch nicht existiert, aber das Variogramm definiert ist (vgl. Kap. 4.3.1).

Anhand dieser Überlegungen ist aber gleichzeitig gezeigt worden, daß die empirisch aufgestellte Beziehung von Krige bzw. die Volumen–Varianz–Beziehung (vgl. Kap. 4.1)

mit $\qquad \sigma^2(v/D) = \sigma^2(v/V) + \sigma^2(V/D)$

auch theoretisch ableitbar ist.

4.4 Aufgaben mit Lösungen als Beispiele zu praktischen Problemen

Anmerkungen: In diesem Kapitel werden einige praktische Aufgaben und ihre Lösungen vorgestellt. Bei der Lösung der Aufgaben werden Diagramme verwendet, die sich im Anhang II befinden. Alle Diagramme beziehen sich auf das isotrope und standardisierte Variogrammodell des sphärischen Typs für die punktförmige Stützung mit dem Schwellenwert $C = 1$, ohne Nuggeteffekt ($C_0 = 0$).

Bei den nachfolgenden Aufgaben wird einfachheitshalber durchgehend nur von isotropen Variogrammen mit einer einfachen Struktur Gebrauch gemacht. Da dies in der Praxis nur selten der Fall ist, sollten folgende Hinweise berücksichtigt werden, um ggf. die strukturellen Eigenschaften der Lagerstätte beim Gebrauch von Diagrammen entsprechend mit einbeziehen zu können: Bei Vorliegen einer geometrischen Anisotropie ist die richtungsabhängigunterschiedliche Länge der Reichweiten bei der Ermittlung der Verhältniszahlen entsprechend der Orientierung der Blöcke oder Geraden mit zu berücksichtigen (s. Beispiel unten!). Bei Anwesenheit von geschachtelten Strukturen ist von der Additivität der einzelnen Varianzwerte auszugehen: D. h., die für die einzelnen Strukturen getrennt ermittelten Varianzwerte werden zum Schluß summiert. Falls eine zonale Anisotropie vorliegt, können aus den Diagrammen die beiden "Extremwerte" ermittelt werden, und zwar getrennt anhand der Variogramme der Hauptanisotropieachsen mit der geringsten bzw. mit der höchsten Variabilität. In diesem Fall erhält man das Ergebnis in Form einer "Bandbreite". Viel einfacher ist dagegen die Verwendung eines (isotropen) "overall variogram" (vgl. Kap. 3.1.2), um einen groben Näherungswert für die gesuchte Varianz zu erhalten, wenn eine zonale Anisotropie vorliegt.

Beispiel:
Es liegt ein (relatives) Variogrammodell mit geometrischer Anisotropie vor. Die Parameter dieses Modells sind:

1. Hauptrichtung	2. Hauptrichtung
$C_0 = 0,1$	$C_0 = 0,1$
$C = 0,9$	$C = 0,9$
$a_1 = 60$ m	$a_2 = 100$ m

Berechnet werden soll die Dispersionsvarianz eines Punktes $\sigma^2(0/S)$ innerhalb eines rechteckigen Blockes S mit den Kantenlängen $h = 15$ m und $\ell = 50$ m, wobei die Orientierung des Blockes einfachheitshalber mit den Hauptachsenrichtungen der Anisotropie übereinstimmen soll (d. h. $h//a_1$ und $\ell//a_2$, s. auch Abb. 4.4.1). (Falls dies nicht der Fall ist, kann zuvor eine entsprechende Koordinatentransformation derart vorgenommen werden, daß die Koordinatenachsen mit den Hauptrichtungen der Anisotropie übereinstimmen. Anschließend kann für jede Richtung die betreffende Reichweite einfach berechnet werden; vgl. Kap. 3.1.2 und Aufgabe 2 in Kap. 3.3.)

Man verwendet hierzu das F-Diagramm für den zweidimensionalen Fall (s. Anhang II D1b). Anhand der Verhältniszahlen $h/a_1 = 15/60 = 0,25$ und $\ell/a_2 = 50/100 = 0,5$ liest man aus dem Diagramm den F-Wert von $\approx 0,3$ ab. Dieser Wert führt zu dem Ergebnis

$$\sigma^2(O/S) = 0,1 + 0,9 \cdot 0,3 = 0,37 \quad .$$

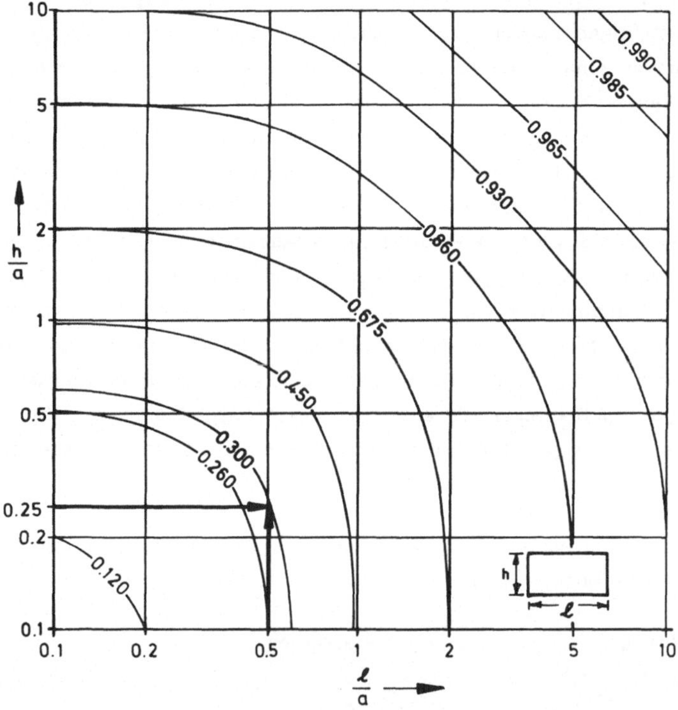

Abb. 4.4.1: Beispiel für die Verwendung eines Diagramms (F-Diagramm $\sigma^2(O/S)$, D1b in Anhang II).

Aufgabe 1:

Das Variogrammodell für die Variable "Gehalt" in einem Erzkörper ist isotrop und sphärisch. Die Parameter des (relativen) Variogrammodells mit punktförmiger Stützung sind $C_0 = 0{,}10$, $C = 0{,}65$ und $a = 250$ m.

Man ermittle und vergleiche zum einen die Dispersionsvarianzen $\sigma^2(O/V)$ und zum anderen die Blockvarianzen $\sigma^2(V/D)$ für (dreidimensionale) Blöcke mit den Kantenlängen

1.   50 m · 50 m · 35 m

2.   100 m · 100 m · 70 m

3.   150 m · 150 m · 105 m

4.   200 m · 200 m · 140 m.

Lösung:

Die Dispersionsvarianz $\sigma^2(O/V)$ innerhalb der einzelnen Blöcke läßt sich anhand der Formel

$$\sigma^2(O/V) = \bar{\gamma}(V,V)$$
$$= C_0 + C \cdot F\left(\frac{h}{a}; \frac{h}{a}; \frac{\ell}{a}\right)$$

und mit Hilfe des entsprechenden F–Diagramms (s. Anhang II, D1c) ermitteln. Auch die Blockvarianz kann anhand des gleichen Diagramms berechnet werden, da

$$\sigma^2(V/D) = \bar{\gamma}(D,D) - \bar{\gamma}(V,V)$$
$$= C\left[1 - F\left(\frac{h}{a}; \frac{h}{a}; \frac{\ell}{a}\right)\right] \qquad \text{gilt.}$$

Die folgende Tabelle (4.4.1) faßt die einzelnen Arbeitsschritte und die Ergebnisse zusammen:

Tabelle 4.4.1

Blockgröße [m·m·m]	Verhältniszahlen $\frac{h}{a}$	$\frac{\ell}{a}$	$F(\frac{h}{a}; \frac{h}{a}; \frac{\ell}{a})$	$1-F$	$\sigma^2(O/V)$	$\sigma^2(V/D)$	$\sigma(O/V)$	$\sigma(V/D)$
1.) 50· 50· 35	0,2	0,14	0,17	0,83	0,21	0,54	±0,46	±0,73
2.) 100·100· 70	0,4	0,28	0,35	0,65	0,33	0,42	±0,57	±0,65
3.) 150·150·105	0,6	0,42	0,51	0,49	0,43	0,32	±0,65	±0,56
4.) 200·200·140	0,8	0,56	0,64	0,36	0,52	0,23	±0,72	±0,48

Aus der Tabelle 4.4.1 geht beim Vergleich der einzelnen Ergebniswerte folgendes hervor (vgl. Abb. 4.4.2):

1) Die (relative) Dispersionsvarianz $\sigma^2(O/V)$ innerhalb der Blöcke nimmt mit zunehmender Blockgröße zu.

2) Die Blockvarianz $\sigma^2(V/D)$ ist um so kleiner, je größer die Blockdimensionen sind.

3) Die relativen Standardabweichungen $\pm\sigma(O/V)$ innerhalb der Blöcke betragen 46, 57, 65 bzw. 72 % des jeweiligen Mittelwertes für den betreffenden Block, und

4) Die relativen Standardabweichungen der Blockwerte $\pm\sigma(V/D)$ betragen 73, 65, 56 bzw. 48 % bezogen auf den Mittelwert der Lagerstätte.

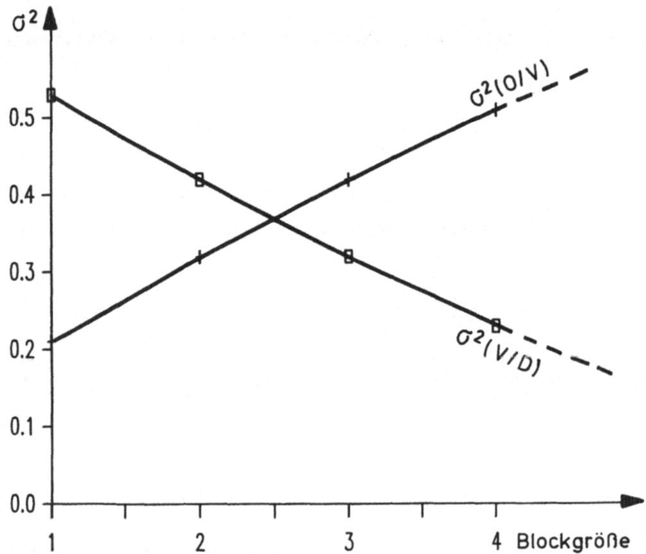

Abb. 4.4.2: Beziehung zwischen der Blockgröße und der Dispersions- bzw. der Blockvarianz.

Aufgabe 2:

Die Gehaltswerte eines Erzkörpers sind anhand von Kernproben der Länge ℓ = 5 m untersucht worden. Das Variogramm dieser 5 m langen Kernprobenabschnitte ist sphärisch mit den Parametern C_ℓ = 7,5 (%)^2 und a_ℓ = 25 m.

Man ermittle

a) das Variogrammodell für die punktförmige Stützung und

b) das Variogrammodell für Kernabschnitte der Länge $\ell = 10$ m.

Lösung:

zu a) Die Reichweite für die punktförmige Stützung ist $a = a_\ell - \ell = 25 - 5 = 20$ m.
Der Schwellenwert C ist mit Hilfe der Formel

$$C_\ell = C\,(1 - \frac{\ell}{2a} + \frac{\ell^3}{20a^3})$$

zu ermitteln; man erhält

$$C = C_\ell \,/\, (1 - \frac{\ell}{2a} + \frac{\ell^3}{20a^3}) = 7,5 \,/\, (1 - \frac{5}{40} + \frac{5^3}{20\cdot 20^3}) \cong 8,56 \; (\%)^2 \;.$$

Unter der Voraussetzung, daß kein Nuggeteffekt vorliegt, ist das Variogrammodell für
die punktförmige Stützung definiert.

zu b) Die Reichweite für die Stützung der Länge $\ell = 10$ m ist $a_\ell = a + \ell = 30$ m.
Der Schwellenwert beträgt

$$C_\ell = \gamma_\ell(\infty) = 8,56 \cdot (1 - \frac{10}{40} + \frac{10^3}{20\cdot 20^3}) = 6,47 \; (\%)^2 \;.$$

Anmerkung: Der Wert $\gamma_\ell(\infty) = C_\ell$ läßt sich auch aus dem Diagramm D2a im Anhang II
ablesen. Mit Hilfe des gleichen Diagramms kann man gleichzeitig den Wert $\gamma_\ell(\ell)$
ermitteln, der dem ersten "Punkt" des "vergleichmäßigten Variogramms" entspricht. (Die
aus dem Diagramm anhand der Verhältniszahl a/ℓ ablesbaren Werte müssen anschließend
durch eine Multiplikation mit dem aktuellen C-Wert korrigiert werden.) Ferner lassen
sich weitere Punkte des vergleichmäßigten Variogramms für verschiedene h mit Hilfe
der Diagramme D2b-1 bzw. D2b-2 (Anhang II) ermitteln.

Aufgabe 3:

Man ermittle und vergleiche die Ausdehnungs- bzw. Schätzvarianzen für die folgenden
zwei Fälle:

a) Eine Bohrung befindet sich in der Mitte des Blockes, und
b) an den Eckpunkten des rechteckigen Blockes befinden sich vier Bohrungen.

Der Wert des Blockes wird im ersten Fall anhand der einen Bohrung in der Mitte und im
zweiten Fall durch eine arithmetische Mittelwertbildung anhand von vier Bohrungen an
den Eckpunkten geschätzt. Die Blockdimensionen betragen in beiden Fällen
gleichbleibend 10 m · 20 m.

Das isotrope und relative Variogrammodell sphärischen Typs mit den Parametern $C_0 = 0,05$ $C = 0,95$ und $a = 100$ m sei bekannt.

<u>Lösung:</u>

Für den Fall a rechnet man die Ausdehnungsvarianz mit Hilfe des Diagrammes D3b (Anhang II). Die Verhältniszahlen betragen:

$$\frac{h}{a} = \frac{10}{100} = 0,1 \qquad \text{und} \qquad \frac{\ell}{a} = \frac{20}{100} = 0,2 \quad .$$

Man liest für σ^2 den Wert 0,057 ab, der für das standardisierte Variogramm mit $C_0 = 0$ und $C = 1$ gilt und deshalb noch korrigiert werden muß:

$$\sigma_e^2 = 0,05 + 0,95 \cdot 0,057 = 0,1041 \quad \text{bzw.}$$

$$\sigma_e = \pm 0,32 \text{ entsprechend } \pm 32 \ \% \quad .$$

Diese Zahl wird in der Geostatistik als Äquivalent zum Standardfehler des Mittelwertes verwendet.

Für den Fall b liest man in analoger Weise aus dem Diagramm D3c (Anhang II) den Wert $\sigma^2 = 0,039$ ab und ermittelt danach die Schätzvarianz

$$\sigma_e^2 = \frac{0,05}{4} + 0,95 \cdot 0,039 = 0,0495$$

bzw. die Standardabweichung

$$\sigma_e = \pm 0,22 \qquad \text{entsprechend } \pm 22 \ \% \text{ als Standardfehler des Mittelwertes.}$$

(Man beachte, daß im Fall b aufgrund von vier verwendeten Bohrungen der Nuggeteffekt des Variogrammes durch 4 dividiert werden mußte.)

Ein Vergleich der beiden σ_e Werte zeigt, daß der zweite Fall, obwohl drei Bohrungen zusätzlich verwendet wurden, nur eine Verbesserung von 10 % aufweist. Diese relativ geringe Verbesserung ist zum einen auf das Vorhandensein eines Nuggeteffektes und zum anderen auf die "weniger günstige" Probenkonfiguration im Fall b zurückzuführen: Die Probe in der Mitte des Blockes eignet sich für die Schätzung des Blockwertes besser als Proben an den Eckpunkten.

Aufgabe 4:

Man ermittle die Schätzvarianz für eine Variable (z. B. Gehalt) in einem Erzkörper, der untertägig anhand einer regelmäßigen Schlitzprobenahme entlang von Strecken erkundet wurde. Der Durchschnittsgehalt der Lagerstätte wird anhand des Mittelwertes der gleich langen Schlitzproben geschätzt. (Hinweis: man verwendet hierzu die Diagramme D3a, D3d und D3f im Anhang II).

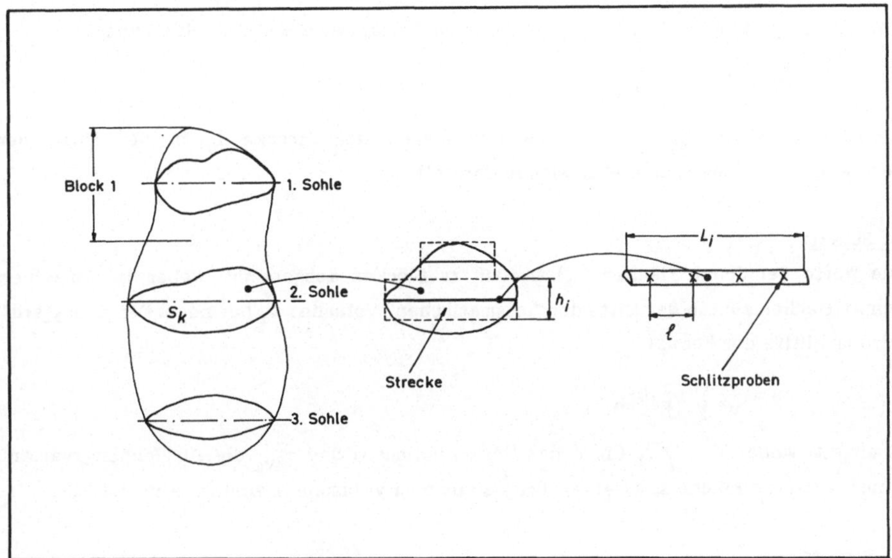

Abb. 4.4.3: Schätzung durch schrittweise Ausdehnung der Probenwerte (umgezeichnet aus Journel & Huijbregts 1978).

Lösung:

Der geschätzte Mittelwert entspricht einer schrittweisen Ausdehnung der Probenwerte (vgl. Abb. 4.4.3), und zwar in drei voneinander unabhängigen Schritten:

1. Schritt

Jeder Probenwert wird entlang der Strecke "linienförmig" zu beiden Seiten ausgedehnt. Der als "Linienterm" bezeichnete Varianzwert σ_ℓ^2 errechnet sich für eine Anzahl von N regelmäßig entnommenen Schlitzprobenwerten mit Hilfe der Formel

$$\sigma_\ell^2 = \frac{\sigma_e^2}{N} \; ,$$

wobei σ_ℓ^2 die Ausdehnungsvarianz einer einzelnen Probe ist, die sich in der Mitte der Geraden der Länge ℓ befindet.

2. Schritt:

Der Wert jeder Strecke wird zu einer rechteckigen Fläche s_i ausgedehnt. Jede Schnittfläche S besteht aus n rechteckigen Flächen (s_i), die in ihrer Mitte jeweils eine Strecke der Länge (L_i) beinhalten. Die Breite der rechteckigen Flächen (s_i) ist h_i. Man erhält

$$S = \sum_{i=1}^{n} s_i \qquad \text{mit } s_i = h_i \cdot L_i \ .$$

Der als "Schnittflächenterm" zu bezeichnende Varianzwert wird mit Hilfe von

$$\sigma_s^2 = \frac{1}{S^2} \sum s_i^2 \cdot \sigma_{eS_i}^2$$

berechnet, wobei $\sigma_{eS_i}^2$ die Ausdehnungsvarianz der Strecke L_i in der Mitte der rechteckigen Fläche s_i zu dieser Fläche darstellt.

3. Schritt

Die Werte der Schnittflächen (s_k) werden zu Blöcken ausgedehnt, wobei die einzelnen Schnittflächen sich in der Mitte der "prismatischen" Volumina v_k befinden. Der "Blockterm" wird mit Hilfe der Formel

$$\sigma_B^2 = \frac{1}{V^2} \sum_k v_k^2 \cdot \sigma_{Ev_k}^2$$

ermittelt, wobei $V = \sum_k v_k$ (d. h. das Gesamtvolumen) und $\sigma_{Ev_k}^2$ die Ausdehnungsvarianz einer mittleren Fläche s_k zu einem Prisma mit dem Volumen v_k sind (s. Abb. 4.4.3).

4. Schritt

Unter der Voraussetzung, daß die einzelnen Ausdehnungsvarianzen voneinander unabhängig sind, ist die Schätzvarianz des Mittelwertes die Summe der oben berechneten drei Terme:

$$\sigma_E^2 = \sigma_\ell^2 + \sigma_S^2 + \sigma_B^2 \ .$$

In der Praxis ist der Term σ_ℓ^2 gegenüber der Summe der beiden Termen σ_S^2 und σ_B^2 häufig vernachlässigbar, so daß, wenn die Schätzgenauigkeit verbessert werden soll, eine Erhöhung der Anzahl der Schlitzproben in den bereits bestehenden Strecken sich als wenig effektiv erweist. Es ist besser, für diesen Zweck die Lagerstätte durch Auffahrung von neuen Strecken zusätzlich zu erschließen bzw. zu beproben. Der in dieser Aufgabe dargestellte Vorgang ist prinzipiell genauso anwendbar, wenn eine Lagerstätte anhand von Oberflächenbohrprofilen untersucht wird (vgl. Kap. 5.1 und 5.3).

Aufgabe 5:

Man ermittle die erforderliche Anzahl N der Abbaustellen bzw. der Abbaueinheiten (v) innerhalb eines Blockes V, um eine vorgegebene (relative) Fluktuation (Dispersion, $\pm\sigma_{Pr}$) des Metallgehaltes — mit einer statistischen Wahrscheinlichkeit — nicht zu unter- oder überschreiten. Der Block wird in Form dieser kleineren Abbaueinheiten (v) abgebaut. Der durchschnittliche Gehalt im Block V wurde zuvor geschätzt, wobei die Schätzvarianz σ_e^2 bekannt ist.

Lösung:

Unter der Voraussetzung, daß die Dispersionsvarianz der Abbaueinheiten v im Block V, $\sigma^2(v/V)$, und die Schätzvarianz, σ_e^2 , voneinander unabhängig sind, ist die Gesamtvarianz der Gehaltswerte durch

$$\sigma_G^2 = \sigma^2(v/V) + \sigma_e^2 \qquad \text{zu ermitteln (vgl. Kap. 5.4.2).}$$

Die in dieser Formel noch unbekannte Größe $\sigma^2(v/V)$ wird mit Hilfe des Variogramms für die punktförmige Stützung und unter Benutzung des F—Diagramms berechnet:

$$\sigma^2(v/V) = \sigma^2(0/V) - \sigma^2(0/v) \qquad \text{(vgl. Aufgabe 1 in diesem Kapitel).}$$

Die Varianz der Fluktuation (σ_{Pr}^2) bei N—Abbaueinheiten ist dann durch $\sigma_{Pr}^2 = \sigma_G^2 / N$ gegeben, so daß hieraus der Wert $N = \sigma_G^2 / \sigma_{Pr}^2$ ermittelt werden kann. Man braucht demnach N Abbaustellen mit jeweils gleicher Produktionsmenge v bzw. die Menge von N Abbaueinheiten der Größe v (z. B. N Abschläge), um innerhalb der Grenzen der vor- gegebenen Fluktuation zu bleiben.

KAPITEL 5. ERMITTLUNG DER RESERVEN VON LAGERSTÄTTEN, KRIGEVERFAHREN

In Kapitel 5.1 werden einige einfache Verfahren zur Bestimmung von Reserven vorgestellt, die sich in erster Linie zu einer überschlägigen Vorratsberechnung eignen, insbesondere dann, wenn die Anzahl der Probenwerte für eine geostatistische Vorratsermittlung noch nicht ausreicht. In den folgenden Kapiteln werden dann geostatistische Verfahren der optimierten Vorratsberechnung erläutert.

Der Schätzvorgang, der eine bestimmte Anzahl von Proben in einen Wichtungsprozeß so einbezieht, daß die Schätzvarianz zu einem Minimum wird, wird <u>Krigen</u> oder <u>Krigeverfahren</u> (kriging) genannt. Das Verfahren wurde von MATHERON nach dem südafrikanischen Ingenieur und Statistiker D. G. KRIGE benannt, der grundlegende Vorarbeiten zur Geostatistik (s. auch Kap. 1.1) geleistet hat.

Die in diesem Kapitel erläuterten <u>linearen Krigeverfahren</u> werden hauptsächlich dann angewendet, wenn keine großräumige Drift in den Daten vorliegt (vgl. Kap 6.1) und wenn die Schätzungen zur Ermittlung der geologischen Reserven dienen. Werden lediglich Punkte eines regelmäßigen Rasters geschätzt, um in diesem Isolinien zu interpolieren, dann spricht man vom <u>Punktkrigen</u>. Im Kapitel 5.2.2 wird darauf kurz eingegangen. Diejenigen Krigeverfahren, die auf linearen Schätzungen basieren, werden entweder als <u>normales Krigen</u> (ordinary kriging) mit unbekanntem Mittelwert oder als <u>einfaches Krigen</u> (simple kriging) mit einem bekannten Mittelwert bezeichnet. Verschiedene Beispiele des normalen Krigens, das in der Praxis vorwiegend anzuwenden ist, werden in Kap. 5.2 und 5.3 ausführlicher erläutert. Auf das einfache Krigen wird im Kap. 5.2.5 kurz eingegangen. Aus dem normalen bzw. einfachen Krigen leitet sich das <u>Zufallskrigen</u> (random kriging) ab, das bei einer quasiregulären Verteilung von Probenpunkten eine vereinfachte Rechnungsweise erlaubt (Kap. 5.3.1). Im Kapitel 5.4 werden <u>nichtlineare Krigeverfahren</u> erläutert, die bei Reserveberechnungen für den selektiven Abbau unter Cut-off-Bedingungen, d. h. zur Ermittlung der gewinnbaren Reserven angewandt werden. Weitere lineare Krigeverfahren, die unter Einbeziehung einer vorhandenen Drift einzusetzen sind, werden schließlich im Kapitel 6 beschrieben. Im Formelkompendium des Anhangs IV werden die mathematischen Ableitungen, die zu den linearen Krigesystemen führen, zusammenfassend im Abschnitt 5. "Schätzprobleme und Schätzvarianzen" dargestellt. Das <u>Kokrigeverfahren,</u> das angewendet wird, um eine Variable mit Hilfe einer zweiten zu schätzen, und welches dazu das Kreuzvariogramm (s. Kap. 2.2.5) der beiden Variablen benötigt, wird hingegen in dieser Einführung

nicht näher behandelt. Es wird auf die umfangreicheren Darstellungen in englischspra-
chigen Lehrbüchern und auf verschiedene Literaturstellen, wie z. B. Carr & McCallister
1985, Carr et al., 1985, Myers 1982 verwiesen.

5.1 Einführung in die Terminologie und in die Anwendung der konventionellen Methoden

Die Vorräte (P) einer Lagerstätte werden in der Regel in Tonnen [t] Erz (oder Gestein,
Kohle etc.) angegeben, man spricht dann auch von der Tonnage einer Lagerstätte.
Vorräte errechnen sich als Produkt aus dem Volumen V in $[m^3]$ und der Rohdichte ρ in
$[t/m^3]$ zu $P = \rho \cdot V$. Mit Hilfe des Metallgehaltes Z in [Gew.-%] erhält man den
Metallinhalt Q in [t] als $Q = P \cdot Z / 100$. Sind die Gehalte nicht in Prozent, sondern z. B. in
[g/t] bei Gold oder [ppm] bei seltenen Metallen ausgewiesen, dann sind die
angegebenen Beziehungen entsprechend den Dimensionen der Gehaltsangaben
abzuwandeln. Umrechnungsbeispiele werden von Wellmer (1985) ausführlich erläutert.

Für eine Vorratsberechnung sind also das Volumen, das sich oft als Produkt aus Fläche
und Mächtigkeit ergibt, die Gehalte der verschiedenen Rohstoffe und die Rohdichte zu
bestimmen. Die Rohdichte kann ggf. auch aufgeschlüsselt werden in die Angabe einer
Dichte des Feststoffes selbst und der zugehörigen Porosität. Alle genannten Variablen
sind ortsabhäng. Häufig kann die Rohdichte als eine konstante Größe behandelt werden,
da ihre Varianz im Vergleich zur Varianz der Gehalte relativ gering und somit
vernachlässigbar ist; Gehalte und Rohdichten können miteinander korreliert sein.

Die Vorräte einer Lagerstätte können zunächst für kleinere Teilbereiche (Blöcke)
geschätzt werden (lokale Vorräte) und anschließend durch Addition zu Gesamtvorräten
(globale Vorräte) zusammengefaßt werden. Eine direkte Bestimmung der Gesamtvorräte
ist jedoch ebenfalls möglich.

Die konventionellen Verfahren sind in zahlreichen Nachschlagewerken (Walther in:
Bentz & Martini 1968 und Hesemann et al. 1981) und Lehrbüchern (Stammberger 1956,
Reedman 1979 u. a. m.) ausführlicher behandelt. Hier werden nur kurz diejenigen
erläutert, die in Abb. 5.1.1 dargestellt sind.

Die Polygonmethode ist eine der am häufigsten angewendeten konventionellen Methoden
(Abb. 5.1.1 a), sie eignet sich besonders dann zu einer Vorratsberechnung, wenn die
Aufschlußpunkte (Bohrungen) unregelmäßig verteilt sind. In einem Dreiecksnetzwerk der

Probenpunkte bilden die Mittelsenkrechten zwischen den Verbindungslinien von jeweils zwei benachbarten Bohrungen polygonale Prismen, deren Inhalt sich aus Fläche und Mächtigkeit berechnet. Aus den Gehalten der zugehörigen Bohrungen und den Dichten kann man die Tonnage und die Metallinhalte eines jeden Prismas berechnen und erhält so die Gesamtvorräte. Die Konstruktion der Polygone und die Berechnung des Flächeninhaltes ist recht mühsam und muß beim Zugang von Neuaufschlüssen wiederholt werden. Dies läßt sich jedoch heute sehr leicht mit Hilfe von Rechenprogrammen (Hayes & Koch 1984) ausführen.

Anstelle der Konstruktion von Polygonen kann man bei der <u>Dreieckmethode</u> (Abb. 5.1.1 b) die drei Probenwerte für Mächtigkeit und Gehalte an den Ecken von Dreiecken in einen Gewichtungsprozeß einbeziehen Die besonderen Probleme der Berechnung dieser Art haben Watson & Philip (1986) in einem Rechenprogramm zusammengefaßt.

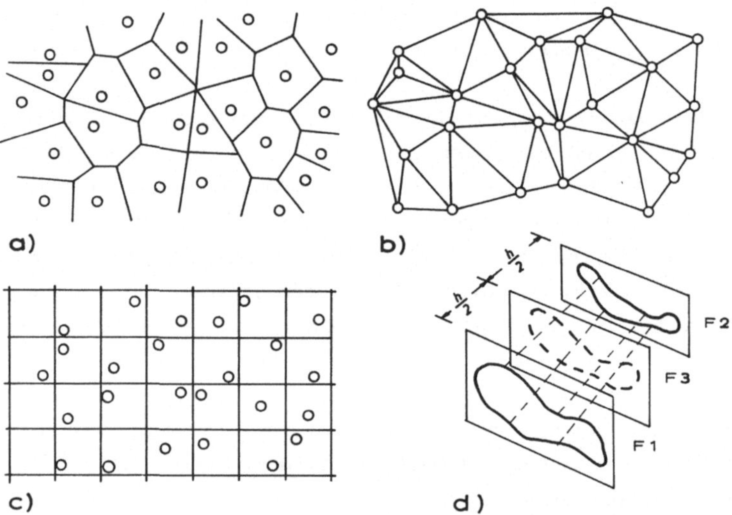

Abb. 5.1.1: Konventionelle geometrische Methoden der Lagerstättenvorratsberechnung (vgl. Patterson 1959): a) Polygonmethode, b) Dreieckmethode, c) Blockmethode, d) Profilmethode.

Die <u>Blockmethode</u> ist diejenige Methode, die man bei mehr oder weniger regelmäßigen Probenrastern anwenden kann. Hierbei legt man entweder ein regelmäßiges Raster zugrunde (Abb. 5.1.1.c) und ignoriert die Lage der Probe im Block, oder man legt jede Probe (Bohrloch) in die Mitte eines rechteckigen Blockes, dessen Blockgrenzen jeweils in der Mitte zwischen zwei Proben verlaufen. Geologische Gegebenheiten können es auch erforderlich machen, unregelmäßige, d. h. geologische Blöcke zu konstruieren. Das Verfahren wird gerne bei stark wechselnden Parametern, insbesondere den Gehalten und Mächtigkeiten, angewendet. Aus der Fläche eines Blockes und der gemessenen Mächtigkeit wird das Volumen berechnet, aus der Dichte erhält man die Tonnage und aus den gemessenen Gehalten der Probe die Metallinhalte. Die einzeln berechneten Tonnagen und Metallinhalte werden anschließend zu den Gesamtvorräten zusammengefaßt.

Die <u>Profilmethode</u> ist auf Lagerstätten aller Typen anwendbar, die Form des Lagerstättenkörpers spielt keine Rolle. Voraussetzung ist ein Untersuchungsstand, der erlaubt, annähernd parallele Schnitte (Profile) durch den Lagerstättenkörper zu legen. Die vererzten Flächen der Schnitte werden planimetriert. Das Volumen ergibt sich im einfachsten Fall aus dem Flächeninhalt eines Schnittes und den beiden halben Abständen zu den Nachbarschnitten. Ist der Abstand (h) zwischen den Profilen im Verhältnis zum Abstand der Bohrungen groß (Abb. 5.1.1 d), wird zwischen zwei Schnittflächen (F_1, F_2) eine weitere Schnittfläche (F_3) interpoliert. Dieser gibt man außerdem ein größeres Gewicht bei der Berechnung des Volumens der Profilscheibe zwischen F_1 und F_2: $V = h / 6 \cdot (F_1 + 4 \cdot F_3 + F_2)$. Aus diesem Teilvolumen, der Rohdichte und aus den Gehalten kann man dann die Vorräte und Metallinhalte dieser Profilscheibe zwischen F_1 uns F_2 errechnen. Durch eine Aufsummierung erhält man die Gesamtvorräte.

Hinzu kommen noch Methoden, die mehrere Proben aus der Nachbarschaft eines zu schätzenden Blocks verwenden und diese in einen Wichtungsprozeß mit verschiedener Wichtung der Probenwerte entsprechend ihrer Entfernung zu dem Block einbringen (vgl. dazu Kap. 4.2).

Den konventionellen Verfahren ist gemeinsam, daß sie die strukturellen Eigenschaften der Lagerstätte, zumindest quantitativ gesehen, oft außer Acht lassen. Die Einflußbereiche um die Proben, z. B. bei der Polygonmethode, die sich allein aus der Probendichte ergeben, sind willkürlich. Problematisch ist auch die Abgrenzung der Lagerstätte gegen das unvererzte Nebengestein, wenn keine geologisch definierten Grenzen vorliegen. Die der Berechnung inhärenten Schätzfehler können nicht quantifiziert werden. Die Geostatistik erlaubt es hingegen, die Vorräte mit Hilfe von verschiedenen Verfahren zu schätzen und die Schätzfehler entsprechend der Art und der Größenordnung der Ausdehnungen quantitativ anzugeben. Das bedeutet, mit Hilfe der Geostatistik ist es möglich, die Schätzfehler auch dann zu ermitteln, wenn die Vorratsermittlung zuvor mit Hilfe der klassischen Verfahren durchgeführt wurde (s. Kap. 4.2). Die beste Ermittlung der Vorräte erfolgt jedoch mit Hilfe des Krigeverfahrens, das im nächsten Kapitel erläutert wird.

5.2 Lineares Krigen und Krigeschätzung lokaler Reserven

In diesem Kapitel werden zunächst das lineare Gleichungssystem zur optimalen Berechnung eines Schätzwertes für Punkte und Volumina, das Krigesystem, und die zugehörige Schätzvarianz, die Krigevarianz, vorgestellt. An einigen Beispielen werden dann die Eigenschaften der Krigeschätzung erläutert.

5.2.1 Krigeschätzung und Krigevarianz: Mit Hilfe geostatistischer Verfahren kann man auf einfache Weise das Problem der Schätzung des Gehaltes $Z(V)$ eines Blockes V durch n Werte $Z(x_i) = S_i$, die in und um den Block angeordnet sind, optimieren. Anstelle der Bezeichnung $Z(x_i)$ wird hier die Bezeichnung S_i eingeführt, die in der Praxis etwas allgemeiner die Probenwerte symbolisiert. Wie später gezeigt wird, lassen sich oft mehrere Werte $Z(x_i)$ aus Symmetriegründen zu einem Wert S_i zusammenfassen. Den Schätzwert $Z^*(V)$ für den wahren, aber unbekannten Wert $Z(V)$ gewinnt man auch hier, wie in Kap. 4.2.1 beschrieben, als gewichteten Mittelwert der Form:

$$Z^*(V) = \sum_{i=1}^{n} \lambda_i \cdot Z(x_i) = \sum_{i=1}^{n} \lambda_i \cdot S_i \; .$$

Die Summe der Wichtungsfaktoren λ_i ist gleich 1, so daß die Differenzen zwischen den wahren und den geschätzten Werten im Mittel Null sind, d. h. die Schätzung ist unverzerrt. Die Wichtungsfaktoren werden so berechnet, daß die Varianz der Schätzung zu einem Minimum wird. Die unter diesen Randbedingungen ermittelte Schätzvarianz wird Krigevarianz genannt und mit σ_k^2 bezeichnet.

In Kapitel 4.2.1 war gezeigt worden, daß die Schätzvarianz für die Ausdehnung von n Proben in einen Block wie folgt gegeben ist:

$$\sigma_e^2 = 2 \cdot \sum_{i=1}^{n} \lambda_i \cdot \overline{\gamma}(S_iV) - \overline{\gamma}(V,V) - \sum_{i=1}^{n} \sum_{j=1}^{n} \lambda_i \cdot \lambda_j \cdot \overline{\gamma}(S_iS_j) \; .$$

Das Symbol $\overline{\gamma}(S_iS_j)$ ersetzt hier, wie bereits erläutert wurde, die in Kap. 4.2.1 verwendete Schreibweise $\gamma(x_i-x_j)$, und $\overline{\gamma}(S_iV)$ ersetzt $\overline{\gamma}(x_iV)$. Die Schätzvarianz ist jetzt eine Funktion der Wichtungsfaktoren λ_i, von denen zunächst lediglich bekannt ist, daß ihre Summe gleich 1 ist. Damit liegt ein Optimierungsproblem vor, bei dem die Schätzvarianz minimiert werden soll unter der Bedingung, daß die Summe der Gewichte gleich eins ist. Die Lösung eines solchen Optimierungsproblems erfolgt mit Hilfe der Lagrange-Methode. In die Gleichung der Schätzvarianz wird dazu die Nebenbedingung, daß die Summe der unbekannten λ_i gleich eins ist, mit Hilfe des Lagrange-Multiplikators μ eingeführt, so daß μ als weitere unbekannte Größe auftritt. Man erhält folgende Funktion:

$$L(\lambda_i,\mu) = \sigma_e^2 - 2\mu \cdot \left(\sum_{i=1}^{n}\lambda_i - 1\right) \quad \longrightarrow \quad \min \ .$$

Dieser Ausdruck wird zum Minimum, wenn man die partiellen Ableitungen $\partial L / \partial \lambda_i$ und $\partial L / \partial \mu$ gleich Null setzt:

$$L(\lambda_i,\mu) = 2 \sum_{i=1}^{n} \lambda_i \cdot \overline{\gamma}(S_i V) - \overline{\gamma}(V,V) - \sum_{i=1}^{n} \sum_{j=1}^{n} \lambda_i \cdot \lambda_j \cdot \overline{\gamma}(S_i S_j) - 2\mu \cdot \left(\sum_{i=1}^{n} \lambda_i - 1\right)$$

$$\frac{\partial L}{\partial \lambda_i} = 2 \, \overline{\gamma}(S_i V) - 2 \sum_{j=1}^{n} \lambda_j \cdot \overline{\gamma}(S_i S_j) - 2\mu = 0$$

$$\frac{\partial L}{\partial \mu} = - \sum_{i=1}^{n} \lambda_i + 1 = 0 \ .$$

Man erhält folgendes lineare Gleichungssystem mit n+1 Unbekannten (λ_j, $j=1\cdots n$, und μ), das Krigesystem genannt wird:

$$\begin{cases} \sum\limits_{j=1}^{n} \lambda_j \cdot \overline{\gamma}(S_i S_j) + \mu = \overline{\gamma}(S_i V) & (i = 1,\cdots n) \\[2ex] \sum\limits_{i=1}^{n} \lambda_i = 1 \ . \end{cases}$$

Dieses Gleichungssystem, das im folgenden explizit niedergeschrieben ist, reicht aus, um die Unbekannten λ_j und μ zu berechnen:

$$\lambda_1 \cdot \overline{\gamma}(S_1 S_1) + \lambda_2 \cdot \overline{\gamma}(S_1 S_2) + \cdots + \lambda_j \cdot \overline{\gamma}(S_1 S_j) + \cdots + \lambda_n \cdot \overline{\gamma}(S_1 S_n) + \mu = \overline{\gamma}(S_1 V)$$

$$\lambda_1 \cdot \overline{\gamma}(S_2 S_1) + \lambda_2 \cdot \overline{\gamma}(S_2 S_2) + \cdots + \lambda_j \cdot \overline{\gamma}(S_2 S_j) + \cdots + \lambda_n \cdot \overline{\gamma}(S_2 S_n) + \mu = \overline{\gamma}(S_2 V)$$

$$\vdots$$

$$\lambda_1 \cdot \overline{\gamma}(S_i S_1) + \lambda_2 \cdot \overline{\gamma}(S_i S_2) + \cdots + \lambda_j \cdot \overline{\gamma}(S_i S_j) + \cdots + \lambda_n \cdot \overline{\gamma}(S_i S_n) + \mu = \overline{\gamma}(S_i V)$$

$$\vdots$$

$$\lambda_1 \cdot \overline{\gamma}(S_n S_1) + \lambda_2 \cdot \overline{\gamma}(S_n S_2) + \cdots + \lambda_j \cdot \overline{\gamma}(S_n S_j) + \cdots + \lambda_n \cdot \overline{\gamma}(S_n S_n) + \mu = \overline{\gamma}(S_n V)$$

$$\lambda_1 \qquad + \lambda_2 \qquad + \cdots + \lambda_j \qquad + \cdots + \lambda_n \qquad + 0 = 1 \ .$$

Dies ergibt in Matrixschreibweise, wobei $\overline{\gamma}(S_i S_j) = \overline{\gamma}(S_j S_i)$ ist:

$$\begin{bmatrix} \overline{\gamma}(S_1 S_1) & \overline{\gamma}(S_1 S_2) & \cdots & \overline{\gamma}(S_1 S_j) & \cdots & \overline{\gamma}(S_1 S_n) & 1 \\ \overline{\gamma}(S_2 S_1) & \overline{\gamma}(S_2 S_2) & \cdots & \overline{\gamma}(S_2 S_j) & \cdots & \overline{\gamma}(S_2 S_n) & 1 \\ \vdots & \vdots & & \vdots & & \vdots & \vdots \\ \overline{\gamma}(S_i S_1) & \overline{\gamma}(S_i S_2) & \cdots & \overline{\gamma}(S_i S_j) & \cdots & \overline{\gamma}(S_i S_n) & 1 \\ \vdots & \vdots & & \vdots & & \vdots & \vdots \\ \overline{\gamma}(S_n S_1) & \overline{\gamma}(S_n S_2) & \cdots & \overline{\gamma}(S_n S_j) & \cdots & \overline{\gamma}(S_n S_n) & 1 \\ 1 & 1 & & 1 & & 1 & 0 \end{bmatrix} \cdot \begin{bmatrix} \lambda_1 \\ \lambda_2 \\ \vdots \\ \lambda_j \\ \vdots \\ \lambda_n \\ \mu \end{bmatrix} = \begin{bmatrix} \overline{\gamma}(S_1 V) \\ \overline{\gamma}(S_2 V) \\ \vdots \\ \overline{\gamma}(S_i V) \\ \vdots \\ \overline{\gamma}(S_n V) \\ 1 \end{bmatrix}$$

oder kurz:

$$[K] \cdot [X] = [M] \ .$$

Dieses Gleichungssystem ist nach X aufzulösen, um λ_i und μ zu erhalten:

$$[X] = [K]^{-1} \cdot [M] \ .$$

Zur Ermittlung der Krigevarianz multipliziert man im Krigesystem jede Gleichung mit λ_i und summiert diese dann:

$$\sum_{j=1}^{n} \lambda_j \cdot \overline{\gamma}(S_i S_j) + \mu = \overline{\gamma}(S_i V) \qquad \cdot |\lambda_i| \qquad (i = 1 \cdots n)$$

$$\sum_{i=1}^{n} \sum_{j=1}^{n} \lambda_i \cdot \lambda_j \cdot \overline{\gamma}(S_i S_j) + \mu \cdot \sum_{i=1}^{n} \lambda_i = \sum_{i=1}^{n} \lambda_i \cdot \overline{\gamma}(S_i V) \ .$$

Da $\sum_{i=1}^{n} \lambda_i = 1$ ist, erhält man

$$\sum_{i=1}^{n} \sum_{j=1}^{n} \lambda_i \cdot \lambda_j \cdot \overline{\gamma}(S_i S_j) + \mu = \sum_{i=1}^{n} \lambda_i \cdot \overline{\gamma}(S_i V) \quad \text{bzw.}$$

$$\sum_{i=1}^{n} \sum_{j=1}^{n} \lambda_i \cdot \lambda_j \cdot \overline{\gamma}(S_i S_j) = \sum_{i=1}^{n} \lambda_i \cdot \overline{\gamma}(S_i V) - \mu \ .$$

Setzt man diesen Ausdruck in die allgemeine Formel für die Schätzvarianz

$$\sigma^2_e = 2 \cdot \sum_{i=1}^{n} \lambda_i \cdot \overline{\gamma}(S_iV) - \overline{\gamma}(V,V) - \sum_{i=1}^{n} \sum_{j=1}^{n} \lambda_i \cdot \lambda_j \cdot \overline{\gamma}(S_iS_j) \qquad \text{ein,}$$

dann erhält man die minimale Varianz der Krigeschätzung, die nunmehr <u>Krigevarianz</u> heißt:

$$\sigma^2_k = - \overline{\gamma}(V,V) + \mu + \sum_{i=1}^{n} \lambda_i \cdot \overline{\gamma}(S_iV) \ .$$

Die Krigevarianz ist also unabhängig von der absoluten Größe der $Z(\mathbf{x}_i)$ bzw. S_i, denn in $\overline{\gamma}$ gehen nur die Differenzen $Z(\mathbf{x}_i{-}h){-}Z(\mathbf{x}_i)$ ein. Das eröffnet zugleich die Möglichkeit, verschiedene (hypothetische) geometrische Probenkonfigurationen durchzutesten und damit $\overline{\gamma}(S_iV)$ so zu bestimmen, daß σ^2_k möglichst klein wird (vgl. Kap. 4.2.3).

Für die Krigevarianz erhält man in der Matrixschreibweise:

$$\sigma^2_k = - \overline{\gamma}(V,V) + {}^t[X] \cdot M \ ,$$

wobei ${}^t[X]$ die Transponierte der Matrix $[X]$ ist.

Das Krigesystem kann aufgrund der Beziehung $K(h) = K(0) - \gamma(h)$ auch anhand von Kovarianzwerten aufgestellt werden. Wenn die Kovarianz zwischen den Proben als $K(S_iS_j)$ und die Kovarianz zwischen S_i und dem Block V als $\overline{K}(VS_i)$ geschrieben wird, dann lautet das Krigesystem:

$$\begin{cases} \sum_{j=1}^{n} \lambda_j \cdot \overline{K}(S_iS_j) + \mu' = \overline{K}(VS_i) & (i=1,\cdots\cdot n) \\[2ex] \sum_{i=1}^{n} \lambda_i = 1 & \text{mit } \mu' = -\mu \ . \end{cases}$$

Das ergibt in Matrixschreibweise, wenn man der Einfachheit halber $\overline{K}(S_iS_j) = K_{ij}$ und $\overline{K}(VS_i) = K_{Vi}$ setzt:

$$\begin{bmatrix} K_{11} & K_{12} & \cdots\cdots & K_{1n} & 1 \\ K_{21} & K_{22} & \cdots\cdots & K_{2n} & 1 \\ \cdot & \cdot & & \cdot & \cdot \\ K_{i1} & K_{i2} & \cdots\cdots & K_{in} & 1 \\ \cdot & \cdot & & \cdot & \cdot \\ K_{n1} & K_{n2} & \cdots\cdots & K_{nn} & 1 \\ 1 & 1 & \cdots\cdots & 1 & 0 \end{bmatrix} \cdot \begin{bmatrix} \lambda_1 \\ \lambda_2 \\ \cdot \\ \lambda_i \\ \cdot \\ \lambda_n \\ \mu' \end{bmatrix} = \begin{bmatrix} K_{V1} \\ K_{V2} \\ \cdot \\ K_{Vi} \\ \cdot \\ K_{Vn} \\ 1 \end{bmatrix}$$

Die Krigevarianz ist dementsprechend:

$$\sigma_k^2 = \bar{K}(V,V) - \sum_{i=1}^{n} \lambda_i \cdot \bar{K}(VS_i) - \mu' \quad .$$

In der positiv definiten Kovarianzmatrix ist die Diagonale mit den größten Elementen besetzt. In Rechenprogrammen können daher vereinfachte, schnelle Lösungsverfahren für das Gleichungssystem verwendet werden (Davis et. al. 1978). Aus diesen rechentechnischen Gründen wird auch dann, wenn theoretisch keine Kovarianzfunktion existiert, dieser Rechenweg benutzt, indem eine "Pseudokovarianzfunktion" verwendet wird.

5.2.2 Krigeschätzung von Punkten: Die Schätzung von Punkten wird in der Kartographie bevorzugt eingesetzt (s. z. B. Olea 1975). Die Krigegleichungen vereinfachen sich bei diesem Rechenvorgang erheblich, da nur die Beziehungen zwischen Punkten zu berücksichtigen sind. Werden die Proben mit $z(x_i)$ und der zu schätzende Punkt mit x_0 bezeichnet, dann ergibt sich als Schätzwert:

$$z^*(x_0) = \sum_{i=1}^{n} \lambda_i \cdot z(x_i) \quad ,$$

als Krigegleichungsystem:

$$\begin{cases} \sum_{j=1}^{n} \lambda_j \cdot \gamma(x_i x_j) + \mu = \gamma(x_i x_0) & (i = 1, \cdots n) \\ \sum_{i=1}^{n} \lambda_i = 1 \end{cases}$$

und als Krigevarianz:

$$\sigma_k^2 = \mu + \sum_{i=1}^{n} \lambda_i \cdot \gamma(x_i x_0) \quad .$$

Textbeispiel 1:

In Abb. 5.2.1 ist die Anordnung von drei Punkten gegeben, die bekannt sein sollen, um einen vierten Punkt zu schätzen. Das Variogrammodell soll relativ, sphärisch und isotrop sein mit $C_0 = 0$, $C = 1{,}0$ und $a = 60m$.

121

Das Krigesystem lautet für n = 3:

$$\lambda_1 \cdot \gamma(x_1 x_1) + \lambda_2 \cdot \gamma(x_1 x_2) + \lambda_3 \cdot \gamma(x_1 x_3) + \mu = \gamma(x_1 x_0)$$
$$\lambda_1 \cdot \gamma(x_2 x_1) + \lambda_2 \cdot \gamma(x_2 x_2) + \lambda_3 \cdot \gamma(x_2 x_3) + \mu = \gamma(x_2 x_0)$$
$$\lambda_1 \cdot \gamma(x_3 x_1) + \lambda_2 \cdot \gamma(x_3 x_2) + \lambda_3 \cdot \gamma(x_3 x_3) + \mu = \gamma(x_3 x_0)$$
$$\lambda_1 \quad\quad + \lambda_2 \quad\quad + \lambda_3 \quad\quad + 0 = 1 \quad .$$

Die einzelnen Glieder des Gleichungssystems erhält man wie folgt, wobei die Werte $\gamma(h/a)$ in der Tabelle 4 im Anhang II zu finden sind:

$$\gamma(x_1 x_1) = \gamma(x_2 x_2) = \gamma(x_3 x_3) = 0$$

$$\gamma(x_1 x_2) = \gamma(x_2 x_1) = C_0 + C \cdot \gamma(x_1 - x_2)$$
$$= 0 + 1,0 \cdot \gamma(60/60) = \gamma(1,000) = 1,000$$

$$\gamma(x_1 x_3) = \gamma(x_3 x_1) = C_0 + C \cdot \gamma(x_1 - x_3)$$
$$= 0 + 1,0 \cdot \gamma(55/60) = \gamma(0,917) = 0,990$$

$$\gamma(x_2 x_3) = \gamma(x_3 x_2) = C_0 + C \cdot \gamma(x_2 - x_3)$$
$$= 0 + 1,0 \cdot \gamma(42/60) = \gamma(0,700) = 0,878$$

$$\gamma(x_1 x_0) = C_0 + C \cdot \gamma(x_1 - x_0) = 0 + 1,0 \cdot \gamma(40/60) = \gamma(0,667) = 0,852$$

$$\gamma(x_2 x_0) = C_0 + C \cdot \gamma(x_2 - x_0) = 0 + 1,0 \cdot \gamma(30/60) = \gamma(0,500) = 0,688$$

$$\gamma(x_3 x_0) = C_0 + C \cdot \gamma(x_3 - x_0) = 0 + 1,0 \cdot \gamma(20/60) = \gamma(0,333) = 0,481 \quad .$$

Nach Einsetzen der Werte in das Gleichungssystem erhält man:

(1) $\quad \lambda_1 \cdot 0,000 + \lambda_2 \cdot 1,000 + \lambda_3 \cdot 0,990 + \mu = 0,852$
(2) $\quad \lambda_1 \cdot 1,000 + \lambda_2 \cdot 0,000 + \lambda_3 \cdot 0,878 + \mu = 0,688$
(3) $\quad \lambda_1 \cdot 0,990 + \lambda_2 \cdot 0,878 + \lambda_3 \cdot 0,000 + \mu = 0,481$
(4) $\quad \lambda_1 \quad\quad + \lambda_2 \quad\quad + \lambda_3 \quad\quad + 0 = 1,000 \quad .$

Dieses Gleichungssystem läßt sich leicht von Hand oder mit einem Rechner lösen:

$$\lambda_1 = 0,185 \quad\quad \lambda_2 = 0,291 \quad\quad \lambda_3 = 0,524 \quad\quad \mu = 0,0425 \quad .$$

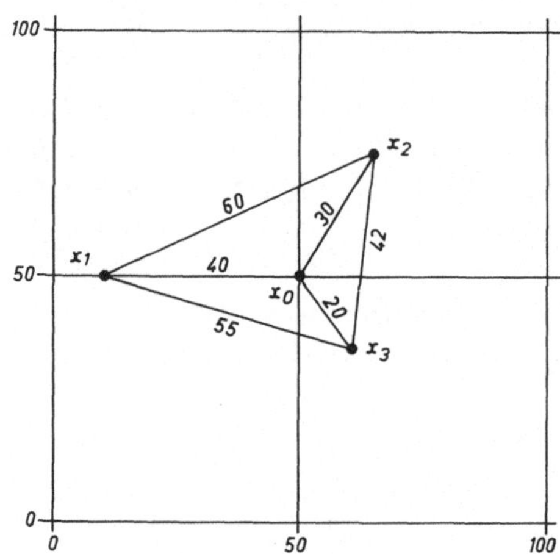

Abb. 5.2.1: Krigeschätzung des Punktes x_0 mit Hilfe der 3 Punkte x_1, x_2 und x_3; die Abstände zwischen den Punkten sind bekannt (Textbeispiel 1).

Die Krigevarianz ergibt mit den bereits berechneten und bekannten Werten:

$$\sigma_k^2 = \mu + \sum_{i=1}^{n} \lambda_i \cdot \gamma(x_i x_0)$$

$$= 0{,}0425 + 0{,}185 \cdot 0{,}852 + 0{,}291 \cdot 0{,}688 + 0{,}524 \cdot 0{,}481 = 0{,}65$$

$$\sigma_k = \pm\, 0{,}81 \quad.$$

Damit erhält man einen Schätzwert mit der minimalen Varianz, jede andere Schätzung, wie z. B. durch Wichtung mit den inversen Abständen, hat eine größere Schätzvarianz.

<u>Isolinienpläne</u> werden häufig durch eine geeignete Interpolation zwischen den Punktwerten auf regelmäßigen Rastern erstellt. Mit Hilfe der Krigepunktschätzung kann man die Punktwerte eines solchen regelmäßigen Rasters aus unregelmäßig verteilten Probenwerten schätzen. Ein Vorteil des Verfahrens ist, daß man neben dem gekrigten Schätzwert auch eine Schätzvarianz erhält. Fällt bei der Krigepunktschätzung ein Probenpunkt auf einen Rasterpunkt, dann erhält man als Krigeschätzwert den Probenwert (mit dem Gewicht Eins) und die Varianz Null; alle anderen Probenpunkte, die in die Schätzung einbezogen wurden, erhalten das Gewicht Null. Krigen ermöglicht demnach eine "exakte" Interpolation.

Durch <u>Kreuzprüfung (cross validation)</u> und mit Hilfe des Punktkrigens kann man die Güte der Auswahl eines theoretischen Variogramms überprüfen. Man läßt einen Punkt nach dem anderen in dem Datensatz, der zur Berechnung des experimentellen Variogramms benutzt wurde, weg und schätzt ihn mit Hilfe des Variogrammodells (s. dazu Davis 1987). Die Schätzung eines jeden Punktes kann durch eine größere Anzahl Punkte in der Nachbarschaft des ausgelassenen Punktes erfolgen oder besser durch die Gesamtheit aller übrigen Punkte. Dubrule (1983a) gibt dazu ein Rechenverfahren an, das die n-fache Lösung von $(n \cdot n)$ linearen Gleichungen umgeht, so daß man mit einem vertretbaren Rechenaufwand die Schätzung durchführen kann. Aus den n Probenwerten $z(x_i)$ und ihren n Schätzwerten $z^*(x_i)$ erhält man n Differenzwerte: $[z(x_i)-z^*(x_i)]$. Diese werden quadriert und durch die zugehörigen Krigevarianzen $\sigma_k^2(x_i)$ für jeden Punkt dividiert; d. h. standardisiert (vgl. Kap. 1.3.3):

$$\frac{[z(x_i)-z^*(x_i)]^2}{\sigma_k^2(x_i)} \ .$$

Der Mittelwert dieser Werte sollte dann bei Null liegen und die Standardabweichung nahe Eins sein, d. h. es sollte eine Standardnormalverteilung vorliegen.

Mit Hilfe dieses Verfahrens kann man verschiedene Modellvariogrammvarianten testen und eine davon, z. B. die Variante mit der kleinsten Abweichung vom Mittelwert Null und der kleinsten Abweichung von der Standardabweichung Eins auswählen. Andere Verfahren der Kreuzprüfung werden von Davis (1987) beschrieben und kritisch analysiert.

5.2.3 Lokale Schätzung von Vorräten: An einigen sehr einfachen Beispielen, die unter Benutzung der Hilfsfunktionen F und H (s. Kap. 4.2.1) von Hand gerechnet werden können, werden im folgenden einige Blockschätzungen durchgeführt, um die besonderen Eigenschaften des Krigeschätzverfahrens aufzeigen zu können.

Textbeispiel 2:
Das isotrope und relative sphärische Variogramm, das für die nachfolgenden Beispiele verwendet wird, habe als Schwellenwert C = 1,0 und als Reichweite a = 60 m. Die Nuggetvarianz C_0 habe zunächst den Wert Null. Es liege ein Block der Größe $V = h' \cdot \ell' = 20$ m $\cdot$ 30 m vor. Die auf die Reichweite bezogenen Blockgrößen ergeben sich damit zu $h = h'/a = 20/60 = 0{,}333$ und $\ell = \ell'/a = 30/60 = 0{,}500$. In der Mitte des Blockes ist eine Probe $z(x_1)$ entnommen und vier weitere Proben jeweils im Abstand von 30 m entlang der Mittellinie parallel zur Seite ℓ' des Blockes (s. Abb. 5.2.2).

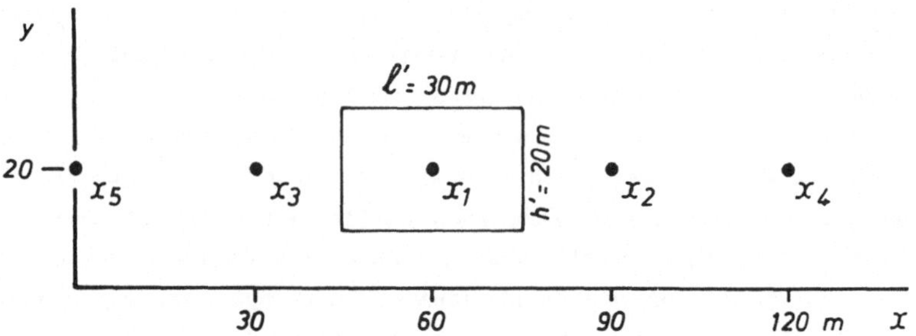

Abb. 5.2.2: Anordnung von 5 Probenpunkten im Abstand von 30m und Lage der Probe‐
punkte zu einem Block von 30 m · 20 m (Textbeispiel 2).

Es werden die Wichtungsfaktoren, die Krigevarianz und die relative Standardab‐
weichung für den Gehalt z^* des Blockes V berechnet. Zunächst wird nur die Probe 1,
dann werden die Proben 1, 2 und 3 und zuletzt die Proben 1 bis 5 berücksichtigt.
Schließlich wird der Einfluß der Nuggetvarianz auf die verschiedenen Parameter
untersucht und abschließend noch eine andere Konfiguration der 5 Proben (Abb. 5.2.3)
behandelt.

a) <u>Krigesystem mit nur einer Probe:</u>

$$z^* = \lambda_1 \cdot z(\mathbf{x}_1) \ .$$

Setzt man in das Krigesystem n=1, dann erhält man:

$$\begin{cases} \lambda_1 \cdot \overline{\gamma}(S_1 S_1) + \mu = \overline{\gamma}(S_1 V) \\ \lambda_1 \qquad\quad + 0 = 1 \ . \end{cases}$$

Die einzelnen Glieder des Gleichungssystems werden wie folgt bestimmt:

$$\overline{\gamma}(S_1 S_1) = 0{,}0$$
$$\overline{\gamma}(S_1 V) = C_0 + C \cdot H(\ell/2;h/2)$$
$$= 0 + 1{,}0 \cdot H(0{,}250;0{,}167) \ .$$

Die Hilfsfunktion $H(\ell;h)$ (s. Kap.4.2.1) gibt den mittleren Variogrammwert zwischen
einem Probeneckpunkt und einer Rechteckfläche $(\ell;h)$ an. Liegt aber der Punkt innerhalb

der Fläche, dann teilt man diese in vier Teilflächen auf, so daß der Probenpunkt für jede der Teilflächen auf der Ecke liegt. Die vier sich ergebenden mittleren Variogrammwerte werden entsprechend dem Flächenanteil gewichtet. Im Beispiel hier ergeben sich vier gleichgroße Teilflächen ($\ell/2;h/2$) mit dem Gewicht 1/4, so daß der mittlere Variogrammwert für einen Punkt in der Mitte gegeben ist durch H($\ell/2;h/2$). Der Wert für die Hilfsfunktion H ist im Diagramm D1d im Anhang II abzulesen: H(0,250;0,167)=0,241

$$\overline{\gamma}(S_1 V) = 0 + 1.0 \cdot 0,241 = 0,241 \ .$$

Einsetzen in das obige Gleichungssystem ergibt:

$$\lambda_1 = 1,0$$
$$1,0 \cdot 0,0 + \mu = 0,241 \qquad \text{d. h.} \qquad \mu = 0,241 \ .$$

Für die Krigevarianz gilt:

$$\sigma_k^2 = -\ \overline{\gamma}(V,V) + \mu + \lambda_1 \cdot \overline{\gamma}(S_1 V) \ .$$

Zur Berechnung der Krigevarianz fehlt nur noch der Wert von $\overline{\gamma}(V,V)$, den man wie folgt erhält:

$$\overline{\gamma}(V,V) = C_0 + C \cdot F(\ell;h)$$
$$= 0,0 + 1,0 \cdot F(0,500;0,333) \ .$$

Der Wert für die Hilfsfunktion F ist im Diagramm D1b im Anhang II abzulesen F(0,500;0,333) = 0,320

$$\overline{\gamma}(V,V) = 0 + 1,0 \cdot 0,320 = 0,320 \ .$$

Damit erhält man für die Krigevarianz:

$$\sigma_k^2 = -0,320 + 0,241 + 0,241 = 0,162$$

$$\sigma_k = \pm\sqrt{0,162} = \pm 0,40 \ .$$

<u>Anmerkung 1:</u> Dies entspricht zu $\pm$ 40 % des geschätzten Krigemittelwertes z^*, da ein relatives Variogramm verwendet wird.

<u>Anmerkung 2</u>: Die hier erhaltene Varianz ergibt sich auch unmittelbar aus dem Diagramm D3b, Anhang II, als Ausdehnungsvarianz eines Punktes zu einer Fläche.

<u>b) Krigesystem mit den Proben 1, 2 und 3:</u>

$$z^* = \lambda_1 \cdot z(\mathbf{x}_1) + \lambda_2 \cdot z(\mathbf{x}_2) + \lambda_3 \cdot z(\mathbf{x}_3) \ .$$

Setzt man in das Krigesystem n=3, dann erhält man:

$$\lambda_1 \cdot \overline{\gamma}(S_1 S_1) + \lambda_2 \cdot \overline{\gamma}(S_1 S_2) + \lambda_3 \cdot \overline{\gamma}(S_1 S_3) + \mu = \overline{\gamma}(S_1 V)$$

$$\lambda_1 \cdot \overline{\gamma}(S_2 S_1) + \lambda_2 \cdot \overline{\gamma}(S_2 S_2) + \lambda_3 \cdot \overline{\gamma}(S_2 S_3) + \mu = \overline{\gamma}(S_2 V)$$

$$\lambda_1 \cdot \overline{\gamma}(S_3 S_1) + \lambda_2 \cdot \overline{\gamma}(S_3 S_2) + \lambda_3 \cdot \overline{\gamma}(S_3 S_3) + \mu = \overline{\gamma}(S_3 V)$$

$$\lambda_1 \qquad + \lambda_2 \qquad + \lambda_3 \qquad + 0 = \ 1 \ .$$

Die einzelnen Glieder des Gleichungssystems werden wie folgt bestimmt:

$$\overline{\gamma}(S_1 S_1) = \overline{\gamma}(S_2 S_2) = \overline{\gamma}(S_3 S_3) = 0$$

$$\overline{\gamma}(S_1 S_2) = \overline{\gamma}(S_2 S_1) = C_0 + C \cdot \gamma(\mathbf{x}_1 {-} \mathbf{x}_2)$$
$$= 0 + 1{,}0 \cdot \gamma(30/60) = \gamma(0{,}5) = 0{,}688$$

$$\overline{\gamma}(S_1 S_3) = \overline{\gamma}(S_3 S_1) = C_0 + C \cdot \gamma(\mathbf{x}_1 {-} \mathbf{x}_3)$$
$$= 0 + 1{,}0 \cdot \gamma(30/60) = \gamma(0{,}5) = 0{,}688$$

$$\overline{\gamma}(S_2 S_3) = \overline{\gamma}(S_3 S_2) = C_0 + C \cdot \gamma(\mathbf{x}_2 {-} \mathbf{x}_3)$$
$$= 0 + 1{,}0 \cdot \gamma(60/60) = \gamma(1{,}0) = 1{,}000$$

$$\overline{\gamma}(S_1 V) = C_0 + C \cdot H(\ell/2;h/2) = 0 + 1{,}0 \cdot H(0{,}250;0{,}167) = 0{,}241$$

$$\overline{\gamma}(S_2 V) = C_0 + C \cdot [1{,}5 \ H(1{,}5\ell;0{,}5h) - 0{,}5 \ H(0{,}5\ell;0{,}5h)] \ .$$

Unter Benutzung der Hilfsfunktion H (Diagramm D1d Anhang II) wird zunächst $\overline{\gamma}$ für den Punkt $\mathbf{x}_2$ und der Blockfläche $(3/2 \cdot \ell; 1/2 \cdot h)$ und dann für $\mathbf{x}_2$ und der Blockfläche $(1/2 \cdot \ell; 1/2 \cdot h)$ bestimmt. Diese beiden $\overline{\gamma}$-Werte werden mit dem zugehörigen Flächenanteil gewichtet voneinander subtrahiert, so daß man den gewünschten $\overline{\gamma}$-Wert für den Punkt $\mathbf{x}_2$

mit dem Block V erhält:

$$\overline{\gamma}(S_2V) = 0 + 1{,}0 \cdot [1{,}5 \; H(0{,}750;0{,}167) - 0{,}5 \; H(0{,}250;0{,}167)]$$
$$= 1{,}5 \cdot 0{,}536 - 0{,}5 \cdot 0{,}241 = 0{,}683 \; .$$

Aufgrund der symmetrischen Lage der Punkte x_2 und x_3 zu dem Block V ist $\overline{\gamma}(S_2V) = \overline{\gamma}(S_3V)$.

Nach Einsetzen der Werte in das Gleichungssystem erhält man:

(1) $\lambda_1 \cdot 0{,}000 + \lambda_2 \cdot 0{,}688 + \lambda_3 \cdot 0{,}688 + \mu = 0{,}241$
(2) $\lambda_1 \cdot 0{,}688 + \lambda_2 \cdot 0{,}000 + \lambda_3 \cdot 1{,}000 + \mu = 0{,}683$
(3) $\lambda_1 \cdot 0{,}688 + \lambda_2 \cdot 1{,}000 + \lambda_3 \cdot 0{,}000 + \mu = 0{,}683$
(4) $\lambda_1 \qquad + \lambda_2 \qquad + \lambda_3 \qquad + 0 = 1{,}000 \; .$

Dieses Gleichungssystem läßt sich leicht von Hand oder mit einem Rechner lösen:

$$\lambda_1 = 0{,}718 \qquad \lambda_2 = 0{,}141 \qquad \lambda_3 = 0{,}141 \qquad \mu = 0{,}047 \; .$$

Wie aus Symmetriegründen zu erwarten ist, zeigt sich, daß die Gewichte λ_2 und λ_3 gleich sind. Daher kann man diese zusammenfassen:

$$z^* = \lambda_1 \cdot z(x_1) + \lambda_2 \cdot \frac{[z(x_2)+z(x_3)]}{2}$$

$$= \lambda_1 \cdot S_1 + \lambda_2 \cdot S_2 \; .$$

Das Gleichungssystem lautet dann:

$$\lambda_1 \cdot \overline{\gamma}(S_1S_1) + \lambda_2 \cdot \overline{\gamma}(S_1S_2) + \mu = \overline{\gamma}(S_1V)$$

$$\lambda_1 \cdot \overline{\gamma}(S_2S_1) + \lambda_2 \cdot \overline{\gamma}(S_2S_2) + \mu = \overline{\gamma}(S_2V)$$

$$\lambda_1 \qquad + \lambda_2 \qquad + 0 = 1 \; .$$

Die Zahl der Gleichungen ist nun auf drei reduziert. Die meisten Werte der Gleichung wurden bereits zuvor berechnet und können wieder eingesetzt werden. Zu beachten ist jedoch, daß $\overline{\gamma}(S_2S_2)$ nicht mehr gleich Null ist. Hierfür ist jetzt der Mittelwert von $\gamma(x_2{-}x_2)$ und $\gamma(x_2{-}x_3)$ zu verwenden:

$$\overline{\gamma}(S_2S_2) = \frac{1}{2} \; [0{,}0 + C_0 + C \cdot \gamma(x_2{-}x_3)] = \frac{1}{2} \cdot \gamma(1{,}0) = 0{,}5 \; .$$

Durch Einsetzen in das Krigesystem erhält man nunmehr:

$$(1) \quad \lambda_1 \cdot 0,000 + \lambda_2 \cdot 0,688 + \mu = 0,241$$
$$(2) \quad \lambda_1 \cdot 0,688 + \lambda_2 \cdot 0,500 + \mu = 0,683$$
$$(3) \quad \lambda_1 \qquad + \lambda_2 \qquad + 0 = 1,000 \ .$$

In ähnlicher Weise wie vorher erhält man als Lösung:

$$\lambda_1 = 0,72 \qquad \lambda_2 = 0,28 \qquad \mu = 0,05$$

$$z^* = 0,72 \cdot z(\mathbf{x}_1) + 0,28 \cdot \frac{z(\mathbf{x}_2) + z(\mathbf{x}_3)}{2} \ .$$

Die Krigevarianz ergibt mit den bereits berechneten und bekannten Werten:

$$\sigma_k^2 = - \overline{\gamma}(V,V) + \mu + \sum_{i=1}^{n} \lambda_i \cdot \overline{\gamma}(S_i V)$$

$$= - 0,320 + 0,05 + 0,72 \cdot 0,241 + 0,28 \cdot 0,683 = 0,095 \qquad \sigma_k = \pm 0,31 \ .$$

Anmerkung: Die Schätzung mit Hilfe von drei Proben hat eine deutlich niedrigere Krigevarianz und Krigestandardabweichung als die Schätzung mit nur einer Probe. Durch eine Veränderung der Probenabstände (Tab. 5.2.1) oder durch eine Variation der Blockabmessungen (Tab. 5.2.2) oder aber durch Veränderung der Reichweite a des Variogramms (Tab. 5.2.3) kann man leicht prüfen, wie sich die Gewichte und Varianzen verschieben:

Liegen die beiden außen liegenden Proben näher am Block, erhöhen sich deren Gewichte auf Kosten der Zentralprobe, und die Krigevarianz wird kleiner. Wird der Block unter sonst gleichen Bedingungen verkleinert, erhöht sich das Gewicht der zentralen Probe, ohne daß sich die Krigevarianz wesentlich verändert. Ist bei gleicher Anordnung von Proben und Block die Reichweite geringer, erhöht sich die Krigevarianz, und die zentrale Probe erhält geringeres Gewicht.

Tabelle 5.2.1: Gewichte und Varianzen in Abhängigkeit von den Probenabständen für ein relatives, sphärisches Variogramm mit $C_0 = 0$, $C = 1,0$, $a = 60$ m und eine Blockgröße von $(30 \cdot 20)m^2$

| Probenabstand | Gewichte | | Krigevarianz | | Varianz im Block |
m	λ_1	$\lambda_2 + \lambda_3$	σ_k^2	$\pm \sigma_k$	$\overline{\gamma}(V,V)$
20	0,58	0,42	0,06	0,25	0,32
30	0,72	0,28	0,09	0,30	0,32
40	0,79	0,21	0,11	0,32	0,32

Tabelle 5.2.2: Gewichte und Varianzen in Abhängigkeit von der Blockgröße für ein relatives, sphärisches Variogramm mit $C_0 = 0$, $C = 1,0$, $a = 60$m und einen Probenabstand von 30 m

| Blockgröße | Gewichte | | Krigevarianz | | Varianz im Block |
m^2	λ_1	$\lambda_2 + \lambda_3$	σ_k^2	$\pm \sigma_k$	$\bar{\gamma}(V,V)$
20 · 20	0,79	0,21	0,08	0,29	0,26
30 · 20	0,72	0,28	0,09	0,30	0,32
40 · 20	0,65	0,35	0,09	0,30	0,38

Tabelle 5.2.3: Gewichte und Varianzen in Abhängigkeit von der Reichweite eines relativen, sphärischen Variogramms mit $C_0 = 0$ und $C = 1,0$, für eine Blockgröße von $(30 \cdot 20)m^2$ und einen Probenabstand von 30 m

| Reichweite | Gewichte | | Krigevarianz | | Varianz im Block |
a	λ_1	$\lambda_2 + \lambda_3$	σ_k^2	$\pm \sigma_k$	$\bar{\gamma}(V,V)$
30 m	0,66	0,34	0,17	0,41	0,58
60 m	0,72	0,28	0,09	0,30	0,32
90 m	0,71	0,29	0,06	0,24	0,22

c) Krigesystem mit den Proben 1 bis 5:

Für diesen Fall benutzen wir die Symmetrie der Probenanordnung (Abb. 5.2.2) mit:

$$z^* = \lambda_1 \cdot z(\mathbf{x}_1) + \lambda_2 \cdot \frac{z(\mathbf{x}_2) + z(\mathbf{x}_3)}{2} + \lambda_3 \cdot \frac{z(\mathbf{x}_4) + z(\mathbf{x}_5)}{2}$$

$$= \lambda_1 \cdot S_1 + \lambda_2 \cdot S_2 + \lambda_3 \cdot S_3 \ .$$

Das Krigesystem ist das gleiche wie für 3 Proben im Abschnitt unter b). Die einzelnen Werte der Gleichungsglieder ergeben sich wie folgt:

$$\bar{\gamma}(S_1 S_1) = 0$$

$$\bar{\gamma}(S_2 S_2) = \frac{1}{2} [C_0 + C \cdot \gamma(\mathbf{x}_2 - \mathbf{x}_3)] = \frac{1}{2} \cdot \gamma(60/60) = 0,500$$

$$\bar{\gamma}(S_3 S_3) = \frac{1}{2} [C_0 + C \cdot \gamma(\mathbf{x}_4 - \mathbf{x}_5)] = \frac{1}{2} \cdot \gamma(120/60) = 0,500$$

$$\bar{\gamma}(S_1 S_2) = \frac{1}{2} [C_0 + C \cdot \gamma(\mathbf{x}_1 - \mathbf{x}_2) + C_0 + C \cdot \gamma(\mathbf{x}_1 - \mathbf{x}_3)]$$

$$= C_0 + C \cdot \gamma(x_1 - x_2) = 0 + 1,0 \cdot \gamma(30/60) = \gamma(0,5) = 0,688$$

$$\overline{\gamma}(S_1 S_3) = \frac{1}{2} \left[C_0 + C \cdot \gamma(x_1 - x_4) + C_0 + C \cdot \gamma(x_1 - x_5) \right]$$

$$= C_0 + C \cdot \gamma(x_1 - x_4) = 0 + 1,0 \cdot \gamma(60/60) = \gamma(1,0) = 1,000$$

$$\overline{\gamma}(S_2 S_3) = \frac{1}{4} \left[C_0 + C \cdot \gamma(x_2 - x_4) + C_0 + C \cdot \gamma(x_2 - x_5) + C_0 + C \cdot \gamma(x_3 - x_4) + C_0 + C \cdot \gamma(x_3 - x_5) \right]$$

$$= \frac{1}{4} \left\{ 2[C_0 + C \cdot \gamma(x_2 - x_4)] + 2[C_0 + C \cdot \gamma(x_2 - x_5)] \right\}$$

$$= C_0 + \frac{1}{2} C \cdot \gamma(x_2 - x_4) + \frac{1}{2} C \cdot \gamma(x_2 - x_5)$$

$$= 0,5 \cdot [\gamma(30/60) + \gamma(90/60)] = 0,5 \cdot [(0,688 + 1,000)] = 0,844$$

$$\overline{\gamma}(S_1 V) = 0,241 \quad \text{wie zuvor}$$

$$\overline{\gamma}(S_2 V) = 0,683 \quad \text{wie zuvor}$$

$$\overline{\gamma}(S_3 V) = C_0 + C \cdot [2,5 \ H(2,5\ell;0,5h) - \frac{3}{2} H(1,5\ell;0,5h)]$$

$$= 0 + 1,0 \cdot [2,5 \ H(1,250;0,167) - 1,5 \ H(0,750;0,167)]$$

$$= 2,5 \cdot 0,761 - 1,5 \cdot 0,535 = 0,988 \quad .$$

Nach Einsetzen der Werte in das Gleichungssystem erhält man:

$$
\begin{aligned}
(1) \quad & \lambda_1 \cdot 0,000 + \lambda_2 \cdot 0,688 + \lambda_3 \cdot 1,000 + \mu = 0,241 \\
(2) \quad & \lambda_1 \cdot 0,688 + \lambda_2 \cdot 0,500 + \lambda_3 \cdot 0,844 + \mu = 0,683 \\
(3) \quad & \lambda_1 \cdot 1,000 + \lambda_2 \cdot 0,844 + \lambda_3 \cdot 0,500 + \mu = 0,988 \\
(4) \quad & \lambda_1 \qquad\;\; + \lambda_2 \qquad\;\; + \lambda_3 \qquad\;\; + 0 = 1,000 \quad .
\end{aligned}
$$

Dieses Gleichungssystem wird in gleicher Weise wie vorher gelöst:

$$\lambda_1 = 0,72 \qquad \lambda_2 = 0,02 \qquad \lambda_3 = 0,26 \qquad \mu = 0,040 \quad .$$

Die Krigevarianz ergibt mit den bereits berechneten und bekannten Werten:

$$\sigma_k^2 = - \overline{\gamma}(V,V) + \mu + \sum_{i=1}^{n} \lambda_i \cdot \overline{\gamma}(S_i V)$$

$$= - 0,320 + 0,04 + 0,72 \cdot 0,241 + 0,26 \cdot 0,683 + 0,02 \cdot 0,998 = 0,092$$

$$\sigma_k = \pm \ 0,30 \quad .$$

Anmerkung: Aus den Rechenergebnissen sieht man, daß die beiden weit außen liegenden Proben nur ein ganz geringes Gewicht erhalten. Die entfernt liegenden Proben werden durch die innen liegenden Proben abgeschirmt (Abschirmungseffekt, screen effect). Erst wenn das Variogramm einen Nuggeteffekt aufweist, wird der Einfluß dieser Proben schnell größer, wie das am Ende des Textbeispiels 3 dargestellt wird.

Textbeispiel 3:

Krigesystem mit fünf Proben, die um den Block angeordnet sind:

Die Wichtung erfolgt entsprechend der symmetrischen Anordnung der Proben (Abb. 5.2.3) wieder so, daß die Proben 2 und 3 sowie 4 und 5 zusammengefaßt werden. Damit erhält man wieder ein Krigesystem mit vier Gleichungen, das in der gleichen Art und Weise gelöst wird wie vorher. Die einzelnen Glieder des Gleichungssystems werden wie folgt bestimmt:

$$\overline{\gamma}(S_1 S_1) = 0$$

$$\overline{\gamma}(S_2 S_2) = \frac{1}{2} \cdot [C_0 + C \cdot \gamma(40/60)] = 0,5 \cdot 0,852 = 0,426$$

$$\overline{\gamma}(S_3 S_3) = \frac{1}{2} \cdot [C_0 + C \cdot \gamma(60/60)] = 0,5 \cdot 1,000 = 0,500$$

$$\overline{\gamma}(S_1 S_2) = C_0 + C \cdot \gamma(20/60) = 0,481$$

$$\overline{\gamma}(S_1 S_3) = C_0 + C \cdot \gamma(30/60) = 0,688$$

$$\overline{\gamma}(S_2 S_3) = C_0 + C \cdot \gamma(\sqrt{20^2 + 30^2}/60) = \gamma(0,601) = 0,793$$

$$\overline{\gamma}(S_1 V) = 0,241 \qquad \text{wie zuvor}$$

$$\overline{\gamma}(S_2 V) = C_0 + C \cdot [1,5 \ H(30/60;15/60) - 0,5 \ H(10/60;15/60)]$$

$$= 0 + 1,0 \cdot [1,5 \cdot 0,638 - 0,5 \cdot 0,241] = 0,517$$

$$\overline{\gamma}(S_3 V) = C_0 + C \cdot [1,5 \ H(45/60;10/60) - 0,5 \ H(15/60;15/60)]$$

$$= 0 + 1,0 \cdot [1,5 \cdot 0,536 - 0,5 \cdot 0,241] = 0,683 \ .$$

Nach Einsetzen der Werte in das Gleichungssystem erhält man:

$$
\begin{array}{llllll}
(1) & \lambda_1 \cdot 0,000 & + \ \lambda_2 \cdot 0,481 & + \ \lambda_3 \cdot 0,688 & + \ \mu & = \ 0,241 \\
(2) & \lambda_1 \cdot 0,481 & + \ \lambda_2 \cdot 0,426 & + \ \lambda_3 \cdot 0,793 & + \ \mu & = \ 0,517 \\
(3) & \lambda_1 \cdot 0,688 & + \ \lambda_2 \cdot 0,793 & + \ \lambda_3 \cdot 0,500 & + \ \mu & = \ 0,683 \\
(4) & \lambda_1 & + \ \lambda_2 & + \ \lambda_3 & + \ 0 & = \ 1,000 \ .
\end{array}
$$

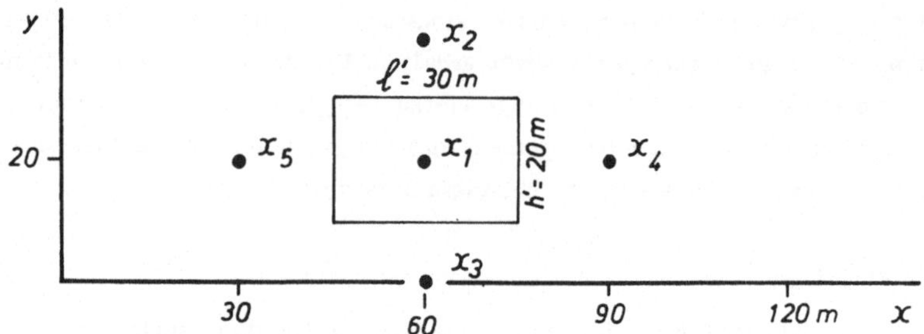

Abb. 5.2.3: Anordnung von 5 Probenpunkten im Abstand von 30 m bzw. 20 m und Lage
der Probepunkte um einen Block von 30 m · 20 m (Textbeispiel 3).

Dieses Gleichungssystem wird in gleicher Weise wie vorher gelöst:

$$\lambda_1 = 0{,}57 \qquad \lambda_2 = 0{,}17 \qquad \lambda_3 = 0{,}26 \qquad \mu = 0{,}000 \ .$$

Die Krigevarianz ergibt mit den bereits berechneten und bekannten Werten:

$$\sigma_k^2 = -\ \overline{\gamma}(V,V) + \mu + \sum_{i=1}^{n} \lambda_i \cdot \overline{\gamma}(S_i V)$$

$$= -0{,}320 + 0{,}00 + 0{,}57 \cdot 0{,}241 + 0{,}26 \cdot 0{,}517 + 0{,}17 \cdot 0{,}683 = 0{,}07$$

$$\sigma_k = \pm\ 0{,}26 \ .$$

Der Vergleich der Varianzen zeigt, daß die regelmäßige Anordnung von Proben um einen
zu schätzenden Block erwartungsgemäß günstiger ist als jede andere Verteilung.

Um den Einfluß von Probenhäufungen (cluster) zu erkennen, nehmen wir an, daß
anstelle der Probe x_5 zwei einander nahe liegende Proben x_6 und x_7 (5 m Abstand)
verwendet werden und rechnen dafür die Gewichte aus. Man erhält als Lösung

$$\lambda_1 = 0{,}57 \qquad \lambda_2 = \lambda_3 = 0{,}13 \qquad \lambda_4 = 0{,}08 \qquad \lambda_6 = \lambda_7 = 0{,}04 \ .$$

Das Gewicht, das die Probe 5 hätte, verteilt sich nunmehr gleichmäßig auf die
symmetrisch, eng zusammenliegenden Proben 6 und 7, die Krigevarianz hat sich in
diesem Fall kaum geändert. Das Krigesystem berücksichtigt bei der Verteilung der Gewichte
automatisch auch die Häufung von Proben.

<u>Anmerkung:</u> Um den Einfluß des Nuggeteffektes auf die Gewichte zu testen, wurde die

Gesamtvarianz konstant auf $C_0 + C$ = 1,0 gehalten und nur das Verhältnis der beiden Größen geändert. Die Gewichte, die zunächst sehr unterschiedlich sind, nähern sich mit zunehmender Nuggetvarianz immer mehr. Für den Fall C_0 = 1, C = 0 liegt schließlich ein Variogramm vor, das die statistische Unabhängigkeit der Daten wiedergibt (Kap. 2.3.1). In einem solchen Fall müssen erwartungsgemäß alle Proben das gleiche Gewicht erhalten. Man erkennt, daß mit zunehmender Nuggetvarianz das Krigeverfahren zu einer immer stärkeren Glättung der gekrigten Variablen führt.

Tabelle 5.2.4: Gewichte und Varianzen in Abhängigkeit von der Nuggetvarianz für ein relatives, sphärisches Variogramm mit a = 60 m bei einer Blockgröße von $30 \cdot 20$ m^2 (vgl. Abb. 5.2.3).

Variogramm	Gewichte			Krigevarianz		Varianz im Block
C_0 / C	λ_1	$\lambda_2+\lambda_3$	$\lambda_4+\lambda_5$	σ_k^2	$\pm\sigma_k$	$\bar{\gamma}(V,V)$
0,0 / 1,0	0,57	0,26	0,17	0,07	0,26	0,32
0,2 / 0,8	0,44	0,34	0,22	0,11	0,33	0,45
0,5 / 0,5	0,32	0,38	0,30	0,16	0,40	0,66
0,8 / 0,2	0,24	0,40	0,36	0,19	0,43	0,86
1,0 / 0,0	0,20	0,40	0,40	0,20	0,45	1,00 .

5.2.4 Eigenschaften des Krigeschätzverfahrens: Durch das Krigesystem erhält man unter Einhaltung einer minimalen Krigevarianz den bestmöglichen, linearen, unverzerrten Schätzwert für einen Block (oder eine Fläche, oder einen Punkt) aus den vorhandenen Informationen über die Ortsveränderlichkeit der Variablen (Variogramm), der Form und Größe des Blockes und der Anordnung der Proben zu dem Block und der Proben untereinander.

Die Schätzvarianz ist umso kleiner, je größer der zu schätzende Block ist. Sie wird umso kleiner, je näher die Proben in der Nachbarschaft um den Block liegen und je gleichmäßiger um den Block verteilt sind.

Für die Gewichte, d. h. für den Einfluß auf den zu schätzenden Blockwert, gilt, daß die dem Block (im Vergleich zu Reichweite) näher liegenden Proben ein größeres, die entfernter liegenden ein geringeres Gewicht erhalten; die näher zum Block liegenden Proben schirmen die weiter entfernt liegenden ab (Abschirmungseffekt). Weiter entfernte Proben erhalten nur dann ein größeres Gewicht, wenn eine Nuggetvarianz vorhanden ist. Ein reines Zufallsvariogramm bewirkt, daß alle Proben unabhängig von ihrer Lage zueinander und der Entfernung die gleiche Wichtung (klassische Statistik, Mittelwertbildung) erhalten. Liegen Proben nahe beieinander, d. h. bilden sie "cluster", dann erhalten diese Proben kleinere Gewichte, als es ihrer Lage zum Block entspricht. Zusammen erhalten Sie etwa gleiches Gewicht wie eine einzelne Probe anstelle des "cluster".

Die Bestimmung der Wichtungsfaktoren durch die linearen Krigeverfahren kann auch zu negativen Gewichten führen. Diese wiederum können in extremen Fällen negative Blockwerte ergeben, die natürlich sinnlos sind. Wenn man negative Gewichte nicht willkürlich weglassen will, muß man die Ableitung der minimalen Varianz (der Krigevarianz) abwandeln. Eine Lösung, die jedoch zu längeren Rechenzeiten führt, wird von Baafi et al. (1986) bzw. von Szidarovszky et al. (1987) beschrieben.

Im Kapitel 5.3 werden einige weitere praktische Hinweise, vor allem zur Auswahl von Proben in der Nachbarschaft eines zu schätzenden Blockes, gegeben (vgl. auch Kap. 5.4.1.2, Glättungseffekt).

5.2.5 <u>Krigeschätzung mit bekanntem Mittelwert:</u> Ist der Mittelwert (m) der Variablen einer Lagerstätte bekannt, die blockweise (V) geschätzt werden soll, dann erfolgt die Schätzung nach folgender Gleichung:

$$Z^{*}(V) = \left(1 - \sum_{i=1}^{n} \lambda_i \right) \cdot m + \sum_{i=1}^{n} \lambda_i \cdot Z(x_i) \quad .$$

Das bedeutet, daß der Mittelwert mit dem Gewicht $\left(1 - \sum \lambda_i\right)$ versehen wird, so daß die Summe der Gewichte für die Proben kleiner als 1 ist. Das Krigesystem lautet dann:

$$\sum_{j=1}^{n} \lambda_j \cdot \bar{K}(S_i S_j) = \bar{K}(VS_i) \qquad (i=1, \cdots n) \quad .$$

Die Krigevarianz, die kleiner ist als die einer Schätzung ohne Mittelwert, ist gegeben durch:

$$\sigma_k^2 = \sigma_V{}^2 - \sum_{j=1}^{n} \lambda_j \cdot \bar{K}(VS_i) \quad .$$

Die in den Gleichungen verwendeten Symbole haben dieselbe Bedeutung wie in den vorherigen Kapiteln (s. bes. Kap. 5.2.1). Wie bereits erläutert, wird dieses Verfahren kurz <u>"einfaches Krigen"</u> genannt, während das Krigen ohne einen bekannten Mittelwert als <u>"normales Krigen"</u> bezeichnet wird. Das einfache Krigen wird kaum verwendet, weil es schwierig ist, den für den Rechengang notwendigen Mittelwert sachgemäß zu definieren.

5.3 Ermittlung der Gesamtreserven in—situ und Bestimmung der Genauigkeit der Schätzungen

Zur Berechnung der Gesamtvorräte einer Lagerstätte wird man diese in ein System von Blöcken einteilen, das der Verteilung der genommenen Proben und/oder den zukünftigen bergbaulichen Erfordernissen angepaßt ist. Anschließend wird man mit Hilfe des im vorherigen Abschnitt vorgestellten Krigegleichungssystems die Lagerstätte Block für Block schätzen und die einzelnen Blockwerte zu Gesamtvorräten zusammenfassen. Die auf diese Weise berechneten Gesamtvorräte der Lagerstätte sind hauptsächlich mit zwei Arten von Fehlern behaftet. Der eine Fehler ergibt sich aus dem Schätzverfahren, mit dem die ortsabhängigen Variablen bestimmt wurden, dessen Ausdruck z. B. die Krigevarianzen sind. Der andere Fehler ergibt sich aus der Genauigkeit, mit der die Grenzen einer Lagerstätte bekannt sind oder bestimmt wurden.

Der Rechenablauf wird im wesentlichen von der Form der Lagerstätte und von der Verteilung der Proben in der Lagerstätte beeinflußt, d. h. man wird unterschiedlich vorgehen, je nachdem ob die Vorräte einer schichtförmigen Lagerstätte, einer massigen Lagerstätte oder einer Ganglagerstätte berechnet werden sollen, und ob die Lagerstätte regelmäßig oder unregelmäßig beprobt ist. Im folgenden werden einige Gesichtspunkte für schichtige und massige Lagerstätten zusammengestellt, wobei die Ganglagerstätten geostatistisch gesehen wie die schichtförmigen Lagerstätten zu behandeln sind, weil beide eine tabulare Form aufweisen.

5.3.1 <u>Schichtförmige Lagerstätten:</u> Eine schichtförmige Lagerstätte sollte so beprobt sein, daß die interessierenden Gehalte an Rohstoffen über die Mächtigkeit und die Mächtigkeit selbst auf einem regelmäßigen Raster bestimmt wurden, so daß man Variogramme der Mächtigkeiten und Akkumulationen (Gehalt · Mächtigkeit) in Abhängigkeit von der Richtung bestimmen kann. Zur Vorratsberechnung wird eine solche Lagerstätte in ein System von N rechteckigen Blöcken gleicher Fläche $h \cdot l = s = s_i$ eingeteilt. Die Blockmaße werden so gewählt, daß wenigstens eine Probe in jedem Block liegt und die Blockgrenzen im Falle einer anisotropen Vererzung nach Möglichkeit den Haupt-richtungen der Anisotropie angepaßt sind.

Eine Schätzung der mittleren Mächtigkeiten und der mittleren Akkumulationen der einzelnen Blöcke bewirkt praktisch, daß die Fehler der Abgrenzung der Lagerstätte zum Hangenden und Liegenden sich unmittelbar in den Krigevarianzen niederschlagen. Die Fehler, die sich aus der Unsicherheit der Umgrenzung der Lagerstätte ergeben, sind jedoch getrennt zu erfassen, sofern nicht eine eindeutige, geologisch definierte

Grenzziehung möglich ist. Ein häufiger Fall der ersten, rohen Abgrenzung ergibt sich aus der Entscheidung, daß Blöcke, deren Proben keine Anzeichen der Lagerstätte mehr enthalten, als außerhalb der Lagerstätte liegend angesehen werden. Der Schätzwert für die Gesamtfläche der schichtigen Lagerstätte ergibt sich damit zu $S_G = \sum_{i=1}^{N} s_i = N \cdot s$. Die wahren Grenzen der Lagerstätte bzw. die wahre Fläche sind damit jedoch nicht bestimmt. Theoretische Überlegungen von Matheron (1965) mit Hilfe geometrischer Kovariogramme haben zur Ableitung einer Näherungsformel geführt, mit der die relative <u>Varianz der Flächenschätzung</u> angegeben werden kann:

$$\frac{\sigma_S^2}{S_G^2} = \frac{1}{N^2} \cdot (\frac{1}{6} \cdot n^2 + 0.06 \cdot \frac{n_1^2}{n_2}) \quad ,$$

mit N der Anzahl der Blöcke, die zur Lagerstätte gehören, $2n_1$ und $2n_2$ als Anzahl der Blocklängen und Blockbreiten ℓ und $\hbar$, die die Lagerstätte begrenzen, wobei $n_2 \leq n_1$ ist (s. auch Rechenbeispiel in Kap. 5.3.3).

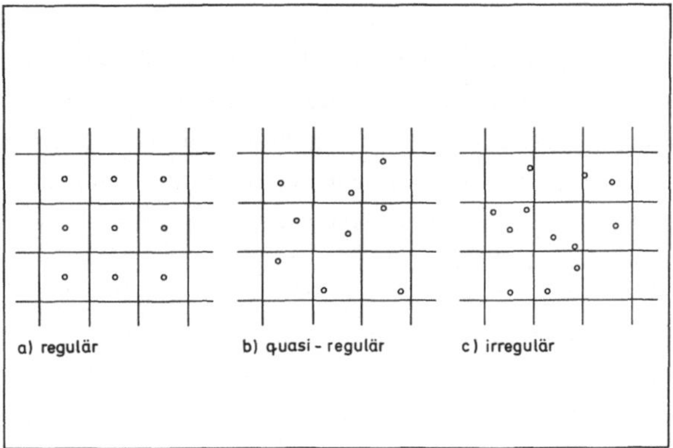

Abb. 5.3.1: Probenahmeraster:
        a) regelmäßiges Raster mit je einem Probenpunkt in der Mitte der Rechtecke,
        b) quasiregelmäßiges Raster (random stratified grid) mit je einem zufällig
           gelegenen Probenpunkt in den Rechtecken,
        c) unregelmäßiges Raster.

— Werden die Variablen $Z(s_i)$ durch Krigen in einem <u>regelmäßigen Probenraster</u> (Abb. 5.3.1a) mit je einer Probe in der Mitte der Blöcke geschätzt, so wird man einen Krigeplan aufstellen, in dem festgelegt wird, in welchem Umfang die in der Nachbarschaft des zu schätzenden Blockes liegenden Proben in den Rechenvorgang einbezogen werden (Definition des <u>Krigesuchfensters,</u> der <u>Krigenachbarschaft</u>). Um den

Rechenaufwand klein zu halten, wird man in Abhängigkeit von Reichweite, Nuggetvarianz und Anisotropie den Umfang beschränken auf die Proben in der Nachbarschaft, die einen deutlichen Einfluß auf die Gewichte und die Krigevarianz haben. Im allgemeinen wird man nicht nur die vier nächsten Nachbarn, sondern die acht nächsten Nachbarn in das Schätzverfahren einbeziehen. Dies würde bereits die Lösung eines Systems von 10 linearen Gleichungen bedeuten. Liegt ein isotropes Variogramm vor oder ist das Probenraster den vorherrschenden Richtungen der Anisotropie angepaßt, dann kann man aufgrund der Symmetrie die Zahl der Gleichungen auf 4 bzw. 5 reduzieren. Es sei hier bemerkt, daß die Gewichte und die Krigevarianz in einem regelmäßigen Proben-Blockraster stets gleichbleiben, so daß das Gleichungssystem nur einmal gelöst werden muß. Lediglich für die Ecken und Kanten sowie für Stellen, wo einzelne Proben fehlen, ist das System zusätzlich zu lösen. Tritt ein größerer Nuggeteffekt auf, kann es notwendig sein, einen zweiten Kranz von Proben in den Krigeplan einzubeziehen. Die Zahl der Proben erhöht sich damit auf 25, so daß 26 Gleichungen gelöst werden müssen. Aufgrund der Symmetriebeziehungen läßt sich auch hier die Anzahl der Gleichungen wieder vermindern. Eine weitere sinnvolle Herabsetzung kann man ggf. erreichen, wenn man die Nachbarschaft im Krigeplan den Reichweiten der Anisotropie-ellipse anpaßt. Zur Ermittlung eines optimalen Krigeplanes sollten zunächst an einigen repräsentativen Teilbereichen der Lagerstätte Testläufe des Krigeverfahrens durch-geführt werden. Dadurch stellt man fest, bei welchem Krigeplan die minimale Krigevarianz praktisch erreicht wird, so daß man sich dann bei dem Gesamtlauf überall auf diesen Plan beschränken kann.

– Liegt eine quasireguläre Verteilung (Abb. 5.3.1b) von Proben vor in der Art, daß zwar noch in jeden Block eine Probe fällt, aber nicht mehr in die Mitte (random stratified grid), dann kann man zwei Wege zur Lösung beschreiten. Der eine ist der, daß man für jeden Block die tatsächliche Probenanordnung zur Berechnung benutzt. Eine Verkleinerung des Gleichungssystems ist nicht möglich, da ja keine Symmetrie vorliegt, und es muß jedesmal neu gelöst werden. Die zweite Möglichkeit besteht darin, daß man das Krigegleichungssystem so abändert, daß anstelle der $\bar{\gamma}$-Beziehungen zwischen den punktförmigen Proben $\bar{\gamma}$-Beziehungen zwischen den Flächen, in denen die Proben liegen, eingesetzt werden (Zufallskrigen, random kriging). Die so ermittelten Gewichte λ_i werden dann der jeweiligen Probe innerhalb der Flächen zugeordnet, gleichgültig welche Lage die Probe einnimmt. Die Anzahl der Gleichungen läßt sich dann aufgrund der symmetrischen Anordnung der Flächen wieder vermindern.

– Liegt eine völlig unregelmäßige Verteilung (Abb. 5.3.1c) von Proben vor, dann kann man die Schätzung nur durch Lösung des Krigesystems für jeden einzelnen Block vornehmen.

Besteht eine Lagerstätte D aus N Blöcken der Flächen s_i, dann ist die Gesamtfläche $D = S_G = \sum_{i=1}^{N} s_i$. Den <u>globalen Mittelwert</u> aus den Schätzungen $Z^*(s_i)$ der Einzelblöcke erhält man zu:

$$\overline{Z}^* = \frac{1}{S_G} \cdot \sum_{i=1}^{N} s_i \cdot Z^*(s_i) \ .$$

<u>Die globale Varianz</u> σ_G^2 dieses geschätzten Mittelwertes der Lagerstätte kann aber nur mit relativ großem Aufwand berechnet werden (s. Crozel & David 1985), da die einzelnen Krigeschätzfehler eines jeden Blockes mit denen seiner Nachbarn korreliert sind. Geht man jedoch davon aus, daß man den globalen Mittelwert $\overline{Z}^*$ auch anhand einer möglichst großen repräsentativen Anzahl von Probenwerten, und zwar durch eine einfache Mittelwertbilung, schätzen kann, und unterstellt man ferner, daß die einzelnen Ausdehnungs- bzw. Schätzvarianzen in den Blöcken unabhängig voneinander sind, dann kann man die globale Varianz vereinfacht darstellen als

$$\sigma_G^2 = \frac{\sigma_E^2}{N} \ .$$

Man ermittelt die Ausdehungsvarianz σ_E^2 wiederum entsprechend der Art des vorliegenden Probenahmerasters, und zwar wie folgt:

– Für ein <u>reguläres Probenraster</u> mit einer Probe im Zentrum des Blockes $(h \cdot \ell)$ erhält man die Ausdehnungsvarianz entweder rechnerisch (s. Kap. 4.2.1) oder unter Verwendung des Diagramms D3b (Anhang II) oder mit den Hilfsfunktionen (Diagramme D1b und D1d, Anhang II) zu: $\sigma_E^2 = \sigma_{ER}^2 = C_0 + C \cdot [2 \cdot H(h/2; \ell/2) - F(h; \ell)]$.

<u>Anmerkung</u>: Man unterstellt demnach, daß der Wert der in der Mitte eines Blockes befindlichen Probe zu dem Gesamtblock ausgedehnt und der globale Schätzfehler als eine Summe von N elementaren Schätzfehlern angesehen wird. In erster Näherung sind diese elementaren Schätzfehler voneinander unabhängig (vgl. Abb. 5.3.1).

– In einem <u>quasiregulären Probenraster</u> hat jeder Block seine eigene Ausdehnungsvarianz in Abhängigkeit von der Position der Probe im Block. Ist die Zahl der Proben groß, nehmen sie im Mittel jede mögliche Position ein, so daß die mittlere Schätzvarianz gleich der Dispersionsvarianz punktförmiger Proben im Block ist (vgl. Kap. 4.3.1):
$\sigma_E^2 = \sigma^2(0/s) = C_0 + C \cdot \overline{\gamma}(s,s) = C_0 + C \cdot F(h; \ell)$.

- Im Falle eines <u>irregulären Probenrasters</u> kann man die Gesamtfläche in unterschiedlich große Teilflächen aufteilen, so daß in das Zentrum jeder Teilfläche eine Probe
fällt. Für jede einzelne der N Teilflächen $s_i = \ell_i \cdot h_i$ ist die Ausdehnungsvarianz anhand
des entsprechenden Diagramms oder durch $\sigma_{Ei}^2 = C_0 + C \cdot [2 \cdot H(h_i/2; \ell_i/2) - F(h_i; \ell_i)]$
zu bestimmen, aus denen der mit den Flächengrößen gewichtete Mittelwert zu bilden
ist: $\sigma_E^2 = 1/S_G^2 \cdot \sum_{i=1}^{N} (s_i^2 \cdot \sigma_{Ei}^2)$. Diese mittlere Ausdehnungsvarianz wird wie zuvor zur
Berechnung der globalen Varianz verwendet. Falls dieser Rechenaufwand zu groß
erscheint, kann für praktische Zwecke und als Näherung auch die Formel $\sigma_G^2 = \sigma^2(0/D)/N$
verwendet werden, wobei $\sigma^2(0/D)$ die Varianz der Probenwerte und N deren Anzahl sind.

Auch in diesem Zusammenhang zeigt sich wieder der große Vorteil, den eine Probennahme
auf einem regelmäßigen Raster bietet, da für die Varianzen gilt: $\sigma_{ER}^2 < \sigma^2(0/s) < \sigma^2(0/D)$.
Die auf diese Weise bestimmte globale Varianz der Schätzung ist nicht unabhängig von
der Flächenschätzung. Durch die Varianz der Flächenschätzung muß in die globale
Varianz noch additiv ein <u>Grenzterm</u> (border term) eingeführt werden. Dieser ergibt sich
aus der relativen Varianz der Flächenschätzung und der <u>relativen</u> Dispersionsvarianz
$\sigma^2(0/D)$ der Punktvariablen in der Fläche zu

$$\sigma_{Gs}^2 = \frac{\sigma_S^2}{S_G^2} \cdot \sigma^2(0/D) \ .$$

Damit erhält man für die globale Varianz folgenden allgemeinen Ausdruck, der sowohl
für Gehalte und Mächtigkeiten als auch für Akkumulationen gilt:

$$\sigma_G^2 = \frac{\sigma_E^2}{N} + \frac{\sigma_S^2}{S_G^2} \cdot \sigma^2(0/D) \ .$$

Im folgenden werden die globalen Schätzwerte einiger wichtiger Größen mit ihren
globalen Schätzvarianzen zusammenfassend dargestellt:

- <u>Mittlere Akkumulation:</u>

$$\bar{A}^* = \frac{1}{N} \cdot A^*(s_i) \qquad\qquad \sigma_{GA}^2 = \frac{\sigma_{EA}^2}{N} + \frac{\sigma_S^2}{S_G^2} \cdot \sigma_A^2(0/D) \ ,$$

- <u>Mittlere Mächtigkeit:</u>

$$\bar{M}_G^* = \frac{1}{N} \cdot \sum_{i=1}^{N} M^*(s_i) \qquad\qquad \sigma_{GM}^2 = \frac{\sigma_{EM}^2}{N} + \frac{\sigma_S^2}{S_G^2} \cdot \sigma_M^2(0/D) \ ,$$

– <u>Mittlerer Gehalt</u> aus Akkumulation und Mächtigkeit, wobei Akkumulation und Mächtigkeit voneinander abhängig sind, mit r(A,M) als Korrelationskoeffizient (s. Kap. 1.3.5):

$$\overline{Z}_G^* = \frac{\overline{A}_G^*}{\overline{M}_G^*} \qquad \frac{\sigma_{GZ}^2}{\overline{Z}_G^{*2}} = \frac{\sigma_{GA}^2}{\overline{A}_G^{*2}} + \frac{\sigma_{GM}^2}{\overline{M}_G^{*2}} - 2 \cdot r(A,M) \cdot \frac{\sigma_{GA}}{\overline{A}_G^*} \cdot \frac{\sigma_{GM}}{\overline{M}_G} \; ,$$

– <u>Metallinhalt</u> als Produkt aus Akkumulation, Fläche und (konstanter) Dichte ρ, wobei Akkumulation und Fläche voneinander unabhängig sind:

$$Q_G^* = \overline{A}_G^* \cdot S_G \cdot \rho \qquad \frac{\sigma_{GQ}^2}{Q_G^{*2}} = \frac{\sigma_{GA}^2}{\overline{A}_G^{*2}} + \frac{\sigma_S^2}{S_G^2} \; ,$$

– <u>Tonnage</u> als Produkt aus Mächtigkeit, Fläche und (konstanter) Dichte, wobei Mächtigkeit und Fläche voneinander unabhängig sind:

$$P_G^* = \overline{M}_G^* \cdot S_G \cdot \rho \qquad \frac{\sigma_{GP}^2}{P_G^{*2}} = \frac{\sigma_{GM}^2}{\overline{M}_G^{*2}} + \frac{\sigma_S^2}{S_G^2} \; .$$

In Kap. 5.3.3 ist der Rechenvorgang anhand eines Beispiels gezeigt.

5.3.2 <u>Massige Lagerstätten:</u> Im Falle von massigen Lagerstätten wird man diese in Scheiben gleicher Mächtigkeit einteilen, die z. B. der späteren Strossenhöhe des Tagebaues entsprechen, und die Länge und Breite der Blöcke ggf. den Abbaueinheiten (Selektionseinheiten) anpassen, wenn die Probendichte ausreichend groß ist. Anderenfalls wird man die Länge und Breite so wählen, daß wenigstens eine Probe (Bohrung) in einen Block fällt. Reicht der dreidimensionale Blockraum über die Lagerstättengrenzen hinaus, wird man die Blöcke, die außerhalb der Lagerstätte liegen, kennzeichnen müssen. Die innerhalb einer Scheibe liegenden Blöcke, die zur Lagerstätte gehören, können in der gleichen Weise wie zuvor abgegrenzt und die Varianz der Flächenschätzung kann z. B. in der vorher beschriebenen Weise Scheibe für Scheibe durchgeführt werden. Andere mögliche Wege der Berechnung sind z. B. bei Journel & Huijbregts (1978) zu finden. Die Variogramme der Gehalte wird man sowohl in vertikaler als auch horizontaler Richtung bestimmen und entsprechend den vorherrschenden geologischen Richtungen ein dreidimensionales Variogrammodell erstellen. Variogramme der Mächtigkeiten und Akkumulation erübrigen sich in diesem Fall. Bei der blockweisen Vorratsberechnung durch Krigen wird man im Krigeplan die Umgebung oft auf die beiden benachbarten Scheiben ausdehnen. Im Falle einer regelmäßigen Verteilung der Proben liegen dann in der Nachbarschaft des zu schätzenden Blockes bereits 27 Proben. Die Zahl der Gleichungen läßt sich aufgrund der Symmetrie und der Reichweiten der Anisotropieellipsen ggf. wiederum stark reduzieren.

Der globale Mittelwert ergibt sich wiederum als Mittelwert der einzelnen geschätzten Blockwerte.

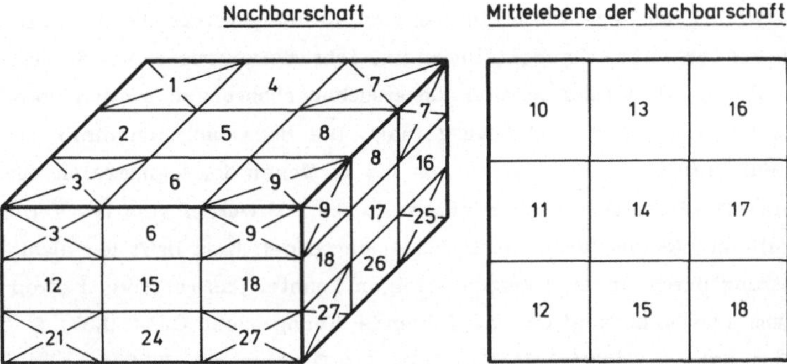

Abb. 5.3.2   Krigeplan mit einer Nachbarschaft von 3 · 3 · 3 = 27 Blöcken. Die in dieser Nachbarschaft liegenden Proben werden zur Krigeschätzung des Blockes 14 im Zentrum herangezogen. Die Proben in den Eckblöcken können ggf. wegen ihres geringen Einflusses weggelassen werden.

Zur Berechnung der globalen Varianz der Schätzung des globalen Mittelwertes wendet man wiederum das Prinzip der Kombination der Einzelvarianzen an. Es werden in diesem Fall die Ausdehnungsvarianzen für räumliche Blöcke bestimmt und durch die Anzahl der Blöcke dividiert. Die Bestimmung der globalen Metallinhalte und der Vorräte (Tonnage) sowie der zugehörigen globalen Varianzen erfolgt analog zu den Berechnungen für eine schichtförmige Lagerstätte, vgl. dazu Kap. 4.4, Aufgabe 4.

Es ist zu betonen, daß auch bei den massigen Lagerstätten eine vereinfachte, d. h. auf die zweidimensionale Darstellung (Projektion) reduzierte Schätzung der Gesamtvorräte oft möglich ist. Deshalb kann das unten für schichtförmige Lagerstätten aufgeführte Rechenbeispiel im Prinzip auch für massige Lagerstätten angewendet werden. Die Ermittlung der Gesamtvorräte bzw. deren Schätzgenauigkeit ist meist für die Gesamtbewertung eines Projektes von Bedeutung, während die lokalen Vorräte für die kurz- und mittelfristigen Planungsaufgaben gebraucht werden (s. Kap. 5.4). Deshalb sollten die Reserven einer massigen Lagerstätte doppelt, d. h. sowohl drei- als auch zweidimensional, wie im Beispiel des Kap. 5.3.3, erfaßt werden, wobei die Bestimmung der Genauigkeit der gesamten Schätzung sich nur auf die zweidimensionale Ermittlung zu beziehen braucht.

5.3.3 <u>Rechenbeispiel anhand einer schichtförmigen Lagerstätte:</u> Die Schätzung der globalen Kennwerte einer Lagerstätte wird am Beispiel der Uranlagerstätte Napperby in Australien (Akin 1983b) erläutert. Die Abb. 5.3.3 zeigt einen Kartenausschnitt der Lagerstätte, in dem sich die Hauptvorräte befinden. Die Vererzung liegt hier als Carnotit in den Hohlräumen und Schrumpfungsrissen von Sedimentgesteinen vor, die bis zu 10 m mächtig sind. Untersuchungsbohrungen wurden vornehmlich auf einem Raster von 400 m · 300 m ausgeführt. Die Beprobung innerhalb der Bohrungen erfolgte auf Uran in einem Abstand von 0,5 m. Wegen der lognormalen Verteilung der Analysenwerte (Proportionalitätseffekt, s. Kap. 3.1.3) wurden relative Variogramme der Mächtigkeit und Akkumulation (Abb. 5.3.4) berechnet. Eine Drift lag nicht vor, so daß die Schätzung durch lineares Krigen erfolgen konnte. Das relative, isotrop-sphärische Variogramm der Akkumulation hat folgende Kenngrößen: C_0 = 0,37, C = 0,64 und a = 1500 m, das der Mächtigkeit: C_0 = 0,28, C = 0,26 und a = 2625 m.

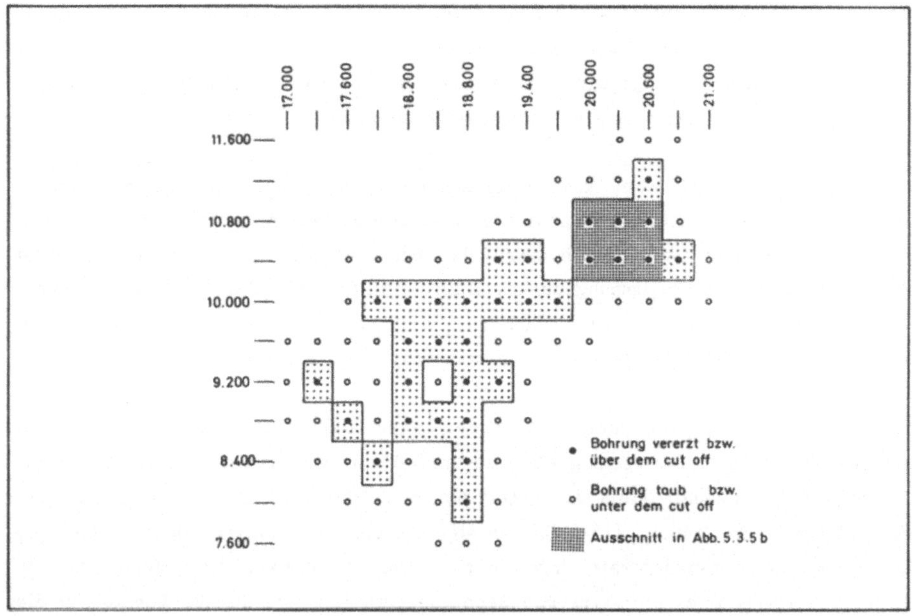

Abb. 5.3.3: Karte des größten zusammenhängenden Erzkörpers in Napperby.

Der Krigeplan ist in Abb. 5.3.5a wiedergeben, die Abb. 5.3.5b gibt einen Ausschnitt aus der Ergebniskarte der Krigeschätzung mit den zugehörigen Krigevarianzen wieder. Die Gesamtvorräte wurden dann für die 31 Blöcke der Abb. 5.3.3 ermittelt:

Mittlere globale Akkumulation: $\overline{A}_G^* = 544 \ [\text{ppm} \cdot \text{m}] = 544 \ \left[\dfrac{g}{t} \cdot m\right]$,

Mittlere globale Mächtigkeit: $\overline{M}_G^* = 1{,}31 \ [\text{m}]$,

Mittlerer globaler Gehalt U_3O_8: $\overline{Z}_G^* = \dfrac{\overline{A}_G^*}{\overline{M}_G^*} = 415 \ [\text{ppm}]$.

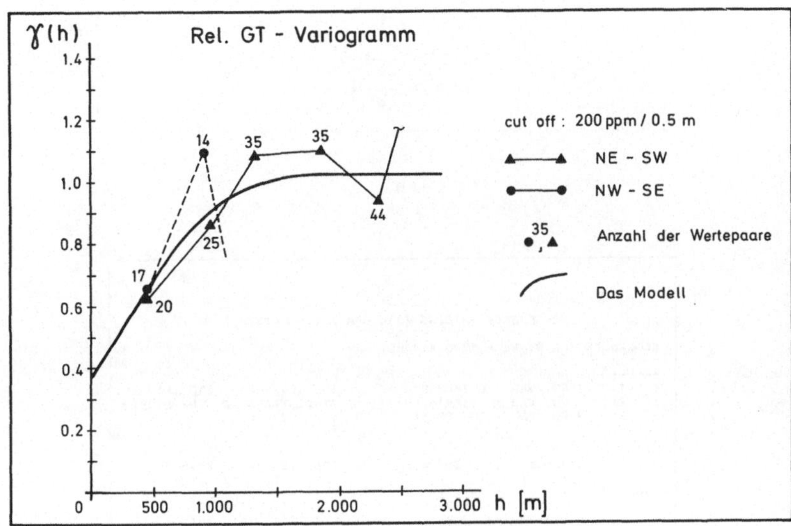

Abb. 5.3.4: Relatives Variogramm der Akkumulation der Uranlagerstätte Napperby bei einem Cut-off von 200 ppm U_3O_8/0,5 m.

Die relativen <u>Dispersionsvarianzen</u> wurden entsprechend den Schwellenwerten der isotropen, sphärischen Variogramme für die Akkumulation und Mächtigkeit bestimmt zu:

$$\sigma_A^2(0/D) = 0{,}37 + 0{,}64 = 1{,}01$$

$$\sigma_M^2(0/D) = 0{,}28 + 0{,}26 = 0{,}54 \ .$$

<u>Das spezifische Gewicht</u> des Roherzes wurde als konstant angenommen: $\rho = 1{,}7 \ \left[\dfrac{t}{m^3}\right]$.

<u>Die Fläche</u> der 31 Blöcke beträgt: $S_G = 400 \cdot 300 \cdot 31 = 3{,}72 \cdot 10^6 \ [m^2]$.

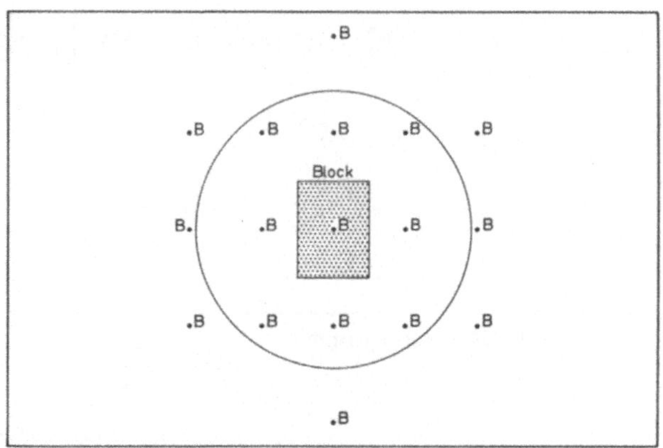

a)

```
                    NAPPERBY  KRIGING  (2oo PPM / o.5 METERS)

BLOCKSIZE  ( X BY Y)  =  (3oo X 4oo)

+----+
!   1!    1 ST.  VAR  =  GT(PPMxM)        1 ST.  VAR  =  GT STD  (x1oo)
!   2!    2 ND.  VAR  =   T(Mx1oo)        2 ND.  VAR  =  T STD  (x1oo)
!   3!    3 RD.  VAR  =  G( PPM )         3 RD.  VAR  =
+----+


          1985o E          2o75o E        1985o E          2o75o E
           !    !    !    !                !    !    !    !
11ooo N   --+----+----+----+--           --+----+----+----+--
           ! 559! 764! 922!               !  41!  37!  37!
           ! 158! 189! 2o9!               !  28!  26!  26!
           ! 352! 4o2! 44o!               !   o!   o!   o!
1o6oo N   --+----+----+----+--           --+----+----+----+--
           ! 748! 663! 769!               !  38!  37!  38!
           ! 147! 157! 169!               !  27!  26!  27!
           ! 5o5! 42o! 452!               !   o!   o!   o!
1o2oo N   --+----+----+----+--           --+----+----+----+--
           !    !    !    !                !    !    !    !
          1985o E          2o75o E        1985o E          2o75o E
```

b)

Abb. 5.3.5: Krigeschätzung der Lagerstätte Napperby.

a) Der Krigeplan zeigt ein Suchfenster mit <1200 m. Falls dort weniger als 10 Proben liegen, wurde das Fenster vergrößert.

b) Darstellung der durch Krigen ermittelten Ergebnisse für einige Blöcke: Links die geschätzten Werte für die Variablen Akkumulation (A=G·T), Mächtigkeit (M=T) und Gehalt (A/M=Z=G), rechts die zugehörigen, relativen Standardabweichungen.

<u>Der Schätzwert für das Roherz, die Tonnage,</u> beträgt:

$$P_G^* = \bar{M}_G^* \cdot S_G \cdot \rho = 1{,}31 \cdot 3{,}72 \cdot 10^6 \cdot 1{,}7 = 8{,}28 \text{ Mio [t]} \quad .$$

<u>Der geschätzte U_3O_8-Inhalt</u> ergibt sich zu:

$$Q_G^* = \bar{A}_G^* \cdot S_G \cdot \rho = 544 \cdot 3{,}72 \cdot 10^6 \cdot 1{,}7 = 3440 \cdot 10^6 \text{ [g]} = 3440 \text{ [t]} \quad .$$

Die Varianzen dieser globalen Schätzwerte erhält man mit Hilfe der Formeln des Kap. 5.3.1. Es ist hier anzumerken, daß man aus den relativen Variogrammen auch unmittelbar relative Varianzen erhält, die nicht mehr durch die jeweiligen quadrierten Mittelwerte zu dividieren sind.

Zur Berechnung der relativen <u>Varianz der Flächenschätzung</u> werden die E–W verlaufenden Blockgrenzen gezählt zu $2n_1 = 32$ und die N–S–Grenzen zu $2n_2 = 28$ (vgl. Abb. 5.3.3). Damit erhält man die Varianz der Flächenschätzung:

$$\frac{\sigma_S^2}{S_G^2} = \frac{1}{31^2} \cdot \left(\frac{1}{6} \cdot 14 + 0{,}06 \cdot \frac{16^2}{14} \right) = 0{,}0035 \quad .$$

Die Standardabweichung beträgt damit $\sqrt{0{,}0035} = \pm 0{,}059$ d. h. ca. $\pm 6\,\%$.

Die relative <u>Varianz der globalen, mittleren Akkumulation</u> erhält man näherungsweise aus der Ausdehnungsvarianz. Für die Blockmaße von $h = 400/1500 = 0{,}267$ und $\ell = 300/1500 = 0{,}200$ erhält man aus dem Diagramm D3b, Anhang II die standardisierte Varianz: $0{,}087$. Die Varianz der Ausdehnung der Akkumulation ($C_0=0{,}37$; $C=0{,}64$) ist dann:

$$\frac{\sigma_{EA}^2}{n} = \frac{0{,}37 + 0{,}64 \cdot 0{,}087}{31} = 0{,}0137 \quad .$$

Dieser Wert erhöht sich noch durch die Varianz der Flächenschätzung:

$$\frac{\sigma_{GA}^2}{\bar{A}_G^{*2}} = 0{,}0137 + 0{,}0035 \cdot 1{,}01 = 0{,}0172 \quad .$$

Die Standardabweichung beträgt $\sqrt{0{,}0172} = \pm 0{,}13$. Für eine statistische Sicherheit von 90 % mit $u=1{,}65$ erhält man als relativen Fehler für die Schätzung der Akkumulation: $\pm 22\,\%$.

Die relative <u>Varianz der globalen, mittleren Mächtigkeit</u> erhält man näherungsweise aus der Ausdehnungsvarianz. Für die Blockmaße von h = 400/2625 = 0,152 und ℓ = 300/2625 = 0,114 erhält man aus dem Diagramm D3b, Anhang II die standardisierte Varianz: 0,047. Die Varianz der Ausdehnung der Mächtigkeit (C_0=0,28; C=0,26) ist dann:

$$\frac{\sigma^2_{EM}}{n} = \frac{0,28 + 0,26 \cdot 0,047}{31} = 0,0094 \ .$$

Dieser Wert erhöht sich noch durch die Varianz der Flächenschätzung:

$$\frac{\sigma^2_{GM}}{\overline{M}_G^{*2}} = 0,0094 + 0,0035 \cdot 0,54 = 0,0113 \ .$$

Die Standardabweichung beträgt $\sqrt{0,0113}$ = ±0,11. Für eine statistische Sicherheit von 90 % mit u=1,65 erhält man als relativen Fehler für die Schätzung der mittleren Mächtigkeit: ±18 %.

Die relative <u>Varianz der Schätzung des U_3O_8-Inhaltes</u> erhält man als Summe der relativen Varianzen der Akkumulation und der Flächenschätzung:

$$\frac{\sigma^2_{GQ}}{\overline{Q}_G^{*2}} = 0,0172 + 0,0035 = 0,0207 \ .$$

Die Standardabweichung beträgt $\sqrt{0,0207}$ = ±0,14. Für eine statistische Sicherheit von 90 % mit u = 1,65 erhält man als Vertrauensbereich für die Schätzung des U_3O_8-Inhaltes: ±23 %.

Die relative <u>Varianz der Schätzung der Roherzmenge (Tonnage)</u> erhält man als Summe der relativen Varianzen der Mächtigkeit und der Flächenschätzung:

$$\frac{\sigma^2_{GP}}{P^{*2}} = 0,0113 + 0,0035 = 0,0148 \ .$$

Die Standardabweichung beträgt $\sqrt{0,0148}$ = ±0,12. Für eine statistische Sicherheit von 90 % mit u=1,65 rechnet man als relativen Fehler für die Schätzung der Tonnage: ±20 %.

Die relative <u>Varianz des mittleren Gehaltes</u> ergibt sich aus den relativen Varianzen der Akkumulation und der Mächtigkeit und der Korrelation zwischen Akkumulation und Mächtigkeit, die zu r = 0,8 berechnet wurde:

147

$$\frac{\sigma^2_{GZ}}{\overline{Z}^{*2}} = 0{,}0172 + 0{,}0148 - 2 \cdot 0{,}8 \cdot \sqrt{0{,}0172 \cdot 0{,}0148} = 0{,}0065 \ .$$

Die Standardabweichung beträgt $\sqrt{0{,}0065} = \pm 0{,}080$. Für eine statistische Sicherheit von 90 % beträgt der relative Fehler $1{,}65 \cdot 0{,}080 = 0{,}13$, also 13%.

Entsprechend den ermittelten relativen Fehlergrenzen können die Reserven z. B. nach ihrem U_3O_8-Inhalt gemäß den GDMB-Empfehlungen (Kap. 1.4) als "mögliche Reserven I" klassifiziert werden.

Im deutschsprachigen Schrifttum sind weitere Beispiele für geostatistische Berechnungen von Lagerstättenvorräten zu finden: z. B. Diehl & Kern (1979) berichten über die Vorratsberechnung einer schichtgebundenen Pb-Zn-Lagerstätte, Burger et al. (1982) über Kohlenvorratsberechnungen, Diehl (1982) über die Vorratsberechnung für einen Cu-Mo-Tagebau, Siemes & Garcia (1982) über eine porphyrische Kupfer-Goldlagerstätte.

5.4 Ermittlung der gewinnbaren Reserven über dem Cut-off; die Gehalt-Tonnage-Beziehung

Ermittlung von Reserven erfolgt, wie bisher dargestellt, entweder global, d. h. für die Gesamtlagerstätte, oder lokal, d. h. für relativ kleine Teilbereiche innerhalb dieser Lagerstätte. Die globalen Angaben über die Reserven werden hauptsächlich für die ersten Wirtschaftlichkeitsrechnungen (vgl. Kap. 7.1) sowie für mittel- und langfristige Planungsaufgaben (z. B. Auslegung der Aufbereitungsanlage) verwendet. Dagegen spielen die lokalen Reservenangaben eher bei Kurzfristplanungen (z. B. zur Definition der einzelnen Abschläge während des Abbaus oder zur Kontrolle des Gehaltes in der Aufbereitungsanlage) eine besondere Rolle.

Die mit Hilfe der bisher vorgestellten Verfahren ermittelten Reservenangaben, ob global oder lokal, charakterisieren in erster Linie die geologischen Reserven oder die Resourcen in-situ. In der Praxis wird jedoch eine Lagerstätte oder ein geologischer Reservenblock selten insgesamt abgebaut oder verwertet. Vielmehr sind hierbei zahlreiche technisch-wirtschaftliche Kriterien zu beachten, die den tatsächlich gewinnbaren Anteil der geologischen Reserven bestimmen. Bei der Ermittlung der gewinnbaren Reserven sind folgende Kriterien besonders wichtig:

1. Die Grenzwerte (Cut-off-Kriterien).

2. Die Größe der Blöcke und/oder der Selektionseinheiten, an denen die Anwendung der Cut-off-Kriterien erfolgt, und

3. Das Abbauverfahren in Kombination mit Kosten.

Ferner spielt der Kenntnisstand über die Lagerstätte eine sehr wichtige Rolle, da die Selektion in der Bewertungsphase (vgl. Tab. 7.1.1 in Kap. 7.1) vorerst theoretisch, d. h. anhand von Schätzwerten, vorgenommen werden muß. Später, d. h. in der Abbauphase, fallen dagegen die "wahren" Gehalte an. Die Zuverlässigkeit der in der Bewertungsphase verwendeten Schätzwerte ist aber je nach Kenntnisstand bzw. Erkundungsgrad der Lagerstätte unterschiedlich.

Zu 1. Die Cut-off-Kriterien werden verwendet, um die wirtschaftliche Selektion bezüglich eines Parameters (z. B. der Metallgehalt, die Erzmächtigkeit oder die Kombination von beiden) vornehmen zu können. Dieser Cut-off-Wert kann für die Gesamtlagerstätte konstant bleiben oder in Abhängigkeit von anderen Parametern (z. B. Teufe) variieren. Darüber hinaus ist er als eine zeitlich-dynamische Größe anzusehen, die sich in Abhängigkeit von externen Parametern (z. B. vom Marktpreis) im Projektverlauf ändern kann.

Zu 2. Die Anwendung eines Cut-off-Wertes (z. B. bei den Metallgehalten) bedeutet, daß eine Entscheidung darüber getroffen wird, ob eine betrachtete Volumeneinheit als "Erz" oder als "nicht Erz" (= Abraum) einzustufen ist. Diese Volumeneinheit wird als Selektionseinheit definiert (vgl. Kap. 4.1.1). In der Praxis kann ein Reservenblock, ein Abbaublock, ein Abschlag, der Inhalt eines Förderwagens oder eine Lastwagenladung eine solche Einheit darstellen (Abb. 5.4.1a und b). In Abhängigkeit von Projektstadium, von Lagerstättenbedingungen und je nach Abbauverfahren erfolgt die Selektion (d. h. die Cut-off-Anwendung) während der Hereingewinnung des Erzes, oder bei der Wegfüll- und Ladearbeit oder bei der Förderung bzw. Aufhaldung oder aber erst bei der Beschickung der Aufbereitungsanlage.

Die Stützung der Selektionseinheiten ist in der Praxis so gut wie immer größer als die der in der Explorationsphase vorliegenden Proben – letztere meist mit punktförmiger Stützung. Deshalb muß der Einfluß dieses Unterschiedes auf das praktische Ergebnis unbedingt berücksichtigt werden. Umgekehrt ist die Stützung einer Selektionseinheit im allgemeinen (aber insbesondere bei absätzigen Lagerstätten) erheblich kleiner als die der Reservenblöcke, so daß die Gesamtangabe für einen Reservenblock für den selektiven Abbau fast ohne Bedeutung ist.

Zu 3. Für die Bestimmung der gewinnbaren Reserven sind auch das <u>Abbauverfahren</u> und der dazugehörige Kostenkomplex ausschlaggebend. Z. B. kann in einem Tagebau ein tiefliegender Block nur dann abgebaut werden, wenn höhergelegene Blöcke, ob sie bauwürdig sind oder nicht, bereits abgebaut worden sind. Der Grad der Selektivität ist auch je nach Abbauverfahren sehr unterschiedlich. Vor allem die Größe der SE diktiert den Grad der Selektion: Je kleiner die SE, desto besser die Selektion. Kostenfaktoren begrenzen jedoch oft die Möglichkeit der Anwendung eines intensiven, selektiven Abbaus. Jede Lagerstätte verlangt entsprechend ihren Parametern nach einer Optimierung der Selektionsanwendung, wobei die Variabilität bzw. die Absätzigkeit eine sehr wichtige Rolle spielt.

Die Behandlung dieser miteinander in einer komplexen Wechselbeziehung stehenden Aspekte, die die Gewinnbarkeit der Reserven beeinflussen, wird im folgenden insoweit eingeschränkt, als hier nur die geostatistisch relevanten (internen) Parameter (insbesondere die Gehaltswerte) näher betrachtet werden. Andere interne oder externe Kriterien und Faktoren, einschließlich der Standfestigkeit des Gebirges (Störungszonen) oder hydrogeologische Verhältnisse, bleiben außer Betracht.

5.4.1 <u>Ermittlung der Gesamtreserven über dem Cut-off</u>: Die Reservenangaben (Schätzwerte und Varianzen) über die Tonnagen (Erzmengen) und über die dazugehörigen Durchschnittswerte für die betrachtete Variable (z. B. für den Metallgehalt) in Abhängigkeit von Cut-off-Werten charakterisieren die Lagerstätte bei einer wirtschaftlich-technischen Bewertung. Deshalb bildet eine repräsentative Darstellung der <u>Gehalt-Tonnage-Beziehung</u> die Grundlage der nachfolgenden Bewertungsarbeiten. Diese Beziehung verdeutlicht, bei welchem Cut-off-Wert welche Mengen mit welchen Durchschnittsgehalten zu erwarten sind bzw. welcher Metallverlust auftritt, wenn der Cut-off-Wert erhöht wird (s. Abb. 5.4.2). Bei der Erfassung dieser Beziehung ist zum einen der Aspekt der Stützung und zum anderen der Kenntnisstand über die Lagerstätte von grundlegender Bedeutung. Im folgenden werden diese Einflüsse eingehender erläutert. Die praktische Bestimmung der Gehalt-Tonnage-Beziehung und die Aufstellung der dazugehörigen graphischen Darstellungen sind erst im Kap. 5.5, und zwar in den Aufgaben 1, 2 und 3 vorgeführt. Solche Untersuchungen stellen inzwischen die Grundlage einer jeden Feasibility-Studie dar (s. Kap. 7.4, Beispiel 3).

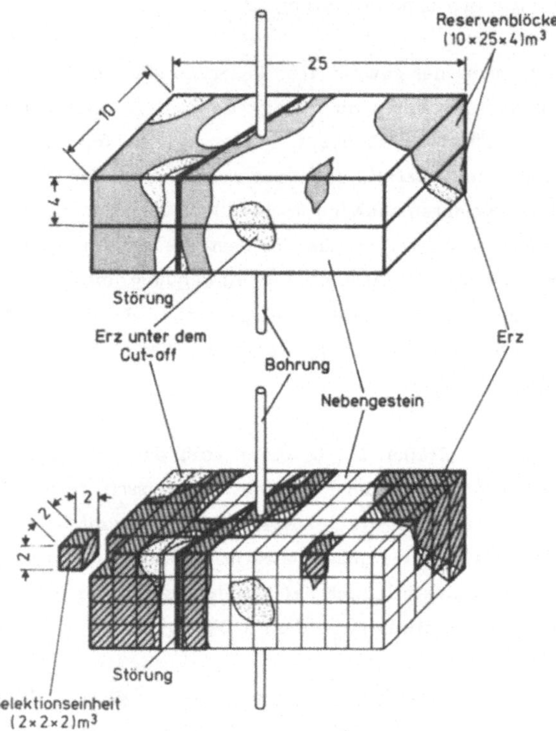

Abb. 5.4.1a: Schematische Darstellung zur Verdeutlichung des Unterschiedes zwischen den Begriffen Reservenblock und Selektionseinheit. Der Reservenblock (oben) mit den Kantenlängen von 25 m · 10 m · 4 m mit einer Bohrung in der Mitte beinhaltet zahlreiche Selektionseinheiten mit den Kantenlängen von 2 m · 2 m · 2 m (unten).

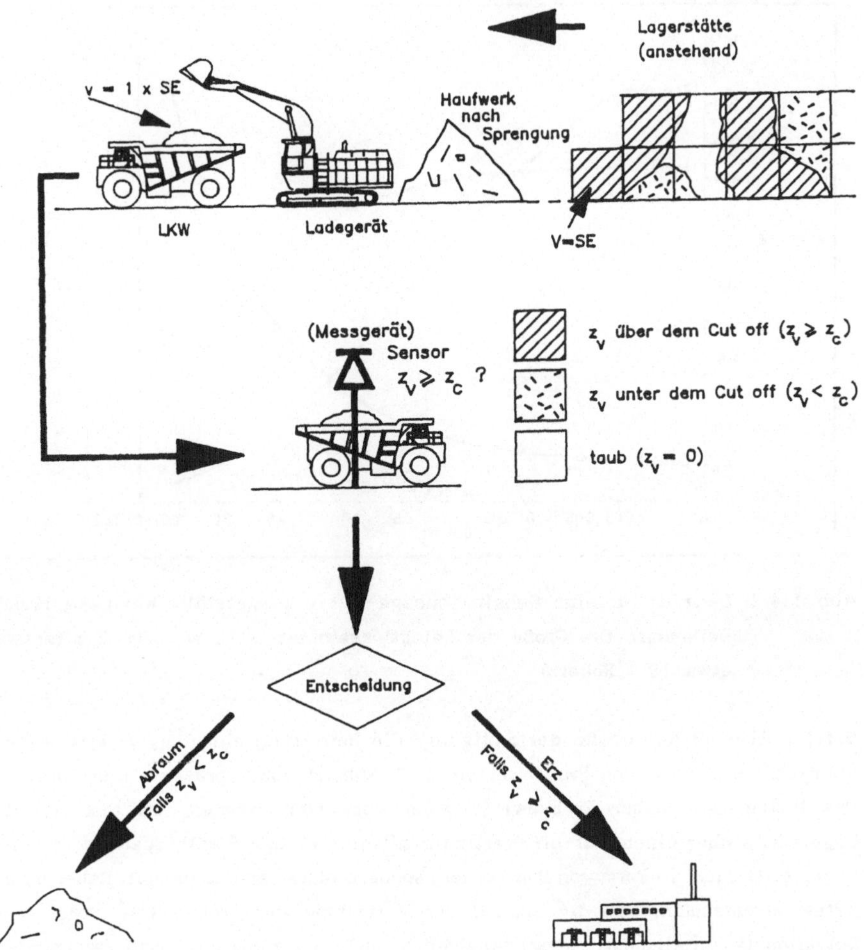

Abb.5.4.1b: Schematische Darstellung der Selektion anhand von radiometrischen Messungen der U_3O_8–Gehalte der LKW–Ladungen in einem Uranerzbergwerk als ein Beispiel. Die Lademengen der LKW entsprechen gewichtsmäßig etwa den Selektions–einheiten. Die Sprengarbeit erfolgt zuvor selektiv, um die Verdünnung des Erzes möglichst niedrig zu halten.

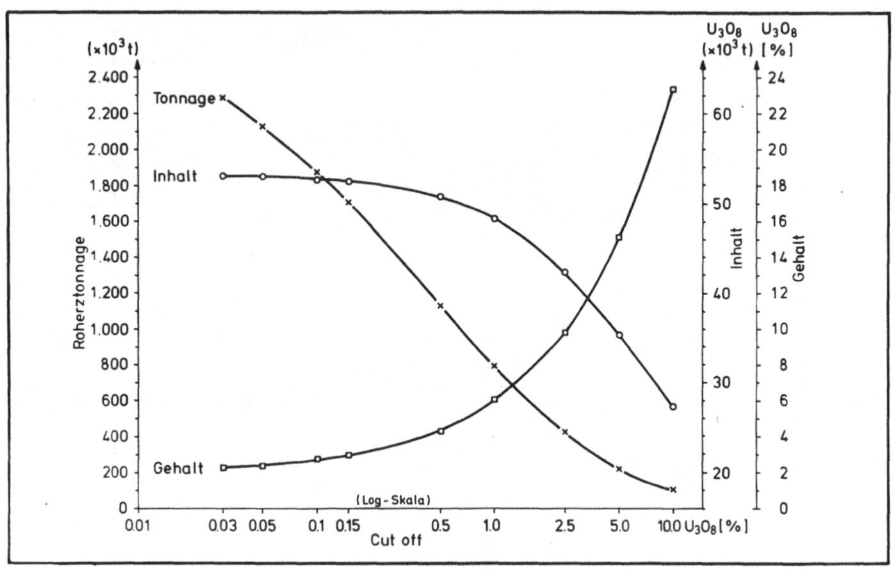

Abb. 5.4.2: Beispiel für eine Gehalt-Tonnage-Kurve (Lagerstätte Key Lake, Erzkörper Deilmann). Die Größe der Selektionseinheit ist 2 m · 2 m · 2 m (entspricht etwa 18 t Roherz).

5.4.1.1 Einfluß der Größe der Stützung: Die Bewertung einer Lagerstätte erfolgt im Normalfall mit Hilfe von Probenwerten, z. B. anhand von repräsentativen Kernproben. Das Histogramm dieser Probenwerte kann verwendet werden, um den Anteil der Lagerstätte über einem Cut-off-Wert zu ermitteln (s. Abb. 5.4.3). Später wird aber die Lagerstätte nicht in Form von Bohrkernen, sondern blockweise abgebaut. Daher ist es ein Irrtum anzunehmen, daß die anhand der Verteilung der Probenwerte vorgenommene Selektion (= Anteilsbestimmung) tatsächlich auch den globalen Anteil der Lagerstätte über dem Cut-off charakterisiert. Dieser Fehler kann abhängig von der Variabilität der Vererzungseigenschaften zum einen und in Abhängigkeit von der Blockgröße zum anderen so wesentlich sein, daß die Projektwirtschaftlichkeit in Gefahr gerät, insbesondere dann, wenn der Cut-off-Wert den Mittelwert der Lagerstätte weit übersteigt. Das Verteilungsmodell der Blockwerte weist zwar denselben Mittelwert auf wie die Probenwerte, aber die Varianz der Blockwerte ist immer geringer als die Varianz der Probenwerte (vgl. Kap. 4.1.2 Volumen-Varianz- bzw. Krigebeziehung). Wenn der gleiche Cut-off-Wert z_c nunmehr an diesen beiden unterschiedlichen Verteilungen verwendet wird, erhält man naturgemäß unterschiedliche Ergebnisse, wie dies in der Abbildung 5.4.3 verdeutlicht ist.

153

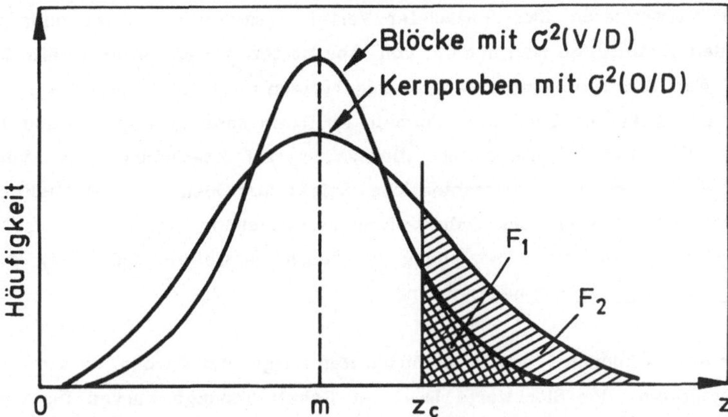

Abb. 5.4.3: Verteilung der Kernproben- und der Blockwerte und die Anwendung des Cut-off-Wertes (z_c) zur Bestimmung des Anteils der Reserven über dem Cut-off. Man stellt fest, daß bei dem gleichen Cut-off-Wert der gewinnbare Anteil der Lagerstätte in Wirklichkeit wesentlich kleiner ist (Fläche F_1) als der anhand der Verteilung der Kernprobenwerte ermittelte Anteil (Fläche F_2).

Der Mittelwert m und die Varianz der Kernprobenwerte $\sigma^2(O/D)$ sind experimentell bestimmbar, d. h. bekannt. Die anfangs noch unbekannte Varianz der Blockwerte bzw. der Werte der Selektionseinheiten $\sigma^2(V/D)$ kann basierend auf der Volumen-Varianz-Beziehung und anhand des Variogramms nach einer Korrektur bezüglich der Stützung (= Varianzkorrektur) ermittelt werden. Dagegen ist und bleibt das Verteilungsmodell der Blockwerte im Gegensatz zum experimentell bestimmbaren Verteilungsmodell der Probenwerte vor dem Abbau grundsätzlich unbekannt. Deshalb wird in der Geostatistik von der <u>Hypothese der Permanenz der Verteilungen</u> Gebrauch gemacht, um frühzeitig auch für die Blöcke ein Verteilungsmodell definieren zu können. Diese Hypothese geht davon aus, daß die Gestalt des Histogramms bzw. das Verteilungsmodell der Probenwerte auch für andere Stützungen charakteristisch ist.

Die Annahme der Permanenz ist bei der Normalverteilung eigentlich keine Hypothese, sondern eine Eigenschaft dieses Verteilungsmodells, wenn die Blockwerte jeweils durch eine lineare Kombination von normalverteilten Probenwerten ermittelt werden (vgl. Kap. 4.2). Obwohl dies für lognormal verteilte Probenwerte nicht gilt, wird in der Praxis trotzdem und als eine Arbeitshypothese auch von einer Permanenz der Lognormalverteilungen ausgegangen.

Die oft verwendeten Zwei-Parameter-Verteilungsmodelle (normal oder lognormal) bieten den Vorteil, daß man anhand von tabellierten Werten deren Anteile über jedem Cut-off-Wert direkt ablesen und die dazugehörigen neuen Durchschnittswerte über dem Cut-off mit Hilfe von bekannten Formeln ermitteln kann (s. Kap. 5.5 und Tab. T1 im Anhang II). Die Wiederholung dieser Cut-off-Anwendung für verschiedene Cut-off-Werte und für unterschiedliche Selektionsgrößen führt schließlich zu der angestrebten Erfassung der Gehalt-Tonnage-Beziehung bzw. zur Aufstellung von Kurvenscharen, die diese Beziehung graphisch darstellen und unter dem Namen "Gehalt-Tonnage-Kurven" bekannt sind.

Darüber hinaus können folgende Möglichkeiten ausgenutzt werden, um eine Aufstellung der Histogramme der Blockwerte bzw. der Gehalt-Tonnage-Kurven für verschiedene Stützungen anhand des experimentellen Histogramms der Kernprobenwerte vornehmen zu können. Diese Möglichkeiten sollten vor allem dann berücksichtigt werden, wenn das experimentelle Histogramm komplex (z. B. bimodal) ist, so daß die Zwei-Parameter-Verteilungsmodelle nicht in der Lage sind, die Gestalt des Histogramms der Probenwerte bei der Blockstützung zu reproduzieren.

I. Die indirekte Korrektur:
Es wird ein Koeffizient $\wp$ rechnerisch ermittelt, der anschließend als ein Korrekturfaktor eingesetzt wird. Dieser Faktor erlaubt die Korrektur des anhand des Histogramms der Probenwerte ermittelten Anteils, um so den entsprechenden Anteil über dem gleichen Cut-off-Wert für die Blockstützung zu bestimmen. Diese Prozedur beinhaltet folgende Schritte (vgl. Abb. 5.4.4):

1. "Anpassung" des (log-)normalen Modells an das experimentelle Histogramm der Proben-werte (Abb. 5.4.4a) für die Varianzkorrektur

2. Durchführung der Varianzkorrektur $\sigma^2(v/D) = \sigma^2_v$ gegenüber $\sigma^2(0/D) = \sigma^2$ zur Erhaltung des Verteilungsmodells für die Blockwerte (m, σ^2_v) (Abb. 5.4.4b)

3. Ermittlung der jeweiligen Flächen- bzw. Reservenanteile $(F_1$ und $F_2)$ über dem ausgewählten Cut-off-Wert von z_c anhand von beiden Verteilungen (Abb. 5.4.4.b)

4. Ermittlung des Quotienten $\wp = F_1 / F_2$

5. Korrektur des bei dem Wert $z_0 \cong z_c$ (Abb. 5.4.4.a) bestimmten Flächenanteils F des experimentellen Histogramms mit dem Wert $\wp$: $F_v = \wp \cdot F$.

In der Praxis soll aber diese Methode nicht verwendet werden, wenn hierbei die Varianzkorrektur – relativ gesehen – 30 % übersteigt; diese Einschränkung gilt auch für die unten erläuterte Methode der affinen Korrektur, die dem gleichen Zweck dient.

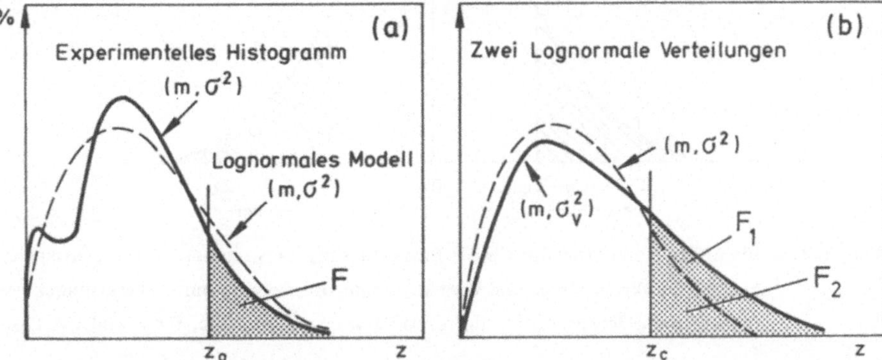

Abb. 5.4.4: Die indirekte Korrektur der Varianz beim lognormalen Verteilungsmodell (umgezeichnet nach Journel & Huijbregts 1978).

II. Die affine Korrektur:

Mit Hilfe der Relation

$$z = \frac{\sigma(0/D)}{\sigma(v/D)} \cdot (z_v - m) + m$$

kann derjenige Wert von z ermittelt werden, der dem korrespondierenden Wert für die punktförmige Stützung entspricht, wenn z_v der vorgegebene Wert für die Blockstützung ist. Durch eine Umkehrung dieser Formel kann man auch die Werte z_v für vorgegebene z berechnen (s. Kap. 5.4.2.2) und das entsprechende Histogramm der z_v-Werte konstruieren, weil für die beiden Verteilungen $F(z_v) = F(z)$ gilt. Für die Cut–off–Anwendung bezüglich der Blockstützung braucht man deshalb eigentlich nur die (experimentell) vorliegende Verteilung der Probenwerte mit Punktstützung zu kennen (s. Abb. 5.4.5 bzw. 5.4.12).

Darüber hinaus müssen noch die durchschnittlichen Gehalte der jeweiligen Anteile über dem Cut–off ermittelt werden, um eine vollständige Gehalt–Tonnage–Kurve zu erstellen. Die verwendeten Formeln hierzu sind für einfache Fälle (normal bzw. lognormal) in der Aufgabe 1 im Kap. 5.5. aufgeführt (s. auch unten!).

156

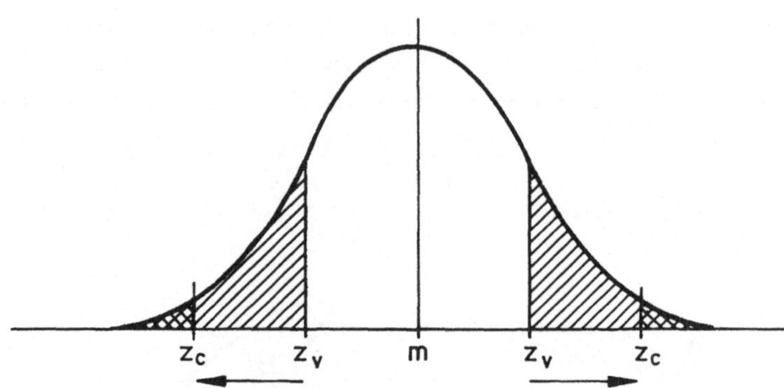

Abb. 5.4.5: Die affine Korrektur: Der für die Blockstützung vorgegebene Wert z_v entspricht bei der Punktstützung dem Wert z_c, wenn die vorliegende Verteilungskurve für die punktförmige Stützung erstellt wurde (vgl. Abb. 5.4.3 und 5.4.13).

III. <u>Die verallgemeinerte Permanenz:</u>

Falls das Histogramm der Probenwerte nicht durch Zweiparameterverteilungen charakterisiert werden kann, da sie komplex bzw. multimodal ist, wird in der Geostatistik auch von komplexeren Verteilungsmodellen Gebrauch gemacht, die bevorzugt mit Hilfe von <u>Hermite'schen Polynomen</u> beschrieben werden. Der Grund für die Auswahl der Hermite'schen Polynome liegt in ihrer einfachen Handhabung und in ihrer besonders guten Eignung zur Darstellung der multimodalen Histogramme (vgl. Kim et al. 1977). Hierbei werden die Probenwerte z_i der Variablen Z mit der kumulativen Verteilungsfunktion F(z) mit Hilfe einer <u>Anamorphosefunktion</u> $\Psi(u_i)$ derart transformiert, daß anschließend eine Normalverteilung G(u) der Standardnormalvariablen U(0,1) – mit dem Mittelwert Null und der Varianz Eins – vorliegt (vgl. Abb. 5.4.6):

$$z_i = \Psi(u_i) \qquad\qquad \text{bzw.} \qquad\qquad Z = \Psi(U)\ ,$$

so gilt $\quad F(z) = F(\Psi(u)) = G(u) \qquad \text{bzw.} \qquad \Psi(u) = F^{-1}[G(u)]\ .$

Die Anamorphosefunktion $\Psi(u)$ kann mit Hilfe der Hermite'schen Polynome wie folgt dargestellt werden:

$$\Psi(u) = \sum_{n=0}^{\infty} \frac{\psi_n}{n!} \cdot H_n(u) \qquad n = 0, 1, 2 \cdots\cdots , \text{ wobei}$$

$H_n(u)$ die Familie der Hermite'schen Polynome und

$\dfrac{\psi_n}{n!}$ die dazugehörigen numerischen Koeffizienten sind.

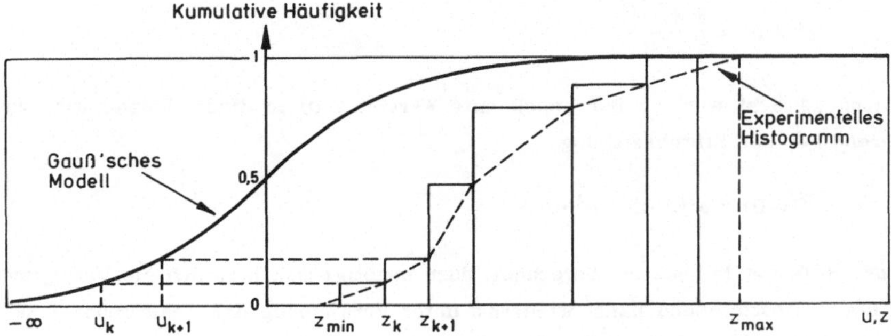

Abb. 5.4.6: Graphische Transformation des experimentellen (kumulativen) Histogramms für die Variable Z in eine Standardnormalvariable U(0,1). Die Werte in der Klasse (u_k, u_{k+1}) entsprechen den experimentellen Werten in der Klasse (z_k, z_{k+1}).

Die Polynome $H_n(u)$ sind bekannt, und die Koeffizienten ψ_n werden experimentell, durch eine Anpassung der Kurve $\Psi(u)$ zur Verteilung der Probenwerte ermittelt (vgl. z. B. Maréchal 1979, Kim et al. 1977). Die Prüfung der Güte der Anpassung von $\Psi(u_i)$ erfolgt durch einen Vergleich des Mittelwertes und der Varianz

$$m = \psi_0 \qquad \text{und} \qquad \sigma_Z^2 = \sum_{n=1}^{N} \frac{\psi_n^2}{n!} \quad .$$

Die Entwicklung der Polynome wird für eine Anzahl von n=N beendet, bei der eine "annehmbare" Anpassung für $\Psi(u_i)$ erreicht wird. Anhand dieses Modells können nunmehr die Cut−off−Anwendungen zur Bestimmung des gewinnbaren Anteils und des dazugehörigen Mittelwertes vorgenommen werden, da mit Hilfe dessen der Wert für u_c, der dem Cut−off−Wert z_c entspricht, festgestellt und der Anteil der Verteilung G(u) über u_c anschließend leicht ermittelt werden kann (s. Tab. T1 in Anhang II). Für die Blockselektion ist aber zuvor eine entsprechende Varianzkorrektur vorzunehmen: In diesem Falle wird wiederum von der Permanenzhypothese ausgegangen und angenommen, daß auch die Verteilung $F_V(z)$ anhand der Hermite'schen Polynome beschrieben werden kann, und zwar wie folgt:

$$z_V = \Psi_V(u) = \sum_{n=1}^{N} \frac{\psi_n \cdot r^n}{n!} \cdot H_n(u) \quad ,$$

wobei r ein unbekannter Koeffizient ist und zu dessen Ermittlung von der Beziehung

$$\sigma^2(V/D) = \sum_{n=1}^{N} \frac{\psi_n^2 \cdot r^{2n}}{n!}$$

Gebrauch gemacht wird. – Der unbekannte Wert $\sigma^2(V/D)$ in dieser Formel wird zuvor basierend auf der Krigebeziehung

$$\sigma^2(v/D) = \sigma^2(0/D) - \sigma^2(0/v)$$

und mit Hilfe der F–Funktion berechnet; dazu benötigt man lediglich die Variogrammfunktion. – Anschließend kann, wiederum unter Verwendung der Anamorphosefunktion $z_V = \varphi_V(u)$, für jeden Cut–off–Wert z_{vc}, der auf die SE mit der Stützung v anzuwenden ist, der korrespondierende Cut–off–Wert u_c ermittelt werden. Dieser Wert u_c wird wie üblich eingesetzt, um den Anteil der Verteilungskurve $F_V(z) = G(u)$ über dem Cut–off–Wert (u_c) zu bestimmen, wobei $F_V(z)$ nunmehr die Verteilung der Gehalte der SE und $G(u)$, wie bereits definiert, die (kumulative) Verteilungskurve der (standard–)normalverteilten Variablen U ist.

Der gewinnbare Anteil $P_V(z_{vc})$ über dem Cut–off z_{vc} ist:

$$P_V(z_{vc}) = P_0[1 - F_V(z_{vc})] = P_0\,[1 - G(u_c)] \ ,$$

wobei P_0 die Gesamttonnage (oder Anteil bzw. Proportion) ohne Cut–off darstellt. Der Inhalt der Lagerstätte über dem Cut–off ist anschließend durch

$$Q_V(z_{vc}) = P_0\int_{z_{vc}}^{\infty} z \, dF_V(z)$$

und der durchschnittliche Gehalt des Anteils $P_V(z_{vc})$ durch

$$m(z_{vc}) = \frac{Q_V(z_{vc})}{P_V(z_{vc})}$$

zu ermitteln (vgl. Ausbringungsfunktionen in Kap. 5.4.2 und Übungen in Kap. 5.5).

Anmerkung:

Falls Z eine normal verteilte Variable ist, erhält man als Modell für die Anamorphosefunktion einfach:

$$z = \varphi(u) = \psi_0 + \psi_1 \cdot H_1(u) = m + \sigma_z \cdot u \ ,$$

wobei m der Mittelwert und σ_z die Standardabweichung der normalverteilten Variablen Z sind.

5.4.1.2 Einfluß des Informationsstandes: Die Selektion während des Abbaus erfolgt − im Gegensatz zur (theoretischen) Selektion in der anfänglichen Bewertungsphase − anhand einer sehr intensiven Probenahme, z. B. durch eine Beprobung der Sprengbohrlöcher. Falls die Abstände bei dieser Probenahme sehr klein sind, kann davon ausgegangen werden, daß man nunmehr die "wahren" Werte der Blöcke bzw. die der Selektionseinheiten kennt, da die Schätzungen dann sehr genau sind. Die Cut−off−Anwendung auf diese "wahren" Werte führt in der Praxis zu Ergebnissen, die von den früher (d. h., z. B. unmittelbar nach der Explorationsphase) ermittelten stark abweichen können. Diese Abweichungen sind größtenteils auf den unterschiedlichen Kenntnisstand über die Lagerstätte bzw. über die Verteilungseigenschaften in der Lagerstätte zu den betreffenden Zeitpunkten zurückzuführen. Die Verteilung der "wahren" und die Verteilung der geschätzten Werte für die Blöcke sind bei gleichbleibendem Mittelwert unterschiedlich, da sich ihre Varianzen voneinander unterscheiden (s. Abb. 5.4.7 und Erläuterungen unten!).

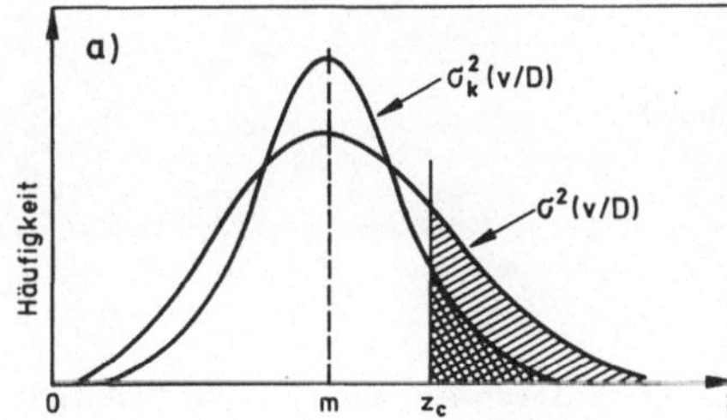

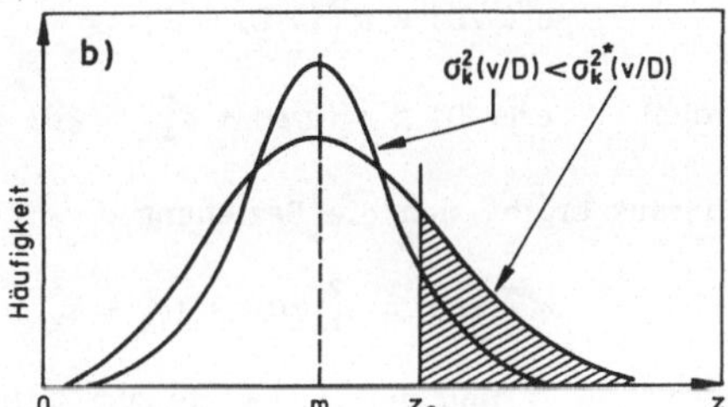

Abb. 5.4.7: Einfluß des Informationsstandes: a) Vergleich der Verteilungen der wahren Blockwerte ($\sigma^2(v/D)$) und der gekrigten Blockwerte ($\sigma_k^2(v/D)$); b) Vergleich der Verteilungen der jeweils durch Krigen geschätzten Blockwerte bei unter− schiedlichem Kenntnisstand zu zwei verschiedenen Zeitpunkten.

Der Einfluß des Informationsstandes ist demnach unbedingt mit zu berücksichtigen, weil die Selektion in der Abbauphase, wie bereits erwähnt, anhand der "wahren" Werte erfolgt, während nach der Explorationsphase nur ein weitmaschig angelegtes Bohrraster vorliegt. Für den Fall, daß als Schätzmethode − in der frühen Bewertungsphase − eines der Krigeverfahren angewandt wurde, gilt:

$$\sigma^2(v/D) \cong \sigma_k^2(v/D) + \bar{\sigma}_k^2$$

(vgl. Abb. 5.4.7a), mit $\sigma_k^2(v/D)$ als Varianz der gekrigten Blockwerte (Blockvarianz) und $\bar{\sigma}_k^2$ als die mittlere Krigevarianz für die einzelnen (identischen) Blöcke. Diese Beziehung beruht auf dem "Glättungseffekt", der durch das Krigen verursacht wird (vgl. Journel & Huijbregts 1978, S. 454–456) und bedeutet, daß die Varianz der gekrigten Blockwerte $\sigma_k^2(v/D)$ kleiner ist als die der tatsächlichen Blockwerte $\sigma^2(v/D)$. Diese Tatsache ist theoretisch nachweisbar und experimentell überprüfbar.

In der Praxis werden unter Verwendung der obigen Beziehung folgende Schritte unternommen, um die gewinnbaren Reserven, die später beim Abbau, d. h. zum Zeitpunkt des besten Informationsstandes, zur Verfügung stehen werden, frühzeitig und besser zu erfassen (vgl. Abb. 5.4.7b):

1. Die mittlere Krigevarianz $\bar{\sigma}_k^{2*}$ wird anhand einer hypothetisch angenommenen Probenkonfiguration ermittelt, die künftig, d. h. während des Abbaus, zur Verfügung stehen soll (vgl. Kap 4.2.3);

2. Die Dispersionsvarianz der Blöcke in der Lagerstätte ist dann analogerweise

$$\sigma^2(v/D) \cong \sigma^{2*}(v/D) + \bar{\sigma}_k^{2*} \quad ,$$

wobei $\quad \sigma^2(v/D) \cong \sigma_k^2(v/D) + \bar{\sigma}_k^2 \quad$ gilt (s. oben).

Hieraus ergibt sich die Beziehung

$$\sigma^{2*}(v/D) = \sigma_k^2(v/D) + (\bar{\sigma}_k^2 - \bar{\sigma}_k^{2*}) \quad ,$$

womit die Varianz der Blockwerte zum Zeitpunkt des späteren Abbaus nunmehr feststeht. Basierend auf der Hypothese der Permanenz wird anschließend das theoretisch künftig zur Verfügung stehende Verteilungsmodell ermittelt, an dem die Cut-off-Anwendung erfolgen kann.

Bemerkungen zur bivariaten Verteilung der geschätzten und der wahren Werte: Wie bisher aufgeführt wurde, erfolgt die Abbauplanung in der Bewertungsphase anhand einer (theoretischen) Selektion, die auf geschätzten Werten beruht. Die Aufbereitungsanlage wird jedoch später mit den wahren Gehalten beschickt. Die entsprechende bivariate Verteilung, dargestellt durch eine Auftragung der wahren und der geschätzten Blockwerte in einem Korrelationsdiagramm (s. Abb. 5.4.8), verdeutlicht die allgemein zu erwartende Diskrepanz zwischen der Planung und der Praxis bezüglich der Selektion:

– ein Teil der Erzblöcke über dem Cut-off wird in der Bewertungsphase fälschlicherweise als nicht bauwürdig angesehen (Unterschätzung, Fläche 2)

— ein Teil der Blöcke unter dem Cut-off wird in umgekehrter Weise als bauwürdig angesehen (Überschätzung, Fläche 3)

— die Blöcke in den Flächen 1 und 4 wurden dagegen korrekterweise als bauwürdig bzw. als nicht bauwürdig klassifiziert.

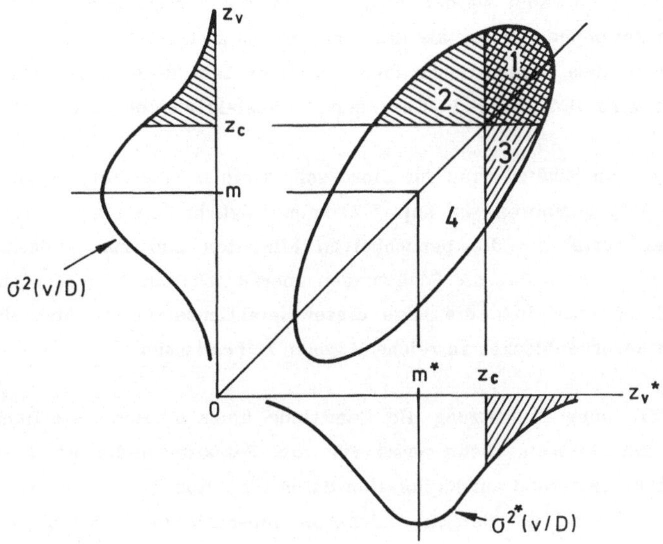

Abb. 5.4.8: Bivariate Verteilung der wahren (z_v) und der geschätzten Blockwerte (z_v^*); z_c ist der Cut-off-Wert.

Da die Krigeverfahren in der Lage sind, die Breite der Ellipse in der Abb. 5.4.8 durch optimale Schätzungen (d. h. durch möglichst geringe Abweichung zwischen den geschätzten und wahren Werten) wesentlich zu verringern, sollten sie nicht nur direkt zur Schätzung der Blockwerte, sondern auch indirekt, d. h. über eine Aufsummierung der Blockreserven, zur globalen Ermittlung der Gesamtreserven einer Lagerstätte unter Cut-off-Bedingungen verwendet werden. Denn eine Verringerung der Breite der Ellipse hat die entsprechende Reduzierung der Flächen 2 und 3 zufolge.

5.4.2 Ermittlung der Blockreserven über dem Cut-off: Die Reservenermittlung am Ende der Explorationsphase erfolgt gewöhnlich anhand von Blöcken, deren Dimensionen ungefähr dem Bohrraster angepaßt sind. Die mit Hilfe von verschiedenen Verfahren (einschließlich des linearen Krigeverfahrens) ermittelten Reservenangaben stellen

Durchschnittswerte für die Reservenblöcke (z. B. Gehalt) bzw. Gesamtangaben für die betreffenden Parameter (Gesamttonnage) in dem betreffenden Block dar. Obwohl für diese Schätzwerte eine Genauigkeitsangabe ermittelt werden kann, hat man noch keine quantitative Vorstellung über den Grad der Variabilität der betreffenden Parameter innerhalb dieser Blöcke. Die genaue Kenntnis der Verteilungseigenschaften der Vererzungen innerhalb der Blöcke ist aber insbesondere dann von Bedeutung, wenn ein Abbauverfahren angewandt werden soll, bei dem die Entscheidung darüber, ob eine bergmännisch gewonnene Menge als Erz oder Abraum zu klassifizieren ist, anhand von im Vergleich zu dem Explorationsprobenahmeraster sehr kleinen Selektionseinheiten (SE) getroffen wird. D. h., wenn die Gewinnung hochselektiv erfolgt (vgl. Abb. 5.4.9).

Die Ermittlung von Schätzwerten für diese sehr kleinen Einheiten ist aber mit Hilfe des linearen Krigeverfahrens (s. Kap. 5.2) kaum möglich: Zum einen erhält man dann sehr ähnliche Werte für die benachbarten Einheiten und zum anderen sind die Krigevarianzen so hoch, daß die Schätzungen unbrauchbar sind. Darüber hinaus ist es auch so gut wie unmöglich, die Lage dieser Selektionseinheiten über dem Cut-off innerhalb des Reservenblockes ausreichend genau zu bestimmen.

Deshalb ist die neue Zielsetzung die Ermittlung einer lokalen Verteilung bzw. die Schätzung eines lokalen Histogramms für die Selektionseinheiten innerhalb der einzelnen Blöcke basierend auf Explorationsdaten (vgl. Abb. 5.4.1a). Anschließend sind der gewinnbare Anteil der Selektionseinheiten innerhalb des Blockes anhand dieser Verteilung zu berechnen und der durchschnittliche Wert über dem Cut-off zu ermitteln. Die Ermittlung der gewinnbaren Anteile der Blöcke erfolgt demnach für die planerischen Zwecke zuerst einmal probabilistisch, während ihre genaue Lokalisierung bzw. Auswahl erst später, d. h. während des Abbaus oder bei der Beschickung der Aufbereitungs-anlage, vorgenommen wird.

5.4.2.1 Die nichtlineare Geostatistik zur Bestimmung der gewinnbaren Reserven: Das Problem besteht in der Bestimmung des Anteils an Selektionseinheiten (v), die sich in einem Block (V) befinden und jeweils einen Gehalt über dem Cut-off-Gehalt von z_c aufweisen; auch der Durchschnittsgehalt des Anteils über dem Cut-off ist zu ermitteln. N Proben mit Gehalten $z_i (i = 1 \cdots N)$ innerhalb und außerhalb des Blockes stehen für die Schätzungen zur Verfügung.

Zu schätzen sind die folgenden <u>(Ausbringungs–) Funktionen</u> (recovery functions):

1. $P(z_C)$ ···· die gewinnbare Tonnage (oder der Anteil), über dem Cut–off,

2. $Q(z_C)$ ···· der gewinnbare Wertstoffinhalt des Anteils über dem Cut–off und

3. $m(z_C) = Q(z_C)/P(z_C)$ ···· der durchschnittliche Gehalt des Anteils über dem Cut–off.

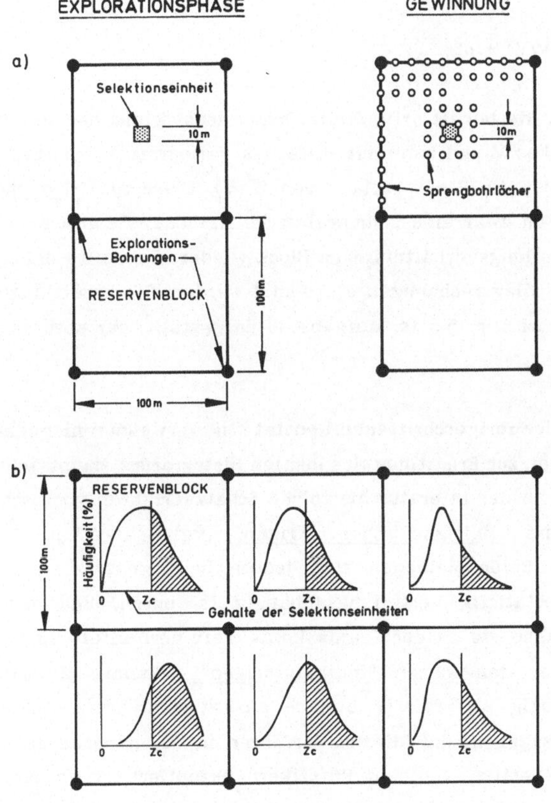

Abb. 5.4.9: Schematische Darstellung zur probabilistischen Ermittlung der gewinnbaren Reserven über dem Cut–off mit Hilfe der Histogramme (umgezeichnet nach Journel 1980); a) Vergleich Reservenblock und Selektionseinheit, b) Verteilungskurven der Gehalte der Selektionseinheiten innerhalb der Reservenblöcke (Ausbringungsfunktionen) und Cut–off–Anwendungen (z_C ist der Cut–off–Wert).

Die einfachste Methode zur Ermittlung einer lokalen Verteilung beruht auf der in Kap. 5.4.1.1 erläuterten Hypothese der Verteilungspermanenz, wonach die Werte der Selektionseinheiten innerhalb des Blockes genau wie die Probenwerte in der Lagerstätte normal oder lognormal verteilt sind. Der Mittelwert dieser Verteilung innerhalb des Blockes ist der geschätzte Wert $Z^*(V)$. Zur Ermittlung der Varianz kann für beide Verteilungsmodelle näherungsweise die Formel

$$\sigma_G^2 = \sigma^2(v/V) + \sigma_e^2$$

eingesetzt werden. Hierbei ist $\sigma^2(v/V)$ die Dispersionsvarianz der Selektionseinheiten v innerhalb des Blockes V und kann mit Hilfe des Variogramms ermittelt werden (s. Kap. 4.1); σ_e^2 (ggf. σ_k^2) ist die Schätzvarianz von $Z^*(V)$. Diese als "(log-)normal short cut" bekannte Methode ist zwar eine sehr praktische Methode, sie gibt aber nicht immer die tatsächlichen Verteilungsverhältnisse im Block wieder. Sie sollte daher vorsichtig bzw. nur für erste Überschlagsrechnungen eingesetzt werden. Die Ermittlung der numerischen Werte erfolgt, wie im Kap. 5.5 (s. Aufgabe 1) dargestellt, nur noch mit Hilfe einfacher Arithmetik.

Andere Methoden der fortgeschrittenen Geostatistik verwenden hingegen die nichtlinearen Schätzverfahren zur Ermittlung des lokalen Histogramms. Hauptsächlich zwei Methoden wurden bisher in der Literatur als solche Schätzverfahren vorgeschlagen: Disjunktives Krigen und Multigauß'sches Krigen (vgl. Maréchal 1984 als eine Zusammenfassung). Beide Methoden sind jedoch im Gegensatz zu den "klassischen" Methoden der Geostatistik verteilungsabhängig (s. unten) und mathematisch recht komplex. Daher haben sie in der Praxis keine weit verbreitete Anwendung erfahren. Eine neuere, unter den Namen "Indikatorkrigen" bekannte Methode ist hingegen verteilungsunabhängig und relativ einfach anzuwenden. Trotz einiger Bedenken ist derzeit davon auszugehen, daß dieses Verfahren in der näheren Zukunft die weitaus größeren Chancen besitzt, von den Praktikern akzeptiert zu werden. Daher wird im folgenden, nach einer kurzen Einführung in die oben aufgeführten Methoden der nichtlinearen Geostatistik, das Indikatorkrigeverfahren zur Ermittlung der lokal gewinnbaren Reserven näher erläutert.

Ergänzend zu erwähnen ist in diesem Zusammenhang die Methode des lognormalen Krigeverfahrens, das bisher hauptsächlich im Goldbergbau in Südafrika eingesetzt wurde (s. Krige 1978 und Rendu 1978) Dieses Verfahren beruht auf dem lognormalen Verteilungsmodell, wobei die Probenwerte zuerst durch Logarithmieren normalisiert werden. Anschließend wird das Variogramm dieser logarithmierten Werte ermittelt;

insbesondere das De–Wijs–Typ–Variogramm–Modell kommt hierbei zum Einsatz (s. Kap. 2.3.2). Der durch das lineare Krigeverfahren geschätzte Wert wird zum Schluß durch Entlogarithmieren rücktransformiert. Die Schätzung ist aber in diesem Fall nicht mehr linear, da die Probenwerte zuvor logarithmiert wurden. Dieses Verfahren stellt einen Sonderfall im Rahmen der unten erläuterten Methoden der nichtlinearen Geostatistik dar.

Als ein mathematisches Modell wird auch bei der nichtlinearen Geostatistik von der Vorstellung ausgegangen, daß die Variable, zum Beispiel der Gehalt, einem Zufalls-prozeß folgt; die Probenwerte werden als Beobachtungen dieses Zufallsprozesses angesehen. Es wird jeder Probe eine eigene Dichtefunktion zugeordnet, da der Wert der Probe $z(x_i)$ am Ort x_i als die Realisation einer bestimmten Zufallsvariablen $Z(x_i)$ angesehen wird. Die Zufallsfunktion wird nunmehr durch eine mehrdimensionale Verteilungsfunktion definiert, die eine Dichtefunktion von N Zufallsvariablen $Z(x_i)$ darstellt (vgl. Kap. 2.1).

Rein theoretisch gesehen wäre es möglich, anhand dieser multidimensionalen Verteilungs-funktion "die beste Schätzung", das heißt die Schätzung mit der minimalen Varianz, zu ermitteln; dies entspricht der Methode der bedingten Erwartung. In der Praxis ist jedoch die multidimensionale Wahrscheinlichkeitsverteilung von (N+1)–Variablen nicht ableitbar, d. h. das "(N+1)–dimensionale" Verteilungsgesetz der Zufallsvariablen ist unbekannt, so daß G. Matheron als einen Ersatz hierfür die Methode des Disjunktiven Krigens (DK) vorgeschlagen hat (s. Tabelle unten). Diese Schätzmethode basiert lediglich auf zweidimensionalen (bivariaten) (Normal–) Verteilungen:

Tabelle 5.4.1: Vergleich der Schätzmethoden nach Matheron (1976a); geschätzt wird Z_0 mit Hilfe von Z_i (i = 1 ⋯⋯ n).

Methode	(lineares) Kriging	Disjunktives Kriging (DK)	Bedingte Erwartung
Schätzung von Z_0 mit Z^* als die beste Approximation	$\sum\limits_{i=1}^{n} \lambda_i \cdot Z_i$	$\sum\limits_{i=1}^{n} f_i(Z_i)$	$f(Z_i \cdots Z_n)$
Benötigte Information	Kovarianz–Matrix basierend auf dem Variogramm	Verschiedene zweidimensionale Verteilungen F_{0i} und F_{ij}	(N+1)–dimensionale Verteilung $F(Z_0 \cdots Z_n)$

Das anschließend zum Disjunktiven Krigen (DK) zu erläuternde Verfahren des Multi-Gauß'schen Krigens (MKG) verwendet dagegen die mehrdimensionale (=multivariate) Verteilung selbst, nutzt aber die linearen Eigenschaften dieses Verteilungsmodells aus. Beide Verfahren basieren jedoch auf Normalverteilungen (bivariat bzw. multivariat) und sind deshalb als "stark verteilungsabhängig" anzusehen.

I. Disjunktives Krigen (DK)

Um die Schätzwerte für den Anteil des Blocks und für den betreffenden Durchschnittsgehalt über dem Cut-off mit Hilfe der nichtlinearen Methoden ermitteln zu können, werden, wie oben dargestellt, bestimmte Annahmen bezüglich der Art der Verteilungsfunktionen zugrunde gelegt; im Falle von DK wird von bivariaten (Normal-) Verteilungen ausgegangen. Deshalb werden die Probenwerte (z_i) zunächst einmal mit Hilfe einer Funktion (Anamorphose-Funktion: $\varphi(y_i)$) derart transformiert, daß zum Schluß eine Normalverteilung (Standardnormalvariable mit dem Mittelwert Null und der Varianz Eins) vorliegt:

$$z_i = \varphi(y_i) \quad .$$

Die Funktion $\varphi(y)$ wird generell mit Hilfe von Hermite'schen Polynomen beschrieben (s. Kap. 5.4.1); sie kann im Spezialfall auch eine logarithmische Funktion sein (vgl. lognormales Krigen oben!).

Das Hauptziel von DK ist bekanntlich die Ermittlung der lokalen Wahrscheinlichkeits-dichtefunktion (bzw. eines lokalen Histogramms) für die SE innerhalb des Blockes, an der das Cut-off-Kriterium angewandt werden kann (Transferfunktionen nach Matheron, vgl. Ausbringungsfunktionen). Die Schätzung der bedingten Wahrscheinlichkeit, daß die Gehalte der einzelnen Selektions- oder Abbaueinheiten über dem Cut-off liegen, bezieht sich auf gegebene Explorationsbohrdaten und setzt verschiedene zweidimensionale Normalverteilungen zwischen Einheit-Probe und Probe-Probe voraus. Mit Hilfe der innerhalb und in der Umgebung eines Blocks befindlichen Probenwerte (mit punktförmiger Stützung) wird die Transferfunktion geschätzt. Es läßt sich für jeden Block als DK-Schätzer eine Dichtefunktion der Form

$$f_{DK} = g(y) \cdot [1 + \sum_{n=1}^{\infty} B_n \cdot \frac{H_n(y)}{n!}] \quad \text{mit } B_n = \sum_{i=1}^{\ell} \lambda_n^i \cdot H_n(y_i)$$

aufstellen, wobei $g(y)$ die Dichtefunktion der Variablen Y (s. oben) bedeutet. Jedes Polynomglied $H_n(y_i)$ wird mit einem Gewicht λ_n^i (i-tes Gewicht für das n-te

Polynomglied) versehen, um den Koeffizienten des n-ten Gliedes (B_n) des Polynoms jeweils separat (disjunktiv) zu berechnen. Zur Ermittlung der Wichtungen λ_n^i verwendet man das lineare Krigeverfahren.

Man unterscheidet zwischen den direkten und den indirekten Transferfunktionen. Die direkten Transferfunktionen werden unter der Annahme angewandt, daß die Selektion anhand von wahren Blockwerten erfolgt. Die indirekten Transferfunktionen beziehen sich auf eine Selektion, die anhand von geschätzten Werten erfolgt. Im ersten Fall kann das "Hermite'sche Modell" und im zweiten das "Diskrete-Gauß'sche-Modell" verwendet werden (vgl. Maréchal 1976).

Bei dem Hermite'schen Modell können die bivariaten Verteilungen der transformierten Variablen mit Hilfe von Hermite'schen Verteilungen beschrieben werden. Ausgehend von diesem Punktmodell kann die Verteilung der Gehalte der SE unter bestimmten Annahmen ermittelt werden. Benötigt wird hierfür lediglich die Korrelogrammfunktion $\wp(h)$, die mit der Variogrammfunktion wie folgt in Beziehung steht:

$$\wp(h) = \frac{1 - \gamma(h)}{\sigma^2} \qquad \text{mit } \sigma^2 = 1 \; .$$

Bei dem diskreten Gauß'schen Modell, das ein Blockmodell darstellt, wird davon ausgegangen, daß jede SE potentiell mit einer punktförmigen Probe assoziiert ist und die betrachteten bivariaten Verteilungen alle gaussisch sind. Für dieses Modell werden drei Korrelationskoeffizienten als Kovarianzfunktionen benötigt: Diese betreffen die (Einheit − Einheit)−, (Punkt − Einheit)− und (Punkt − Punkt)−Korrelationen. Ausgehend von der Funktion $\Psi(y)$ für die punktförmigen Proben und deren Korrelationsfunktion (Korrelogramm) kann das ganze Modell bestimmt werden.

Der gesamte Anteil des Blockes bzw. die Roherzmenge über dem Cut-off-Wert von $z_c = \Psi(y_c)$ ist schließlich, basierend auf der oben aufgeführten DK-Dichtefunktion, durch

$$P(y_c) = \int_{y_c}^{+\infty} f_{DK}(y)\,dy \qquad \text{zu ermitteln.}$$

Der Metallinhalt ist durch

$$Q(y_c) = \int_{y_c}^{+\infty} \Psi_v(y)\, f_{DK}(y)\,dy$$

gegeben, wobei $\Psi_v(y)$ die Gauss-Transformationsfunktion der Gehalte z_{v_i} der Selektionseinheiten v_i bedeutet und von $\Psi(y)$ abgeleitet werden kann (vgl. Kap. 5.4.1).

Der Gehalt des Anteils über dem Cut-off ist dann üblicherweise durch

$$m(y_c) = \frac{Q(y_c)}{P(y_c)} \qquad \text{zu ermitteln.}$$

Ferner ist zu erwähnen, daß DK auch mit anderen Verteilungsmodellen (z. B. Poisson-verteilung) verwendet werden kann (s. Armstrong & Matheron 1986).

II. Multi-Gauß'sches Krigen (MGK)

Dieses Verfahren geht bei der Schätzung des lokalen Histogramms von der Hypothese der Multinormalität der Zufallsfunktion aus und verwendet die linearen Eigenschaften der multivariaten Normalverteilung. Wie bei DK wird auch bei MGK zu Beginn eine Datentransformation derart vorgenommen, daß schließlich eine (standardisierte) Normalverteilung vorliegt. Anschließend muß das Variogramm der nunmehr (standard-) normalverteilten Variablen berechnet werden.

Es wird von einer generellen Funktion des Ausbringens der Form

$$r(z_c) = \frac{P_0}{L} \sum_{\ell=1}^{L} h[z_v(\ell)]$$

ausgegangen, wobei $h[z_v(\ell)]$ eine Funktion der SE-Gehaltswerte darstellt. Hierbei wird angenommen, daß die Gesamttonnage P_0 innerhalb des Reservenblockes V aus einer Anzahl (L) von SE mit den Gehaltswerten $\{ z_v(\ell), \ell = 1 \text{ bis } L \}$ besteht.

Nach der üblichen Betrachtungsweise der Geostatistik wird die Funktion $r(z_c)$ als die Realisierung einer Zufallsvariablen $R(z_c)$ angesehen, deren beste Schätzung die bedingte Erwartung

$$E_n[R(z_c)] = E\{R(z_c) \mid Z(\alpha) = z(\alpha), \ \alpha \in N\}$$

ist. In dieser Formel sind $Z(\alpha) = z(\alpha)$ die N Probenwerte. Es folgt aus den beiden Formeln und als deren Kombination

$$E_n[R(z_c)] = \frac{P_0}{L} \sum_{\ell=1}^{L} E\{h[z_v(\ell)]\} \quad \text{bzw.}$$

$$E_n[R(z_c)] = \frac{P_0}{L} \sum_{\ell=1}^{L} \int_{-\infty}^{+\infty} h(z) \cdot f_v(\ell) \, (z \mid (N)) \, dz$$

mit $f_{V(\ell)}(z|(N))$ als die bedingte Dichtefunktion für $z_V(\ell)$, wenn $Z(\alpha) = z(\alpha)$, $\alpha = 1 \cdots N$ gegeben sind. Ähnlicherweise kann auch die bedingte Varianz von $R(z_c)$ ermittelt werden. Die Schätzung der bedingten Dichtefunktionen dieser Art ist aber eine relativ komplexe Aufgabe, und zwar auch dann, wenn die schwerlich akzeptierbare Hypothese der Multinormalität vorausgesetzt wird. Zur Lösung der multiplen Integrale bei der Bestimmung von $F_V(\ell)$ ist der Einsatz der Monte–Carlo–Simulation notwendig (vgl. Verly 1984). Als eine Vereinfachung hierzu wurde deshalb später die "Bi–Gauß'sche Methode" vorgeschlagen (Marcotte & David 1985), die hier ebenso nicht weiter erläutert wird, wie die bisher lediglich in ihren Grundzügen vorgestellte Methode des MGK.

Für das weitere Studium dieser neueren Verfahren der nichtlinearen Geostatistik sei insbesondere auf die bereits oben im Text aufgeführte Literatur hingewiesen.

Anmerkung: Die Verfahren der nichtlinearen Geostatistik ermöglichen im Gegensatz zu den linearen Schätzverfahren zusätzlich eine datenbezogene Berechnung der lokalen Schätzwerte und der Konfidenzintervalle. Denn bei der nichtlinearen Geostatistik ist das Hauptwerkzeug nicht mehr das Variogramm wie bei der linearen Geostatistik, sondern, wie bereits erläutert, die bedingte Wahrscheinlichkeitsverteilung. D. h., die Schätzwerte und die Konfidenzintervalle sind nunmehr in bezug auf die lokalen Werte konditioniert, so daß Genauigkeitsangaben tatsächlich auch von der lokalen Variabilität abhängen (vgl. Journel 1986b). Dies gilt bei der linearen Geostatistik theoretisch gesehen nur dann, wenn eine Normalverteilung vorliegt. Ansonsten ist die Schätzvarianz (z. B. des Normalkrigeverfahrens) eigentlich nur von der Daten–konfiguration – und natürlich von dem Variogrammodell – abhängig, und die Konfidenzintervalle wären deshalb, wie oben erwähnt, nur im Falle der Normalverteilung von der Krigevarianz ableitbar. Dagegen sprechen die Ergebnisse von Vergleichsstudien aus der Praxis überwiegend dafür, daß die Krigevarianz in der bisher dargelegten Form (vgl. Kap. 4.2.2 und 5.2) auch dann brauchbar ist, wenn keine Normalverteilung vorliegt.

5.4.2.2 Indikatorkrigen (IK): Das im Kapitel 5.2 erläuterte lineare Krigeverfahren erweist sich nach den bisherigen Erfahrungen bei Vererzungen mit relativ geringer Variabilität als sehr gut geeignet, um die lokalen Werte zu schätzen. Der Begriff der "geringen Variabilität" bezieht sich hierbei auf einen Variationskoeffizienten $v = s\,/\,\bar{x}$ unter 1 (s. Kap. 1.3.1). Bei hoher Variabilität, insbesondere aber bei Vorhandensein von sehr hohen, den sogenannten Mammutwerten, ist die Anwendung des linearen Krigeverfahrens weniger erfolgreich. Deshalb werden diese sehr hohen Werte oftmals ausgeschaltet, indem sie entweder aus dem Datensatz einfach entfernt, oder durch mathematische Manipulationen (z. B. durch das Logarithmieren) geglättet werden. Jedoch ist zu berücksichtigen, daß im ersten Fall, d. h. bei Absondern der sehr hohen Werte, ein wichtiges Lagerstättencharakteristikum verlorengehen kann (z. B. Nuggets in einer Goldlagerstätte); im zweiten Fall rückt man von dem Prinzip der Linearität ab, es entsteht eine starke Verteilungsabhängigkeit. Diese unerwünschte Verteilungs–abhängigkeit ist auch für die zuvor in Grundzügen erläuterten und zur Ermittlung der gewinnbaren Reserven bei selektivem Abbau eingesetzten Verfahren der nichtlinearen Geostatistik DK und MGK charakteristisch.

Indikatorkrigen bietet hingegen die Möglichkeit, wie in der linearen Geostatistik, verteilungs– bzw. parameterunabhängig zu arbeiten. Darüber hinaus stellt es rechnerisch gesehen ein relativ einfaches Verfahren dar, wodurch die Praxisnähe gewährleistet ist. Mit Hilfe dieses Verfahrens sind auch solche Datensätze bearbeitbar, die eine große Anzahl von Null–Werten (Gehalte unter der Nachweisgrenze bzw. unter dem Cut–off) aufweisen. Einige Aspekte des Indikatorkrigens sind jedoch als nachteilig bzw. als problematisch anzusehen (vgl. Maréchal 1984). Deshalb besteht die Notwendigkeit, die Ergebnisse, aber auch die Anwendbarbeit des Verfahrens, in jedem vorliegenden Fall und ständig, d. h. nach jedem Schritt, hinsichtlich der Plausibilität zu überprüfen (s. weiter unten!).

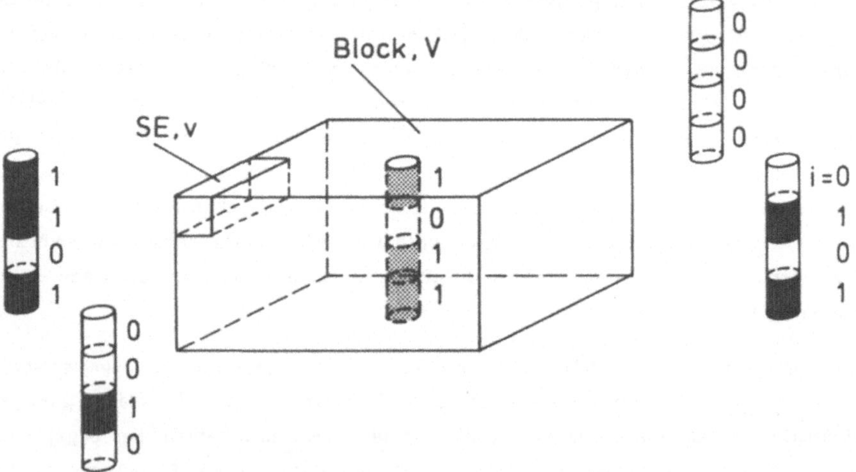

Abb. 5.4.10: Schematische Darstellung zur Verdeutlichung der praktischen Bedeutung der Indikatorfunktion.

Das Indikatorkrigeverfahren beruht auf der Definition einer Indikatorfunktion $I(x_i; z_C)$, die verwendet wird, um eine lokale Verteilung zu schätzen. Es wird davon ausgegangen, daß an jedem Punkt der Lagerstätte eine "Treppenfunktion" definiert werden kann, bei der jeder Wert, der ungeachtet seiner Größenordnung über dem Cut—off—Wert liegt, mit 1, sonst mit 0 belegt wird (vgl. Abb. 5.4.10, vgl. Kap. 2.4.2).

Man betrachte einen Block innerhalb einer Lagerstätte: Wenn dieser Block aus einer sehr großen Zahl (N) von gleichförmigen Proben mit den Gehaltswerten $z(x_k)$, $k = 1 \cdots N$ besteht, dann ist der arithmetische Mittelwert von N Proben gegeben durch:

$$m = \frac{1}{N} \cdot \sum_{k=1}^{N} z(x_k) \; .$$

Die Indikatorfunktion ist definitionsgemäß

$$I(x_k, z_C) = \begin{cases} 1 & \text{wenn} \quad z(x_k) > z_C \\ 0 & \text{sonst.} \end{cases}$$

Wenn $P_0 = P(z_0)$ die gesamte in—situ—Tonnage (= Roherzmenge) innerhalb des Blockes bei dem Cut—off von $z_0 = 0$ darstellt, dann ist der Anteil (= Proportion) über dem Cut—off—Wert von z_C durch

$$P(z_C) = \frac{P_0}{N} \cdot \sum_{k=1}^{N} I(x_k; z_C)$$

und der Metallinhalt durch

$$Q(z_C) = \frac{P_0}{N} \cdot \sum_{k=1}^{N} I(x_k; z_C) \cdot z(x_k)$$

gegeben.

Schließlich ist der Mittelwert über dem Cut—off mit Hilfe des Quotienten

$$m(z_C) = \frac{Q(z_C)}{P(z_C)}$$

zu ermitteln. Einfachheitshalber setzt man bei solchen Betrachtungen häufig $P(z_0) = 1$ (entspricht 100 %) ein, ohne daß hierdurch die Allgemeingültigkeit beeinflußt wird.

Im folgenden wird eine praktische Einführung in das Indikatorkrigeverfahren unter Einschaltung von verschiedenen Vereinfachungen gegeben. Für ein vertieftes Studium des Verfahrens sei auf die entsprechende Literatur hingewiesen (z. B. Journel 1983).

Zu Beginn wird die Verteilung der Probenwerte anhand von verschiedenen Cut-off-Werten in Klassen unterteilt. Je größer die Anzahl der Klassen ist, desto besser ist auch die Qualität der Rechenergebnisse, da hierdurch die kumulative Verteilungskurve P(z) definiert wird, die der Tonnagekurve entspricht (s. Kap. 5.4.1). Durch diese Klasseneinteilung erhält man für jeden Indikator-Cut-off einen neuen Datensatz (= Indikatordatensatz), der aus Nullen (= Werte unter dem Cut-off) und aus Einsen (= Werte über dem Cut-off) besteht. Diese Datensätze werden nunmehr für die jeweilige Schätzung der Anteile über und unter dem betreffenden Cut-off verwendet.

Die gesamte Tonnage P_0 über dem Cut-off-Wert von $z_0 = 0$ kann entsprechend der Klasseneinteilung als eine Summe von L Inkrementen dargestellt werden, wenn man von L+1 monoton steigenden Cut-off-Werten $z_0 < z_1 < \cdots z_{\ell-1} < z_\ell < z_{\ell+1} < \cdots z_L$ ausgeht und der letzte Cut-off-Wert die Bedingung $P(z_L) = 0$ erfüllt (vgl. auch Abb. 5.4.11):

$$P(z_0) = \sum_{\ell=1}^{L} [P(z_\ell) - P(z_{\ell+1})]$$

$$= [P(z_0) - P(z_1)] + \cdots\cdots + [P(z_{L-1}) - P(z_L)] \ .$$

Wenn die Intervalle $[z_\ell, z_{\ell+1}]$ zwischen den einzelnen Cut-off-Werten nicht allzugroß sind, dann kann man für jedes Intervall auch einen Schätzwert für den Gehalt durch

$$z'_\ell = \frac{z_\ell + z_{\ell+1}}{2}$$

ermitteln, so daß nunmehr auch der gewinnbare Inhalt entsprechend berechnet werden kann:

$$Q(z_0) = \sum_{\ell=0}^{L-1} z'_\ell \cdot [P(z_\ell) - P(z_{\ell+1})] \ .$$

<u>Anmerkung:</u> Der Wert z'_ℓ kann ggf. genauer und zwar durch eine Mittelung aller Probenwerte, die sich innerhalb des Intervalls $[z_\ell, z_{\ell+1}]$ befinden, gerechnet werden.

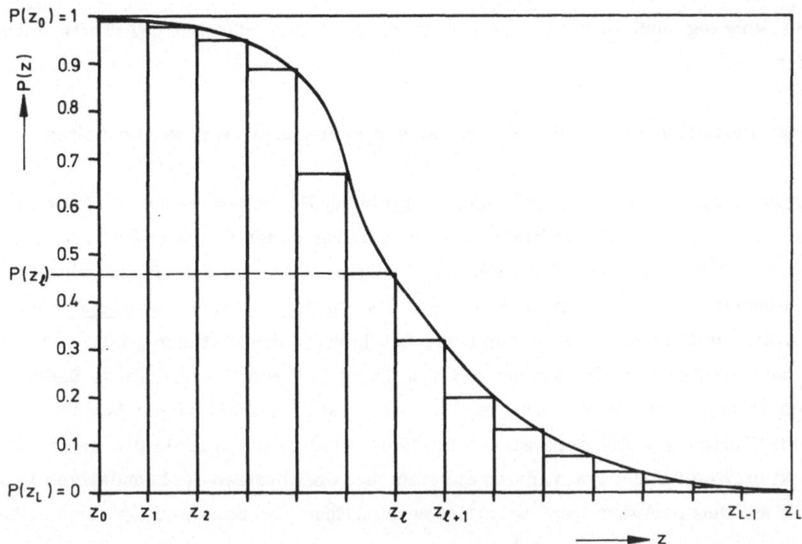

Abb. 5.4.11: Schematische Darstellung der (kumulativen) Verteilungskurve für die Tonnage $P(z_\ell)$ in Abhängigkeit von Cut−off−Werten z_ℓ.

Die Aufstellung der Verteilungskurve für die Tonnage erfolgt demnach durch die Ermittlung der einzelnen $P(z_\ell)$−Werte, die ihrerseits jeweils durch eine lineare Kombination der Form

$$P^*(z_\ell) = \sum_{i=1}^{n} \lambda_i(z_\ell) \cdot I(x_i;\, z_\ell)$$

mit der Bedingung

$$\sum_{i=1}^{n} \lambda_i(z_\ell) = 1$$

geschätzt werden. Bei diesem Schätzvorgang wird in der Praxis anstelle einer großen Anzahl von N Proben lediglich eine begrenzte Zahl von n Proben $\{\, z(x_i),\, i = 1 \cdots n\, \}$ verwendet. Die Ermittlung von Wichtungen $\lambda_i(z_\ell)$ in der obigen Formel geschieht am besten durch das gewöhnliche Krigeverfahren, obwohl prinzipiell auch andere Schätzmethoden hierfür eingesetzt werden könnten. Für die Anwendung des Krige−verfahrens muß aber zunächst für jeden Cut−off−Wert ein experimentelles Indikator−variogramm anhand des jeweils vorliegenden Indikatordatensatzes separat gerechnet werden. Nach Anpassung des Variogrammodells erfolgt die Krigeschätzung des betreffenden $P(z_\ell)$−Wertes mit Hilfe des jeweils vorliegenden Indikatordatensatzes.

Dieser Vorgang muß demnach entsprechend der Anzahl der Cut-off-Werte wiederholt werden.

Bei der Definition der Indikatordatensätze ergeben sich zwei Möglichkeiten:

I. Verwendung der "einfachen" Indikator-Methode: Bei jedem einzelnen Indikator-Cut-off gilt das Prinzip, daß alle Werte unter dem betreffenden Cut-off-Wert gleich null und darüber gleich eins sind. Diese Methode benötigt aber zum Schluß ggf. eine Korrektur der kumulativen Verteilungskurve (die als "order-relation-Korrektur" bezeichnet wird), da der (kumulative) Tonnagewert bei jedem Cut-off immer größer (oder gleich) sein muß als der Verteilungswert bei dem nächsthöheren Cut-off. Diese Bedingung ist jedoch in der Praxis nicht immer erfüllt, weil die Krigeschätzungen bei den einzelnen Cut-off-Werten jeweils separat durchgeführt werden (s. unten). Die order-relation-Korrektur erfolgt in der Praxis durch ein einfaches Gleichsetzen des kumulativen Tonnage-Wertes mit dem nächsten Wert, wenn das rechnerische Ergebnis niedriger sein sollte.

II. Verwendung der geschachtelten Indikatoren: Hierbei wird bei jedem Indikator-Cut-off z_ℓ jeweils nur der Anteil des Datensatzes (Einser Werte) über dem vorangegangenen (niedrigeren) Cut-off betrachtet; d. h. der Datensatz bei dem neuen Cut-off z_ℓ beinhaltet dann als 0-Werte nur noch solche zwischen z_ℓ und $z_{\ell-1}$ und schließt die 0-Werte unterhalb $z_{\ell-1}$ aus. Dementsprechend ermittelt man jeweils nur den Anteil des Blocks über dem Cut-off $P(z_\ell)$, bezogen auf den verbliebenen Anteil bei dem vorangegangenen Cut-off $P(z_{\ell-1})$ und nicht bezogen auf $P(z_0) = 1$. Diese Alternative benötigt zum Schluß keine Korrektur wie oben, birgt jedoch die Gefahr in sich, daß bei höheren Cut-off-Werten zu wenig Daten für die Variogrammrechnung zur Verfügung stehen.

Der bisher dargestellte Rechengang benötigt jedoch insofern noch eine Korrektur, als bei der Definition der Cut-off-Werte von der punktförmigen Stützung (der Probenwerte) ausgegangen wurde, obwohl die Selektionseinheiten Blockstützung aufweisen. Für diesen Zweck eignet sich die bereits vorgestellte affine Korrektur (vgl. Kap. 5.4.1.1), wobei der auf die Selektionseinheiten anzuwendende Cut-off-Wert $(z_{v\ell})$ durch eine affine Korrektur in einen Cut-off-Wert (z_ℓ) für die punktförmige Stützung überführt werden müßte. Es besteht hierbei jedoch die Gefahr, daß dann für die punktförmige Stützung ein negativer Cut-off-Wert resultiert (vgl. Abb. 5.4.12). Daher ist der umgekehrte Weg (invers-affine Korrektur) in der Praxis vorteilhafter, indem man die für die punktförmige Stützung vorgegebenen Cut-off-Werte (z_ℓ) in solche für die Selektionseinheiten $(z_{v\ell})$ umwandelt (s. Abb. 5.4.13). Man verwendet hierzu die Beziehung

$$z_{v\ell} = \frac{\sigma(v/V)}{\sigma(0/V)} \cdot (z_\ell - m) + m \quad .$$

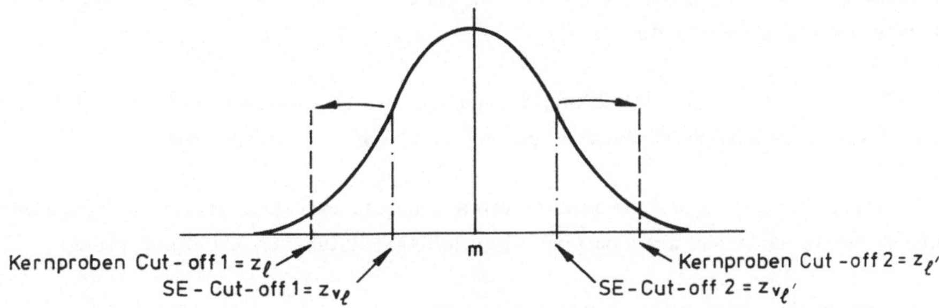

Abb. 5.4.12: Affine Korrektur der Cut−off−Werte $z_{v\ell}$.

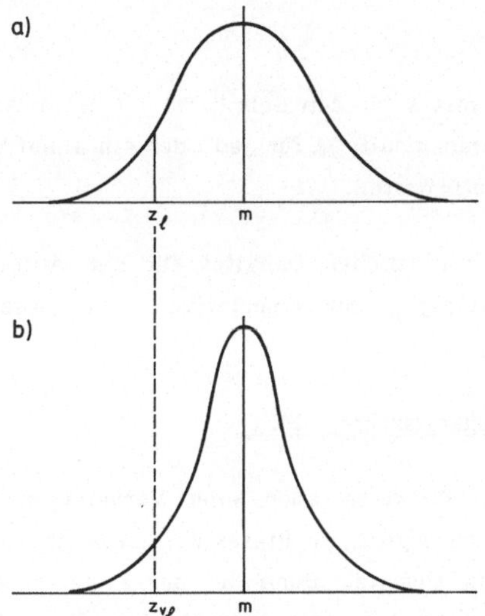

Abb. 5.4.13: Invers−affine Korrektur der Cut−off−Werte z_ℓ (aus L'Etoile 1985).

Bei der Aufstellung der Tonnagekurve werden demnach anstelle der für die punktförmige Stützung definierten Cut−off−Werte (z_ℓ) direkt die korrespondierenden Cut−off−Werte ($z_{v\ell}$) für die Selektionseinheiten eingesetzt. Es muß aber dann in Kauf genommen werden, daß man auch unpraktisch anmutende Cut−off−Werte für $z_{v\ell}$ verwenden muß. Die erhaltene Verteilungskurve ermöglicht es jedoch, zum Schluß durch graphische Interpolationen doch noch die praxisnahen Cut−off−Werte zu verwenden.

Zusammenfassend wären demnach folgende Schritte, und zwar in der unten aufgeführten Reihenfolge, bei einer praktischen Anwendung des Indikatorkrigeverfahrens vorzunehmen:

1. Definition der $(L+1)$-Cut-off-Werte $(z_\ell$ mit $z_0 < z_1 < \cdots\cdots <z_L)$; entsprechende Klassierung der Probenwerte.

2. Definition der einzelnen Indikatordatensätze $(0, 1)$ entweder nach der einfachen Indikatormethode oder durch Verwendung von geschachtelten Indikatoren.

3. Separate Ermittlung der experimentellen Indikatorvariogramme für die einzelnen Cut-off-Werte basierend auf dem jeweiligen Indikatordatensatz; Modellanpassung.

4. Durchführung des Krigeverfahrens zur Ermittlung der einzelnen $P(z_\ell)$-Werte; Aufstellung der (kumulativen) Verteilungskurve für die Tonnage ("Tonnagekurve") in Abhängigkeit von (invers-affin korrigierten) Cut-off-Werten $z_{v\ell}$ ggf. Korrektur dieser Kurve (s. oben Pkt. 2).

5. Ermittlung des Mittelwertes für den Gehalt für die in Punkt 1 definierten Klassen; Berechnen des gewinnbaren Inhalts Q für jede der einzelnen Klassen sowie kumulativ über den einzelnen Cut-off-Werten.

6. Ermittlung des durchschnittlichen Gehaltes für den Anteil über dem jeweiligen Cut-off-Wert; Vervollständigen der kumulativen Tonnagekurve zu einer Gehalt-Tonnage-Kurve (vgl. Kap. 5.5).

Ergänzung: Wahrscheinlichkeitskrigen (PK):

Eine Verfeinerung bzw. fallweise auch eine Verbesserung des Indikator Krige-verfahrens ist insofern noch möglich, als dieses Verfahren die vorhandenen Informationen (Daten) nicht vollständig ausnutzt. Denn bei der Krigeschätzung von $P(z_\ell)$ werden lediglich die Indikatorwerte bei dem betreffenden Cut-off-Wert (z_ℓ) verwendet. Die Indikatorwerte bei anderen Cut-off-Werten korrelieren jedoch ebenfalls mit den zu schätzenden Werten, so daß auch sie für die Schätzung mit verwendet werden sollten (vgl. Journel 1984b).

Für diesen Zweck wäre eigentlich der Einsatz des klassischen Koindikatorkrige-verfahrens unter Mitbenutzung von Kreuzindikatorvariogrammen geignet (s. Kap. 2.2.5 bzw. Kap. 5). Diese Vorgehensweise ist aber sehr umständlich. Deshalb werden bei der als ein Ersatz hierfür vorgeschlagenen "Methode des Wahrscheinlichkeitskrigens"

(= probability kriging, Abkürzung PK, s. Sullivan 1984) neben den Indikatorwerten auch die tatsächlichen Gehaltswerte der Proben verwendet, um die kumulative Verteilungsfunktion für die Tonnage in Abhängigkeit von Cut–off–Werten besser schätzen zu können:

$$P^*(z_\ell) = \sum_{i=1}^{n} \lambda_i \cdot I(\mathbf{x}_i; z_\ell) + \sum_{i=1}^{n} V_i \cdot z(\mathbf{x}_i) \qquad\qquad i=1\cdots n$$

mit V_i als Wichtungen für die Probenwerte $z(\mathbf{x}_i)$.

Zuvor ist aber eine Datentransformation der Form $U(\mathbf{x}_i) = H(z(\mathbf{x}_i))$ notwendig, um die Größenordnung der Probenwertte $z(\mathbf{x}_i)$ mit der Größenordnung der Indikatordatensätze (0 oder 1) vergleichbar zu machen. $H(z(\mathbf{x}_i))$ stellt hierbei die (experimentelle) Verteilungsfunktion zwischen den Werten 0 und 1 dar, d. h. die Werte $z(\mathbf{x})$ werden einfach durch $H(z(\mathbf{x}))$ ersetzt.

Die Schätzung der einzelnen $P(z_\ell)$–Werte zur Aufstellung der kumulativen Verteilungsfunktion für die Tonnage (= Tonnagekurve) erfolgt nunmehr basierend auf

$$P^*(z_\ell) = \sum_{i=1}^{n} \lambda_i \cdot I(\mathbf{x}_i; z_\ell) + \sum_{i=1}^{n} V_i \cdot U(\mathbf{x}_i)$$

durch die Lösung eines Kokrigesystems der folgenden Zusammensetzung:

$$\sum_{i=1}^{n} \lambda_i \cdot \wp_I(\mathbf{x}_i - \mathbf{x}_j) + \sum_{i=1}^{n} V_i \cdot \wp_{UI}(\mathbf{x}_i - \mathbf{x}_j) + \mu_1 = \bar{\wp}_I(V\mathbf{x}_j) \qquad\qquad j=1\cdots n$$

$$\sum_{i=1}^{n} \lambda_i \cdot \wp_{UI}(\mathbf{x}_i - \mathbf{x}_j) + \sum_{i=1}^{n} V_i \cdot \wp_U(\mathbf{x}_i - \mathbf{x}_j) + \mu_2 = \bar{\wp}_{UI}(V\mathbf{x}_j)$$

mit den Bedingungen

$$\sum_{i=1}^{n} \lambda_i = 1 \qquad \text{und} \qquad \sum_{i=1}^{n} V_i = 0 \quad .$$

Benötigt werden hierfür die Variogramme γ_I (Indikatorvariogramm), γ_U (Variogramm der transformierten Werte), γ_{UI} (Kreuzvariogramm der transformierten und der Indikatorwerte) bzw. die entsprechenden Korrelogramme $\wp_I$, $\wp_{UI}$ und $\wp_U$ bei den betreffenden Cut–off–Werten z_ℓ.

Die Kokrigevarianz (σ^2_{PK}) der Schätzung ist:

$$\sigma^2_{PK} = \bar{\wp}_I(V,V) + \mu_1 - \sum_{i=1}^{n} \lambda_i \cdot \bar{\wp}_{UI}(V\mathbf{x}_i) \quad .$$

Weitere Einzelheiten dieser Methode sind in Sullivan (1984) und Journel (1984b) zu finden.

5.5 Aufgaben mit Lösungen

Aufgabe 1:
Ermittlung der gewinnbaren Reserven über dem Cut-off (Normalverteilung).

Die Gehaltswerte (z) der Kernproben aus einer Erzlagerstätte sind normalverteilt mit dem Mittelwert z_m = 5,0 % Me (Metall) und der Standardabweichung s (O/D) = 2,5 % Me. Das Variogramm dieser Kernprobenwerte ist isotrop und sphärisch mit dem Nuggeteffekt C_0 = 1,25 (% Me)^2, dem Schwellenwert C = 5,00 (%Me)^2 und der Reichweite a = 100 m. Die Cut-off-Anwendung beim Abbau bezieht sich auf (20 · 20 · 10) m große Blöcke. Man bestimme den gewinnbaren Anteil der Lagerstätte über dem Cut-off-Wert von z_c = 7 % Me und den Durchschnittsgehalt des gewinnnbaren Anteils über diesem Cut-off-Wert.

Lösung:

1. Schritt:
Bestimmung der Varianz der 20 m · 20 m · 10 m-Blöcke mit Hilfe des F-Diagramms:

$$\sigma^2(V/D) = C\,[1 - F(\tfrac{h}{a}; \tfrac{h}{a}; \tfrac{\ell}{a})]$$

unter der Voraussetzung, daß die Stützung der Kernprobenwerte als punktförmig angesehen wird (s. Kap. 4.1.2).

Aus dem Diagramm D1c in Anhang II wird der Wert F(20/100; 20/100; 10/100) = 0,165 abgelesen und in der obigen Formel verwendet:

$$\sigma^2(V/D) = 5,0 \cdot (1 - 0,165)$$
$$= 4,175 \qquad \text{d. h. } \sigma(V/D) = \sigma_V = \pm 2,0 \text{ % Me } .$$

Dieser Wert ist im Vergleich zu der Standardabweichung der Kernprobenwerte s bzw. s(O/D) = ±2,5 % Me deutlich geringer!)

2. Schritt:

Bestimmung des Anteils der Normalverteilung über dem Cut-off-Wert von 7 % Me mit Hilfe der Standardvariablen

$$u = \frac{z_c - z_m}{s(O/D)} \qquad \text{für die Punktstützung und}$$

$$u_V = \frac{z_c - z_m}{\sigma(V/D)} \qquad \text{für die Blockstützung.}$$

Man erhält für die punktförmige Stützung $u = 0{,}8$ und für die Blöcke $u_V = 1{,}0$. Aus der Tabelle T1 im Anhang II liest man anschließend den Anteil der kumulativen Standardverteilung $H(u)$ unterhalb dieser Werte:

$$H(u) \cong 0{,}79 \quad \text{für die punktförmige Stützung und}$$
$$H(u_V) \cong 0{,}84 \quad \text{für die Blockstützung.}$$

Der Tonnageanteil (Proportion) über dem Cut-off ist demnach

$$P(z_c) = 1 - H(u) \ = 0{,}21 \qquad \text{d. h. } 21 \text{ % bei der punktförmigen Stützung und}$$
$$P(z_c) = 1 - H(u_V) = 0{,}16 \qquad \text{d. h. } 16 \text{ % für die Blöcke.}$$

3. Schritt:

Ermittlung des neuen Durchschnittsgehalts z_{mc} für den Anteil über dem Cut-off-Wert.

Hierfür verwendet man die Formel:

$$z_{mc} = z_m + s \cdot \omega \qquad \text{mit} \quad \omega = \frac{1}{P(z_c) \cdot \sqrt{2\pi}} \cdot \exp(-u^2/2) \ ,$$

wobei u oben definiert wurde und die Werte für ω in der Tabelle 5.5.1 aufgelistet sind.

Man erhält für die punktförmige Stützung $z_{mc} \cong 8{,}4$ % Me und für die Blöcke $z_{mc} \cong 8{,}1$ % Me als Ergebnis.

Die direkte Verwendung der Verteilung für die punktförmige Stützung hätte demnach zu einer Überschätzung der Tonnage (21 % gegenüber 16 %) sowie des Durchschnittsgehaltes (8,4 % Me gegenüber 8,1 % Me) für die gewinnbaren Reserven geführt.

<u>Anmerkung</u>: Die Werte für $P(z_c)$ und z_{mc} können auch mit Hilfe des Diagramms D4a festgestellt werden, wenn die Werte z_m, σ (oder s) und z_c bekannt sind.

<u>Ergänzung: Lognormalverteilung</u>

Im Falle des lognormalen Verteilungsmodells wären folgende Änderungen in dem obigen Beispiel vorzunehmen:

1. Transformation der lognormalverteilten Kernprobenwerte z in eine normalverteilte Variable $y = \ln z$, noch vor dem 1. Schritt in der obigen Aufgabe

2. Die Varianz der (neuen) Normalverteilung ist nunmehr

$$\sigma_y^2 = \ln\left(\frac{\sigma^2(V/D)}{z_m^2} + 1\right) \quad,$$

und der Mittelwert

$$y_m = \ln z_m - 0{,}5\, \sigma_y^2 \quad,$$

wobei z_m der Mittelwert der Probenwerte ist (vgl. Kap 1.3.4).

3. Der u–Wert zur Verwendung in der Tabelle T1 im Anhang II wird dann wie folgt ermittelt (vgl. auch Schritt 2, oben)

$$u = \frac{\ln z_c - y_m}{\sigma_y}$$

4. Der Anteil der kumulativen Verteilung über dem Cut–off–Wert ist wiederum:

$$P(z_C) = 1 - H(u)$$

und der neue Durchschnittsgehalt:

$$z_{mc} = \frac{Q(z_c)}{P(z_c)} \quad \text{mit} \quad Q(z_c) = z_m\,[\,1 - H(u - \sigma_y)\,] \quad,$$

wobei der Wert für $H(u - \sigma_y)$ ebenfalls der Tabelle T1 im Anhang II zu finden ist.

<u>Anmerkung:</u> Die Werte für $P(z_c)$ und $Q(z_c)$ können bei Vorliegen einer Lognormalverteilung auch mit Hilfe des Diagramms D4b (Anhang II) ermittelt werden, wenn die Werte z_m, σ_y^2 und z_c bekannt sind.

Tabelle 5.5.1: Tabelle zur Ermittlung des ω-Wertes und des Anteils (bzw. der Tonnage) $P(z_c)$ über dem Cut-off (z_c) bei Normalverteilung (aus David 1977, mit Genehmigung von Elsevier Scientific Publishing Company, Amsterdam).

Cut-off (z_c) unter dem Mittelwert Anteil über dem Cut-off $P(z_c)$	ω	u	Cut-off (z_c) über dem Mittelwert ω	Anteil über dem Cut-off $P(z_c)$
50,00	0,798	0,00	0,798	50,00
51,99	0,766	0,05	0,830	48,01
53,98	0,735	0,10	0,863	46,02
55,96	0,705	0,15	0,896	44,04
57,93	0,675	0,20	0,929	42,07
59,87	0,646	0,25	0,964	40,13
61,79	0,617	0,30	0,998	38,21
63,68	0,589	0,35	1,034	36,32
65,54	0,562	0,40	1,069	34,45
67,36	0,535	0,45	1,106	32,64
69,15	0,509	0,50	1.142	30,85
70,88	0,484	0,55	1,180	29,12
72,57	0,459	0,60	1,217	27,43
74,22	0,435	0,65	1,256	25,78
75,80	0,411	0,70	1,295	24,20
77,34	0,389	0,75	1,334	22,66
78,81	0,367	0,80	1,375	21,19
80,23	0,346	0,85	1,415	19,77
81,59	0,326	0,90	1,457	18,41
82,89	0,306	0,95	1,499	17,11
84,13	0,287	1,00	1,542	15,87
85,31	0,269	1,05	1,586	14,69
86,43	0,251	1,10	1,631	13,57
87,49	0,235	1,15	1,677	12,51
88,49	0,219	1,20	1,724	11,51
89,44	0,204	1,25	1,772	10,56
90,32	0,189	1,30	1,821	9,68
91,15	0,175	1,35	1,872	8,85
91,92	0,162	1,40	1,923	8,08
92,65	0,150	1,45	1,977	7,35
93,32	0,138	1,50	2,033	6,68
93,94	0,127	1,55	2,098	6,06
94,52	0,117	1,60	2,147	5,48
95,05	0,107	1,65	2,208	4,95
95,54	0,098	1,70	2,270	4,46
95,99	0,090	1,75	2,335	4,01
96,41	0,082	1,80	2,403	3,59
96,78	0,074	1,85	2,473	3,22
97,13	0,067	1,90	2,546	2,87
97,44	0,061	1,95	2,622	2,56
97,72	0,055	2,00	2,701	2,28
97,98	0,050	2,05	2,784	2,02
98,21	0,045	2,10	2,870	1,79
98,42	0,040	2,15	2,961	1,58
98,61	0,036	2,20	3,055	1,39
98,78	0,032	2,25	3,155	1,22

Aufgabe 2:

Aufstellung der Gehalt–Tonnage–Kurven (Normalverteilung)

Man untersuche für die in der Aufgabe 1 vorgestellte Lagerstätte die Abhängigkeit der Erztonnage $P(z_c)$ und des durchschnittlichen Gehaltes z_{mc} sowie des Metallinhaltes $Q(z_c)$ von unterschiedlichen Cut–off–Werten, die unten angegeben sind. Zu betrachten sind hierbei drei verschiedene Stützungen:

1.   Punktförmige Stützung
2.   Blockstützung–1 mit 20 m · 20 m · 10 m (wie in der Aufgabe 1) und
3.   Blockstützung–2 mit 40 m · 40 m · 20 m.

Die vorgegebenen Cut–off–Werte (z_c) sind: 3 %, 5 %, 7 % und 9 % Me.

Lösung:

Die einzelnen Werte für die Tonnage $P(z_c)$, für den Durchschnittsgehalt z_{mc} und für den Metallinhalt $Q(z_c)$ werden, wie bereits in der Aufgabe 1 für den Cut–off–Wert von $z_c = 7$ % Me dargestellt, nunmehr für alle Cut–off–Werte und Stützungen berechnet. Die Tabellen 5.5.2a, b, c fassen die Ergebnisse dieser Berechnungen zusammen:

Tabelle 5.5.2a: Punktförmige Stützung ($z_m = 5,0$ % Me, $s(O/D) = \pm 2,5$ % Me)

z_c [%Me]	$u=\dfrac{z_c-z_m}{s(O/D)}$	$H(u)$	$P(z_c)=$ $1-H(u)$ $[\%]^{**}$	$z_{mc}=$ $z_m+\dfrac{s}{P(z_c)}\cdot\dfrac{1}{\sqrt{2\pi}}\cdot\exp(\dfrac{-u^2}{2})$ $[\%\ Me]$	$Q(z_c)=$ $\dfrac{P(z_c)}{100}\cdot z_{mc}$ $[\%]^{**}$
$-^{*}$	$-2,0$	0.0228	97,72 ≈ 100	5,14 ≈ 5%	5,02 ≙ 100,0
3	$-0,8$	0.2119	78,81	5,92	4,66 92,9
5	0,0	0.5000	50,00	6,99	3,50 69,7
7	0,8	0.7881	21,19	8,42	1,78 35,5
9	1,6	0.9452	5,48	10,06	0,55 11,0

* ohne Cut–off; rechnerisch 0,0 % Me

** Es wird von einer Gesamttonnage $P(z_0) = 100$ ausgegangen. Zur Ermittlung der absoluten Mengen muß in der Praxis zunächst die Gesamttonnage (ohne Cut–off) festgestellt werden.

Tabelle 5.5.2b: Blockstützung-1 mit $(20 \cdot 20 \cdot 10)$ m^3 ($z_m = 5{,}0$ % Me, $\sigma(O/V) = \pm 2{,}0$ % Me)

z_c [%Me]	$u = \dfrac{z_c - z_m}{\sigma(O/V)}$	$H(u)$	$P(z_c) =$ $1-H(u)$ [%]	$z_{mc} =$ $z_m + \dfrac{s}{P(z_c)} \cdot \dfrac{1}{\sqrt{2\pi}} \cdot \exp(\dfrac{-u^2}{2})$ [% Me]	$Q(z_c) =$ $\dfrac{P(z_c)}{100} \cdot z_{mc}$ [%]	
–	–2,5	0.0062	99,38 ≈ 100	5,04 ≈ 5 %	5,00 ≙ 100,0	
3	–1	0.1587	84,13	5,58	4,69	93,7
5	0	0.5000	50,00	6,60	3,30	65,9
7	1	0.8413	15,87	8,05	1,28	25,5
9	2	0.9772	2,28	9,74	0,22	4,4

Tabelle 5.5.2c: Blockstützung-2 mit $(40 \cdot 40 \cdot 20)$ m^3 ($z_m = 5{,}0$ % Me, $\sigma(O/V) = \pm 1{,}83$ % Me)

z_c [%Me]	$u = \dfrac{z_c - z_m}{\sigma(O/V)}$	$H(u)$	$P(z_c) =$ $1-H(u)$ [%]	$z_{mc} =$ $z_m + \dfrac{s}{P(z_c)} \cdot \dfrac{1}{\sqrt{2\pi}} \cdot \exp(\dfrac{-u^2}{2})$ [% Me]	$Q(z_c) =$ $\dfrac{P(z_c)}{100} \cdot z_{mc}$ [%]	
–	–2,73	0.0032	99,68 ≈ 100	5,02 ≈ 5 %	5,00 ≙ 100,0	
3	–1,09	0.1379	86,21	5,47	4,71	94,2
5	0	0.5000	50,00	6,46	3,23	64,6
7	1,09	0.8621	13,79	7,91	1,09	21,8
9	2,19	0.9857	1,43	9,68	0,14	2,8

<u>Kommentar:</u> Die Abhängigkeit der Erztonnagen, der durchschnittlichen Gehalte und der Metallinhalte von den vorgegebenen Cut-off-Werten ist für die drei verschiedenen Stützungen in den Abbildungen 5.5.1a, b, c graphisch dargestellt. Man stellt fest, daß bei dem gleichen Cut-off-Wert die einzelnen Tonnagen, Metallinhalte und Durchschnittsgehalte voneinander deutlich abweichen können, wenn die Stützung unterschiedlich ist. Die Aufstellung der Gehalt-Tonnage-Kurven dieser Art dient deshalb auch zur Feststellung der Sensitivität bezüglich der Dimensionierung der Selektionseinheiten beim Abbau. Eine optimale Auswahl des Cut-off-Gehaltes für die Abbauplanung erfolgt in der Praxis basierend auf solchen Darstellungen und unter Mitberücksichtigung von anderen technisch-wirtschaftlichen Parametern, wie z. B. Effektivität des Abbauverfahrens und Kosten der Ausrüstung. Die in Abb. 5.5.2 als Beispiel wiedergegebene Darstellung der Gehalt-Tonnage-Beziehung ist eine typische Darstellung, wie sie in den Feasibility-Studien oft verwendet wird.

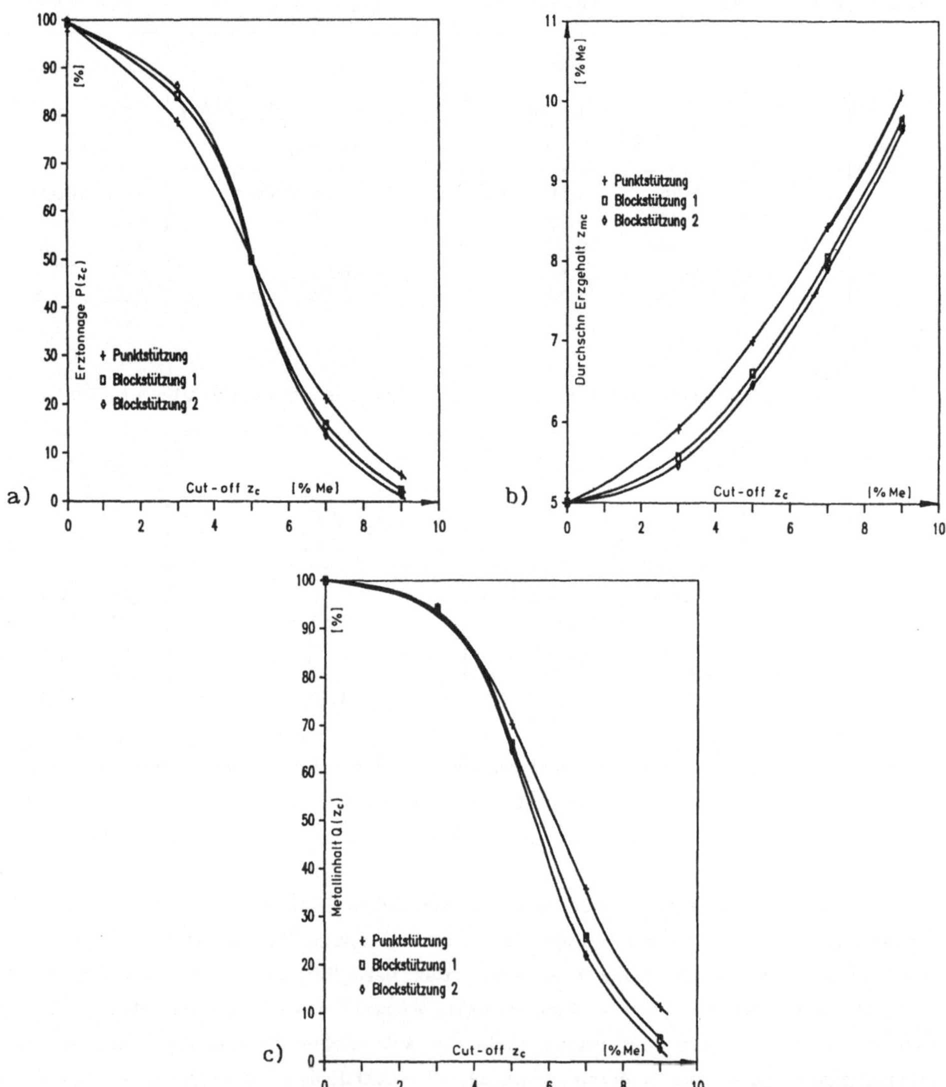

Abb. 5.5.1a, b, c: Graphische Darstellung der Gehalt–Tonnage–Beziehung in Abhängigkeit von unterschiedlichen Cut–off–Werten und verschiedenen Stützungen a) Tonnagekurven b) Gehaltskurven c) (Metall)–Inhaltskurven.

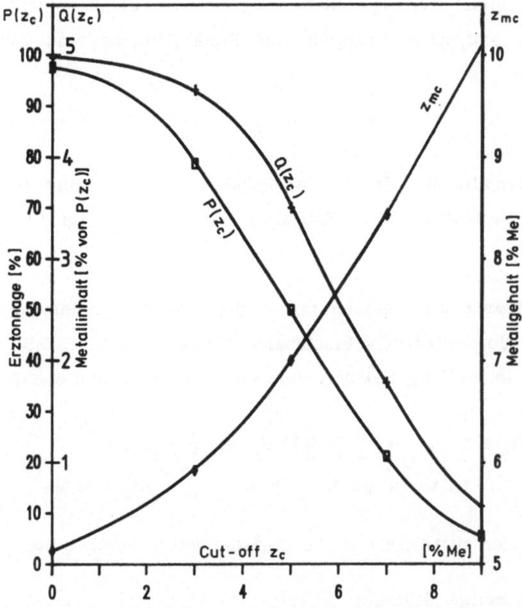

Abb. 5.5.2: Die gemeinsame Darstellung der Kurven $P(z_C)$, $Q(z_C)$ und z_{mC} für die Punktstützung.

Die Aufgabe 2 ist jedoch für die Praxis insofern noch wenig charakteristisch, als die
Gehalte der absätzigen bzw. hochvariablen Lagerstätten, bei denen der selektive Abbau
vorzugsweise angewandt wird, meistens lognormal verteilt sind. Die Cut-off-Werte sind
in solchen Fällen deutlich höher als der (geologische) Durchschnittswert, so daß die
Unterschiede zwischen den einzelnen Gehalt-Tonnage-Kurven für verschiedene
Stützungen oft wesentlich deutlicher ausgeprägt sind, als dies in der Aufgabe 2 der
Fall war.

Aufgabe 3:

Aufstellung der Gehalt-Tonnage-Kurven (Lognormalverteilung)

In einer Metallerzlagerstätte sind die Gehaltswerte (z) der Kernproben lognormal
verteilt. Der Mittelwert der Probenwerte ist $z_m = 8\ \%$ Me, die Standardabweichung
beträgt ±6 % Me. Das Variogramm (für die punktförmige Stützung) ist isotrop und
sphärisch mit dem Schwellenwert $C = 36\ (\%\ \text{Me})^2$ und der Reichweite $a = 25$ m. Die
Cut-off-Anwendung erfolgt auf Blöcken mit Kantenlängen von 15 m · 15 m · 5 m.

Man erstelle die Gehalt–Tonnage–Beziehung für die Cut–off–Werte z_c = 8 %, 10 %, 12 % sowie 14 % Me, und zwar bezogen auf Punktstützung und auf Blöcke der Größe 15 m · 15 m · 15 m.

Lösung:

Mit Hilfe der Formeln, die in der Aufgabe 1 gegeben sind (s. Ergänzungsteil der Aufgabenlösung), erstellt man die Tabellen 5.5.3 a und b und die dazugehörige Graphik (Abb. 5.5.3).

Für die Blockstützung muß jedoch zuvor die übliche Varianzkorrektur vorgenommen werden: Anhand der relativen Blockmaße (15/25, 15/25, 5/25) liest man aus dem F–Diagramm (D1c im Anhang II)) den Wert von $\approx$ 0,46 ab und erhält für die Blockvarianz den Wert

$$\sigma^2(V/D) = C \cdot [1 - F(\tfrac{h}{a}; \tfrac{h}{a}; \tfrac{\ell}{a})] = 36 \cdot (1 - 0{,}46)$$

$$= 19{,}44 \ (\% \ Me)^2 \qquad bzw. \qquad \sigma_v = \pm 4{,}41 \ \% \ Me \ .$$

Die Varianz und der Mittelwert der logarithmierten Werte sind:

a) für die punktförmige Stützung

$$\sigma_y^2 = \ln(\frac{\sigma^2(O/D)}{z_m^2} + 1) = \ln(\frac{36}{64} + 1) = 0{,}4462 \quad bzw. \quad \sigma_y = \pm 0{,}668$$

und $\qquad y_m = \ln z_m - 0{,}5 \ \sigma_y^2 = 2{,}079 - 0{,}5 \cdot 0{,}4462 = 1{,}8563$

b) für die Blockstützung

$$\sigma_y^2 = \ln(\frac{\sigma^2(V/D)}{z_m^2} + 1) = \ln(\frac{19{,}44}{64} + 1) = 0{,}26 \quad bzw. \quad \sigma_y = \pm 0{,}515$$

und $\qquad y_m = \ln z_m - 0{,}5 \ \sigma_y^2 = 2{,}079 - 0{,}5 \cdot 0{,}26 = 1{,}947 \ .$

Tabelle 5.5.3a: Punktförmige Stützung

z_c [%Me]	$\ln z_c$	$u=\dfrac{\ln z_c - y_m}{\sigma_y}$	$H(u)$	$P(z_c)=$ 1−H(u) · $(10^2)^*$	$Q(z_c)=$ $z_m \cdot [1-H(u-\sigma_y)]^{**}$		$z_{mc}=\dfrac{Q(z_c)}{P(z_c)}$ [% Me]
8	2,079	0,334	0,631	36,9 %	5,05 $\triangleq$	63,1%	13,67
10	2,303	0,668	0,748	25,2	4,00	50,0	15,87
12	2,485	0,941	0,827	17,3	3,14	39,2	18,13
14	2,639	1,172	0,879	12,0	2,46	30,7	20,38

(*, ** siehe nächste Seite)

Tabelle 5.5.3b: Blockstützung

z_c [%Me]	$\ln z_c$	$u=$ $\dfrac{\ln z_c - y_m}{\sigma_y}$	$H(u)$	$P(z_c)=$ $1-H(u)$ $\cdot (10^2)^*$	$Q(z_c)=$ $z_m \cdot [1-H(u-\sigma_y)]^{**}$		$z_{mc}=$ $\dfrac{Q(z_c)}{P(z_c)}$ [% Me]
8	2,079	0,2572	0,601	39,9 %	4,81	$\triangleq$ 60,2%	12,08
10	2,303	0,6905	0,755	24,5	3,44	43,0	14,05
12	2,485	1,0445	0,852	14,8	2,38	29,8	16,09
14	2,639	1,3438	0,910	9,0	1,63	20,4	18,23

*) Gesamttonnage ohne Cut–off bei $P(z_0) = 100$

**) Gesamtmetallinhalt ist $Q(z_0) = 100 \cdot 8$ (% Me) = 8.

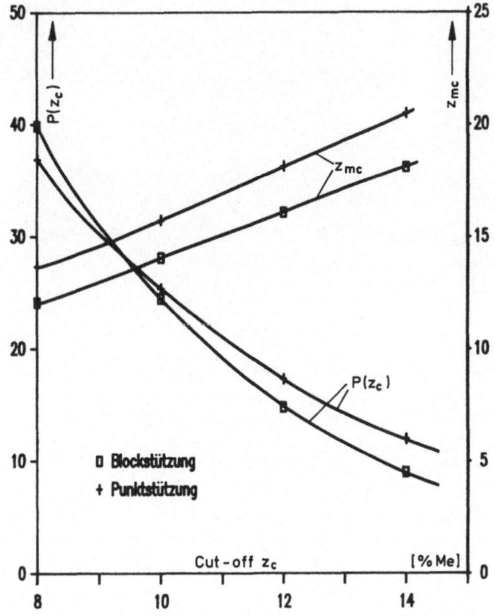

Abb. 5.5.3: Gehalt–Tonnage–Beziehungen für den in der Aufgabe 3 dargestellten Fall mit lognormaler Verteilung bei zwei unterschiedlichen Stützungen.

__Kommentar:__ Anhand der in Abb. 5.5.3 graphisch dargestellten Ergebnisse stellt man fest, daß der gewinnbare Anteil $P(z_c)$ über dem Cut–off für die Blockstützung gegenüber der Punktstützung um so geringer wird, je höher der Cut–off–Wert ist. Bei dem niedrigsten Cut–off–Wert von 8 % Me ist das Verhältnis jedoch umgekehrt. Bei den

Gehaltswerten z_m sind ebenfalls deutliche Abweichungen erkennbar, wobei die durchschnittlichen Gehalte bei der Blockselektion immer niedriger sind als bei der Punktselektion, und zwar aufgrund der mit Zunahme der Stützung höher werdenden Verdünnung innerhalb der Blöcke.

KAPITEL 6. ÜBERBLICK DER FORTGESCHRITTENEN METHODEN DER GEOSTATISTIK

Unter der Bezeichnung "Fortgeschrittene Methoden der Geostatistik" werden in diesem Kapitel drei Methoden vorgestellt. Die beiden ersten davon dienen in erster Linie zur Durchführung punktförmiger Schätzungen. Bei Vorliegen eines unregelmäßigen Probenahmerasters wird ein regelmäßiges (Punkt-) Raster mit dazugehörigen Schätzwerten benötigt, um Isolinien zu erstellen. Das Universalkrigen (Kap 6.1.) sowie die Methode der verallgemeinerten Kovarianzen (Kap. 6.2) werden in der Praxis für diesen Zweck angewandt, und zwar dann, wenn eine Drift (oder ein Trend) vorhanden ist. Bei Anwesenheit einer einfachen, d. h. möglichst glatten und deshalb durch eine einfache, numerische Funktion darstellbaren Drift, empfiehlt es sich das Universalkrigeverfahren zu verwenden (z. B. Darstellung der Schwefelgehalte in Kohleflözen). Bei einer komplizierten Drift dagegen (z. B. Wiedergabe der Topographie) wird die Methode der verallgemeinerten Kovarianzen eingesetzt.

Als ein weiterer aber sehr wichtiger Bereich der fortgeschrittenen Geostatistik wird schließlich der Einsatz von geostatistischen Simulationen (Kap. 6.3) erläutert. Es sei hinzugefügt, daß die im Kapitel 5 dargestellten nichtlinearen Krigeverfahren zur Ermittlung von gewinnbaren Reserven (DK, MGK und IK) ebenfalls zu den "Fortgeschrittenen Methoden der Geostatistik" gezählt werden.

Es ist zu erwarten, daß sich die künftige Entwicklung der Geostatistik zu einem erheblichen Teil auf eine Weiterentwicklung bzw. Vertiefung, insbesondere aber auf eine Vereinfachung der fortgeschrittenen Methoden in der praktischen Anwendung konzentrieren wird. Denn ihre Anwendung ist bei weitem noch nicht so häufig wie dies bei den inzwischen "klassisch" gewordenen Methoden der linearen Geostatistik der Fall ist. Vor allem die mathematische Komplexität dieser Methoden sowie der relativ hohe Aufwand bei ihrer praktischen Anwendung dürften die fortdauernde Zurückhaltung seitens der Praktiker erklären.

6.1 Universalkrigen

Die Anwendung des Universalkrigens erfolgt, wie bereits erwähnt, bei Anwesenheit einer Drift bzw. eines Trends, wobei der Ausdruck "Drift" in der Geostatistik bevorzugt verwendet wird. Eine Drift liegt dann vor, wenn eine richtungsgebundene systematische Zu– oder Abnahme der Probenwerte erkennbar ist (s. unten). In diesem Fall besitzen weder die Hypothese der Stationarität noch die intrinsische Hypothese Gültigkeit (vgl. Kap. 2.1), so daß die klassischen Verfahren der Geostatistik (insbesondere das Normalkrigeverfahren) theoretisch gesehen nicht mehr eingesetzt werden dürften. Es ist aber festzustellen, daß bei zahlreichen praktischen Problemlösungen, insbesondere aus dem Bereich der Erzlagerstättenbewertung, die "klassischen Verfahren" der Geostatistik trotz der Anwesenheit einer Drift angewandt werden können. Hierbei macht man von der Hypothese der "Quasistationarität" Gebrauch: Es wird angenommen, daß die intrinsische Hypothese nunmehr lediglich innerhalb einer größenmäßig definierten kleineren Zone (z. B. ein Kreis mit dem Radius r) gültig ist, so daß die Variogrammwerte für Abstände von $|h| \le r$ nach wie vor für Schätzzwecke eingesetzt werden können. Im Endeffekt geht man also von einer "quasi–intrinsischen" Hypothese aus. Ferner wird die Qualität der Schätzungen dadurch verbessert, daß man den Proportionalitätseffekt (s. Kap. 3.1.3 und 3.1.5) in bezug auf die unterschiedlichen Mittelwerte und Varianzen der quasistationären Kleinbereiche mit berücksichtigt.

Die endgültige Entscheidung darüber, ob von einer Drift ausgegangen werden soll oder nicht, ist zum einen eine Frage des betrachteten Maßstabes (Drifte im Kleinmaßstab können sich großräumig ausgleichen; d. h. sie werden als Fluktuationen um einen konstanten Mittelwert angesehen). Zum anderen (und zwar bei Anwesenheit einer großräumigen Drift) ist diese Entscheidung von der erforderlichen Mindestzahl der im Kleinbereich für die Definition der quasistationären Teilbereiche zur Verfügung stehenden Proben abhängig (s. oben).

Das Vorliegen einer Drift kann in vielen Fällen bereits durch eine einfache ortsgetreue Eintragung der Probenwerte erkannt werden (s. Abb. 6.1.1). Es besteht jedoch die Möglichkeit, die Drift anhand einer Berechnung der mittleren Differenzwerte für verschiedene Schrittweiten experimentell mit Hilfe der Formel:

$$D^{*}(\vec{h}) = \sum_{i=1}^{n(h)} [z(x_i) - z(x_i + \vec{h})] \, / \, 2n(\vec{h}) \qquad \text{festzustellen,}$$

wobei $n(\vec{h})$ die Anzahl der Wertepaare für die verschiedenen Schrittweiten angibt (vgl. Kap. 3.1.5). Wenn eine Drift vorhanden ist, nehmen die $D(\vec{h})$–Werte mit zunehmender Schrittweite systematisch zu oder ab. Praktischerweise sollte in einem Rechenprogramm die Berechnung der Drifte mit der Variogrammrechnung gekoppelt werden. Das Vorhandensein einer Drift ist aber auch am Verlauf eines Variogramms erkennbar: Eine lineare Drift verursacht eine parabolische Zunahme der Variogrammwerte, so daß die Abweichung von dem (tatsächlichen) Variogramm insbesondere bei größeren Schrittweiten bedeutend ist (s. Abb. 3.1.8).

Für Isoliniendarstellungen bei Anwesenheit einer Drift kann eine Lösung auch mit Hilfe des unter dem Namen "Trend Surface"–Analyse bekannten Verfahrens angestrebt werden. Dieses Verfahren beruht auf der Methode der kleinsten Quadrate und paßt eine als Polynomfunktion definierte Fläche (Trendfläche) den Datenpunkten an. Hierbei werden die Probenwerte als die Summe der beiden Komponenten "Trend" (polynom) und "Zufälliger Fehler" (normalverteilt und voneinander unabhängig) angesehen. Diese rein deterministische Methode ist jedoch nicht immer in der Lage, die meist sehr komplizierte Natur der geologischen Phänomene durch eine Anpassung von (einfachen) Polynomen zu erfassen, zumal dort, wo wenig oder keine Proben vorhanden sind, lokale Minima oder Maxima entstehen, die nicht indiziert sind. Ferner kann bei dieser Anpassung die entsprechende Schätzvarianz nicht ermittelt werden, denn die Varianz der Residuen (Abb. 6.1.1) ist keine Schätzvarianz (vgl. Matheron 1971). Bei einigen Fragestellungen ist jedoch die Zufallskomponente eines Phänomens unbedeutend, da man nur den "Trend" erfassen möchte. In solchen Fällen ist die Anwendung der "Trend–Surface"–Analyse gerechtfertigt. Inzwischen geht man jedoch dazu über, Splines anstelle von Polynomen zu verwenden (vgl. z. B. Dubrule 1983).

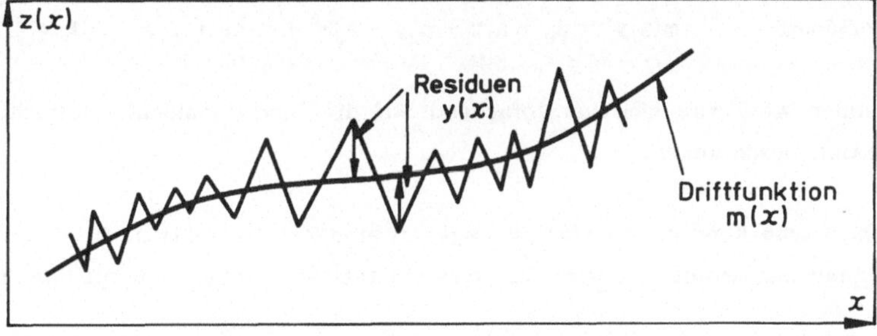

Abb. 6.1.1: Schematische Darstellung einer Driftfunktion m(x) und der Residuen y(x).

Die nachfolgend erläuterte Methode des Universalkrigens ermöglicht es, über eine Minimierung der Schätzvarianz die beste, lineare und erwartungstreue Schätzung auch bei Anwesenheit einer Driftfunktion m(x) zu erhalten.

Die Zufallsfunktion Z(x) wird wie bei der Trendanalyse als eine Summe von zwei Funktionen angesehen, wobei die eine Funktion "Y(x)" die stochastische Komponente bzw. die Fluktuation und die andere Funktion "m(x)" die Drift darstellen:

$$Z(x) = m(x) + Y(x) \ .$$

Im Gegensatz zur "Trend Surface"–Analyse werden aber die Fluktuationen nunmehr als "räumlich voneinander abhängig" angesehen (s. unten!). In der praktischen Betrachtung ist die Funktion $m(x)$ eine deterministisch zu bestimmende und durch einfache numerische Funktionen darstellbare Funktion der Form

$$m(x) \cong \sum_{\ell} a_{\ell} \cdot f^{\ell}(x) \quad ,$$

wobei a_{ℓ} die unbekannten Koeffizienten und $f^{\ell}(x)$ die einzelnen Glieder der Funktion $m(x)$ sind. Eine solche <u>Driftfunktion</u> kann durch Polynome approximiert werden, z. B. eindimensional:

$$m(x) \cong \sum_{\ell=0}^{k} a_{\ell} \cdot x^{\ell}$$

mit $\ell = 0 \cdots k$, wobei k den Grad der Drift angibt.

Beispiele:

eindimensional $\qquad m(x) = a_0 + a_1 x \qquad\qquad (k = 1)$ oder

$\qquad\qquad\qquad\qquad\quad m(x) = a_0 + a_1 x + a_2 x^2 \qquad (k = 2)$, bzw.

zweidimensional $\qquad m(x,y) = a_0 + a_1 x + a_2 y + a_3 x^2 + a_4 xy + a_5 y^2 \qquad (k = 2)$.

Im folgenden wird man sich vereinfachend auf die eindimensionale Betrachtung der Driftfunktion beschränken.

Die stochastische Komponente $Y(x)$ ist dagegen eine Zufallsfunktion, die das Verhalten der <u>Residuen</u> beschreibt. Sie wird als "schwachstationär" angesehen mit der Erwartung

$$E[Y(x)] = 0 \qquad\qquad \text{und der Kovarianzfunktion}$$
$$E[Y(x) \cdot Y(x+h)] = K(h),$$

wobei die Kovarianz $K(h)$, im Gegensatz zu der Funktion $m(x)$ von x unabhängig ist und wieder nur vom Abstandsvektor h abhängt (für die Anwendung der intrinsischen Hypothese s. Armstrong 1984c).

Die Aufgabe besteht nunmehr in der Schätzung des Wertes $Z(x_0)$ an der Stelle x_0 anhand von Probenwerten $Z(x_i)$ mit i = 1 ⋯⋯ n, wobei der Schätzwert $Z^*(x_0)$ unverzerrt sein soll und eine minimale Varianz aufweist. Die Schätzung erfolgt durch eine lineare Kombination der Probenwerte $Z(x_i)$:

$$Z^*(x_0) = \sum_i \lambda_i \cdot Z(x_i) \quad .$$

Der Fehler dieser Schätzungen ξ ist definitionsgemäß die Differenz zwischen dem wahren aber unbekannten und dem geschätzten Wert, d. h.

$$\xi = Z^*(x_0) - Z(x_0) \qquad \text{bzw.}$$

$$\xi = \sum_{i=1}^{n} \lambda_i \cdot Z(x_i) - Z(x_0) \quad .$$

Die Erwartung von ξ kann wie folgt ausgedrückt werden:

$$E(\xi) = \sum_{i=1}^{n} \lambda_i \cdot E[Z(x_i)] - E[Z(x_0)] \quad ,$$

wobei

$$E[Z(x_i)] = E[Y(x_i)] + E[m(x_i)]$$

$$= m(x_i) = \sum_{\ell=0}^{k} a_\ell \cdot x_i^\ell$$

ist, da $E[Y(x_i)] = 0$ gilt (s. oben).

Nunmehr kann für $E(\xi)$ folgendes aufgestellt werden:

$$E[\xi] = \sum_i \sum_\ell \lambda_i \cdot a_\ell \cdot x_i^\ell - \sum_\ell a_\ell \cdot x_0^\ell$$

$$= \sum_\ell \{ \sum_i \lambda_i \cdot a_\ell \cdot x_i^\ell - a_\ell \cdot x_0^\ell \} \quad .$$

Der Erwartungswert von ξ, d. h. $E(\xi)$ ist gleich Null, wenn

$$\sum_i^n \lambda_i \cdot a_\ell \cdot x_i^\ell = a_\ell \cdot x_0^\ell$$

ist, womit eine Bedingung, vielmehr ein Satz von k+1 Bedingungen (=Universalitätsbedingungen) bezüglich der Unverzerrtheit (= Erwartungstreue) $E[\xi] = 0$ eingeführt wird (vgl. die Bedingung der Erwartungstreue mit $\sum_i \lambda_i = 1$ beim Krigeverfahren, Kap. 5.2).

Da diese Beziehung für alle Koeffizienten a_ℓ der Driftfunktion $m(x)$ gilt, erhält man

$$\sum_{i=1}^{n}\lambda_i \cdot x_i^\ell = x_0^\ell \qquad\qquad \ell = 0 \ldots\ldots k \quad .$$

D. h. der Schätzfehler $\mathcal{E}$ ist nunmehr von den Koeffizienten der Driftfunktion a_ℓ nicht mehr abhängig:

$$\mathcal{E} = \sum_{i=1}^{n}\lambda_i \cdot [Y(x_i) + \sum_\ell a_\ell \cdot x_i^\ell] - Y(x_0) - \sum_\ell a_\ell \cdot x_0^\ell$$

$$= \sum_{i=1}^{n}\lambda_i \cdot Y(x_i) - Y(x_0) \quad .$$

Dementsprechend ist auch die Varianz $E[\mathcal{E}]^2$ des Schätzfehlers $\mathcal{E} = [Z^*(x_0) - Z(x_0)]$ in ähnlicher Weise (d. h. von der Driftfunktion befreit) wie folgt ausdrückbar (vgl. Kap.4.2):

$$\mathcal{E}\{[Z^*(x_0) - Z(x_0)]^2\} = \sum_{i=1}^{n}\sum_{j=1}^{n}\lambda_i \cdot \lambda_j \cdot E[Y(x_i)\cdot Y(x_j)] - 2\sum_{i=1}^{n}\lambda_i \cdot E[Y(x_i)\cdot Y(x_0)] + E[Y(x_0)^2] \quad .$$

In dieser Formel können folgende Kovarianzen verkürzend eingesetzt werden:

$$K_{ij} = E[Y(x_i)\cdot Y(x_j)] \quad ,$$
$$K_{i0} = E[Y(x_i)\cdot Y(x_0)] \quad \text{und}$$
$$K_{00} = E[Y(x_0)\cdot Y(x_0)] \quad .$$

Anschließend erhält man mit Hilfe der Lagrange—Methode (vgl. Kap. 5.2) die minimale Schätzvarianz, indem man die folgende Funktion unter Berücksichtigung der oben dargestellten Bedingungen (der Universalität) minimiert:

$$L(\lambda_i,\mu_\ell) = \sum_i \sum_j \lambda_i \cdot \lambda_j \cdot K_{ij} - 2\sum_i \lambda_i \cdot K_{i0} + K_{00} - \sum_{\ell=0}^{k}\mu_\ell \{\sum_{i=1}^{n}\lambda_i \cdot x_i^\ell - x_0^\ell\} \quad .$$

Dies führt auf das lineare <u>Universalkrigesystem</u> mit (n+k+1) Unbekannten und mit (n+k+1) Gleichungen:

$$\begin{cases} \sum_j \lambda_j \cdot K_{ij} + \sum_\ell \mu_\ell \cdot x_i^\ell = K_{0i} & i = 1 \cdots n \\[2mm] \sum_i \lambda_i \cdot x_i^\ell = x_0^\ell & \ell = 0 \cdots k \end{cases}$$

mit der Krigevarianz:

$$\sigma_k^2 = K_{00} - \sum_i \lambda_i \cdot K_{0i} + \sum_\ell \mu_\ell \cdot x_0^\ell \quad .$$

Durch die Lösung des folgenden Systems von Matrizen erhält man schließlich die gesuchten Werte für $\lambda_1 \cdots \lambda_n$ sowie für $\mu_0 \cdots \mu_k$:

$$
\begin{bmatrix}
K_{11} & K_{12} & \cdots & K_{1n} & 1 & x_1 & \cdots & x_1^k \\
K_{21} & K_{22} & \cdots & K_{2n} & 1 & x_2 & \cdots & x_2^k \\
\vdots & \vdots & & \vdots & \vdots & \vdots & & \vdots \\
K_{n1} & K_{n2} & \cdots & K_{nn} & 1 & x_n & \cdots & x_n^k \\
1 & 1 & \cdots & 1 & 0 & 0 & \cdots & 0 \\
x_1 & x_2 & \cdots & x_n & 0 & 0 & \cdots & 0 \\
\vdots & \vdots & & \vdots & \vdots & \vdots & & \vdots \\
x_1^k & x_2^k & \cdots & x_n^k & 0 & 0 & \cdots & 0
\end{bmatrix}
\cdot
\begin{bmatrix}
\lambda_1 \\ \lambda_2 \\ \vdots \\ \lambda_n \\ \mu_0 \\ \mu_1 \\ \vdots \\ \mu_k
\end{bmatrix}
=
\begin{bmatrix}
K_{01} \\ K_{02} \\ \vdots \\ K_{0n} \\ 1 \\ x_0^1 \\ \vdots \\ x_0^k
\end{bmatrix} ,
$$

wobei x_i die Koordinaten der Proben sind.

Für den Fall, daß anstelle des Punktwertes $Z(x_0)$ ein Blockwert $Z(V)$ geschätzt wird, gelten die gleichen Regeln wie bei dem "normalen Krigeverfahren" (s. Kap. 5.2): Anstatt der Kovarianzwerte K_{0i} sind nunmehr die Kovarianzwerte K_{Vi} zu verwenden. Ferner ist x_0^ℓ durch den Mittelwert der Funktion $f^\ell(x)$ im Block V zu ersetzen.

Zur Berechnung der Größen λ_i und μ_ℓ mit Hilfe des obigen Systems wird die Kenntnis der Kovarianzfunktion K benötigt, die als "zugrundeliegende Kovarianz" bezeichnet wird. Diese Kovarianzfunktion kann jedoch nicht einfacherweise mit Hilfe der Probenwerte $Z(x_i)$ ermittelt werden, da die Zufallsfunktion $Z(x)$ der Bedingung nicht genügt, daß K nur von der Distanz zwischen den Probenwerten abhängen soll und nicht von den Probenwerten selbst. Denn aufgrund der vorhandenen Drift gilt die Beziehung $Z(x) = Y(x) + m(x)$, so daß zunächst einmal die Drift $m(x)$ eliminiert werden muß, um anschließend die Kovarianzfunktion mit Hilfe der stochastischen Komponente $Y(x)$ (d. h. allein anhand der Residuen, für die die Hypothese der schwachen Stationarität $E[Y(x)] = 0$ gilt), ermitteln zu können. Die Eliminierung der Driftfunktion $m(x)$ ist aber nicht so einfach durchführbar, da sie unbekannt ist. Erst ein Schätzvorgang, der z. B. mit Hilfe der Methode der kleinsten Quadrate erwartungstreu durchgeführt werden kann (vgl. auch Anhang IV Abschnitt 5b), liefert für $m(x)$ eine Schätzfunktion, $m^*(x)$, und damit auch eine Schätzung für die Residuen $Y^*(x)$ (s. Abb. 6.1.1). Die Kovarianzfunktion K, die nunmehr anhand dieser geschätzten Residuen ermittelt wird, erfüllt aber ihrerseits nicht mehr die Bedingung der Erwartungstreue, weil die Beziehung gilt:

$$Y^*(x) = Z(x) - m^*(x) = Y(x) + [m(x) - m^*(x)] \ .$$

D. h., obwohl der erwartete Wert von $[m(x) - m^*(x)]$ Null ist, da $m^*(x)$ eine unverzerrte Schätzung sein soll, hat die Zufallsvariable $[m(x) - m^*(x)]$ eine finite Varianz, die der zugrunde liegenden Varianz zuaddiert werden muß, wenn sie anhand von geschätzten Residuen $Y^*(x)$ ermittelt wurde. Deshalb ist es grundsätzlich nicht möglich, das zugrundeliegende Variogramm bzw. die zugrundeliegende Kovarianzfunktion (weder anhand der Probenwerte noch mit Hilfe der Residuen) direkt in unverzerrter Form, d. h. erwartungstreu zu bestimmen. Als eine praktische Lösung bietet sich an, anhand eines geschätzten einfachen Trendpolynoms die Residuen zu ermitteln und anschließend das Variogramm der Residuen zu rechnen (s. Abb. 6.1.2). Dieses Variogramm ist jedoch verzerrt (s. oben) und bedarf einer Korrektur. Man versucht deshalb durch eine optimierte Auswahl des Trendpolynoms einerseits und durch eine Korrektur der Kovarianzfunktion der Residuen andererseits, die Qualität der Schätzungen zu verbessern.

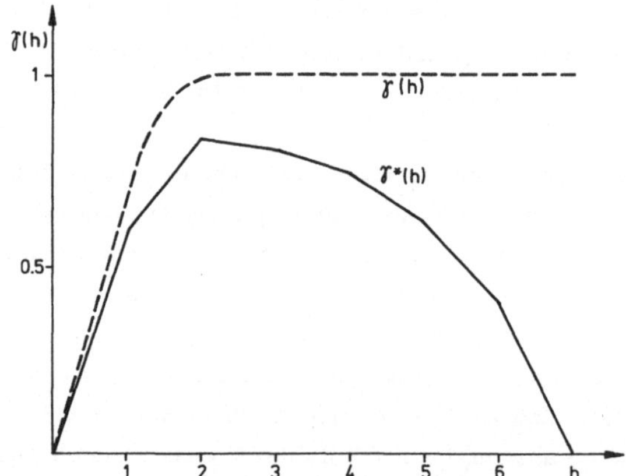

Abb. 6.1.2: Beispiel für das verzerrte Variogramm der Residuen ($\gamma_R(h)$), wobei das zugrundeliegende Variogramm $\gamma(h)$ des sphärischen Typs ist (umgezeichnet aus David 1977).

Es ist aber wichtig festzuhalten, daß das Universalkrigeverfahren aufgrund der Unbestimmtheit der Driftfunktion die entscheidende Schwäche aufweist, daß die "zugrundeliegende Kovarianz" nicht direkt bestimmbar ist. Eine zufriedenstellende

Problemlösung kann zwar in der praktischen Anwendung, wie oben erwähnt, durch einen iterativen Prozess erreicht werden. Diese Prozedur ist aber oft sehr zeitraubend und deshalb nicht immer empfehlenswert. Eine bessere Möglichkeit bietet hingegen – insbesondere bei Anwesenheit einer komplexen Drift – die im nächsten Kapitel erläuterte Methode der verallgemeinerten Kovarianzen zur Bestimmung der gesuchten Kovarianzfunktion. Diese Methode ist auch unter dem Namen "intrinsisches Modell der k-ten Ordnung" bekannt.

6.2 Methode der verallgemeinerten Kovarianzen

Diese auf der Theorie der intrinsischen Zufallsfunktionen der k-ten Ordnung beruhende Methode (k-IRF-Methode) ist, wie eingangs zu diesem Kapitel erwähnt wurde, vor allem bei Anwesenheit einer komplexen Drift vorteilhaft anwendbar. Da man bei der Durchführung von Universalkrigeverfahren festgestellt hatte, daß die zugrundeliegende Kovarianzfunktion nicht unbedingt exakt bekannt sein muß, um das Universalkrigeverfahren anzuwenden (s. oben), definierte man eine neue und noch allgemeinere Kovarianzfunktion der Form

$$E\{[\sum_i \lambda_i \cdot Z(x_i)]^2\} = \sum_i \sum_j \lambda_i \cdot \lambda_j \cdot K_{ij} \quad ,$$

wobei die Wichtungen λ_i so ausgewählt werden, daß die Bedingung

$$\sum_\ell \lambda_i \cdot x_i^\ell \equiv 0 \qquad (\ell = 0 \ \cdots \ k)$$

erfüllt ist. Deshalb gilt

$$\sum_i \lambda_i \cdot Z(x_i) = \sum_i \lambda_i \cdot Y(x_i) \quad ,$$

weil die Driftfunktion zuvor bereits eliminiert wurde (vgl. voriges Kapitel).

Das verallgemeinerte Inkrement $\sum_i \lambda_i \cdot Z(x_i)$ muß demnach aufgrund einer geeigneten Auswahl der Wichtungen λ_i selbst in der Lage sein, die Driftfunktionen zu eliminieren bzw. zu filtern. Mit anderen Worten, man hat nunmehr eine neue (verallgemeinerte) Kovarianzfunktion zu finden, die es ermöglicht, die Schätzung anhand der Probenwerte allein direkt vorzunehmen, ohne daß die Driftfunktion bekannt sein muß, oder wie bei dem Universalkrigeverfahren zuvor geschätzt werden muß.

Auf der Suche nach einer solchen <u>verallgemeinerten Kovarianzfunktion</u> sollte in Erinnerung gerufen werden, daß das Variogramm auf Inkrementen der 1. Ordnung beruht, die einen stationären Zustand dadurch gewährleisten, daß bei der Differenzbildung $\Delta x_i = [Z(x_i + h) - Z(x_i)]$ die (konstante) Drift eliminiert wird und die intrinsische Hypothese

$$E[Z(x_i + h) - Z(x_i)] = 0 \qquad \text{gilt.}$$

Wenn also die Verwendung der Inkremente 1. Ordnung in der Lage ist, eine Drift niederer Ordnung ($k = m(x) = $ konstant, d. h. $k = 0$) zu elimieren, ist analog dazu auch die Verwendung von Inkrementen höherer Ordnung (d. h. die Betrachtung der Inkremente von Inkrementen) denkbar, um so Drifte höherer Ordnung auszufiltern. Betrachtet man z. B. Punkte (x_i), die auf einer Linie gleichmäßig verteilt sind, dann sind folgende Inkrementfunktionen definierbar:

$$\Delta^1 x_i = x_{i+1} - x_i \qquad \text{(mit } h=1\text{)} \qquad \text{Inkrement 1. Ordnung}$$

$$\Delta^2 x_i = \Delta^1 x_{i+1} - \Delta^1 x_i = x_{i+2} - 2x_{i+1} + x_i \qquad \text{Inkrement 2. Ordnung}$$

$$\Delta^3 x_i = \Delta^2 x_{i+1} - \Delta^2 x_i = x_{i+3} - 3x_{i+2} + 3x_{i+1} - x_i \qquad \text{Inkrement 3. Ordnung .}$$

Bei dieser Differenzbildung gilt schließlich $\Delta^k x_i = 0$, wenn ein Polynom der Form

$$f(x) = \sum_{\ell=0}^{k-1} a_\ell \cdot x^\ell$$

vorliegt. D. h., eine Inkrementfunktion der k-ten Ordnung würde ein Drift-Polynom der Ordnung bis zu $(k-1)$ ausfiltern, wenn dieses Polynom eine Komponente der Probenwerte $z(x_i)$ ist.

In der Praxis werden Polynome ungerader Ordnung $(2k + 1)$ verwendet, um die verallgemeinerte Kovarianzfunktion darzustellen, wobei k die Ordnung der Drift ist. Die Koeffizienten des jeweiligen Polynoms müssen aber so ausgewählt werden, daß die Kovarianzfunktion positiv definit ist (vgl. Kap. 2.3). In der folgenden Tabelle sind die für diesen Zweck geeigneten Polynome zusammengefaßt:

Tabelle 6.2.1: Polynommodelle für die verallgemeinerten Kovarianzen für $k \leq 2$ (aus Delfiner 1979)

Die zu eliminierende Drift	k	Das Polynommodell
Konstant	0	$K(h) = C_0 \cdot \delta(h) - b_0 \cdot |h|$
Linear	1	$K(h) = C_0 \cdot \delta(h) - b_0 \cdot |h| + b_1 \cdot |h|^3$
Quadratisch	2	$K(h) = C_0 \cdot \delta(h) - b_0 \cdot |h| + b_1 \cdot |h|^3 + b_2 \cdot |h|^5$

Bedingungen: in der Ebene (2-Dim) $C_0 \geq 0,\ b_0 \geq 0,\ b_2 \geq 0,\ b_1 \geq -(10/3) \cdot \sqrt{b_0 \cdot b_2}$

im Raum   (3-Dim) $C_0 \geq 0,\ b_0 \geq 0,\ b_3 \geq 0,\ b_1 \geq -\sqrt{10} \cdot \sqrt{b_0 \cdot b_2}$

$\delta(h) = 1$ falls $h = 0$; $\delta(h) = 0$ falls $h \neq 0$.

Diese Polynommodelle sind nunmehr als die verallgemeinerten Kovarianzfunktionen anzusehen, die in den jeweiligen Krigegleichungssystemen (s. Kap. 6.1) in der gleichen Weise eingesetzt werden können wie die gewöhnlichen Kovarianzmodelle. Es ist ersichtlich, daß in der Tabelle 6.2.1 für $k = 0$ das bekannte Kovarianzmodell linearen Typs erhalten wurde. Der Koeffizient C_0 ist wiederum der Nuggeteffekt, und der Koeffizient b_0 beschreibt das Verhalten der Kovarianzfunktion nahe dem Ursprung. Diese beiden Koeffizienten (C_0 und b_0) sind einfach anhand des Variogramms der geschätzten Residuen (s. Kap. 6.1) bestimmbar. Die anderen Koeffizienten weisen dagegen keine geostatistische Signifikanz auf.

In der praktischen Anwendung kann die Auswahl der Koeffizienten des Polynoms und die Ordnungszahl der Driftfunktion durch einen iterativen Prozeß optimiert werden. Hierfür entfernt man nacheinander einzelne (bekannte) Probenwerte aus dem Datensatz und ermittelt für sie Schätzwerte (Krigewerte) mit Hilfe eines zu Beginn willkürlich ausgewählten Kovarianzmodells, z. B. $K(h) = -|h|$. Anschließend führt man einen Vergleich der Schätzwerte mit den tatsächlichen Werten durch und verbessert das Modell entweder durch die Erhöhung der Ordnungszahl des Polynoms und/oder durch eine bessere Auswahl der Koeffizienten mit dem Ziel, die (bekannten) Fehler zwischen den wahren und geschätzten Werten zu minimieren (vgl. Davis & David 1978).

6.3 Geostatistische Simulationen

In den Geowissenschaften wurden bisher hauptsächlich zwei Arten von Simulationen eingesetzt. Der erste Typ betrifft Simulationsmodelle zur Untersuchung und Verdeutlichung der Ablaufmechanismen bei geologischen Vorgängen. Bekannte Beispiele hierfür sind Simulationen von sedimentologischen Prozessen, worauf hier nicht eingegangen wird. Der zweite Typ von Simulationen betrifft die Erstellung von Werten für eine ortsabhängige Variable, z. B. für die Erzgehalte und für die Mächtigkeiten in einer Lagerstätte. Die bei dieser Simulation erstellten neuen Daten müssen grundsätzlich zwei Bedingungen genügen: Erstens müssen sie die gleiche statistische Verteilung (bzw. das Histogramm) und zweitens das gleiche Variogramm, d. h. die gleiche Variographie, aufweisen wie die realen bzw. bekannten (Proben–)Werte. Als eine weitere Bedingung kann hinzukommen, daß die simulierten Werte mit den wahren Werten an den bekannten Probenahmepunkten exakt übereinstimmen müssen; in diesem Fall spricht man von der "bedingten Simulation" (conditional simulation).

Die Simulation von ortsabhängigen Variablen in der Geostatistik wurde in den siebziger Jahren mit Hilfe einer neuen Methode nach MATHERON eingeführt (Journel 1974a, b); diese unter dem Namen "turning bands" (sich drehende Bänder) bekannte Methode wird unten genauer erläutert. Verschiedene Autoren haben seither die weitreichenden Anwendungsmöglichkeiten von geostatistischen Simulationen – von der geochemischen Prospektion (Dagbert 1980) bis zur Abbauplanung (Deraisme 1982) – gezeigt. Die Notwendigkeit der Durchführung von geostatistischen Simulationen wird insbesondere bei der Lagerstättenbewertung sowie bei der Abbauplanung deutlich. Normalerweise erfolgt die Ermittlung der Vorratsangaben in–situ mit Hilfe des (linearen) Krigeverfahrens. Die gleichzeitig ermittelte Krigevarianz ist zwar ein Maß für die Qualität der Schätzung, sie gibt jedoch keinerlei Hinweise auf die Variabilität der betrachteten Variablen (z. B. des Gehaltes) innerhalb dieser Reservenblöcke (vgl. Abb. 6.3.1). Außerdem ist die Dispersionsvarianz der durch Krigen ermittelten Werte kleiner als die wahre Dispersionsvarianz (Glättungseffekt, s. Kap. 5.4.1.2). Aus diesem Grunde wäre das Variogramm der durch Krigeverfahren ermittelten Werte nicht mit dem eigentlichen Variogramm identisch. Deshalb können die durch Krigeverfahren ermittelten Daten nicht als Simulationswerte angesehen werden, zumal dies ohnehin nicht das Ziel dieses Verfahrens ist.

Die Kenntnis der ortsgebundenen Verteilungseigenschaften, z. B. der Gehaltsfluktuationen von kleineren Abbaueinheiten innerhalb der Reservenblöcke, ist aber vor allem für die Zwecke der Gehaltskontrolle im Abbau und für die Überwachung der Aufbereitungsaufgabe (einschließlich Planung der Mischprozesse bei der Aufhaldung) von Bedeutung. Auch bei der Auswahl des Abbauverfahrens und der dazugehörigen Ausrüstung müssen die ortsabhängigen Verteilungseigenschaften mitberücksichtigt werden. Ferner erlauben solche Simulationen eine gewisse "Lokalisierung" der gewinnbaren Reserven, wenn diese zuvor durch probabilistische Schätzungen ermittelt werden (vgl. Kap. 5.4). Die durch Simulationsvorgänge erstellten "Lagerstätten" hypothetischer Art lassen sich außerdem vorteilhaft für die Methodenentwicklung einsetzen. Die Anwendbarkeit von neuen praktischen Methoden ist an diesen hypothetischen Lagerstätten besser überprüfbar als an natürlichen Lagerstätten, weil die Eigenschaften der simulierten "Lagerstätten" praktisch als völlig bekannt gelten können.

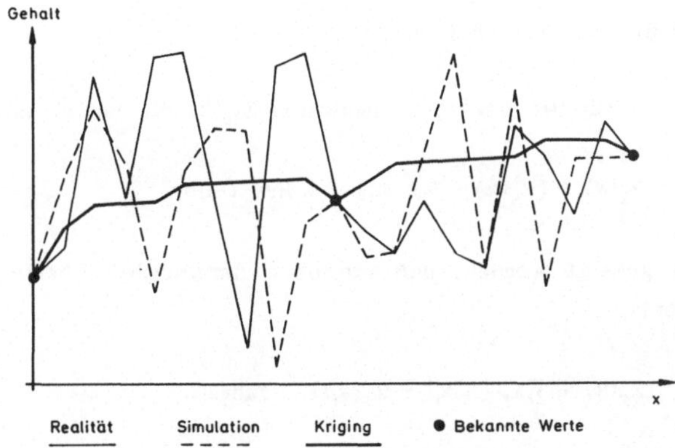

Abb. 6.3.1: Schematische Darstellung von Gehaltsfluktuationen im Kleinmaßstab; Vergleich von Krigewerten, Simulation und Realität.

Grundsätzlich können sowohl Punkt- als auch Blockwerte simuliert werden. Die Strukturanalyse der realen Daten muß jedoch der ausgewählten Stützung entsprechen. Die folgenden Überlegungen stellen die theoretische Basis für die Durchführung von bedingten Simulationen dar:

Wenn eine Variable Z an einem Punkt x mit Hilfe des Krigeverfahrens geschätzt wird, gilt:

$$Z(x) = Z_k(x) + [Z(x) - Z_k(x)] \quad , \text{ wobei}$$

$Z(x)$ den wahren, aber unbekannten Wert am Punkt x,

$Z_k(x)$ die Krigeschätzung für $Z(x)$ und

$[Z(x) - Z_k(x)]$ den "unbekannten" Fehler dieser Schätzung (= Krigefehler) darstellen.

Da per Definition das Variogramm der simulierten Werte mit dem Variogramm der reellen Werte identisch sein soll, bestimmt man den unbekannten Krigefehler durch ein Krigen anhand von simulierten Werten an den gleichen Stellen:

$$Z_S(x) = Z_{Sk}(x) + [Z_S(x) - Z_{Sk}(x)] \quad \text{mit}$$

$Z_S(x)$ als simulierter Wert am Punkt x,

$Z_{Sk}(x)$ als Krigeschätzung am Punkt x anhand von simulierten Werten und

$Z_S(x) - Z_{Sk}(x)$ als nunmehr "bekannter" Krigefehler.

Dementsprechend ist für die bedingte Simulation $Z_{Sc}(x)$ die Beziehung:

$$Z_{Sc}(x) = Z_k(x) + [Z_S(x) - Z_{Sk}(x)] \quad \text{aufzustellen.}$$

Es kann einfach gezeigt werden, daß die oben dargelegten Überlegungen zu dem praktischen Ergebnis von

$$Z_{Sc}(x) = Z_S(x) + \sum_i \lambda_i \cdot [Z(x_i) - Z_S(x_i)] \quad \text{führen,}$$

wobei λ_i die Krigewichtungen für die Differenzwerte zwischen den bekannten und den simulierten Werten an den bekannten Punkten (= Probenahmestellen, x_i) sind. D. h. die nicht konditional simulierten Werte müssen durch ein Krigen der Differenzwerte nachträglich korrigiert werden, um die Werte für die bedingte Simulation zu erhalten.

6.3.1 Erläuterung des Simulationsvorganges: Im folgenden wird der Ablauf einer Simulation kurz dargestellt (vgl. auch das praktische Beispiel in Kap. 6.3.2). Der grundlegende Schritt bei allen geostatistischen Anwendungen ist bekanntlich die Analyse der Datenstruktur. Deshalb werden als erstes die statistische Verteilung und die Variographie der ortsgebundenen Veränderlichen anhand von Probenwerten untersucht. Da aber bei der Durchführung des Simulationsvorganges mit Hilfe von sogenannten "sich drehenden Bändern" (turning bands–Methode, s. unten!) Daten erstellt werden, die eine Gauß'sche Verteilung aufweisen, wird zuvor eine Transformation der realen Werte (= Probenwerte) in deren normal verteilte Äquivalente vorgenommen. Diese Transformation wird anhand der Anamorphosefunktion $y_i = \varphi(z_i)$ durchgeführt (vgl. Kap. 5.4.1.1), wobei z_i die realen Werte und y_i die Gauß'schen Äquivalentwerte darstellen. Die Äquivalentwerte weisen eine standardisierte Normalverteilung (0,1) auf. Das experimentelle Variogramm wird anschließend anhand dieser Äquivalentwerte nochmals berechnet. Das erhaltene Variogrammodell beinhaltet diejenige Kovarianzfunktion, die den simulierten Werten zugeordnet werden soll. Simuliert werden nunmehr nicht die Werte z_i, sondern y_i. Die wesentlichen Schritte des Simulationsvorganges sind im folgenden der Reihe nach erläutert:

1. Simulation mit Hilfe der Methode der sich drehenden Bänder (turning bands)

Diese Methode ermöglicht die Durchführung einer <u>dreidimensionalen</u> Simulation anhand von <u>eindimensionalen</u> Simulationen. Eindimensionale Simulationen werden entlang von Geraden durchgeführt, die entsprechend dem zu simulierenden Raster in gleichlange Segmente unterteilt sind (s. Abb. 6.3.2a). Jeder dieser Geraden können Bänder zugeordnet werden, die aus nebeneinander liegenden Scheiben bestehen. Die Dicke dieser Scheiben entspricht der Segmentbreite auf der Geraden, und die Begrenzungsflächen der Scheiben stehen senkrecht zu den jeweiligen Geraden (s. Abb. 6.3.2b). Der Name "turning bands" rührt davon, daß die Geraden bzw. die Bänder voneinander durch Rotationen im Raum abgeleitet werden können.

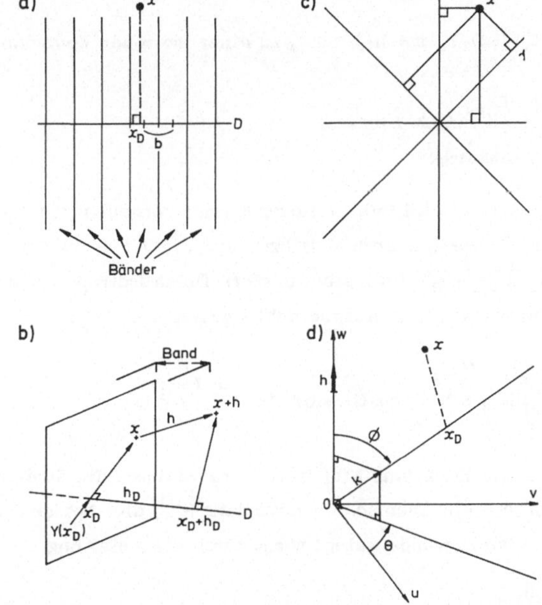

Abb. 6.3.2: Schematische Darstellung der sich drehenden Bänder: a) zwei– und b) dreidimensional sowie c) der senkrechten Projektionen des Punktes x auf die Simulationsgeraden D_i; Darstellung 6.3.2d verdeutlicht die sphärische Betrachtungsweise (teilweise nach Journel & Huijbregts 1978).

Der Punkt $\mathbf{x}$ im Raum (vgl. Abb. 6.3.2c) wird auf die Simulationsgerade D projiziert, wobei der an dem Projektionspunkt erzeugte simulierte Wert $y_i(\mathbf{x}_D)$ für alle Simulationspunkte innerhalb der Scheibe gilt. Wenn man schließlich mehrere Geraden $(D_1, D_2 \cdots D_N)$ im Raum betrachtet, deren Richtungen mit denen von Einheitsvektoren $K(k_1, k_2 \cdots k_n)$, die über die Einheitskugel gleichmäßig verteilt sind, übereinstimmen sollen, erzeugt man für den Punkt $\mathbf{x}$ N voneinander unabhängige (eindimensionale) Simulationswerte $y_i(\mathbf{x}_{Di})$. Durch eine entsprechende Summierung dieser Werte erhält man zum Schluß den dreidimensional simulierten Wert $y_S(\mathbf{x})$ am Punkt $\mathbf{x}$ anhand von N eindimensionalen Simulationswerten:

$$y_S(\mathbf{x}) = \frac{1}{\sqrt{N}} \cdot \sum_{i=1}^{N} y_i(\mathbf{x}_{Di}) \quad ,$$

wobei die Anzahl N in der Praxis auf N = 15 begrenzbar ist.

Die regionalisierte Variable $y_S(\mathbf{x})$ wird als eine Realisierung der dreidimensionalen Zufallsfunktion $Y_S(\mathbf{x}) = Y_S(u,v,w)$ mit der Kovarianz $K(h)$ angesehen, wobei diese Kovarianz

$$K(h) = E[Y_S(\mathbf{x}) \cdot Y_S(\mathbf{x} + h)] \qquad , \text{ zu einer isotropen Kovarianz der Form}$$

$$K(r) = \frac{1}{2\pi} \int_{\text{1/2 Einheitskugel}} K^{(1)}(\langle h,k \rangle) \, dk$$

tendiert, wenn N sehr groß wird (∞). In dieser Formel verdeutlicht $\langle h,k \rangle$ die Projektion des Abstandsvektors h auf die Gerade D bzw. auf die Achse k; der Vektor h hat den Betrag $|h| = r = \sqrt{h_u^2 + h_v^2 + h_w^2}$ (vgl. Abb. 6.3.2d). Diese isotrope Kovarianz $K(r)$ kann in sphärischen Koordinaten wie folgt ausgedrückt werden:

$$K(r) = \frac{1}{\pi} \int_0^{2\pi} d\theta \int_0^{\pi/2} K^{(1)}(|r \cos\varphi|) \sin\varphi \, d\varphi = \frac{1}{r} \int_0^r K^{(1)}(s) \, ds \quad .$$

Da die dreidimensionale Kovarianz $K(r)$ in der Praxis durch die Strukturanalyse bereits vorgegeben ist, muß die eindimensionale Kovarianz $K^{(1)}$, die bei dem Simulationsprozeß auf jeder der N Geraden zugrunde gelegt wird, durch die Ableitung

$$K^1(s) = \frac{\partial}{\partial s} s\, K(s)$$

ermittelt werden. Diese Funktion ist positiv definit und kann daher als eine Kovarianzfunktion verwendet werden.

Bei der praktischen Durchführung der eindimensionalen Simulation entlang einer Geraden D werden Punkten (x_{i-k}, $\cdots$ x_i , $\cdots$ x_{i+k}), die auf dieser Geraden mit dem Abstand b äquidistant verteilt sind (s. Abb. 6.3.3), unabhängige Realisierungen von T(t_{i-k} , $\cdots$ t_i, $\cdots$ t_{i+k}) zugeordnet, die z. B. einer Rechteckverteilung T mit der Varianz σ^2 entstammen. Hierbei sollte der Abstand b dem zu simulierenden Raster entsprechen. Anschließend werden die "vergleichmäßigten" Werte y_i durch eine gleitende Mittelwertbildung an jedem Punkt i durch

$$y_i = \sum_{-R}^{+R} t_{i+k} \cdot f(kb)$$

ermittelt (s. unten!). Hierbei wird eine ungerade Zahl (2R + 1) von Werten verwendet, um y zu berechnen, wobei k als eine ganze Zahl zwischen −R und +R fortschreitet und R eine ganze Zahl um 20 ist. Es gilt b = a/2R, wobei a die Reichweite des sphärischen Variogrammodells ist. Die eindimensionale Kovarianz der simulierten Werte y_i ist:

$$K^{(1)}(s) = \sigma^2 \cdot \sum_{-\infty}^{+\infty} f(kb) \cdot f(kb-s) \ .$$

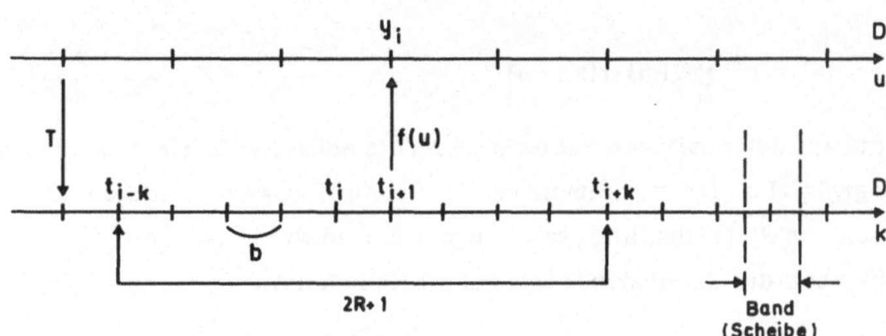

Abb. 6.3.3: Gleitende Mittelwertbildung mit Hilfe der Wichtungsfunktion $f(u)$ auf der Geraden D.

Anschließend werden die dreidimensional simulierten Werte y_S, wie bereits oben dargestellt, durch die Summenbildung

$$y_S(x) = \frac{1}{\sqrt{N}} \cdot \sum_{i=1}^{N} y_i(x_{Di}) \qquad \text{erhalten.}$$

Da hierbei − theoretisch gesehen − eine "große Zahl" von N voneinander unabhängigen Realisierungen addiert werden, erhält man unter Anwendung der Hypothese der Stationarität für die simulierten Werte eine <u>Normalverteilung</u> (vgl. zentraler Grenzwert−

satz, s. z. B. Kreyszig 1979). Damit ist bereits eine der Bedingungen für die Simulation der ortsabhängigen Variablen als erfüllt anzusehen (erste Bedingung). Die erhaltene Normalverteilung kann anschließend bezüglich Varianz und Mittelwert korrigiert werden.

Die zweite Bedingung der Simulation bezieht sich, wie eingangs definiert, auf die strukturelle Eigenschaft der Werte y_i (eindimensional) bzw. y_S (dreidimensional): Das Variogramm der Werte (y_S) muß bekanntlich mit dem Variogramm der transformierten Probenwerte identisch sein. Aber auch dieser Bedingung wurde bei der gleitenden Mittelwertbildung (wie oben dargestellt) Rechnung getragen, denn die eindimensionale Kovarianzfunktion $K^{(1)}(s)$ läßt sich als Faltung einer Funktion $f(u)$ mit ihrer Transponierten $f^* = f(-u)$ darstellen:

$$K^{(1)}(s) = f \cdot f^* = \int_{-\infty}^{+\infty} f(u) \cdot f(u+s) \, du \quad ,$$

wobei $f(u)$ die Wichtungsfunktion darstellt. Die oben für die eindimensional simulierten Werte y_i angegebene Kovarianz

$$K^{(1)}(s) = \sigma^2 \cdot \sum_{-\infty}^{+\infty} f(kb) \cdot f(kb-s)$$

ist aber — bis auf den positiven Faktor σ^2 — nichts anderes als die diskrete Approximation dieses Integrals. Da der dreidimensionale Simulationswert y_i durch eine Summierung von (eindimensionalen) Simulationswerten y_i erhalten wurde (s. oben), ist deren Kovarianz, die nunmehr auch dreidimensional ist, ebenfalls bekannt:

$$K(h) = \frac{1}{N} \cdot \sum_{i=1}^{N} K^{(1)} (\langle h, k_i \rangle) \quad .$$

Diese Kovarianz entspricht der vorgegebenen dreidimensionalen Kovarianz (vgl. oben die eingangs eingeführte Formel für die dreidimensionale Kovarianz). Somit ist auch die zweite Bedingung für die Simulation als erfüllt anzusehen.

Abschließend wird im folgenden die Wichtungsfunktion $f(u)$ für das sphärische Modell kurz vorgestellt. Wenn die Formel für das (isotrope) sphärische Modell (dreidimensional) unter Beachtung von $\gamma|h| = \gamma(r)$

$$K(r) = \begin{cases} C(1 - \dfrac{3r}{2a} + \dfrac{r^3}{2a^3}) & \text{für } r < a \\ 0 & \text{sonst} \end{cases}$$

lautet, dann erhält man bei einer eindimensionalen Betrachtungsweise und mit Hilfe der oben erwähnten Ableitung für $K^1(s)$ folgendes:

$$
K^{(1)}(s) = \begin{cases} C\left(1 - \dfrac{3s}{a} + \dfrac{2s^3}{a^3}\right) & \text{für } s < a \\[2ex] 0 & \text{sonst .} \end{cases}
$$

Diese Kovarianz kann nunmehr als das Faltungsprodukt $K^1(s) = f \cdot f^*$ mit der Wichtungsfunktion

$$
f(u) = \begin{cases} \sqrt{\dfrac{12C}{a^3}} \cdot u & \text{für } -\dfrac{a}{2} < u < +\dfrac{a}{2} \\[2ex] 0 & \text{sonst} \end{cases}
$$

angesehen werden.

Die bisher dargestellte Anwendung der Methode der sich drehenden Bänder führt demnach zu dreidimensionalen Simulationswerten, die die ersten beiden anfangs gestellten Bedigungen für die Simulation bereits erfüllen. Diese Werte sind jedoch noch nicht im Hinblick auf die bekannten Probenwerte konditioniert, d. h. die <u>dritte Bedingung</u> der (bedingten) Simulation ist noch nicht erfüllt.

2. <u>Konditionierung der simulierten Werte</u>

Die simulierten Werte $y_S(\mathbf{x})$ müssen bei der bedingten Simulation definitionsgemäß mit den bekannten Werten an den Probenahmepunkten exakt übereinstimmen. Deshalb werden zuerst einmal die bestehenden Differenzwerte zwischen den "nicht bedingt" simulierten und den tatsächlichen Werten an den Probenahmestellen ermittelt, um anschließend eine Korrektur der simulierten Werte durch ein Krigen anhand dieser bekannten Differenzwerte vornehmen zu können. Mit anderen Worten, die durch das Krigeverfahren geschätzten Differenzwerte werden zur Korrektur der "nicht bedingten" Simulationswerte (y_S) verwendet, um diese in konditional simulierte Werte $y_{SC}(\mathbf{x})$ zu überführen (vgl. Kap. 6.3).

3. <u>Rücktransformierung der simulierten Werte</u>

Im Anschluß an den oben beschriebenen Schritt müssen die simulierten Werte $y_{SC}(\mathbf{x})$ mit Hilfe der bereits vorgestellten Transformationsfunktion

$$z_i = \varphi^{-1}\,(y_i) \quad\text{bzw.}\quad z_{sc} = \varphi^{-1}\,(y_{sc})$$

in reale Simulationswerte $z_{sc}(\mathbf{x})$ rücktransformiert werden. Der nach dieser Rücktransformation erhaltene Datensatz der z_{sc}-Werte stellt nunmehr das Endergebnis dar. Zur Kontrolle der Qualität der Simulation vergleicht man anschließend die Verteilung (Histogramm) und das Variogramm der simulierten Werte $z_{sc}(\mathbf{x})$ mit dem ursprünglichen Histogramm und dem Variogramm der Probenwerte $z(\mathbf{x})$. Wenn dieser Vergleich "zufriedenstellend" ist, kann der Simulationsvorgang als "gelungen" angesehen werden (vgl. Kap. 6.3.2).

Anmerkung: Falls anstelle der Simulation von Punktwerten eine Simulation von Blockwerten (z. B. für die Selektionseinheiten) vorgenommen werden soll, stehen in der Praxis folgende Möglichkeiten zur Verfügung:

1. Mittelwertbildung: Punktwerte werden in einem sehr dichten Raster simuliert. Durch eine Mittelung der simulierten Werte, die sich innerhalb des betrachteten Blockes befinden, erhält man den "simulierten Blockwert".

2. Nicht bedingte Simulation: die Simulation wird für die Punktwerte "nicht bedingt" durchgeführt. Die Konditionierung der Blockwerte geschieht anschließend durch ein Krigen der Blöcke anhand der Differenzwerte an den Probenahmestellen (s. oben, Durchführung der bedingten Simulation).

3. Direkte bedingte Simulation der Blöcke: basierend auf einer entsprechenden Stützungskorrektur des Variogramms und des Histogramms ist es möglich, eine bedingte Simulation der Blockwerte direkt vorzunehmen (s. Kap. 4.1.3, Vergleichmäßigung).

Da die beiden erstgenannten Möglichkeiten eine große Anzahl von simulierten Punktwerten benötigen, ist für die Praxis eher die dritte Möglichkeit empfehlenswert.

6.3.2 Ein praktisches Beispiel für die bedingte Simulation: Eine söhlige Uranerzlagerstätte sedimentären Ursprungs wurde durch 51 Explorationsbohrungen in einem Raster von 50 m · 50 m und stellenweise in 25 m · 25 m Abständen untersucht. Zusätzlich wurden entlang eines Profils Bohrungen in ca. 10 m Abständen durchteuft. Zu simulieren sind die Akkumulationswerte der Selektionseinheiten der Größe 6,25 m · 6,25 m für die Zwecke der Abbauplanung und Gehaltskontrolle.

<u>Durchführung</u>: Entsprechend der oben dargestellten Schrittfolge ist als erstes die Verteilung und die Variographie der vorliegenden 51 Bohrwerte zu untersuchen. Dann werden die Bohrwerte in Gauß'sche Äquivalentwerte transformiert; die Strukturanalyse muß anschließend anhand dieser Äquivalentwerte wiederholt werden. Schließlich wird ein (isotropes) Variogrammodell (des sphärischen Typs) angepaßt (vgl. Abb. 6.3.4). Die bedingte Simulation wird anschließend sowohl für die Blöcke (= Selektionseinheiten, SE der Größe 6,25 m · 6,25 m) als auch für ein Punktraster (mit Abständen von 6,25 m · 6,25 m) durchgeführt; letztere rein zu Vergleichszwecken.

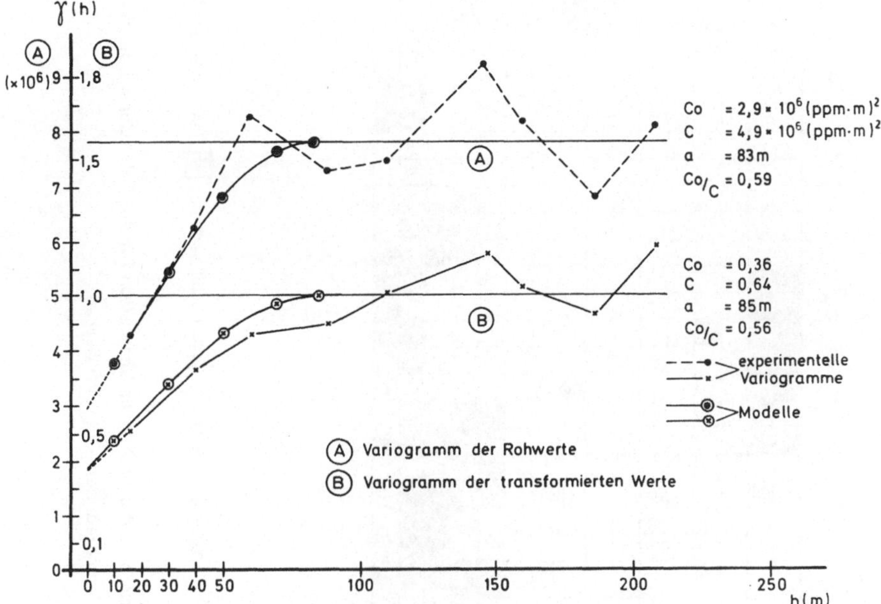

Abb. 6.3.4: Experimentelle Variogramme und angepaßte Modelle für die Probenwerte (A) und für die transformierten Werte (B). Bei der Modellanpassung im Fall B wurde die Reichweite des Variogramms A beibehalten.

Das Ergebnis der Simulation für die SE ist in Abb. 6.3.5 schematisch dargestellt. Aus dieser Darstellung können interpretative Schlußfolgerungen gezogen werden, die sowohl für die Abbauplanung als auch für die Exploration von Bedeutung sind (s. unten).

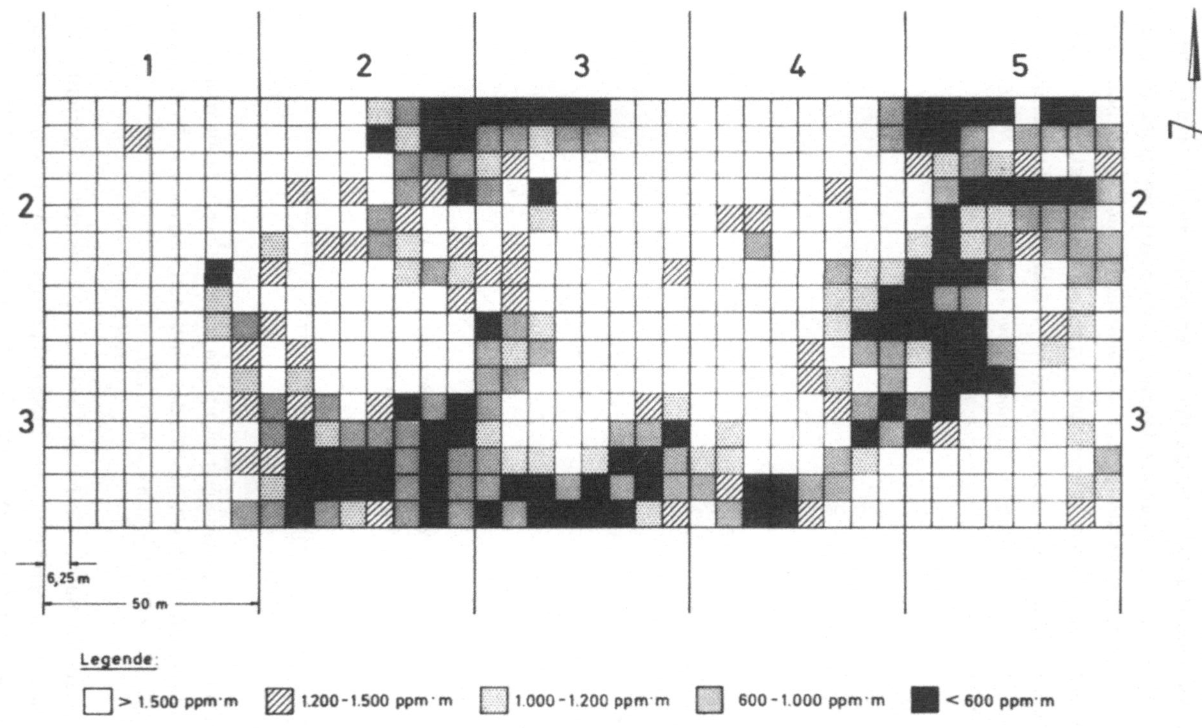

Abb. 6.3.5: Das Ergebnis der bedingten Simulation für die Selektionseinheiten der Größe 6,25 m · 6,25 m, dargestellt nach verschiedenen Cut−off−Werten.

Die Überprüfung der Qualität der durchgeführten Simulation erfolgt durch einen Vergleich der Histogramme (Abb. 6.3.6) zum einen und der Variogramme (Abb. 6.3.7) zum anderen. Es ist aber zu beachten, daß in diesem Fall das Histogramm und das Variogramm der tatsächlichen Werte mit dem Histogramm und dem Variogramm der simulierten Blockwerte aufgrund der unterschiedlichen Stützungen (quantitativ gesehen) nicht direkt vergleichbar sind: Die Formen der Verteilungskurven und der Variogramme sind jedoch in beiden Fällen trotzdem sehr ähnlich und die Parameter der Verteilungen zeigen eine gute Übereinstimmung (s. Tab. 6.3.1). Das gleiche gilt für die Histogramme und Variogramme der simulierten und der tatsächlichen Punktwerte, zumal diese auch quantitativ direkt miteinander vergleichbar sind. Aufgrund dieser Übereinstimmungen sind die Ergebnisse der Simulation als annehmbar anzusehen.

Tabelle 6.3.1: Parameter der Verteilung der reellen und der simulierten Werte für die Selektionseinheiten

Parameter	Probenwerte	simulierter Datensatz
Durchschnittlicher Akkumulationswert	2.581 ppm·m	2.585 ppm·m
Varianz	4.617.300[*] $(ppm·m)^2$	4.389.200 $(ppm·m)^2$
Standardabweichung	±2.148 ppm·m	±2.095 ppm·m
Anzahl der Werte	51	640

* nach Stützungskorrektur

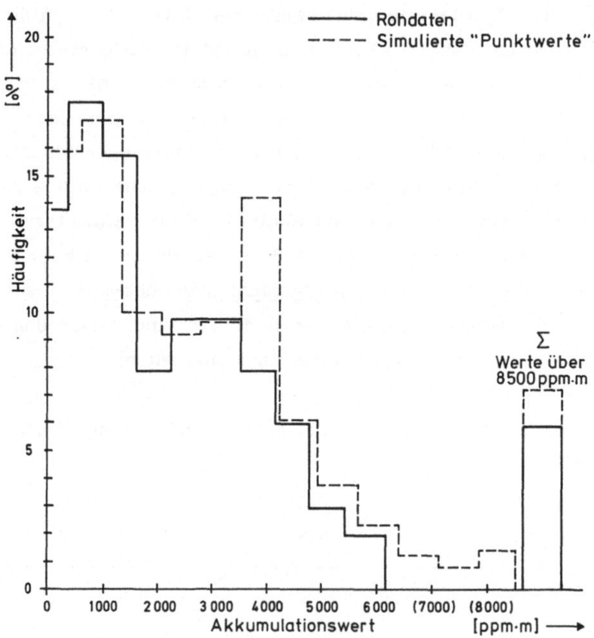

Abb. 6.3.6: Histogramme von simulierten und tatsächlichen Werten (beide mit Punktstützung).

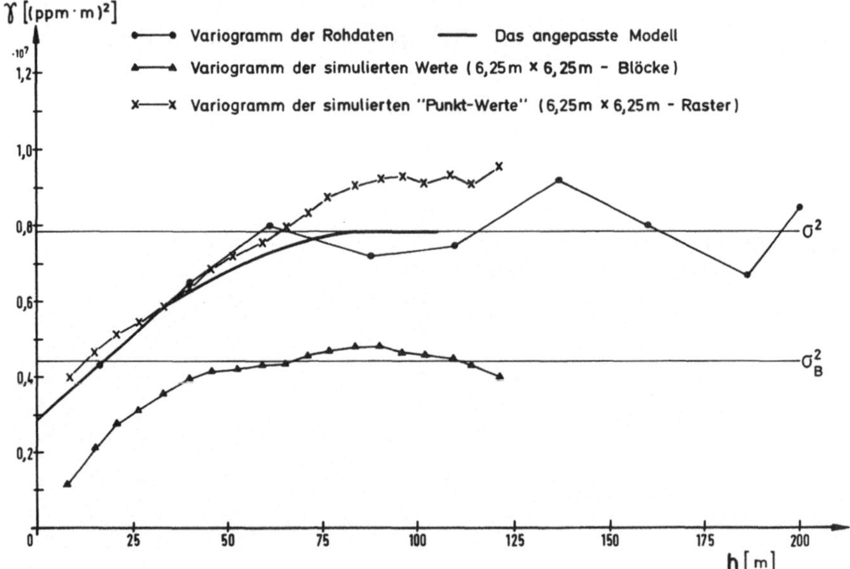

Abb. 6.3.7: Variogramme von simulierten und tatsächlichen Werten (vgl. Abb. 6.3.4).

Das erhaltene Simulationsbild der Lagerstätte in Abb. 6.3.5 weist auf einen graduellen Übergang zwischen den hohen und niedrigen Akkumulationswerten hin, wobei geschlossene Teile der Lagerstätte unter dem ausgewählten Cut–off–Wert von 1500 ppm · m liegen. Außerdem scheinen bestimmte Richtungen (z. B. NE–SW), die für Explorationszwecke bedeutend sein können, bevorzugt aufzutreten. Dieses Simulationsbild kann als eine vorläufige Planungsgrundlage z. B. für die methodische Anwendung eines Abbaukonzeptes im Kleinbereich dienen, zumal die weitmaschig niedergebrachten Explorationsbohrungen nicht in der Lage sind, ein solches "regionalisiertes Verteilungsbild" der Lagerstätte für die Zwecke einer kurzfristigen Produktionsplanung bzw. Gehaltskontrolle zu liefern.

KAPITEL 7. ZUR ANWENDUNG DER GEOSTATISTIK BEI DER BEURTEILUNG VON BERGBAUPROJEKTEN

In Fortsetzung des bisher verfolgten Ziels, eine Einführung in die Geostatistik und in ihre praktische Anwendung anhand von Beispielen aus der Montangeologie zu ermöglichen, wird in diesem Kapitel die Verwendung der geostatistischen Ergebnisse bei der Beurteilung von Bergbauprojekten erläutert. Die Miteinbeziehung der Fehlergrenzen und der Aussagesicherheiten bzw. die Berücksichtigung der mit den Schätzungen verbundenen Risiken für das Projekt ist ein wichtiger Bestandteil von Bewertungsstudien. Nach einer einführenden Vorstellung solcher Studien und Bewertungsmethoden wird die Durchführung von Sensitivitäts- und Risikoanalysen kurz vorgestellt. Ausgewählte Beispiele aus der Praxis befinden sich am Ende des Kapitels und sollen dazu dienen, die Integration der Geostatistik in die Bewertungsstudien zu demonstrieren.

7.1 Allgemeines zur Bewertung von Lagerstätten

Das besondere Kennzeichen eines Bergbauprojektes ist sein Lagerstättenbezug. Der Kenntnisstand über die Lagerstätte ist aber je nach Projektstadium begrenzt, so daß lagerstättenbezogene Parameter (z. B. Gehalt) lediglich als Schätzwerte vorliegen. Aus diesem Grunde ist ihre Verwendung mit Risiken verbunden. Die Parameter eines Bergbauprojektes können deshalb neben der üblichen Unterteilung in interne und externe oder in "natürliche" und "wirtschaftliche" auch in zwei nachfolgend beschriebene Kategorien unterteilt werden, wobei die Lagerstättenparameter fast vollständig als Risikoparameter anzusehen sind (vgl. Krige 1972):

1) Entscheidungsparameter:
Hierzu gehören alle technischen oder wirtschaftlichen Parameter, die in den einzelnen Fallrechnungen festgelegt werden können, wie z. B.:
- Produktionskapazität
- Abbauverfahren (z. B. Tiefbau/Tagebau)
- Aufbereitungsverfahren
- Qualität des Endproduktes
- Eigenkapital/Fremdkapital-Anteil

2) <u>Risikoparameter:</u>

Es sind solche Faktoren oder Parameter, die durch Schätzungen ermittelt wurden und dadurch mit Fehlern behaftet sind. Diese Schätzungen basieren entweder auf einer quantitativen Auswertungen von Daten (z. B. mit Hilfe der Geostatistik) oder auf Erfahrung. Diese sind im wesentlichen:

- Metallgehalte für nützliche und schädliche Komponenten
- gewinnbare Tonnagen und Inhalte
- Verdünnung beim Abbau
- Ausbringen beim Abbau und bei der Aufbereitung
- Investitions- und Betriebskosten
- Metallpreise und
- Eskalationsraten für Kosten und Preise.

Die Bedeutung der Risikoparameter für ein Projekt sowie deren Behandlung bei der Beurteilung der Projekte wird in diesem Kapitel nachfolgend erläutert. Jede neue Projektphase bedeutet eine neue Investitionsbetätigung. Deshalb müssen bei der Entscheidungsfindung darüber, ob eine neue Projektphase begonnen werden soll oder nicht, die Risikoparameter entsprechend berücksichtigt werden. Investitionsentscheidungen werden gewöhnlich auf Basis von Studien gefällt, die zu verschiedenen Zeitpunkten durchzuführen sind (s. Tab. 7.1.1.). Da durch geologische und technische Untersuchungen der Kenntnisstand über die Parameter im Laufe der Projektentwicklung zunimmt, werden in den verschiedenen Projektphasen ständig steigende Anforderungen an die Genauigkeit der Studien gestellt. Die in der Tabelle 7.1.1 rechts angegebenen Zahlenwerte sollen die Zunahme der erforderlichen Genauigkeiten größenordnungsmäßig kennzeichnen.

Tabelle 7.1.1 Studienarten, die in den verschiedenen Phasen der Lagerstättenuntersuchungen durchgeführt und für die Entscheidungsfindung verwendet werden

Studienart	Untersuchungsphase/ Projektphase		erwartete Genauigkeit für die Kostenschätzungen bzw. Ergebnisse (%)
Orientierungs Studie	Rekonnaissance Prospektion		± 50
	Exploration I		± 40
Prä-Feasibility Studie	(Ende-)Exploration I Exploration II (Pilotphase)	*)	± 25 ± 20
Feasibility Studie	(Ende-) Exploration II und Pilotphase		± 10 bis 15
Optimierungs Studie	Produktionsphase (= Abbauphase)		± 10 bzw. darunter

*) Bewertungsstadium

<u>Orientierungsstudien</u> werden bereits in den frühesten Projektphasen, teilweise sogar noch vor der Aufnahme der Prospektionstätigkeit im Gelände, durchgeführt. Ziel dieser Studien ist im allgemeinen die ganz grobe Bestimmung der wirtschaftlichen Realisierbarkeit, d. h. es ist zu prüfen, ob das oftmals überwiegend geologisch ausgewählte Zielobjekt im Erfolgsfall den Betrieb eines mit Gewinn produzierenden Bergbauprojektes ermöglichen würde. Die Schwierigkeit in einer frühen Phase besteht in der quantitativen Bestimmung der in den Rechnungen einzusetzenden Parameter für das "hypothetische" Projekt. Denn es liegt noch keine Datenbasis für die quantitative Schätzung der einzelnen Parameter, insbesondere der Lagerstättenparameter, vor. Zur groben Ermittlung der einzelnen Parameter werden deshalb zwei Wege beschritten, die fallweise miteinander kombiniert werden können:

a) Verwendung von bekannten Parameterwerten aus vergleichbaren Projekten, möglichst in der gleichen Region und

b) Erstellung eines theoretischen "Modellbergwerkes" basierend auf Eigenschaften der zu erwartenden Lagerstätte mit einer nachfolgenden Schätzung der Kosten anhand dieses Modells. Hierbei tastet man sich mittels Alternativrechnungen an ein realistisches Szenario heran.

Der Beitrag der Geostatistik zu den Orientierungsstudien ist im wesentlichen auf die qualitative Vermittlung eines besseren Verständnisses für die Bedeutung der Risikoparameter bei der Modellerstellung beschränkt.

Die Prä-Feasibility- und Feasibility-Studien basieren dagegen auf weit besser untersuchten Lagerstätteneigenschaften bzw. -parametern, so daß die Schätzwerte dementsprechend zuverlässiger sind. Deshalb kann die Wirtschaftlichkeit des Projektes nunmehr relativ genau bestimmt werden (s. Kap. 7.2.). Ferner ist auch eine Überprüfung der Sensitivität des Projektes bezüglich derjenigen Parameter möglich, die stark variieren können und von denen vermutet wird, daß sie einen wesentlichen Einfluß auf die Wirtschaftlichkeit des Projektes haben. Ähnlicherweise müssen Projektrisiken, die aus noch gänzlich unbekannten Faktoren herrühren (z. B. künftige Inflationsraten- und Preisentwicklung, Gehaltsverdünnung beim Abbau etc.), ebenso, d. h. möglichst quantitativ erfaßt werden, so daß ggf. Strategien zur Eingrenzung oder Ausschaltung dieser Risiken entwickelt werden können (s. Kap. 7.3, Sensitivitäts- und Risikoanalysen). In den bereits sehr fortgeschrittenen Projektphasen, einschließlich der Produktionsphase, werden schließlich Optimierungsrechnungen durchgeführt, die z. B. zur Festlegung eines optimalen Cut-off-Wertes oder der optimalen Betriebsgröße oder aber zur Entwicklung einer Finanzierungsstrategie dienen.

Diese Art von Studien und Optimierungsrechnungen verwenden nunmehr für die wichtigsten Lagerstättenparameter Werte, die mit Hilfe der Geostatistik innerhalb von relativ engen Fehlergrenzen geschätzt werden können, so daß eine diesbezüglich höhere Zuverlässigkeit für die Aussagen dieser Studien bzw. Rechnungen resultiert.

Die Gesamtbewertung des Bergbauprojektes im Rahmen dieser Studien erfolgt im allgemeinen mit Hilfe einer Wirtschaftlichkeitsrechnung, in der die Entscheidungs- und Risikoparameter sowie die sonstigen Projekt-Rahmenbedingungen (z. B. Steuern und Förderzinsen) einer gemeinsamen Betrachtung unterworfen werden. Hierbei werden Methoden verwendet, die auf einer zeitdynamischen Betrachtungsweise beruhen, wie dies unten erläutert wird.

7.2 Methode der dynamischen Beurteilung der Wirtschaftlichkeit

Moderne Wirtschaftlichkeitsbetrachtungen für die Rohstoffprojekte basieren auf einer Bewertung der Wirtschaftlichkeit unter Einbeziehung der Zeitkomponente. Diese Methodik ist unter dem Namen DCF (Discounted-Cash-Flow) bekannt. Hierbei wird davon ausgegangen, daß die Einnahmeüberschüsse (Cash-Flows) der Zukunft weniger wert sind als die von heute, so daß eine entsprechende Diskontierung der künftigen Einnahmen auf den heutigen Wert vorgenommen werden muß.

Der Aufbau eines Rechenmodelles zur Ermittlung der jährlichen Cash-Flows hat vereinfachend gesehen beispielsweise die folgende Form:

   Erlöse, z. B. (Fördermenge-Aufbereitungsverluste) · Gehalt · Preis
- (minus) Betriebskosten
- Transport- und Versicherungskosten
- Zinsen für das Fremdkapital
- Förderabgaben (an private oder staatliche Organisationen)
- Abschreibungen
= Bruttoeinkommen
- Steuern
+ Abschreibungen
- Rückzahlungen für das Fremdkapital
- Investitionen (einschl. Explorationsausgaben)
= Cash-Flow, als Mittelzu- bzw. -abfluß

Bemerkungen:

1.) Die Abschreibungen stellen bei der Ermittlung der Einnahmen zur Bestimmung der Steuerbasis einen abzugfähigen Posten dar. Sie müssen aber anschließend dem Cash-Flow wieder zuaddiert werden, weil sie in Wirklichkeit keinen Cash-Abfluß verursachen (non-cash costs).

2.) In zunehmendem Umfang müssen heute Bergbaugesellschaften nach dem Auslaufen der Produktion längerdauernde Rekultivierungsphasen einplanen, die auch in der DCF-Rechnung entsprechend, d. h. als negativer Cash-Flow, oder als Rücklagen zu berücksichtigen sind. Hingegen kann der Restwert eines Bergwerks nach der Stillegung einen positiven Beitrag zum Cash-flow liefern (salvage value).

3.) Im folgenden wird einfachheitshalber angenommen, daß die Finanzierung der Investitionen vollständig durch den Eigenkapitaleinsatz erfolgt.

Hauptsächlich drei Kennwerte charakterisieren bei derartigen Untersuchungen die Wirtschaftlichkeit des Projektes. Die erste Kennzahl ist der Barwert oder der Nettokapitalwert (NPV, net present value) des Projektes. Diese Größe errechnet sich mit

Hilfe der Formel:

$$NPV = \frac{CF_0}{q^0} + \frac{CF_1}{q^1} + \frac{CF_2}{q^2} + \cdots + \frac{CF_n}{q^n} = \sum_{i=0}^{n} \frac{CF_i}{q^i} \quad .$$

Hierbei bedeuten:

NPV = net present value (= Barwert)

CF_i = jährlicher Cash-Flow im Jahre i (i = o....n)

q = (1+r) mit r als dezimale Angabe des Diskontierungszinssatzes;

    z. B. bei 5 % p.a. als Zinssatz ist r = 0,05, q = 1,05.

Die jährlichen Cash-Flow-Werte sind in der Produktionsphase im Normalfall positiv, in der Investitionsphase hingegen negativ (s. Abb. 7.2.1). Der in der Formel zur Ermittlung des Barwertes einzusetzende Zinssatz (r) bezieht sich entweder auf die aktuellen Zinssätze oder er ist unternehmensspezifisch.

Falls in der obigen Formel als Ergebnis "Null" eingesetzt wird (NPV = O), kann für q bzw. für r ein Wert errechnet werden (s. Abb. 7.2.2). Dieser Wert r ist die zweite Kenngröße der Wirtschaftlichkeit und wird als der interne Zinsfuß oder als die interne Verzinsungsrate IRR (Internal-Rate-of-Return) bezeichnet. Die Höhe dieser Zahl ist in vielen Fällen ein gut geeignetes Maß für die Beurteilung der Wirtschaftlichkeit des Projektes. Sie verdeutlicht die Verzinsung des eingesetzten Eigenkapitals im Projekt- verlauf. Das heißt jedoch nicht, daß man im Laufe des Projektes durchgehend die gleiche Verzinsung pro Periode bezogen auf das anfangs eingesetzte Eigenkapital haben wird. Vielmehr erhält man pro Periode (z. B. pro Jahr) einen bestimmten Teil des Eigen- kapitals zurück, und die interne Zinsrate (IRR) bezieht sich auf das jeweils noch im Projekt verbleibende Eigenkapital.

Als dritte Kenngröße neben NPV und IRR bietet sich der Begriff der "Pay out" oder "Pay back-time" an. Er verdeutlicht den Zeitraum, in dem das im Projekt investierte Eigenkapital in der gleichen Höhe (d. h. unverzinst) wieder eingenommen wird ("break even"). Die Benutzung dieses Wertes zur Kennzeichnung der Wirtschaftlichkeit hat insbesondere den Nachteil, daß der Effekt der Zeitkomponente bei der Ver- oder Abzinsung der Cash-Flows normalerweise doch nicht berücksichtigt wird. Es existieren jedoch Methoden der Verfeinerung.

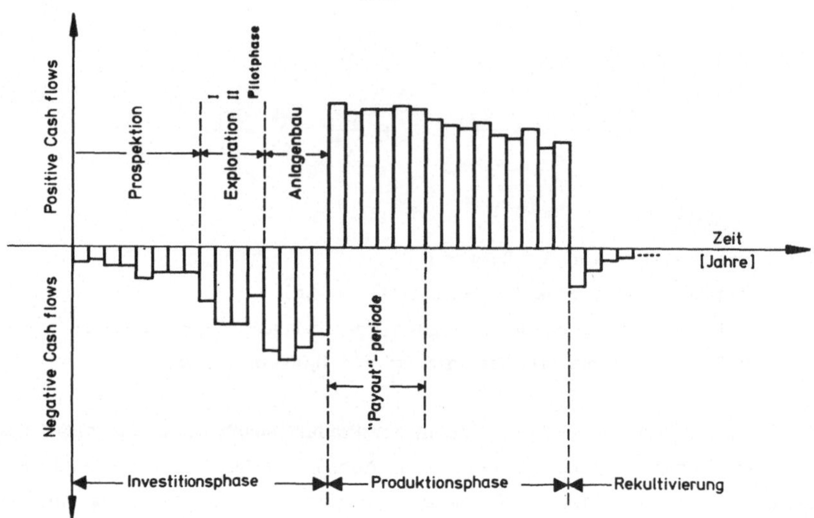

Abb. 7.2.1: Schematische Darstellung der jährlichen Cash/Ab- und Zuflüsse im Projektverlauf.

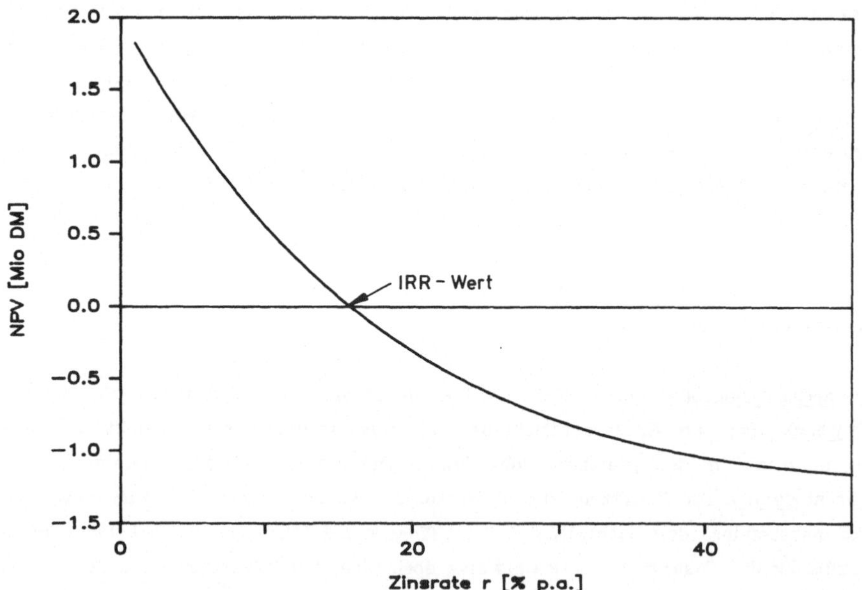

Abb. 7.2.2: Beziehung zwischen dem Barwert (NPV) und dem Zinssatz (r). Bei NPV=0 ist
r = IRR. Mehrere IRR-Werte können als Lösungen dann auftreten, wenn
mehr als ein Vorzeichenwechsel in der Cash-Flow-Reihe vorliegt.

Zu ergänzen ist die Feststellung, daß die obige Gleichung zur Berechnung des NPV bzw. IRR–Wertes ein Polynom "n–ten" Grades darstellt und somit für jeden zusätzlichen Vorzeichenwechsel eine zusätzliche Lösung als IRR–Wert auftreten kann. Z. B. bei zwei Vorzeichenwechseln (von minus zu plus und danach wieder zu minus) können zwei Lösungen existieren. Diese in der Praxis seltener auftretenden Problemfälle können u. a. durch finanzmathematische Methoden gelöst oder umgangen werden (vgl. v. Wahl 1983).

7.3 Der Einsatz der geostatistischen Ergebnisse im Rahmen der Sensitivitäts– und Risikoanalysen

7.3.1 <u>Sensitivitätsanalysen:</u> Wenn im Rahmen der im Kap. 7.1 beschriebenen Studien einer der wichtigen Projektparameter kein konstanter Wert ist, sondern innerhalb von bestimmten Grenzen variiert (Risikoparameter), muß der Einfluß dieser Variation auf das Projektergebnis untersucht werden. Die Grenzwerte der Variation beziehen sich bei den geostatistisch ermittelten Parametern auf die (entsprechend der Aussagesicherheit unterschiedlichen) Fehlergrenzen der Schätzungen. Wenn z. B. der durchschnittliche Gehalt einer Lagerstätte 5 % Metall (Me) und die dazugehörigen Fehlergrenzen ±2 % sind, untersucht man die Beziehung zwischen dem Projektergebnis (Barwert oder IRR–Wert) und dem Durchschnittsgehalt innerhalb des Intervalls von (5 % ±2 %) d. h. zwischen 3 % und 7 % Me durch entsprechende Wiederholung der DCF–Rechnungen. Insbesondere das Ergebnis bei dem unteren Grenzwert von 3 % Me ist für eine Investitionsentscheidung sehr bedeutend: Es verdeutlicht das schlechteste bzw. das minimale Projektergebnis bezüglich des Metallgehaltes und verhilft somit zur Risikobeurteilung (s. Abb.7.3.1).

In einem ungünstigen Fall, d. h. wenn das minimale Projektergebnis zu risikoreich erscheint, ist es anzustreben, den Kenntnisstand bezüglich des betreffenden Parameters zu erhöhen, mit anderen Worten, die Fehlergrenzen für diesen Parameter zu reduzieren. Ob und wieweit eine solche Reduktion, und vor allem bei welchem finanziellen Mitteleinsatz möglich ist, kann am besten für diejenigen Parameter ermittelt werden, die geostatistisch geschätzt wurden (s. später). Es ist aber nicht immer sinnvoll, den Kenntnisstand durch zusätzliche Ausgaben erhöhen zu wollen, da in bestimmten Fällen aufgrund von Lagerstättencharakteristiken (hoher Nuggeteffekt) eine derartige Verbesserung kaum oder nur durch sehr hohe Ausgaben möglich ist. Bei Vorliegen eines hohen Nuggeteffektes wäre es z. B. nicht empfehlenswert, den Erkundungsgrad über eine tiefliegende Lagerstätte durch engständige Bohrungen von der Oberfläche aus erhöhen zu wollen. In solchen Fällen wird man – natürlich unter Berücksichtigung von zusätzlichen Gesichtspunkten – die Durchführung einer Untertageexploration der Erkundung von übertage aus vorziehen (vgl. Wellmer 1984).

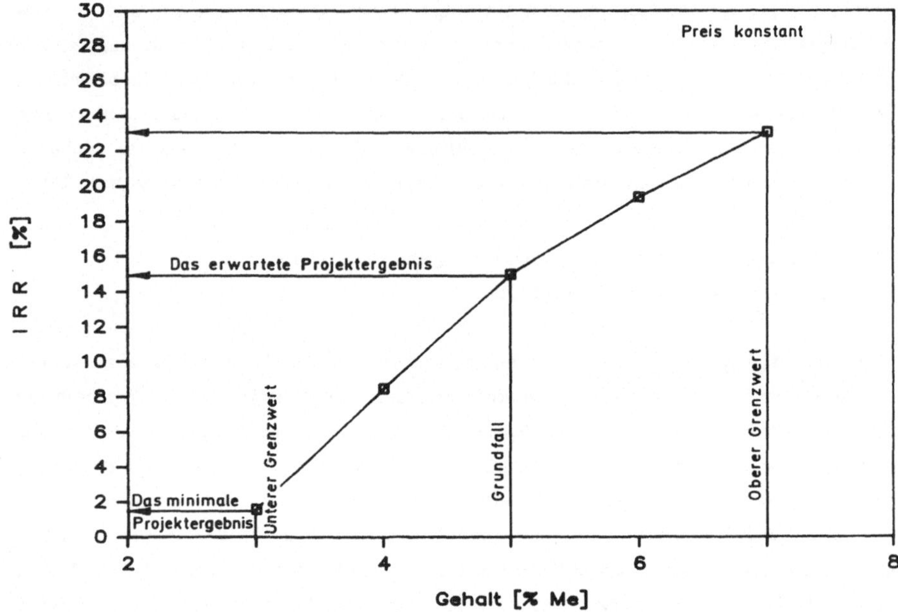

Abb. 7.3.1: Variation des Projektergebnisses (ausgedrückt als IRR–Wert in %) in Abhängigkeit vom Metallgehalt.

Für eine Projektbeurteilung ist es von großem Vorteil, die Variabilität bzw. die Sensitivität des Projektergebnisses, wie oben für den Parameter Gehalt dargestellt, auch in Abhängigkeit von anderen Risikoparametern (s. Kap. 7.1) zu untersuchen. Hierbei wird grundsätzlich jeweils nur ein einzelner Parameter variiert, während die anderen Parameter als konstante Werte angesehen werden. Es ist aber empfehlenswert, die mögliche Abhängigkeit der anderen Projektparameter von dem jeweils variabel angesehenen Parameter trotzdem immer im Auge zu behalten, um so das Entstehen von technisch sinnlosen Projektalternativen zu vermeiden.

Eine synoptische Darstellung dieser Untersuchungsergebnisse führt schließlich zu einer quantitativen Erfassung der Projektsensitivitäten (Sensitivitätsdiagramm) und zu einer systematischen Erkennung der Rangordnung der Risikoparameter hinsichtlich ihrer Bedeutung für das Projektergebnis (s. Abb. 7.3.2). Bei der Erstellung eines solchen Diagramms wird zunächst ein Grundfall definiert, der den wahrscheinlichsten Fall mit dem erwarteten Projektergebnis (= Basis–IRR) darstellen soll. Für die einzelnen

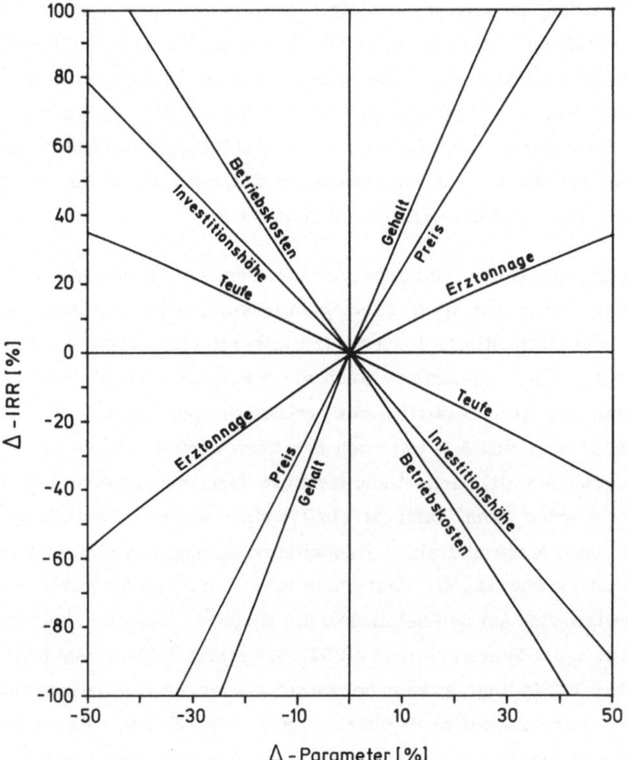

Abb. 7.3.2: Ein synoptisches Diagramm zur Verdeutlichung der Rangordnung der Projektsensitivitäten für verschiedene Projektparameter. Die folgende Reihenfolge
ist grob aus dem obigen Diagramm ableitbar:
1. Durchschnittlicher Gehalt; 2. Metallpreis; 3. Betriebskosten; 4. Investitionshöhe; 5. Roherztonnage; 6. Lagerstättenteufe.

Beispiel:

Eine 20 %ige Reduzierung des Gehaltes gegenüber dem im Grundfall verwendeten Wert verursacht eine 80 %ige Verringerung des Basis–IRR–Wertes.
Eine Erhöhung der Betriebskosten um das gleiche Maß (d. h. um 20 %)
verursacht dagegen lediglich eine Abnahme des IRR–Wertes um 43 %; d. h.
das Projektergebnis reagiert gegenüber einer Gehaltsänderung viel
sensitiver als gegenüber der Änderung der Betriebskosten.

Risikoparameter werden in diesem Grundfall jeweils die (geschätzten) Mittelwerte verwendet. Anschließend ist die relative Änderung des Projektergebnisses in Abhängigkeit von den relativen Änderungen der einzelnen Risikoparameter zu ermitteln und graphisch darzustellen (vgl. Beispiel 1 im Kap. 7.4). Die leicht erkennbare Rangordnung der Risikoparameter, wie dies in der Abbildungsunterschrift zu Abb. 7.3.2 erläutert wird, ermöglicht es, die vorgesehenen Untersuchungen zur Einengung der Projektrisiken zielgerecht auf die wichtigsten Risikoparameter zu konzentrieren.

7.3.2 <u>Risikoanalysen:</u> Bei der Durchführung einer Sensitivitätsanalyse ist es möglich, dem veränderlichen Parameter eine Wahrscheinlichkeitsverteilung anzupassen, wenn dieser Parameter eine stochastische Variable (Zufallsvariable) darstellt. Damit kann man innerhalb der vorgegebenen Grenzwerte auch die Wahrscheinlichkeit für das Eintreten der einzelnen Parameterwerte zusätzlich mit berücksichtigen. Wenn z. B. der Parameter Gehalt mit dem Mittelwert von 5 % zwischen den Grenzwerten 3 % Me und 7 % Me (bei $\approx$ 95 % iger Aussagesicherheit) variiert und für diese Variation das Modell der Normalverteilung verwendet werden kann, dann ist ein (Zweiparameter–) Verteilungsmodell mit einem Mittelwert von 5 % Me und einer Standardabweichung von $\sigma \cong \pm 1\%$ Me definiert worden. Nunmehr ist es möglich, die Wahrscheinlichkeit für das Eintreten eines durchschnittlichen Gehaltswertes auf den bei diesem Gehaltswert erhaltenen IRR–Ergebniswert zu übertragen. Da z. B. die Wahrscheinlichkeit 97,5 % beträgt, daß der Durchschnittsgehalt der Lagerstätte über 3 % Me liegt, so kann behauptet werden, daß auch das Projektergebnis mit etwa 97,5 %iger Wahrscheinlichkeit über dem Wert von 1,6 % IRR liegen wird (s. Abb. 7.3.1). Darüber hinaus erhält man durch eine wiederholte Entnahme der Parameterwerte kombiniert mit der nachfolgenden Wiederholung der DCF–Rechnung eine Vielzahl von Projektergebnissen (z. B. IRR–Werten). Die Verteilung dieser IRR–Werte verdeutlicht nunmehr nicht nur die entsprechende Variation des Projektergebnisses bezüglich des variablen Parameters wie bei der Sensitivitätsanalyse (vgl. Abb. 7.3.1.), sondern sie bietet zusätzlich die Möglichkeit, die Wahrscheinlichkeiten zu quantifizieren, mit denen bestimmte Ergebniswerte erwartet werden können (vgl. Abb. 7.3.3). Diese Art von Sensitivitätsanalysen wird als <u>Risikoanalyse</u> bezeichnet, weil hierdurch das bestehende Projektrisiko – nach wahrscheinlichkeitstheoretischen Gesichtspunkten – quantitativ erfaßt wird.

Die eigentliche Bedeutung der Risikoanalyse liegt aber darin, daß hierbei nicht nur der Einfluß von einzelnen, sondern von mehreren und im Extremfall von zahlreichen Parametern <u>gemeinsam</u> betrachtet werden kann. Die Voraussetzung für die Durchführung einer solchen Analyse ist, wie bereits oben dargestellt, die Definition der einzelnen Wahrscheinlichkeitsverteilungen für die betrachteten Parameter. Dies ist jedoch in der Praxis nicht für alle Parameter leicht zu erfüllen. Die mit Hilfe von geostatistischen

Verfahren geschätzten Parameter weisen dagegen den Vorteil auf, daß sie nicht nur mit ihren Erwartungswerten (Mittelwert) und mit den dazugehörigen Fehlergrenzen (Standardabweichung) bekannt sind, sondern auch z. T. mit ihren Verteilungsmodellen, so daß sie ggf. wesentlich einfacher in die Risikoanalyse übernommen werden können als andere Parameter (vgl. Bryan u. Ellis 1982 und Krige 1984).

Bei der praktischen Durchführung der Risikoanalyse für mehrere variable Parameter werden einzelne Werte mit Hilfe der Monte-Carlo-Simulation (s. z. B. Mackenzie 1979) den betreffenden Verteilungen entnommen, so daß zum Schluß ein Satz von zufallsartig gewonnenen Parameterwerten vorliegt (je Parameter ein Wert). Anschließend wird eine Cash-Flow-Rechnung mit diesem Satz von Parameterwerten durchgeführt. Diese Prozedur kann beliebig oft wiederholt werden; in der Praxis ist aber die Anzahl der Wiederholungen auf 100 bis 1000 beschränkt. Man erhält dann die entsprechende Anzahl von Ergebniswerten, deren statistische Verteilung, wie oben dargestellt, zur Quantifizierung der Projektrisiken dient. Diese Verteilung kann in der Praxis oftmals durch eine Normalverteilung approximiert werden. Dann stellt der Mittelwert das wahrscheinlichste bzw. das erwartete Projektergebnis dar (in Abb. 7.3.3: IRR = 15 %). Anhand der gleichen Verteilung ist es außerdem möglich, für eine vorgegebene Wahrscheinlichkeit das sogenannte "minimale Projektergebnis" festzustellen (In Abb. 7.3.3: IRR = 12 % für die Wahrscheinlichkeit von 97,5 %). Dieser Wert ist neben dem Wert für das erwartete Projektergebnis ein sehr wichtiges Resultat einer solchen Risikoanalyse. Darüber hinaus ist es bedeutsam festzustellen, ob und wenn ja, mit welcher Wahrscheinlichkeit ein bestimmter Grenzwert (z. B. 0 % IRR) unterschritten wird. Denn ein Projekt mit einem relativ niedrigen Erwartungswert wird ggf. einer anderen Projektalternative mit einem höheren Erwartungswert vorgezogen, wenn die Spannweite seiner IRR-Verteilungskurve so gering ist, daß der vorgegebene Grenzwert im Gegensatz zu der anderen Alternative nicht unterschritten wird.

Ferner kann mit Hilfe der Risikoanalyse auch die bereits im Kap. 4.2.3 behandelte Möglichkeit der Optimierung der Probenahme verfeinert bzw. vertieft werden (vgl. Bilodeau & Mackenzie 1979). In diesem Sinne verdeutlicht das Beispiel 2 im Kap. 7.4 den Zusammenhang zwischen der Verbesserung des Kenntnisstandes mit der Zunahme der Erkundungsaufwendungen (= Kosten und Zeit) einerseits und der Verminderung der Wirtschaftlichkeit des Projektes aufgrund dieser zusätzlichen Aufwendungen andererseits. Dieser direkte Zusammenhang zwischen der Risikoverminderung und der Verschlechterung des Projektergebnisses spielt insbesondere bei der Bewertung von kleineren Explorations- bzw. Bergbauprojekten eine wesentliche Rolle.

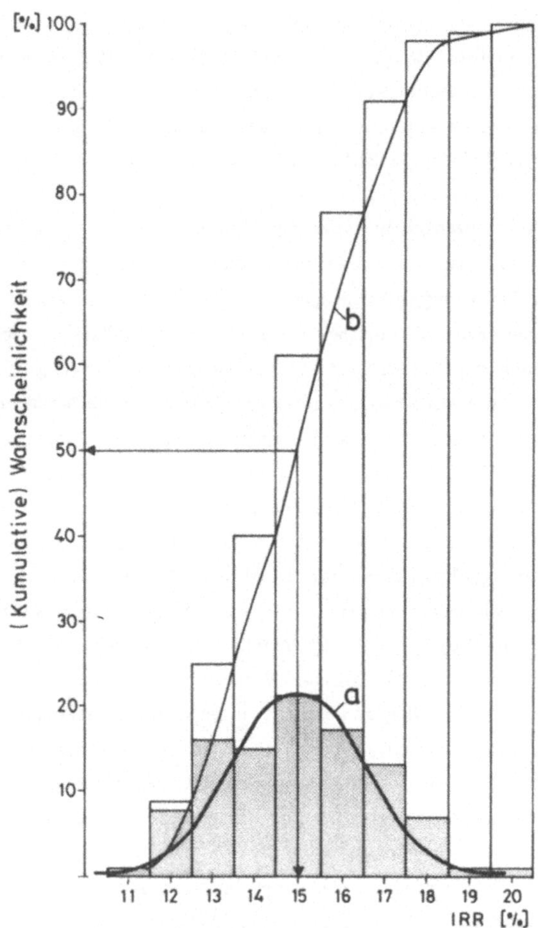

Abb. 7.3.3: Graphische Darstellung der Ergebnisse einer Risikoanalyse: Die Investitions- und die Betriebskosten eines Projektes wurden innerhalb von vorgegebenen Grenzwerten variiert, wobei für alle Variationen gleichbleibend das Modell der Normalverteilung zugrunde gelegt wurde. Es wurden insgesamt 100 Kombinationen von Parameterwerten, die durch eine Zufallsauswahl den einzelnen Verteilungen entnommen wurden, anhand von Cash–Flow–Rechnungen bewertet. Der erhaltenen Verteilung der Ergebniswerte kann erwartungsgemäß das Modell der Normalverteilung angepaßt werden (Kurve a). Die kumulative Verteilungskurve der Ergebniswerte (Kurve b) verdeutlicht die Wahrscheinlichkeiten für das Eintreten der einzelnen Projektergebnisse unter bzw. über einem bestimmten IRR–Wert.

Der methodische Nachteil der klassischen Risikoanalyse mit Hilfe der Monte–Carlo–Simulation beruht darauf, daß die gegenseitige Abhängigkeit der Parameter voneinander meist einfachheitshalber vernachlässigt wird. Außerdem ist der Rechenaufwand relativ groß und das Endergebnis zeigt nicht den individuellen Beitrag der einzelnen Parameter wie dies bei der Sensitivitätsanalyse der Fall ist. Aus diesem Grunde schlägt O'Hara (1982) den Gebrauch der von ihm entwickelten RSS (root sum of squares)–Methode als eine bessere und leichter anwendbare Möglichkeit für die Durchführung von Risikoanalysen im Bereich der Bergbauinvestitionen vor. Die Grundlage dieser Methode bilden die "schiefen" Verteilungen, auf die im Rahmen dieser Einführung nicht weiter eingegangen wird.

Aus dem bisher Erläuterten geht hervor, daß bei der Durchführung von Sensitivitäts– und Risikoanalysen, die ihrerseits einen wesentlichen Teil der Prä–Feasibility– und Feasibility–Studie darstellen, der Definition der Fehlergrenzen für die geschätzten Risikoparameter (insbesondere aber für die Lagerstätteparameter) eine große Bedeutung zukommt. Die Geostatistik liefert für diese Fehlergrenzen realistische Werte, so daß auch die Projektbewertung eine dementsprechend realistische Basis erhält. Hierdurch werden die möglichen Gefahren der qualitativen (bzw. intuitiven) Risikoabschätzung, die ja in hohem Maß subjektiv ist, ausgeschaltet. Gleichzeitig gilt, daß man es vermeiden sollte, die oft zu pessimistischen Fehlergrenzen der klassischen Statistik zu verwenden, weil dieser methodisch bedingte Pessimismus in der Praxis zur Ergreifung von Maßnahmen führen kann, die die Projektwirtschaftlichkeit ungünstig beeinflussen (z. B. ein wesentlich höherer Aufwand für die Probenahme bei der Erhöhung des Erkundungsgrades). Die nachfolgenden praktischen Beispiele sollen schließlich dazu beitragen, die Bedeutung der Integration der Geostatistik bei der Lösung von praktischen Problemen im Bereich der Projektbewertung zu unterstreichen.

7.4 Beispiele aus der Praxis

Beispiel 1:
Bestimmung der Projektsensitivität gegenüber den Gehalten

Für den in Abb. 7.3.1 dargestellten Fall soll das (relative) Sensitivitätsdiagramm bezüglich des Durchschnittsgehaltes erstellt werden.

Folgende Tabelle steht nach Durchführung von DCF-Rechnungen zur Verfügung:

Durchschnittlicher Gehalt (% Me)		IRR-Wert (%)
3		1,6
4		8,5
5	Grundfall	15,0
6		19,4
7		23,1

Lösung:

1. Schritt:

Bestimmung der relativen Gehaltsvariation gegenüber dem Grundfall

Gehalt (% Me)		Variation Δ-Parameter (% relativ)
3		− 40
4		− 20
5	Grundfall	0
6		+ 20
7		+ 40

2. Schritt:

Bestimmung der relativen Ergebnisvariation gegenüber dem Basis-IRR-Wert von 5 % IRR

IRR (%)		Variation Δ-IRR (% relativ)
1,6		− 89
8,5		− 43
15,0	Basis-IRR	0
19,4		+ 29
23,1		+ 54

3. Schritt:

Graphische Darstellung und Interpretation (s. Abb. 7.4.1 und vgl. Abb. 7.3.2.)

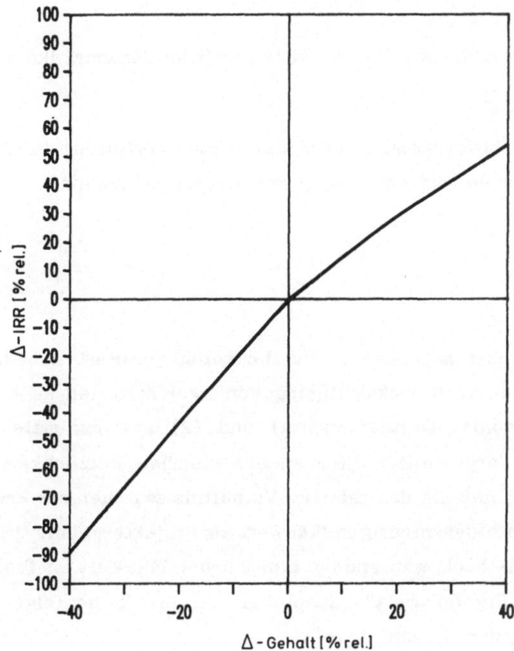

Abb. 7.4.1: Darstellung der Sensitivität eines Projektes gegenüber den Gehalts-
änderungen.

Aus dem Diagramm ist zu folgern, daß das Projektergebnis gegenüber der Verringerung des Durchschnittsgehaltes sehr sensitiv reagiert. Die Erhöhung des Durchschnittsgehaltes verbessert zwar das Projektergebnis sehr deutlich, aber nicht in dem Maße wie dies bei der Verringerung des Durchschnittsgehaltes der Fall ist.

Beispiel 2:

Zur Optimierung der Probenahme

Der durchschnittliche Gehalt einer kleineren Lagerstätte soll nach Abschluß der ersten Bohrkampagne anhand von zusätzlichen Bohrarbeiten intensiver untersucht werden. Die Kosten der Bohrarbeiten sind relativ hoch.

Es sind:

1. Die wirtschaftlich vertretbare Grenze für Aufwendungen (z. B. Anzahl der Bohrungen) zu ermitteln und

2. die Höhe der Aufwendungen, die das wirtschaftliche Gesamtrisiko minimieren, festzustellen.

Die Variographie (das Variogramm) und die statistische Verteilung der Gehaltswerte sind anhand von Informationen aus der ersten Bohrkampagne bekannt.

Lösung:

1. Schritt:

Als Grundlage dient das sogenannte "Nützlichkeitsdiagramm" (s. Abb. 7.4.2 links). Dieses Diagramm ist unter Berücksichtigung von zwei Kriterien zu erstellen: (1) das erwartete Projektergebnis (Ordinatenachse) und (2) das minimale Projektergebnis (Abzissenachse). Die dargestellten "Kurven der gleichen Nützlichkeit" (U1, U2 usw.) haben die Eigenschaft, daß sie das relative Verhältnis zwischen der Erwartung und dem Risiko reflektieren: Bei einem niedrigen IRR−Wert als Projektergebnis (y) ist der minimale Ergebniswert (x) relativ hoch, während bei einem hohen IRR−Wert als Projektergebnis ein niedriger "minimaler Ergebniswert" akzeptabel ist. Die Reihenfolge U_1, U_2, U_3 usw. stimmt mit dem steigenden Nutzen überein.

2. Schritt:

Für verschiedene (hypothetische) Probenahmeraster (bzw. für verschiedene Anzahl von Bohrungen) werden die theoretisch zu erwartenden Standardabweichungen für die betrachtete Variable (d. h. für den Gehalt) mit Hilfe des Variogramms gerechnet (s. Kap. 4.2.3. und 7.3). Anschließend definiert man die entsprechenden Verteilungsmodelle für die betrachtete Variable.

3. Schritt:

Anhand dieser Verteilungsmodelle werden getrennte Risikoanalysen für die verschiedenen Probenahmealternativen durchgeführt (s. Kap. 7.3), wobei die Kosten und der erforderliche Zeitaufwand zur Durchführung der Probennahmealternativen in den betreffenden DCF− Rechnungen entsprechend berücksichtigt werden. Hierdurch erhält man für jede Alternative eine Verteilungskurve der Ergebniswerte (z. B. für den IRR−Wert) und stellt die erwarteten und die minimalen IRR−Werte fest.

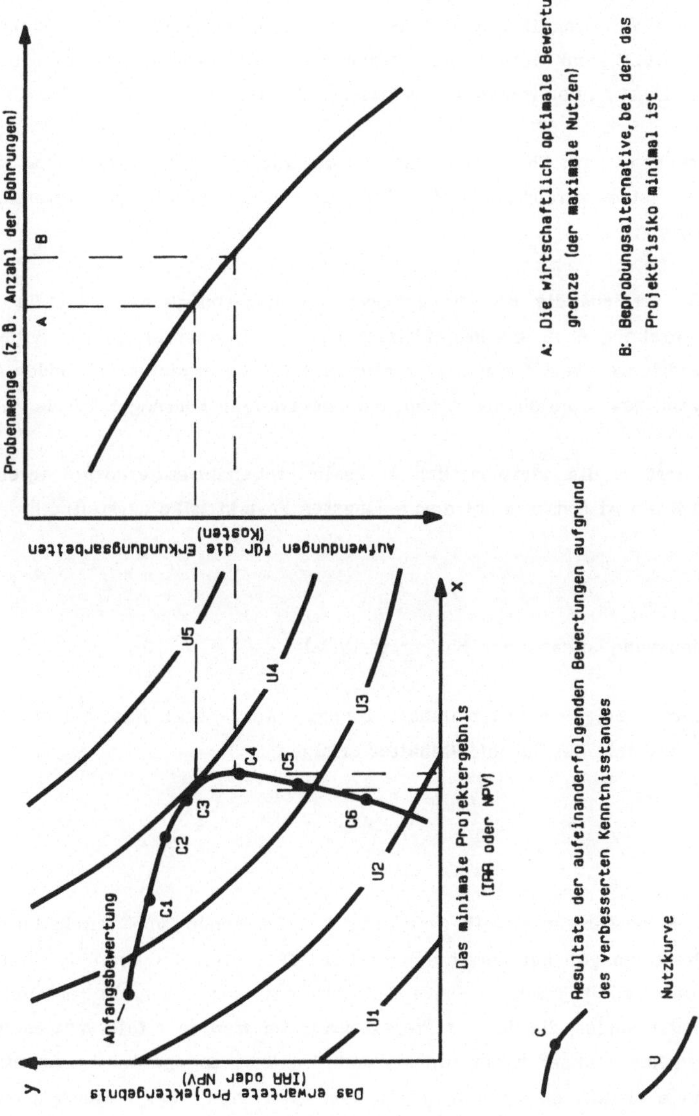

Abb. 7.4.2: Bestimmung der optimalen Beprobungsalternative für ein Explorations- bzw. Bergbauprojekt (aus Mackenzie 1979).

4. Schritt:

Diese Ergebnisse (d. h. die erwarteten und die minimalen IRR-Werte) werden anschließend in dem Nützlichkeitsdiagramm (s. Schritt 1, oben) aufgetragen (Punkt C1 bis C6 in Abb. 7.4.2) und miteinander verbunden. Der Verlauf der erhaltenen "Bewertungskurve" führt zu den folgenden praktischen Aussagen:

- Die Bewertungskurve C1 bis C6 tangiert nahe C3 die Nützlichkeitskurve U4. Dort wird der höchstmögliche Nutzen erreicht. Die Hilfslinie führt zu der Anzahl der notwendigen Bohrungen (Variante A).

- Nahe Punkt C4 erreicht die Bewertungskurve den höchstmöglichen Wert für das minimale Projektergebnis, d. h. das Projektrisiko ist jetzt kleiner als je zuvor. Damit ist jedoch ein niedrigerer Wert für das zu erwartende Projektergebnis verbunden und ein höherer Aufwand bzw. eine höhere Anzahl der notwendigen Bohrungen (Variante B).

Somit charakterisiert A die wirtschaftlich optimale Probenahmealternative (größter Nutzen), während B die Alternative mit dem geringsten Projektrisiko darstellt.

Beispiel 3:

Zur Cut-off-Optimierung anhand des Barwertes (NPV)

Basierend auf einer bereits erstellten Gehalt-Tonnage-Kurve (vgl. Kap. 5.4 und 5.5) soll eine optimale Auswahl des Cut-off-Gehaltes erfolgen.

Lösung:

1. Schritt:

Es werden Cash-Flow-Rechnungen für einzelne Kombinationen von Durchschnittsgehalten und Roherztonnagen bei verschiedenen Cut-off-Werten durchgeführt. Hierbei werden die in der Gehalt-Tonnage-Kurve bei den entsprechenden Cut-off-Werten ablesbaren Werte verwendet; die übrigen Projektparameter werden – falls notwendig – auf die jeweiligen Reservenparameter (Gehalt und Tonnage) angepaßt. (Die Änderung der Reservenmenge kann z. B. die Höhe der jährlichen Produktionskapazität beeinflussen, wodurch sich u.a. die Investitionshöhe ändert.)

2. Schritt:

Die Barwerte der einzelnen Projektalternativen, die ja nunmehr durch die verschiedenen Cut—off—Werte bzw. dazugehörige Reservenparameter charakterisiert sind, werden ermittelt und graphisch aufgetragen (s. Abb. 7.4.3).

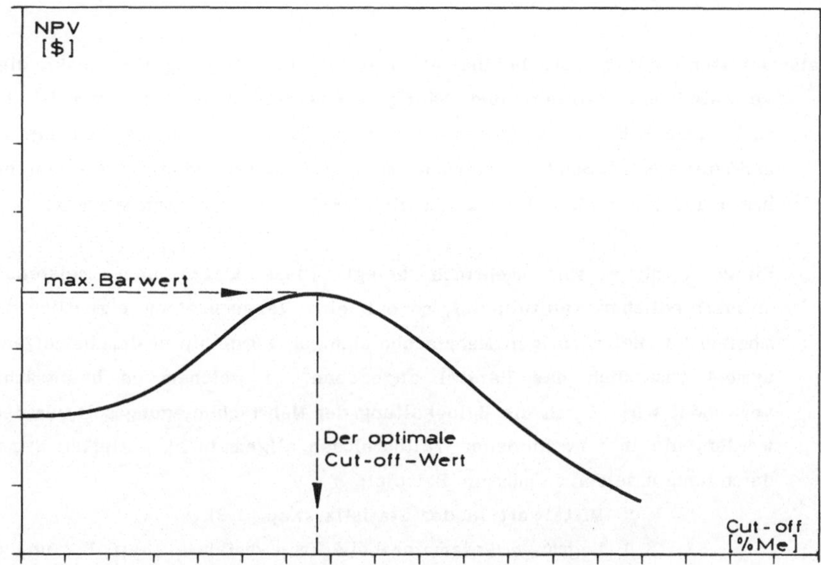

Abb. 7.4.3: Graphische Bestimmung des optimalen Cut—off—Wertes.

Der Cut—off—Wert bei dem maximalen Barwert stellt den gesuchten "optimalen" Cut—off—Wert dar. Denn anfangs steigt der Barwert mit steigendem Cut—off, da hierdurch vor allem die spezifischen Betriebskosten reduziert werden. Nach dem Erreichen des maximalen Barwertes bei dem als Optimum angesehenen Cut—off—Wert sinkt der Barwert wieder, weil dann die Reservenverluste so hoch sind, daß das Projekt trotz weiterhin abnehmender Kosten nur noch eine geringere Wirtschaftlichkeit aufweist.

ANHANG I. VERWENDETE SYMBOLE

<u>Hinweis:</u> Die nachfolgende Liste beinhaltet in erster Linie diejenigen Symbole, die in verschiedenen Kapiteln und häufig auftreten, so daß sie zumeist ohne zusätzliche Erläuterung eingesetzt werden. Symbole, die nur selten auftreten und/oder anschließend ausführlich im Text erläutert sind, erscheinen nicht immer auf dieser Liste, ebenso wie die im Kap. 7 verwendeten Symbole.

Einige Symbole sind mehrfach belegt. Diese treten aber meistens in unterschiedlichen Kapiteln auf, so daß eine Verwechselung eigentlich nicht möglich ist. Bei wichtigen Mehrfachbelegungen wurde hinter dem betreffenden Symbol zusätzlich das Kapitel angegeben, in welchem es hauptsächlich verwendet wird. Durch die Beibehaltung der Mehrfachbelegung soll vermieden werden, die in verschiedenen Teilbereichen allgemein akzeptierten Symbole durch neue ersetzen zu müssen. Beispiel:

μ: Mittelwert in der Statistik (Kap. 1.3)

μ: Lagrange-Parameter beim Krigeverfahren (Kap. 5.2 und 6.1)

Die untere Reihenfolge entspricht etwa der Folge des Auftretens der Symbole im Text.

X, Y, Z	Zufallsvariable
x, y, z	Beobachtungen oder Realisierungen der Zufallsvariablen X, Y, Z
x_i	Proben- oder Meßwert mit der Nummer i
$z(x)$	Ortsabhängige Variable, Realisierung einer Zufallsfunktion
$Z(x_i)$	Zufallsvariable definiert an der Stelle x_i
$Z(x)$	Zufallsfunktion
$z^*(x)$	Schätzwert für $z(x)$
$Z^*(x)$	Interpretation von $z^*(x)$ als eine Zufallsvariable
μ (Kap. 1.3)	(Arithmetischer) Mittelwert der Grundgesamtheit
$\bar{x}, \bar{y}, \bar{z}, m, m(x), m_x, z_m$	(Arithmetischer) Mittelwert der Probenwerte x, y, z
x_G	Geometrisches Mittel
$\sigma, \sigma^2, \mathrm{Var}[Z]$	Standardabweichung bzw. Varianz der Grundgesamtheit
$\sigma(X)$	Standardabweichung von X

$\sigma(X,Z)$, σ_{xy}, $\text{Cov}[X,Y]$ — Kovarianz von X und Z bzw. X und Y

s, s^2 (Kap. 1.3)   Standardabweichung bzw. Varianz der Probenwerte

s_m (Kap. 1.3)   dsgl. für den Mittelwert

$s(x,z)$ (Kap. 1.3)   Kovarianz der Probenwerte x und z

u (Kap. 1.3)   Multiplikationsfaktor für die Standardabweichung

t dsgl. aus der Student-t-Verteilung

v (Kap. 1.3)   Variationskoeffizient

S (Kap. 1.3)   Aussagesicherheit

f Freiheitsgrad

α (Kap. 1.3)   Irrtumswahrscheinlichkeit

c_n, c_α Korrekturfaktor für Sichel's Schätzer; c_n für den Mittelwert, c_α für den Vertrauensbereich

$\rho(X,Z)$ Korrelationskoeffizient zwischen X und Z

$r(x,z)$ dsgl. für die Probenwerte x und z

u (Kap. 1.3, 5.4)   Standardisierte Abweichung $\frac{x-m}{s}$

$U(0,1)$, $Y(0,1)$ Standardnormalvariable

$U(\mathbf{x}_i)$ Transformvariable der Probenwerte an den Punkten $\mathbf{x}_i$

h, H (Kap. 1.3)   Relative (statistische) Häufigkeit, Kumulative Häufigkeit

$h(z)$, $f(x)$, $g(y)$ Dichtefunktion oder eine andere Funktion von z, x bzw. y

$H(z)$, $F(x)$ (Kap. 1.3)   Kumulative Verteilungsfunktion von z bzw. x

$H(u)$, $F(u)$, $G(u)$ dsgl. für die Standardnormalvariable

ψ, θ, α Richtungsparameter oder Winkel

h, $\vec{h}$ Abstand bzw. Abstandsvektor

$|h|$ Betrag des Abstandsvektors, $|h| = r$ (dreidimensional: h_u, h_v, h_w mit dem Modulus $r = \sqrt{h_u^2 + h_v^2 + h_w^2}$)

$\hbar$, ℓ Längen, Dimensionen (der Rechtecke oder Prismen)

$\gamma(h)$ Semivariogramm (Punktstützung)

$\gamma_\ell(h)$ dsgl. (vergleichmäßigt) für Kernlänge ℓ

$\gamma^*(h)$, $\gamma_\ell^*(h)$ Experimentelles (Semi-)Variogramm

$K(h)$ Kovariogramm

$\rho(h)$ Korrelogramm

a Reichweite eines Variogramms

C Schwellenwert, Sillwert

C_0 Nuggeteffekt, Nuggetvarianz

w Neigung des linearen Variogramms

α (Kap. 2.3)   Parameter des De-Wijs-Variogramms (Dispersionskoeffizient)

$\gamma_{iso}(h)$ Isotrope Komponente eines Variogramms

$\gamma_{zon}(h)$ Zonale Komponente eines Variogramms

γ_{yz}		Kreuzvariogramm der regionalisierten Variablen y und z
λ	(Kap. 3.1)	Anisotropie-Faktor
F, α, χ, H	(Kap. 4.2)	Hilfsfunktionen
$F(\ell)$	(Kap. 4.2)	F-Funktion, innerhalb einer Geraden ℓ
$F(S)=F(h;\ell)$	(Kap. 4.2)	dsgl. innerhalb eines Blockes in der Ebene, Rechteck S mit den Kantenlängen h und ℓ
$F(V)=F(h;k;\ell)$	(Kap. 4.2)	dsgl. innerhalb eines dreidimensionalen Blockes, Prisma V mit den Kantenlängen h, k und ℓ
$H(h;\ell)$	(Kap. 4.2, 5.2)	H-Funktion für einen Block in der Ebene, Rechteck mit den Kantenlängen h und ℓ
$\bar{\gamma}$, $\bar{K}$		Mittlerer Variogramm- oder Kovariogrammwert
$\bar{\gamma}(V,V)$, $\bar{\gamma}(D,D)$		Mittlerer Variogrammwert innerhalb von V bzw. D
$\gamma(x-y)$, $\gamma(x_i x_j)$, γ_{xy}		Variogrammwert zwischen den Punkten x und y
$K(S_1 S_2)$, $\gamma(S_1 S_2)$ (Kap. 5.2)		(Ko-)Variogrammwert zwischen den Proben S_1 und S_2 (s.unten!)
$K_{x_i y_j}$, $K(x_i x_j)$, K_{ij}		Kovarianz der Proben an den Stützungsstellen x_i und x_j
$\bar{K}_{Vx}$, $\bar{\gamma}_{Vx}$, $\bar{\gamma}(Vx)$		(Ko-)Variogrammwert zwischen Block V und Probe an der Stelle x
(O)		Punktförmige Stützung oder Probe mit punktförmiger Stützung
V, v		Blockförmige Stützung, Selektionseinheit (SE)
D		Erzkörper oder Lagerstätte
(O/v), (O/V), (O/D)		Punktförmige Probe oder punktförmiger Wert in der SE, im Block oder im Erzkörper
(v/D), (V/D)		SE oder Block im Erzkörper bzw. in der Lagerstätte
(V,V), (D,D)		Innerhalb von V oder innerhalb von D
λ_i	(Kap. 5.2, 6.1)	Wichtungsfaktor, (Wichtung) der Probe oder des Wertes i
$\mathcal{E}$		Schätzfehler
σ_e^2, σ_e; σ_E^2, σ_E		Schätz- oder Ausdehnungsvarianz, Standardfehler des geschätzten Wertes
$\sigma_e^2(O,V)$, $\sigma_e^2(v,V)$		Ausdehnungsvarianz bei der Ausdehnung eines Wertes von O bzw. v zu V
σ_v^2, $\sigma^2(v/V)$, $\sigma^2(V/D)$		Blockvarianz bzw. Varianz von Werten mit blockförmiger Stützung
S_i	(Kap. 5.2)	Probenwerte (mit punktförmiger Stützung)
μ	(Kap. 5.2, 6.1)	Lagrange-Parameter
N, n, m, k, ℓ, i, j		Anzahl oder Nummer der Probenwerte, Bezeichnung der Probe (z. B. x_i: i-te Probenummer oder x_i: Probe am Punkt bzw. am Ort x_i)
N(h), n(h)		Anzahl der Werte(-paare) als Funktion des Abstandsvektors
z_c, z_ℓ, z_{vc}, $z_{v\ell}$		Cut-off-Wert der Proben- oder Blockwerte
m(z), z_m		Mittelwert ohne Cut-off

$m(z_c)$, z_{mc}		Mittelwert über dem Cut–off–Wert z_c
$P(z_c)$		Proportion (Anteil) oder Tonnage über dem Cut–off z_c
$Q(z_c)$		Metallanteil oder Inhalt über dem Cut–off z_c
M		Mächtigkeit einer Schicht oder einer Gesteinseinheit
A		Akkumulation (Gehalt · Mächtigkeit)
S, s	(Kap. 4.1, 5.3)	Fläche
$D(\vec{h})$, $m(\mathbf{x})$		Drift oder Trendfunktion, Mittelwert als Funktion des Ortes $\mathbf{x}$
$K^{(1)}$		Eindimensionale Kovarianz
$\varphi(y)$		Anamorphose– oder Transformationsfunktion
H	(Kap. 5.4)	Hermite'sches Polynom
$\psi/n!$		Koeffizienten der Hermite'schen Polynome
E		Erwartungsoperator
$E(X)$		Erwartungswert von X
E_n		Bedingte Erwartung (s. unten)
$E(Y|X)$		Bedingte Erwartung von Y in bezug auf X
$E[Y|X=X_0]$		Bedingte Erwartung von Y in bezug auf den gegebenen Wert X_0 für X
$E[Z(X_0)|Z_1, Z_2....Z_n]$		Bedingte Erwartung der ZV $Z(X_0)$ in bezug auf die gegebenen n–Werte Z_1, Z_2......Z_n
I, $I(\mathbf{x}, z_c)$		Indikatorvariable, Indikatorfunktion

<u>Schreibweise für die Integrale:</u>

$$\int_{-\infty}^{+\infty} f(\mathbf{x})\ d\mathbf{x} = \int_{-\infty}^{+\infty} d\mathbf{x}_u \int_{-\infty}^{+\infty} d\mathbf{x}_v \int_{-\infty}^{+\infty} f(\mathbf{x}_u, \mathbf{x}_v, \mathbf{x}_w)\ d\mathbf{x}_w$$

Integral der dreidimensionalen Funktion $f(\mathbf{x}_u, \mathbf{x}_v, \mathbf{x}_w)$

$$z_v(\mathbf{x}) = \frac{1}{V} \int_{V(\mathbf{x})} z(\mathbf{x})\ d\mathbf{x}$$

Das Integral ist entsprechend der Dimensionen von V ein–, zwei oder dreifach

$$\overline{\gamma}(V,V) = \frac{1}{V^2} \int_V d\mathbf{x} \int_V \gamma(\mathbf{x}-\mathbf{y})\ d\mathbf{y}$$

Mittelwert von $\gamma(h)$ innerhalb von V (Block in der Ebene)

<u>Weitere Zeichen</u>

$=$	gleich
$\neq$	nicht gleich, ungleich
$\equiv$	identisch gleich
$>, <; \geq, \geq$	größer als, kleiner als .... ; größer oder gleich, kleiner oder gleich
$<<$	wesentlich kleiner als
$\cong$ bzw. $\approx$	etwa gleich, nahezu gleich, angenähert gleich
$\hat{=}$	entspricht
$//$	parallel
$\{z(x_i), i=1 \ .... \ n\}$	Datensatz $z(x_i), i=1 \ ..... \ n$

$\mathbb{R}$	Menge der reellen Zahlen
$\mathbb{N}$	Menge der natürlichen Zahlen
$\in$	Element von
$\subset$	Teilmenge von
$\cup, \cup$	vereinigt mit
$\cap, \cap$	geschnitten mit
$\emptyset$	leere Menge

ANHANG II. TABELLEN UND DIAGRAMME

<u>Hinweise:</u>

Die meisten der beigefügten Tabellen und Diagramme wurden – ggf. nach Einholen der entsprechenden Genehmigungen – unten angegebenen Quellen entnommen und neu erstellt bzw. gezeichnet; die betreffenden Quellen sind im Literaturverzeichnis zu finden:

– Tabellen T3a, 3b, 3c aus Rendu (1978; South African Institute of Mining and Metallurgy, Johannesburg),

– Diagramme D1a und 4a aus David (1977; Elsevier Scientific Publishing Company Amsterdam),

– Diagramme D1d, 2a, 2b–1 und 2b–2 aus Journel & Huijbregts (1978; Academic Press Inc. London Ltd, London),

– Diagramme D1b, 1c, 3a, 3d, 3e und 3f aus Matheron (1971) bzw. Serra (1967; Centre de Géostatistique Fontainebleau),

– Diagramme D3b und 3c aus Royle (1971/1975) und

– Diagramm D4b aus Formery (1964).

Die Diagramme D1a bis D3f beziehen sich auf das standardisierte sphärische Variogrammodell – für die punktförmige Stützung – mit $C_0=0$ und $C=1$.

– Liste der Tabellen –

T1 Fläche H(u) unter der standardisierten Normalverteilung

T2 Schwellenwerte der Student–t–Verteilung in Abhängigkeit vom Freiheitsgrad f und der statistischen Sicherheit $1-\alpha$

T3a Sichel–Faktoren: Korrekturfaktor $c_n(s^2(y))$ für den Mittelwert lognormaler Verteilungen

T3b Sichel-Faktoren $c_{0.05}(s^2(y),n)$ zur Schätzung der unteren Vertrauensgrenze des arithmetischen Mittels einer lognormalen Verteilung

T3c Sichel-Faktoren $c_{0.95}(s^2(y),n)$ zur Schätzung der oberen Vertrauensgrenze des arithmetischen Mittels einer lognormalen Verteilung

T4 Sphärisches Semivariogrammodell $\gamma_M(h/a)$ für $h/a=0$ bis $h/a=1.0$

– Liste der Diagramme –

D1a "F-Diagramm" / 1 Dimensional / $\sigma^2(0/\ell)$
Dispersionsvarianz innerhalb einer Geraden der Länge ℓ

D1b "F-Diagramm" / 2 Dimensional / $\sigma^2(0/S)$
Dispersionsvarianz innerhalb eines Rechtecks mit den Kantenlängen h und ℓ

D1c "F-Diagramm" / 3 Dimensional / $\sigma^2(0/V)$
Dispersionsvarianz innerhalb eines Quaders (Prisma mit quadratischer Basis); die Kantenlängen sind h, h und ℓ

D1d "H-Diagramm" / 2 Dimensional /
Zur Ermittlung der Werte für die Hilfsfunktion H für ein Rechteck mit den Kanten-längen h und ℓ

D2a Diagramm zur Ermittlung des vergleichmäßigten Variogramms für Kernabschnitte der Länge ℓ. Die Kurve $\gamma_\ell(\ell)$ dient zur Ermittlung des ersten Variogrammwertes und die Kurve $\gamma_\ell(\infty)$ zur Ermittlung des Schwellenwertes

D2b –1– Diagramm zur Ermittlung des vergleichmäßigten Variogramms $\gamma_\ell(h)$ für verschiedene Abstände von h für a/ℓ bis 1,3

D2b –2– Diagramm zur Ermittlung des vergleichmäßigten Variogramms $\gamma_\ell(h)$ für verschiedene Abstände von h für a/ℓ von 1,4 bis 20,0

D3a Diagramm zur Ermittlung von verschiedenen Ausdehnungsvarianzen

D3b Diagramm zur Ermittlung der Ausdehnungsvarianz des zentralen Punktwertes zu einem Rechteck mit den Kantenlängen h und ℓ

D3c Diagramm zur Ermittlung der Ausdehnungsvarianz der vier Eckpunktprobenwerte zu einem Rechteck mit den Kantenlängen h und ℓ

D3d Diagramm zur Ermittlung der Ausdehnungsvarianz eines zentralen Probenwertes mit linienförmiger Stützung (z. B. einer Schlitzprobe) zu einem Rechteck mit den Kantenlängen h und ℓ

D3e Diagramm zur Ermittlung der Ausdehnungsvarianz eines zentralen Probenwertes mit linienförmiger Stützung (z. B. eines Kernabschnittes) zu einem Quader; die Kantenlängen sind h, h und ℓ

D3f Diagramm zur Ermittlung der Ausdehnungsvarianz, wenn der Wert einer Fläche (schraffiert) in der Mitte eines Quaders zu dem Block ausgedehnt wird

D4a Diagramm zur Ermittlung der Werte z_{mc} und $P(z_c)$ für den Cut-off-Wert von z_c bei Vorliegen einer Normalverteilung; der Mittelwert (ohne Cut-off) ist z_m und die entsprechende Standardabweichung σ

D4b Diagramm zur Ermittlung der gewinnbaren Tonnage $P(z_c)$ und des gewinnbaren (Metall-)Inhaltes $Q(z_c)$ über dem Cut-off-Wert von z_c bei Vorliegen einer Lognormalverteilung (Formery-Diagramm).

T1 Fläche H(u) unter der standardisierten Normalverteilung: $u = (z - m)/\sigma$

u	0.00	0.01	0.02	0.03	0.04	0.05	0.06	0.07	0.08	0.09
0.0	0.5000	0.5040	0.5080	0.5120	0.5160	0.5199	0.5239	0.5279	0.5319	0.5359
0.1	0.5398	0.5438	0.5478	0.5517	0.5557	0.5596	0.5636	0.5675	0.5714	0.5753
0.2	0.5793	0.5832	0.5871	0.5910	0.5948	0.5987	0.6026	0.6064	0.6103	0.6141
0.3	0.6179	0.6217	0.6255	0.6293	0.6331	0.6368	0.6406	0.6443	0.6480	0.6517
0.4	0.6554	0.6591	0.6628	0.6664	0.6700	0.6736	0.6772	0.6808	0.6844	0.6879
0.5	0.6915	0.6950	0.6985	0.7019	0.7054	0.7088	0.7123	0.7157	0.7190	0.7224
0.6	0.7257	0.7291	0.7324	0.7357	0.7389	0.7422	0.7454	0.7486	0.7517	0.7549
0.7	0.7580	0.7611	0.7642	0.7673	0.7704	0.7734	0.7764	0.7794	0.7823	0.7852
0.8	0.7881	0.7910	0.7939	0.7967	0.7995	0.8023	0.8051	0.8078	0.8106	0.8133
0.9	0.8159	0.8186	0.8212	0.8238	0.8264	0.8289	0.8315	0.8340	0.8365	0.8389
1.0	0.8413	0.8438	0.8461	0.8485	0.8508	0.8531	0.8554	0.8577	0.8599	0.8621
1.1	0.8643	0.8665	0.8686	0.8708	0.8729	0.8749	0.8770	0.8790	0.8810	0.8830
1.2	0.8849	0.8869	0.8888	0.8907	0.8925	0.8944	0.8962	0.8980	0.8997	0.9015
1.3	0.9032	0.9049	0.9066	0.9082	0.9099	0.9115	0.9131	0.9147	0.9162	0.9177
1.4	0.9192	0.9207	0.9222	0.9236	0.9251	0.9265	0.9279	0.9292	0.9306	0.9319
1.5	0.9332	0.9345	0.9357	0.9370	0.9382	0.9394	0.9406	0.9418	0.9429	0.9441
1.6	0.9452	0.9463	0.9474	0.9484	0.9495	0.9505	0.9515	0.9525	0.9535	0.9545
1.7	0.9554	0.9564	0.9573	0.9582	0.9591	0.9599	0.9608	0.9616	0.9625	0.9633
1.8	0.9641	0.9649	0.9656	0.9664	0.9671	0.9678	0.9686	0.9693	0.9699	0.9706
1.9	0.9713	0.9719	0.9726	0.9732	0.9738	0.9744	0.9750	0.9756	0.9761	0.9767
2.0	0.9772	0.9778	0.9783	0.9788	0.9793	0.9798	0.9803	0.9808	0.9812	0.9817
2.1	0.9821	0.9826	0.9830	0.9834	0.9838	0.9842	0.9846	0.9850	0.9854	0.9857
2.2	0.9861	0.9864	0.9868	0.9871	0.9875	0.9878	0.9881	0.9884	0.9887	0.9890
2.3	0.9893	0.9896	0.9898	0.9901	0.9904	0.9906	0.9909	0.9911	0.9913	0.9916
2.4	0.9918	0.9920	0.9922	0.9925	0.9927	0.9929	0.9931	0.9932	0.9934	0.9936
2.5	0.9938	0.9940	0.9941	0.9943	0.9945	0.9946	0.9948	0.9949	0.9951	0.9952
2.6	0.9953	0.9955	0.9956	0.9957	0.9959	0.9960	0.9961	0.9962	0.9963	0.9964
2.7	0.9965	0.9966	0.9967	0.9968	0.9969	0.9970	0.9971	0.9972	0.9973	0.9974
2.8	0.9974	0.9975	0.9976	0.9977	0.9977	0.9978	0.9979	0.9979	0.9980	0.9981
2.9	0.9981	0.9982	0.9982	0.9983	0.9984	0.9984	0.9985	0.9985	0.9986	0.9986
3.0	0.9987	0.9987	0.9987	0.9988	0.9988	0.9989	0.9989	0.9989	0.9990	0.9990
3.1	0.9990	0.9991	0.9991	0.9991	0.9992	0.9992	0.9992	0.9992	0.9993	0.9993
3.2	0.9993	0.9993	0.9994	0.9994	0.9994	0.9994	0.9994	0.9995	0.9995	0.9995
3.3	0.9995	0.9995	0.9995	0.9996	0.9996	0.9996	0.9996	0.9996	0.9996	0.9997
3.4	0.9997	0.9997	0.9997	0.9997	0.9997	0.9997	0.9997	0.9997	0.9997	0.9998

T2   Student–t–Verteilung (zweiseitig): t(1−α,f)

f \ $1-\alpha$	68.3	90.0	95.0	95.3	99.0	99.7
2.	1.322	2.918	4.294	4.440	9.784	17.479
3.	1.198	2.353	3.182	3.264	5.832	8.840
4.	1.142	2.132	2.776	2.838	4.604	6.428
5.	1.111	2.015	2.571	2.623	4.033	5.375
6.	1.091	1.943	2.447	2.493	3.708	4.801
7.	1.077	1.895	2.365	2.407	3.500	4.443
8.	1.067	1.860	2.306	2.346	3.356	4.200
9.	1.059	1.833	2.262	2.301	3.251	4.025
10.	1.053	1.812	2.228	2.265	3.170	3.893
11.	1.048	1.796	2.201	2.237	3.106	3.790
12.	1.044	1.782	2.179	2.214	3.055	3.707
13.	1.041	1.771	2.160	2.195	3.013	3.639
14.	1.038	1.761	2.145	2.179	2.977	3.583
15.	1.035	1.753	2.131	2.165	2.947	3.536
16.	1.033	1.746	2.120	2.153	2.921	3.495
17.	1.031	1.740	2.110	2.142	2.899	3.459
18.	1.029	1.734	2.101	2.133	2.879	3.428
19.	1.028	1.729	2.093	2.125	2.861	3.401
20.	1.026	1.725	2.086	2.117	2.846	3.377
30.	1.018	1.697	2.042	2.072	2.750	3.230
40.	1.013	1.684	2.021	2.050	2.705	3.161
50.	1.011	1.676	2.009	2.037	2.678	3.120
60.	1.009	1.671	2.000	2.029	2.661	3.094
70.	1.008	1.667	1.994	2.022	2.648	3.075
80.	1.007	1.664	1.990	2.018	2.639	3.062
90.	1.006	1.662	1.987	2.014	2.632	3.051
100.	1.006	1.660	1.984	2.012	2.626	3.043
200.	1.003	1.653	1.972	1.999	2.601	3.005
300.	1.002	1.650	1.968	1.995	2.593	2.993
400.	1.002	1.649	1.966	1.993	2.589	2.986
500.	1.002	1.648	1.965	1.992	2.586	2.983

T3a Sichel–Faktoren; Korrekturfaktor für den Mittelwert: $c_n(s^2(y))$

$s^2(y)$ \ n	2.	3.	4.	5.	6.	7.	8.	9.	10.	12.	14.	16.	18.	20.	50.	100.	1000.
.00	1.000	1.000	1.000	1.000	1.000	1.000	1.000	1.000	1.000	1.000	1.000	1.000	1.000	1.000	1.000	1.000	1.000
.02	1.010	1.010	1.010	1.010	1.010	1.010	1.010	1.010	1.010	1.010	1.010	1.010	1.010	1.010	1.010	1.010	1.010
.04	1.020	1.020	1.020	1.020	1.020	1.020	1.020	1.020	1.020	1.020	1.020	1.020	1.020	1.020	1.020	1.020	1.020
.06	1.030	1.030	1.030	1.030	1.030	1.030	1.030	1.030	1.030	1.030	1.030	1.030	1.030	1.030	1.030	1.030	1.030
.08	1.040	1.040	1.040	1.040	1.040	1.041	1.041	1.041	1.041	1.041	1.041	1.041	1.041	1.041	1.041	1.041	1.041
.10	1.050	1.051	1.051	1.051	1.051	1.051	1.051	1.051	1.051	1.051	1.051	1.051	1.051	1.051	1.051	1.051	1.051
.12	1.061	1.061	1.061	1.061	1.061	1.061	1.061	1.061	1.061	1.062	1.062	1.062	1.062	1.062	1.062	1.062	1.062
.14	1.071	1.071	1.071	1.072	1.072	1.072	1.072	1.072	1.072	1.072	1.072	1.072	1.072	1.072	1.072	1.072	1.072
.16	1.081	1.082	1.082	1.082	1.082	1.082	1.082	1.083	1.083	1.083	1.083	1.083	1.083	1.083	1.083	1.083	1.083
.18	1.091	1.092	1.092	1.093	1.093	1.093	1.093	1.093	1.093	1.094	1.094	1.094	1.094	1.094	1.094	1.094	1.094
.20	1.102	1.102	1.103	1.103	1.104	1.104	1.104	1.104	1.104	1.104	1.104	1.104	1.104	1.105	1.105	1.105	1.105
.30	1.154	1.156	1.157	1.158	1.158	1.159	1.159	1.159	1.160	1.160	1.160	1.160	1.160	1.161	1.161	1.162	1.162
.40	1.207	1.210	1.212	1.214	1.215	1.216	1.216	1.217	1.217	1.218	1.218	1.219	1.219	1.219	1.220	1.221	1.221
.50	1.260	1.266	1.269	1.272	1.273	1.275	1.276	1.276	1.277	1.278	1.279	1.279	1.280	1.280	1.282	1.283	1.284
.60	1.315	1.323	1.328	1.332	1.334	1.336	1.337	1.338	1.339	1.341	1.342	1.343	1.344	1.344	1.348	1.349	1.350
.70	1.371	1.382	1.389	1.393	1.397	1.399	1.401	1.403	1.404	1.406	1.408	1.409	1.410	1.411	1.416	1.417	1.419
.80	1.427	1.442	1.451	1.457	1.462	1.465	1.468	1.470	1.472	1.475	1.477	1.478	1.480	1.481	1.487	1.490	1.492
.90	1.485	1.503	1.515	1.523	1.529	1.533	1.537	1.540	1.542	1.546	1.549	1.551	1.552	1.554	1.562	1.565	1.568
1.00	1.543	1.566	1.580	1.591	1.598	1.604	1.608	1.612	1.615	1.620	1.623	1.626	1.628	1.630	1.641	1.645	1.649
1.10	1.602	1.630	1.648	1.661	1.670	1.677	1.682	1.687	1.691	1.697	1.701	1.705	1.708	1.710	1.723	1.728	1.733
1.20	1.662	1.696	1.718	1.733	1.744	1.752	1.759	1.765	1.770	1.777	1.782	1.787	1.790	1.793	1.810	1.816	1.822
1.30	1.724	1.764	1.789	1.807	1.820	1.831	1.839	1.846	1.851	1.860	1.867	1.872	1.876	1.880	1.900	1.908	1.916
1.40	1.786	1.832	1.862	1.884	1.900	1.912	1.922	1.930	1.936	1.947	1.955	1.961	1.966	1.971	1.995	2.004	2.014
1.50	1.848	1.903	1.938	1.963	1.981	1.996	2.007	2.017	2.025	2.037	2.047	2.054	2.060	2.065	2.095	2.106	2.117
1.60	1.912	1.975	2.015	2.044	2.066	2.082	2.096	2.107	2.116	2.131	2.142	2.151	2.158	2.164	2.199	2.212	2.226
1.70	1.977	2.049	2.095	2.128	2.153	2.172	2.188	2.201	2.212	2.229	2.242	2.252	2.260	2.267	2.308	2.323	2.340
1.80	2.043	2.124	2.177	2.214	2.243	2.265	2.283	2.298	2.310	2.330	2.345	2.357	2.367	2.375	2.422	2.440	2.460
1.90	2.110	2.201	2.260	2.303	2.336	2.361	2.382	2.399	2.413	2.436	2.453	2.467	2.478	2.487	2.542	2.563	2.586
2.00	2.178	2.280	2.347	2.395	2.431	2.460	2.484	2.503	2.519	2.545	2.565	2.581	2.594	2.604	2.668	2.692	2.718
2.10	2.247	2.360	2.435	2.489	2.530	2.563	2.589	2.611	2.630	2.659	2.682	2.700	2.714	2.726	2.800	2.827	2.858
2.20	2.317	2.442	2.526	2.586	2.632	2.669	2.698	2.723	2.744	2.778	2.803	2.824	2.840	2.854	2.937	2.969	3.004
2.30	2.388	2.526	2.618	2.686	2.737	2.778	2.811	2.839	2.863	2.900	2.929	2.952	2.971	2.987	3.082	3.118	3.158
2.40	2.460	2.612	2.714	2.788	2.846	2.891	2.928	2.959	2.986	3.028	3.060	3.086	3.108	3.125	3.233	3.274	3.320
2.50	2.533	2.699	2.812	2.894	2.957	3.008	3.049	3.084	3.113	3.160	3.197	3.226	3.250	3.270	3.391	3.438	3.490
2.60	2.607	2.789	2.912	3.003	3.073	3.128	3.174	3.213	3.245	3.298	3.339	3.371	3.398	3.420	3.557	3.610	3.669
2.70	2.682	2.880	3.015	3.114	3.191	3.253	3.304	3.346	3.382	3.441	3.486	3.522	3.552	3.577	3.730	3.791	3.857
2.80	2.759	2.973	3.120	3.229	3.314	3.382	3.437	3.484	3.524	3.589	3.639	3.680	3.713	3.740	3.912	3.980	4.055
2.90	2.836	3.068	3.228	3.347	3.440	3.514	3.576	3.627	3.671	3.743	3.799	3.843	3.880	3.911	4.102	4.178	4.263
3.00	2.914	3.166	3.339	3.469	3.570	3.651	3.718	3.775	3.824	3.902	3.964	4.013	4.054	4.088	4.301	4.387	4.482

T3b Sichel—Faktoren; untere 5 % Vertrauensgrenze : $c_{0.05}(s^2(y),n)$

$s^2(y) \backslash n$	5.	10.	15.	20.	50.	100.	1000.
.00	1.000	1.000	1.000	1.000	1.000	1.000	1.000
.02	.898	.933	.946	.954	.970	.978	.993
.04	.859	.907	.925	.934	.957	.969	.990
.06	.830	.887	.908	.920	.948	.962	.987
.08	.807	.871	.894	.908	.940	.956	.985
.10	.787	.856	.882	.897	.933	.951	.983
.12	.769	.844	.872	.888	.926	.946	.982
.14	.754	.832	.862	.879	.920	.942	.980
.16	.739	.822	.853	.871	.915	.938	.979
.18	.726	.812	.844	.863	.910	.934	.977
.20	.713	.802	.836	.856	.905	.930	.976
.30	.661	.762	.801	.824	.883	.914	.970
.40	.619	.728	.772	.798	.864	.900	.965
.50	.584	.700	.746	.774	.847	.887	.960
.60	.554	.674	.727	.753	.831	.874	.955
.70	.528	.651	.702	.734	.817	.863	.951
.80	.504	.630	.683	.716	.803	.853	.947
.90	.484	.610	.665	.699	.790	.842	.943
1.00	.465	.592	.648	.683	.777	.832	.939
1.10	.448	.576	.632	.667	.765	.823	.935
1.20	.433	.560	.617	.653	.754	.813	.931
1.30	.419	.545	.602	.639	.743	.804	.928
1.40	.406	.532	.589	.626	.732	.795	.924
1.50	.395	.519	.576	.614	.721	.787	.920
1.60	.384	.507	.564	.602	.711	.778	.917
1.70	.374	.495	.552	.590	.701	.770	.913
1.80	.366	.484	.541	.579	.692	.762	.910
1.90	.357	.474	.531	.569	.683	.754	.906
2.00	.350	.464	.520	.559	.673	.747	.903
2.10	.343	.455	.511	.549	.665	.739	.900
2.20	.337	.447	.501	.540	.656	.732	.896
2.30	.332	.439	.493	.530	.648	.725	.893
2.40	.327	.431	.484	.522	.639	.717	.890
2.50	.322	.423	.476	.513	.631	.710	.886
2.60	.318	.417	.468	.504	.624	.704	.883
2.70	.314	.410	.461	.497	.616	.697	.880
2.80	.311	.404	.454	.490	.609	.690	.877
2.90	.308	.398	.447	.483	.601	.684	.874
3.00	.306	.393	.440	.476	.594	.677	.870

T3c Sichel—Faktoren; obere 95 %—Vertrauensgrenze : $c_{0.95}(s^2(y),n)$

$s^2(y) \backslash n$	5.	10.	15.	20.	50.	100.	1000.
.00	1.000	1.000	1.000	1.000	1.000	1.000	1.000
.02	1.241	1.117	1.084	1.067	1.038	1.026	1.007
.04	1.362	1.171	1.122	1.099	1.055	1.037	1.011
.06	1.466	1.216	1.154	1.124	1.069	1.046	1.013
.08	1.561	1.256	1.181	1.146	1.080	1.053	1.015
.10	1.652	1.293	1.207	1.166	1.091	1.060	1.017
.12	1.740	1.327	1.230	1.184	1.100	1.066	1.019
.14	1.827	1.361	1.253	1.202	1.109	1.072	1.020
.16	1.914	1.393	1.274	1.219	1.118	1.078	1.022
.18	1.999	1.425	1.295	1.236	1.126	1.084	1.023
.20	2.087	1.455	1.316	1.252	1.135	1.089	1.025
.30	2.532	1.606	1.415	1.328	1.172	1.113	1.031
.40	3.019	1.756	1.509	1.399	1.207	1.135	1.037
.50	3.563	1.910	1.603	1.470	1.240	1.156	1.042
.60	4.176	2.070	1.682	1.541	1.273	1.175	1.047
.70	4.870	2.237	1.789	1.614	1.306	1.196	1.052
.80	5.663	2.415	1.901	1.688	1.338	1.215	1.057
.90	6.570	2.604	2.006	1.763	1.371	1.235	1.062
1.00	7.605	2.805	2.117	1.842	1.404	1.254	1.067
1.10	8.795	3.019	2.233	1.924	1.437	1.274	1.071
1.20	10.155	3.250	2.355	2.008	1.471	1.294	1.076
1.30	11.718	3.497	2.483	2.096	1.506	1.314	1.080
1.40	13.513	3.761	2.617	2.187	1.540	1.334	1.085
1.50	15.569	4.045	2.758	2.282	1.576	1.354	1.089
1.60	17.928	4.351	2.907	2.380	1.613	1.374	1.094
1.70	20.639	4.680	3.064	2.484	1.650	1.395	1.098
1.80	23.749	5.034	3.229	2.592	1.688	1.416	1.103
1.90	27.318	5.414	3.403	2.704	1.728	1.438	1.107
2.00	31.398	5.825	3.588	2.822	1.767	1.459	1.112
2.10	36.079	6.268	3.783	2.945	1.808	1.481	1.116
2.20	41.444	6.745	3.989	3.074	1.850	1.504	1.121
2.30	47.586	7.260	4.208	3.209	1.893	1.526	1.125
2.40	54.611	7.815	4.438	3.351	1.937	1.549	1.130
2.50	62.661	8.415	4.683	3.498	1.982	1.572	1.134
2.60	71.861	9.061	4.941	3.670	2.029	1.596	1.139
2.70	82.366	9.759	5.214	3.816	2.076	1.620	1.144
2.80	94.377	10.512	5.504	3.986	2.125	1.645	1.148
2.90	108.115	11.326	5.811	4.164	2.175	1.670	1.153
3.00	123.750	12.206	6.137	4.351	2.226	1.695	1.158

247

T4   Sphärisches Variogrammodell $\gamma_M(h/a)$ für $h/a = 0$ bis $h/a = 1.0$

h/a	.000	.001	.002	.003	.004	.005	.006	.007	.008	.009	.010	.011	.012	.013	.014	.015	.016	.017	.018	.019
.000	.000	.001	.003	.004	.006	.007	.009	.010	.012	.013	.015	.016	.018	.019	.021	.022	.024	.025	.027	.028
.020	.030	.031	.033	.034	.036	.037	.039	.040	.042	.043	.045	.046	.048	.049	.051	.052	.054	.055	.057	.058
.040	.060	.061	.063	.064	.066	.067	.069	.070	.072	.073	.075	.076	.078	.079	.081	.082	.084	.085	.087	.088
.060	.090	.091	.093	.094	.096	.097	.099	.100	.102	.103	.105	.106	.108	.109	.111	.112	.114	.115	.117	.118
.080	.120	.121	.123	.124	.126	.127	.129	.130	.132	.133	.135	.136	.138	.139	.141	.142	.144	.145	.147	.148
.100	.150	.151	.152	.154	.155	.157	.158	.160	.161	.163	.164	.166	.167	.169	.170	.172	.173	.175	.176	.178
.120	.179	.181	.182	.184	.185	.187	.188	.189	.191	.192	.194	.195	.197	.198	.200	.201	.203	.204	.206	.207
.140	.209	.210	.212	.213	.215	.216	.217	.219	.220	.222	.223	.225	.226	.228	.229	.231	.232	.234	.235	.236
.160	.238	.239	.241	.242	.244	.245	.247	.248	.250	.251	.253	.254	.255	.257	.258	.260	.261	.263	.264	.266
.180	.267	.269	.270	.271	.273	.274	.276	.277	.279	.280	.282	.283	.284	.286	.287	.289	.290	.292	.293	.295
.200	.296	.297	.299	.300	.302	.303	.305	.306	.308	.309	.310	.312	.313	.315	.316	.318	.319	.320	.322	.323
.220	.325	.326	.328	.329	.330	.332	.333	.335	.336	.337	.339	.340	.342	.343	.345	.346	.347	.349	.350	.352
.240	.353	.355	.356	.357	.359	.360	.362	.363	.364	.366	.367	.369	.370	.371	.373	.374	.376	.377	.378	.380
.260	.381	.383	.384	.385	.387	.388	.390	.391	.392	.394	.395	.397	.398	.399	.401	.402	.403	.405	.406	.408
.280	.409	.410	.412	.413	.415	.416	.417	.419	.420	.421	.423	.424	.426	.427	.428	.430	.431	.432	.434	.435
.300	.437	.438	.439	.441	.442	.443	.445	.446	.447	.449	.450	.451	.453	.454	.456	.457	.458	.460	.461	.462
.320	.464	.465	.466	.468	.469	.470	.472	.473	.474	.476	.477	.478	.480	.481	.482	.484	.485	.486	.488	.489
.340	.490	.492	.493	.494	.496	.497	.498	.500	.501	.502	.504	.505	.506	.508	.509	.510	.511	.513	.514	.515
.360	.517	.518	.519	.521	.522	.523	.524	.526	.527	.528	.530	.531	.532	.534	.535	.536	.537	.539	.540	.541
.380	.543	.544	.545	.546	.548	.549	.550	.552	.553	.554	.555	.557	.558	.559	.560	.562	.563	.564	.565	.567
.400	.568	.569	.571	.572	.573	.574	.576	.577	.578	.579	.581	.582	.583	.584	.586	.587	.588	.589	.590	.592
.420	.593	.594	.595	.597	.598	.599	.600	.602	.603	.604	.605	.606	.608	.609	.610	.611	.613	.614	.615	.616
.440	.617	.619	.620	.621	.622	.623	.625	.626	.627	.628	.629	.631	.632	.633	.634	.635	.637	.638	.639	.640
.460	.641	.643	.644	.645	.646	.647	.648	.650	.651	.652	.653	.654	.655	.657	.658	.659	.660	.661	.662	.664
.480	.665	.666	.667	.668	.669	.670	.672	.673	.674	.675	.676	.677	.678	.680	.681	.682	.683	.684	.685	.686
.500	.688	.689	.690	.691	.692	.693	.694	.695	.696	.698	.699	.700	.701	.702	.703	.704	.705	.706	.708	.709
.520	.710	.711	.712	.713	.714	.715	.716	.717	.718	.719	.721	.722	.723	.724	.725	.726	.727	.728	.729	.730
.540	.731	.732	.733	.734	.736	.737	.738	.739	.740	.741	.742	.743	.744	.745	.746	.747	.748	.749	.750	.751
.560	.752	.753	.754	.755	.756	.757	.758	.759	.760	.761	.762	.763	.764	.765	.766	.767	.768	.769	.770	.771
.580	.772	.773	.774	.775	.776	.777	.778	.779	.780	.781	.782	.783	.784	.785	.786	.787	.788	.789	.790	.791
.600	.792	.793	.794	.795	.796	.797	.798	.799	.800	.801	.802	.802	.803	.804	.805	.806	.807	.808	.809	.810
.620	.811	.812	.813	.814	.815	.815	.816	.817	.818	.819	.820	.821	.822	.823	.824	.824	.825	.826	.827	.828
.640	.829	.830	.831	.832	.832	.833	.834	.835	.836	.837	.838	.839	.839	.840	.841	.842	.843	.844	.845	.845
.660	.846	.847	.848	.849	.850	.850	.851	.852	.853	.854	.855	.855	.856	.857	.858	.859	.860	.860	.861	.862
.680	.863	.864	.864	.865	.866	.867	.868	.868	.869	.870	.871	.872	.872	.873	.874	.875	.875	.876	.877	.878
.700	.879	.879	.880	.881	.882	.882	.883	.884	.885	.885	.886	.887	.888	.888	.889	.890	.890	.891	.892	.893
.720	.893	.894	.895	.896	.896	.897	.898	.898	.899	.900	.900	.901	.902	.903	.903	.904	.905	.905	.906	.907
.740	.907	.908	.909	.909	.910	.911	.911	.912	.913	.913	.914	.915	.915	.916	.917	.917	.918	.919	.919	.920
.760	.921	.921	.922	.922	.923	.924	.924	.925	.926	.926	.927	.927	.928	.929	.929	.930	.930	.931	.932	.932
.780	.933	.933	.934	.934	.935	.936	.936	.937	.937	.938	.938	.939	.940	.940	.941	.941	.942	.942	.943	.943
.800	.944	.945	.945	.946	.946	.947	.947	.948	.948	.949	.949	.950	.950	.951	.951	.952	.952	.953	.953	.954
.820	.954	.955	.955	.956	.956	.957	.957	.958	.958	.959	.959	.960	.960	.960	.961	.961	.962	.962	.963	.963
.840	.964	.964	.965	.965	.965	.966	.966	.967	.967	.968	.968	.968	.969	.969	.970	.970	.970	.971	.971	.972
.860	.972	.972	.973	.973	.974	.974	.974	.975	.975	.975	.976	.976	.976	.977	.977	.978	.978	.978	.979	.979
.880	.979	.980	.980	.980	.981	.981	.981	.982	.982	.982	.983	.983	.983	.983	.984	.984	.984	.985	.985	.985
.900	.986	.986	.986	.986	.987	.987	.987	.987	.988	.988	.988	.988	.989	.989	.989	.989	.990	.990	.990	.990
.920	.991	.991	.991	.991	.992	.992	.992	.992	.992	.993	.993	.993	.993	.993	.994	.994	.994	.994	.994	.995
.940	.995	.995	.995	.995	.995	.996	.996	.996	.996	.996	.996	.996	.997	.997	.997	.997	.997	.997	.997	.998
.960	.998	.998	.998	.998	.998	.998	.998	.998	.998	.999	.999	.999	.999	.999	.999	.999	.999	.999	.999	.999
.980	.999	.999	1.00	1.00	1.00	1.00	1.00	1.00	1.00	1.00	1.00	1.00	1.00	1.00	1.00	1.00	1.00	1.00	1.00	1.00
1.000	1.00	1.00	1.00	1.00	1.00	1.00	1.00	1.00	1.00	1.00	1.00	1.00	1.00	1.00	1.00	1.00	1.00	1.00	1.00	1.00

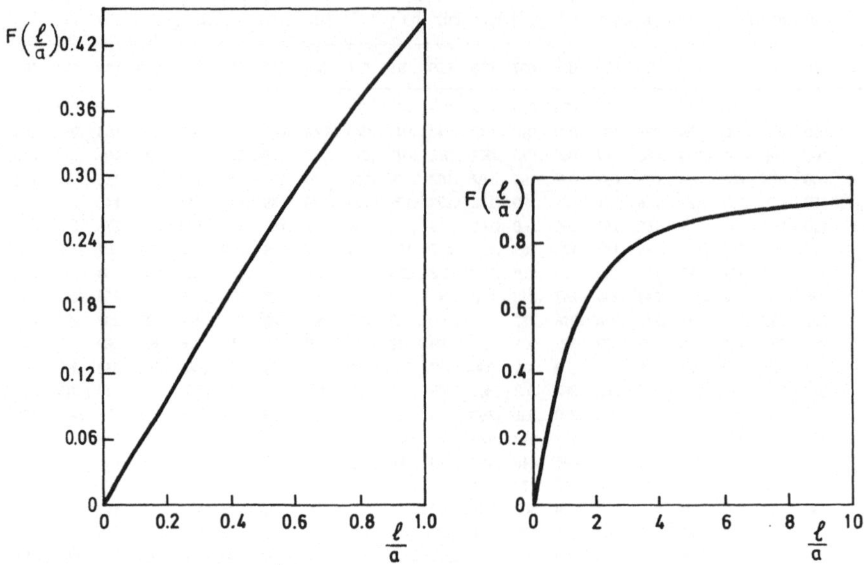

D1a "F-Diagramm" / 1 Dimensional / $\sigma^2(0/\ell)$

Dispersionsvarianz innerhalb einer Geraden der Länge ℓ

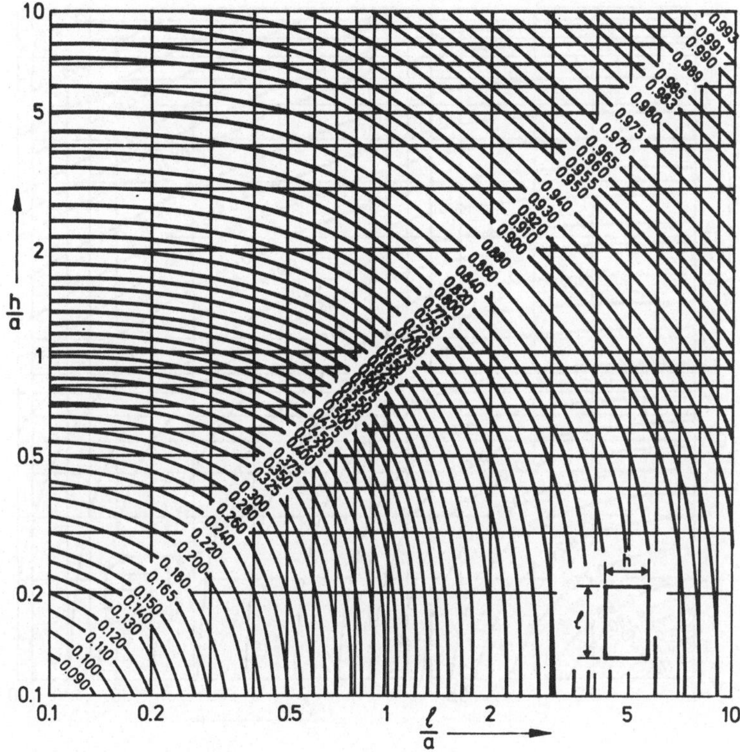

D1b ”F–Diagramm” / 2 Dimensional / $\sigma^2(\square/S)$

Dispersionsvarianz innerhalb eines Rechtecks mit den Kantenlänge h und ℓ

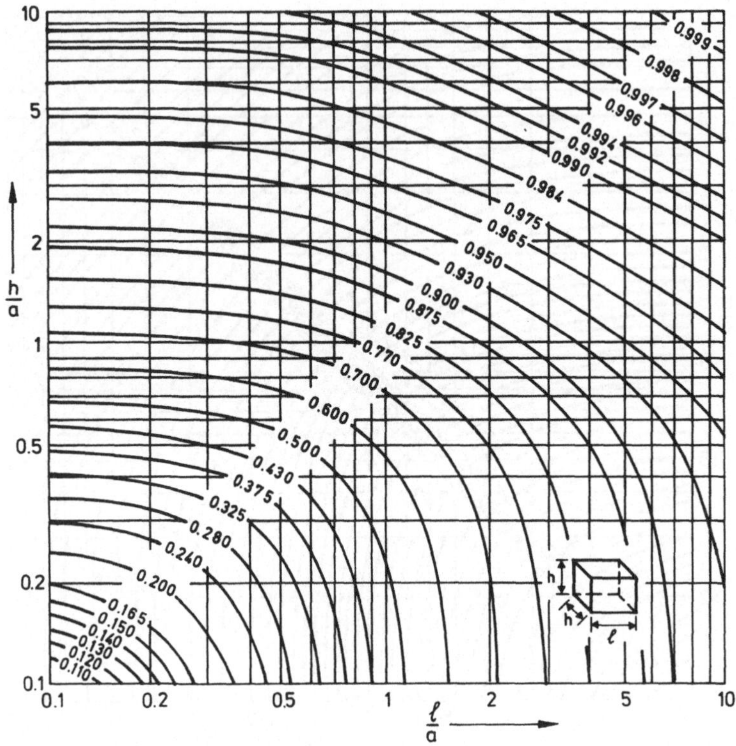

D1c "F−Diagramm" / 3 Dimensional / $\sigma^2(\square/V)$

Dispersionsvarianz innerhalb eines Quaders; die Kantenlängen sind h, h und ℓ

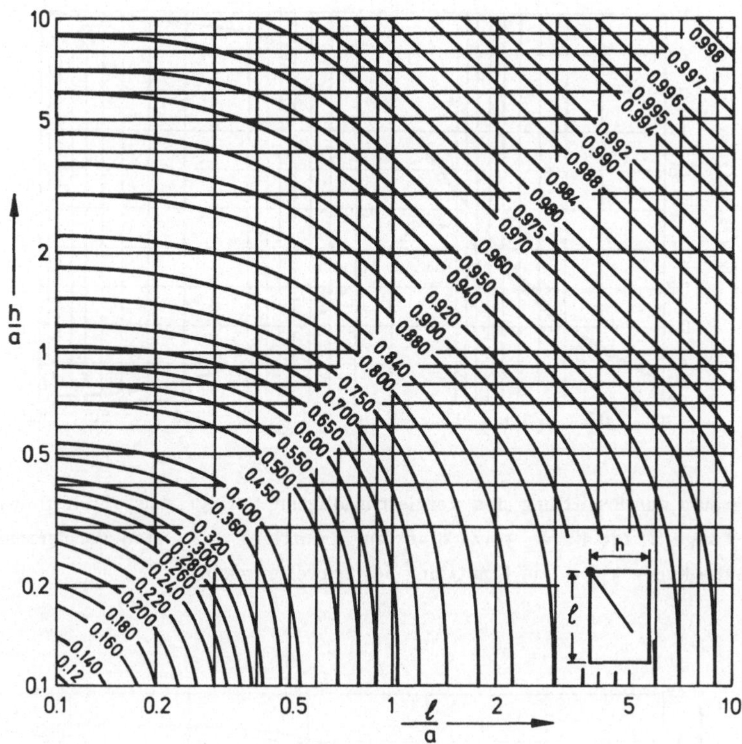

D1d "H−Diagramm" / 2 Dimensional /

Zur Ermittlung der Werte für die Hilfsfunktion H für ein Rechteck mit den Kantenlängen h und ℓ

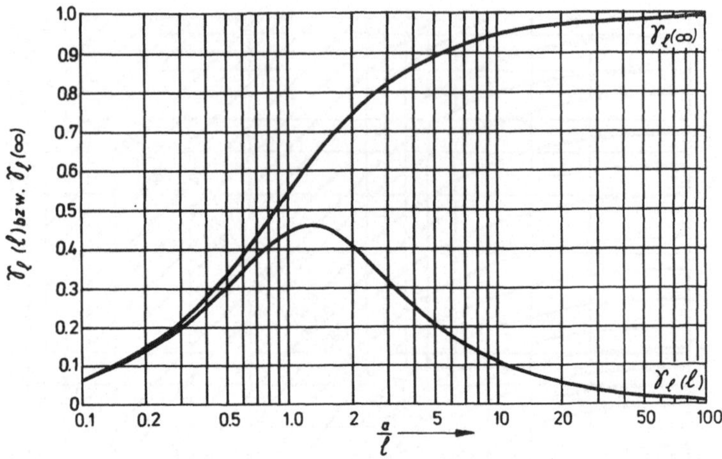

D2a Diagramm zur Ermittlung des vergleichmäßigten Variogramms für Kernabschnitte der Länge ℓ. Die Kurve $\gamma_\ell(\ell)$ dient zur Ermittlung des ersten Variogrammwertes und die Kurve $\gamma_\ell(\infty)$ zur Ermittlung des Schwellenwertes.

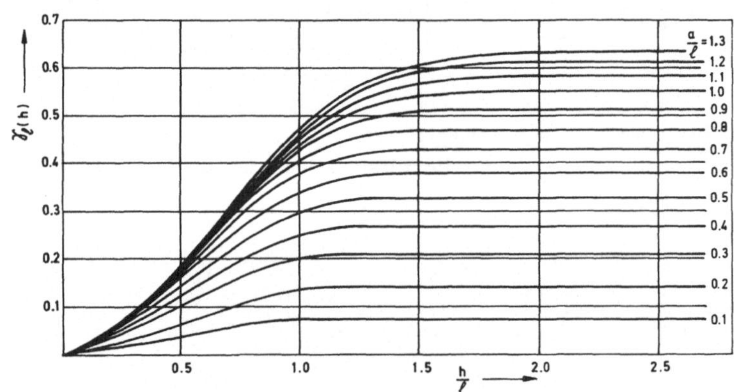

D2b −1− Diagramm zur Ermittlung des vergleichmäßigten Variogramms $\gamma_\ell(h)$ für verschiedene Abstände von h für a / ℓ bis 1,3

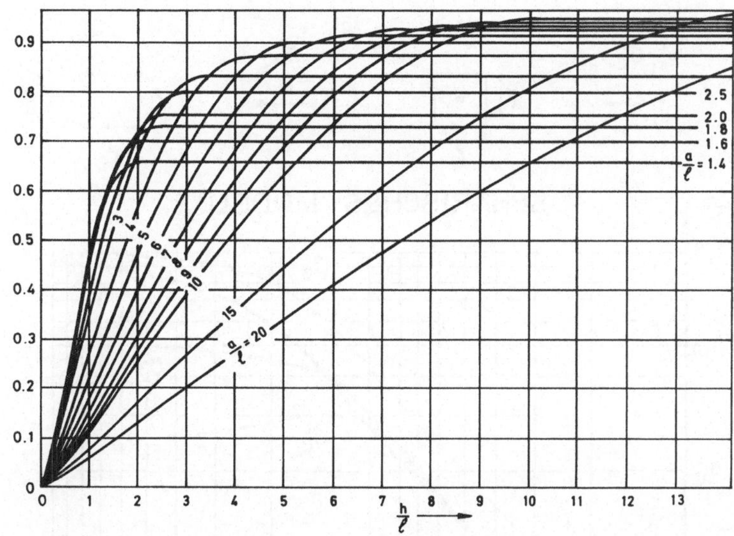

D2b −2− Diagramm zur Ermittlung des vergleichmäßigten Variogramms $\gamma_\ell(h)$ für verschiedene Abstände von h für a / ℓ von 1,4 bis 20,0

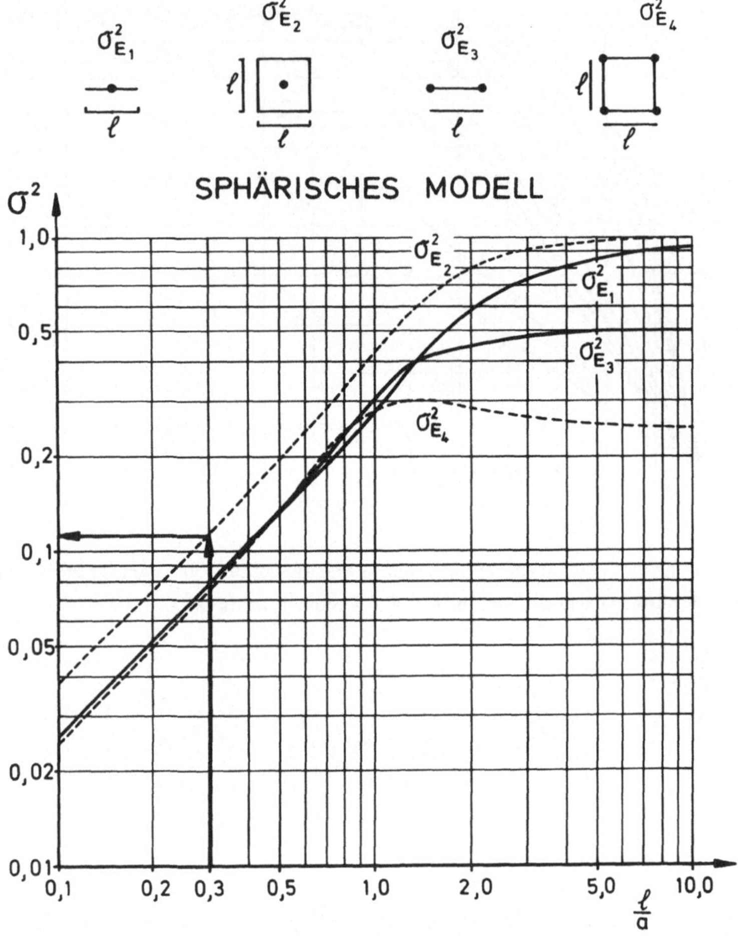

D3a Diagramm zur Ermittlung von verschiedenen Ausdehnungsvarianzen

(Beispiel: Bei $\ell/a=0{,}3$ liest man für den Fall, daß sich eine Probe in der Mitte des quadratischen Blockes befindet, als "unkorrigierten" Wert für die Ausdehnungsvarianz $\sigma^2_{E_2} \cong 0{,}12$ ab.)

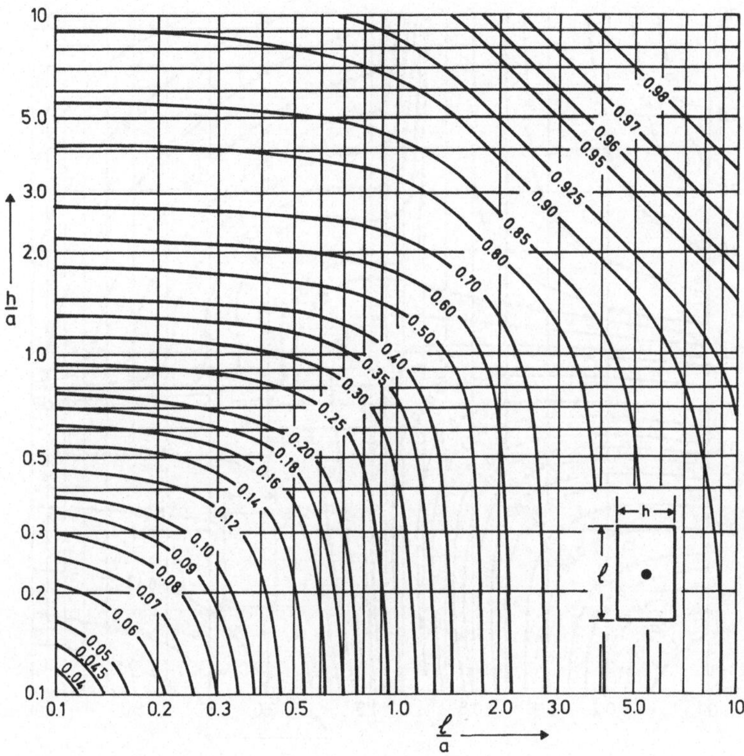

D3b Diagramm zur Ermittlung der Ausdehnungsvarianz des zentralen Punktwertes zu einem Rechteck mit den Kantenlängen h und ℓ

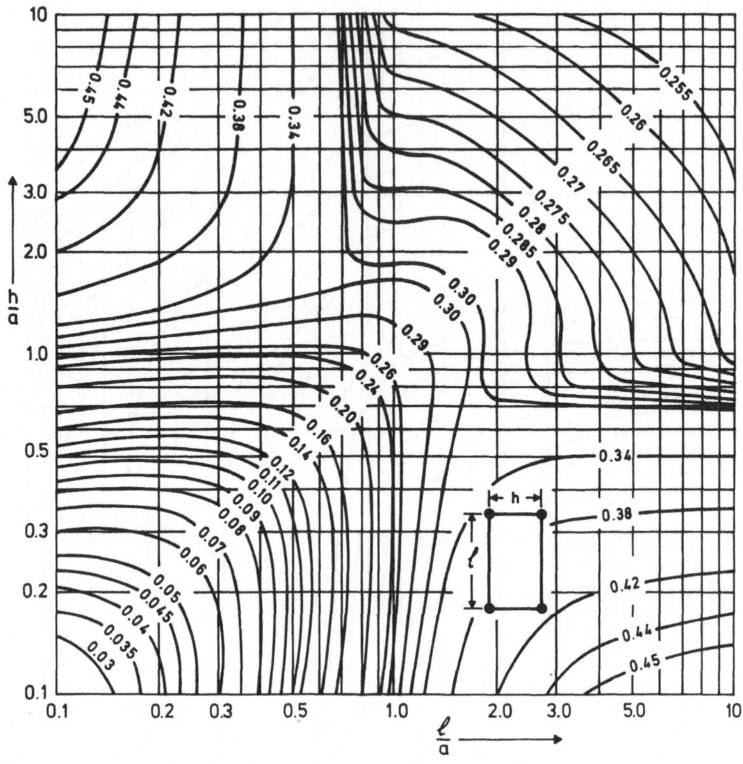

D3c Diagramm zur Ermittlung der Ausdehnungsvarianz der vier Eckpunktwerte zu einem Rechteck mit den Kantenlängen h und ℓ

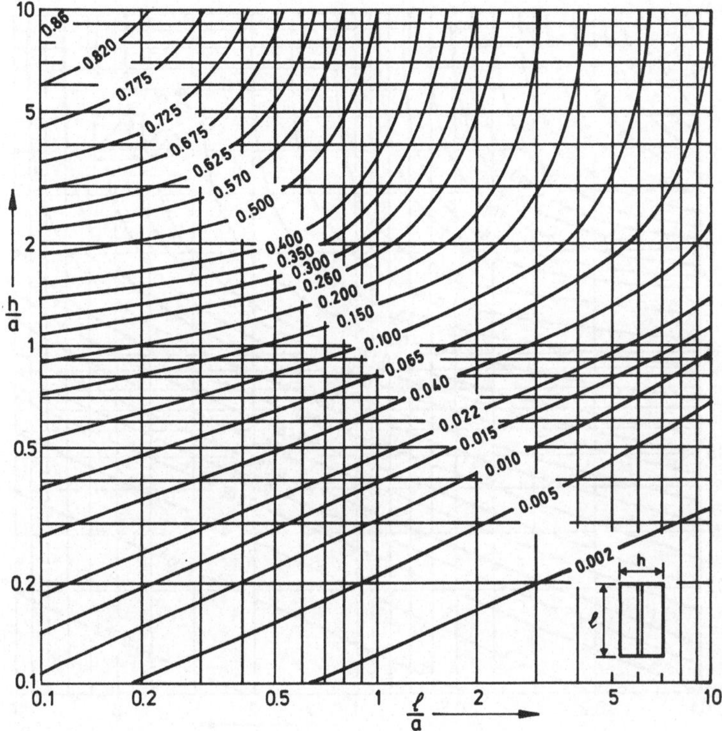

D3d Diagramm zur Ermittlung der Ausdehnungsvarianz eines zentralen Probenwertes mit linienförmiger Stützung (z. B. einer Schlitzprobe) zu einem Rechteck mit den Kantenlängen h und ℓ

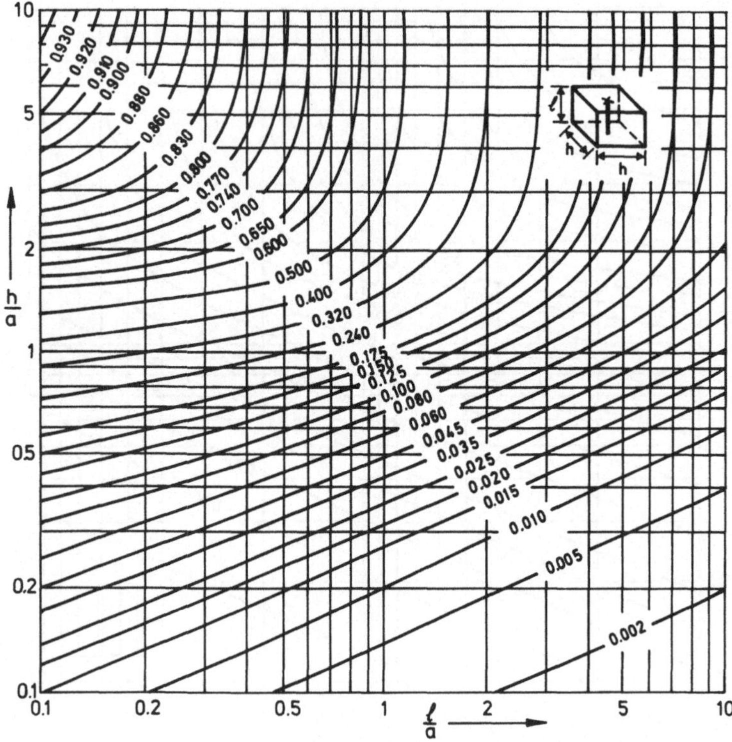

D3e Diagramm zur Ermittlung der Ausdehnungsvarianz eines zentralen Probenwertes mit linienförmiger Stützung (z. B. eines Kernabschnittes) zu einem Quader; die Kantenlängen sind h, h und ℓ

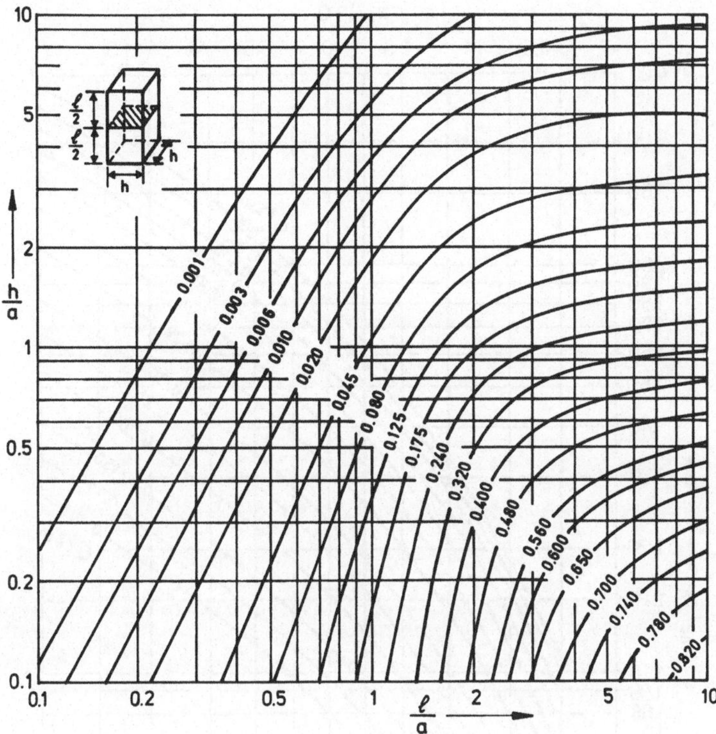

D3f Diagramm zur Ermittlung der Ausdehnungsvarianz, wenn der Wert einer Fläche (schraffiert) in der Mitte eines Quaders zu dem Block ausgedehnt wird

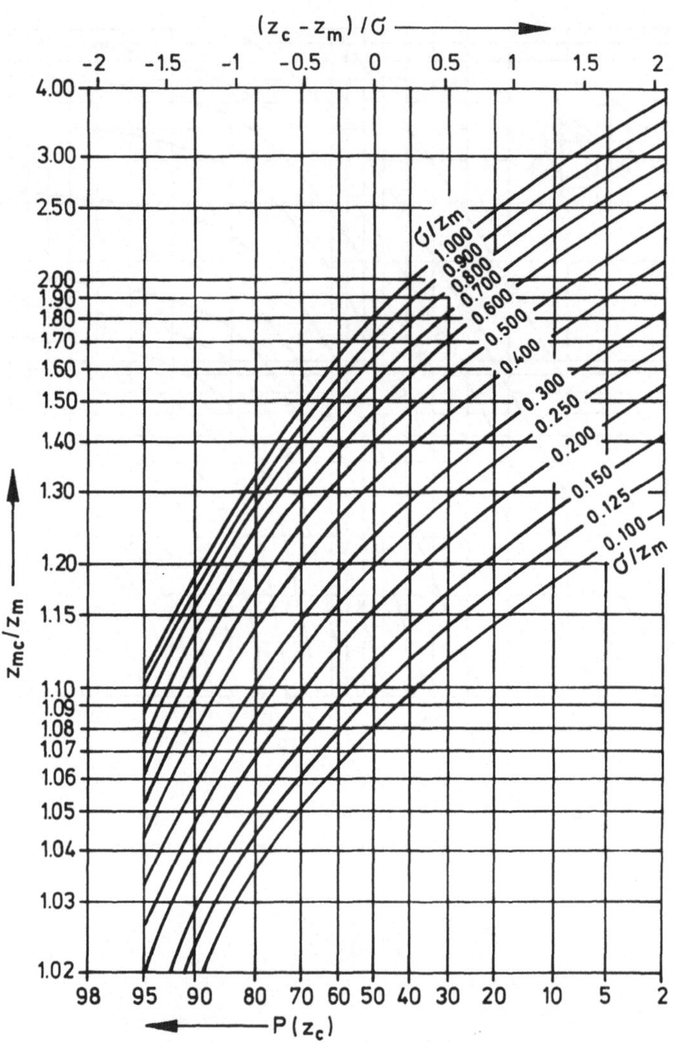

D4a Diagramm zur Ermittlung der Werte z_{mc} und $P(z_c)$ für den Cut—off—Wert von z_c bei Vorliegen einer Normalverteilung; der Mittelwert (ohne Cut—off) ist z_m und die entsprechende Standardabweichung σ

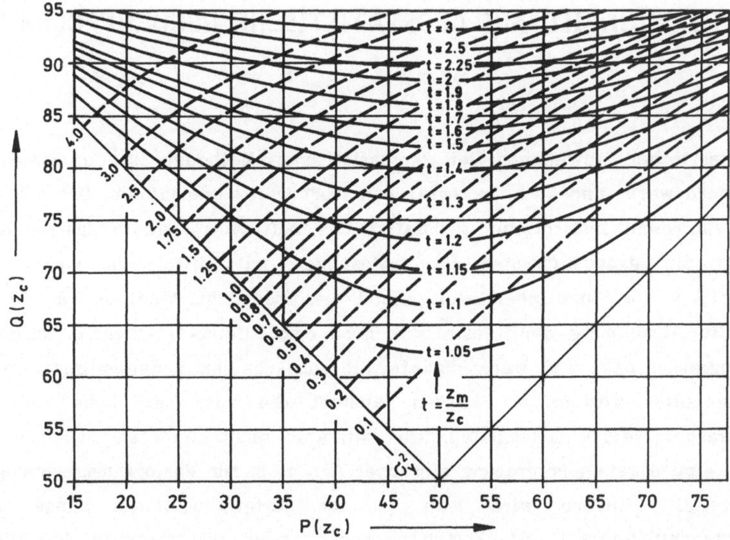

D4b Diagramm zur Ermittlung der gewinnbaren Tonnage $P(z_c)$ und des gewinnbaren (Metall–)Inhaltes $Q(z_c)$ über dem Cut–off–Wert von z_c bei Vorliegen einer Lognormalverteilung (<u>Formery–Diagramm</u>). Der Mittelwert (ohne Cut–off) ist z_m und die logarithmische Varianz σ_y^2. Bei Cut–off–Werten $z_c < z_m$ liest man in der Projektion des Schnittpunktes der beiden Kurven $t = z_m/z_c$ und σ_y^2 die entsprechenden Werte $P(z_c)$ auf der Abzisse und $Q(z_c)$ auf der Ordinate. Bei Cut–off–Werten $z_c > z_m$ verwendet man dagegen anstelle des Wertes $t = z_m/z_c$ den Wert $t = z_c/z_m$. Die gewinnbare Tonnage $[100 - P(z_c)]$ liest man nunmehr auf der Ordinate und den gewinnbaren Inhalt $[100 - Q(z_c)]$ auf der Abzisse.

ANHANG III. HINWEISE AUF GEOSTATISTISCHE RECHENPROGRAMME

Bei der numerischen Anwendung der geostatistischen Methoden ist der Einsatz von Rechnern (hard ware) und Rechnerprogrammen (soft ware) unerläßlich. Deshalb bieten inzwischen zahlreiche Institutionen geostatistische "soft ware"-Pakete zum Verkauf an. Auch wenn die grundsätzlichen Problemlösungen mit Hilfe von verschiedenen Programmiertechniken inzwischen weitgehend veröffentlicht sind, ist es für eine professionelle Anwendung der Geostatistik doch empfehlenswert, bereits ausgereifte Standardprogramme bzw. "soft ware"-Pakete, die auch von renommierten Instituten bzw. Firmen angeboten werden, zu kaufen, anstatt die zum Teil sehr aufwendige Programmierarbeit selbst nachzuholen. Dies soll aber nicht bedeuten, daß man in der Lernphase keine eigenen Programme einfacher Art, z. B. für Variogrammrechnung oder Krigen, erstellt. Ebenso wird man in der fortgeschrittenen Phase eigene Programmentwicklungen z. B. für Forschungszwecke oder für spezielle Anwendungen betreiben müssen.

Die kommerziell angebotenen Programmpakete beinhalten neben den geostatistischen Programmen zumeist auch Programme für die Datenorganisation bzw. -präparation sowie für die Anwendung der beschreibenden Statistik. Darüber hinaus sind zahlreiche geostatistische Pakete mit weiterführenden Programmen, vor allem für bergtechnische Planungen oder bergwirtschaftliche Bewertungen, verknüpft bzw. sie integrieren diese Anwendungsbereiche (z. B. Optimierung des Tagebaus).

Im Rahmen dieses Lehrbuches wird auf eine bewertende Behandlung der kommerziell angebotenen Programmpakete verzichtet, weil jeder Benutzer nach seinen eigenen Bedürfnissen unterschiedliche Kriterien bei der Auswahl anwenden wird. Von Bedeutung ist aber die Beachtung der folgenden Aspekte bei dem Auswahlprozeß:

- Auf welchen Anlagen bzw. Rechnern ist das Programmpaket bereits erfolgreich gelaufen und welche Anpassungsmaßnahmen sind ggf. für die eigene hard ware-Konstellation notwendig?

- Wie intensiv ist die spätere Kundenbetreuung bzw. zu welchen Kosten werden die Weiterentwicklungen bzw. Verbesserungen an den Kunden weitergegeben?

Ansonsten wird die praktische Auswahl basierend auf einer detaillierten Aufgaben-
definition und anhand von Vergleichen mit den Spezifikationen der angebotenen
Programmpakete vorgenommen. Auch die geographische Lage des Anbieters bzw. des
Kunden ist wegen der Intensität der späteren Betreuung nicht zu vernachlässigen.

Ein kommerziell zu erwerbendes Programmpaket sollte als Standardausrüstung mindestens
folgende Einzelprogramme beinhalten:

1. Datenorganisation (für die Sortierung und Umorganisation der Daten bzw. für die
räumliche Einteilung und Reorganisation in verschiedenen langen Abschnitten, wenn
Bohrkerne vorliegen)

2. Statistik (Untersuchung der Verteilungen, Feststellung von Maßzahlen, Durchführung
von Korrelations- und Regressionsanalysen, inkl. graphische Darstellungen)

3. Variographie (experimentelle Variogrammrechnungen für verschiedene Richtungen
und Schrittweiten)

4. Krigeprogramm (für montangeologische Zwecke ist das Normalkrigeprogramm, verknüpft
mit der Möglichkeit zur Ermittlung von Dispersions- und Schätzvarianzen, oft ausreichend).

Zu beachten ist hierbei die Bedeutung und Handhabung der Stukturanalyse bei der
Modellanpassung an die experimentellen Variogramme. Dieser Vorgang ermöglicht die
Integration der geologischen Erkenntnisse des Bearbeiters über das Objekt in das
geostatistische Modell und ist deshalb außerordentlich wichtig. Interaktive
Anpassungsprogramme können diesen Prozeß wesentlich unterstützen; es ist aber
dringend davor zu warnen, eine völlig automatisierte Anpassung derart vorzunehmen,
daß die ausgewählten Modelle geologisch nicht interpretierbar sind.

Seit längerem werden nicht nur die oben erwähnten Standardprogramme der
Geostatistik, sondern auch Programmpakete für fortgeschrittene und nichtlineare
Methoden der Geostatistik (einschließlich Simulationen) kommerziell angeboten. Zu den
internationalen Institutionen, die solche Programmpakete anbieten, gehören u. a.

– Centre de Géostatistique in Fontainebleau und
– Geostat Systems International in Montreal.

Diese Institutionen bzw. deren Verantwortliche zeichnen sich durch die Integration der Forschung, Lehre und Praxis aus. In der Bundesrepublik Deutschland betreibt vor allem die Gruppe "Mathematische Geologie" an der Freien Universität Berlin solche Aktivitäten, die als einen Schwerpunkt die Entwicklung von geostatistischen Programmen einschließen.

Vor allem für den Anfänger ist es sehr wichtig, nicht nur die bestehenden Standardprogramme zu kennen und diese einzusetzen, sondern auch die Struktur dieser Programme zu verstehen und die verwendeten Programmiertechniken zu erlernen. Die beiden Standardlehrbücher der Geostatistik in englischer Sprache (David 1977) sowie Journel & Huijbregts (1978) enthalten beispielhafte Programme für die Lösung von Standardaufgaben der Geostatistik in FORTRAN. Für den Praktiker sind auch die von Kim & Knudsen (1977) bzw. Kim, Myers & Knudsen (1977) veröffentlichten Programme von Bedeutung. Schließlich sei auf die − vor allem in der Zeitschrift "Computers & Geosciences" (Pergamon Press, Oxford) − veröffentlichten Programme hingewiesen, die ggf. in einer modifizierten Form für eigene Problemlösungen eingesetzt werden können (z. B. Clark 1976, 1977a, b; Carr & Myers 1985; Carr et al. 1985b; Yates et al. 1986; Carr 1986; Nienhuis 1987b).

ANHANG IV. MATHEMATISCHES FORMELKOMPENDIUM DER LINEAREN GEOSTATISTIK

Autor:

Dr. rer. nat. Helmut Schaeben

Geologisches Institut

Rhein. Friedrich–Wilhelms–Universität

Nußallee 8, 5300 Bonn 1

In diesem Anhang werden elementare Begriffe und Beziehungen der linearen Geostatistik zusammengestellt. Dies geschieht zunächst in der Schreibweise mit Kovarianzfunktionen, d. h. unter der Annahme schwacher Stationarität, und jeweils am Ende auch in der Variogrammschreibweise, d. h. unter der Annahme der intrinsischen Hypothese.

Im einzelnen werden behandelt:

1. Elementare Regeln für das Rechnen mit Erwartungswerten und Varianzen
2. Drei Hypothesen für die Statistik von Zufallsfunktionen
3. Elementare Regeln für das Rechnen mit Erwartungswert- und Varianzfunktionen
4. Geostatistische Varianzen
5. Schätzprobleme und Schätzvarianzen
6. Bemerkungen zum Nuggeteffekt.

1. Elementare Regeln für das Rechnen mit Erwartungswerten und Varianzen

–––––– Seien Z, Z_1, Z_2 reellwertige Zufallsvariablen, deren Erwartungswerte und Varianzen existieren. Sei F die kumulative Verteilungsfunktion, bzw. f die Wahrscheinlichkeitsdichte der Zufallsvariablen Z. Dann ist ihr <u>Erwartungswert</u> definiert als:

$$E[Z] = \int_{\mathbb{R}} z\,dF(z) = \int_{\mathbb{R}} z f(z)\,dz$$

und ihre <u>Varianz</u> als

$$Var[Z] = E\{[Z - E(Z)]^2\} = E[Z^2] - E^2[Z] \geq 0 \ .$$

----- Es gilt:

$$E[aZ + b] = aE[Z] + b$$

a, b $\in \mathbb{R}$ sind konstante, reelle Zahlen

$$Var[aZ + b] = a^2 Var[Z]$$

$$E[Z_1 \pm Z_2] = E[Z_1] \pm E[Z_2]$$

$$Var[Z_1 \pm Z_2] = Var[Z_1] + Var[Z_2] \pm 2Cov[Z_1,Z_2]$$

mit $Cov[Z_1,Z_2] = E\{[Z_1-E(Z_1)][Z_2-E(Z_2)]\} = E[Z_1,Z_2] - E[Z_1]E[Z_2]$.

Zwei Zufallsvariable Z_1,Z_2 heißen unkorreliert, falls $Cov[Z_1,Z_2] = 0$ ist.
Für unkorrelierte Zufallsvariablen Z_1,Z_2 gilt:

$$E[Z_1 Z_2] = E[Z_1] E[Z_2]$$

$$Var[Z_1 \pm Z_2] = Var[Z_1] + Var[Z_2]$$.

----- Es gilt:

$$Cov[Z,Z] = Var[Z]$$,

und man bezeichnet $Cov[Z,Z]$ auch als <u>Autokovarianz</u> der Zufallsvariablen Z.

----- Sei $Z(\mathbf{x})$, $\mathbf{x} \in D \subset \mathbb{R}^n$, $n \geq 2$ eine Zufallsfunktion, so daß für jede ihrer Zufallsvariablen $Z(\mathbf{x}_0)$ mit beliebigem, aber festem $\mathbf{x}_0$ Erwartungswert und Varianz existieren, dann definiert man

die Erwartungswertfunktion	$E[Z(\mathbf{x})] = m(\mathbf{x})$
die Varianzfunktion	$Var[Z(\mathbf{x})] = E[Z^2(\mathbf{x})] - m^2(\mathbf{x})$
die Kovarianzfunktion	$Cov[Z(\mathbf{x}_1),Z(\mathbf{x}_2)] = E[Z(\mathbf{x}_1)Z(\mathbf{x}_2)] - m(\mathbf{x}_1)m(\mathbf{x}_2)$
und das Variogramm	$2\gamma(\mathbf{x}_1,\mathbf{x}_2) = Var[Z(\mathbf{x}_1) - Z(\mathbf{x}_2)]$.

Es gilt:

$$2\gamma(\mathbf{x}_1,\mathbf{x}_2) = Var[Z(\mathbf{x}_1)] + Var[Z(\mathbf{x}_2)] - 2Cov[Z(\mathbf{x}_1),Z(\mathbf{x}_2)]$$.

Falls

$$\text{Var}[Z(\mathbf{x}_1)] = \text{Var}[Z(\mathbf{x}_2)] = K$$

und

$$\text{Cov}[Z(\mathbf{x}_1),Z(\mathbf{x}_2)] = K(\mathbf{x}_1,\mathbf{x}_2) \quad \text{sind,}$$

dann folgt

$$\gamma(\mathbf{x}_1,\mathbf{x}_2) = K - K(\mathbf{x}_1,\mathbf{x}_2) \quad ,$$

wobei K dem Schwellenwert eines Variogramms entspricht.

2. Drei Hypothesen für die Statistik von Zufallsfunktionen

————— Eine Zufallsfunktion $Z(\mathbf{x})$, $\mathbf{x} \in D$, heißt <u>streng stationär</u> (i.e.S.), falls alle endlichdimensionalen gemeinsamen Verteilungen translationsinvariant sind, d. h.

$$P(Z(\mathbf{x}_i) \le z_i, \ldots , Z(\mathbf{x}_{i+k}) \le z_{i+k}) = P(Z(\mathbf{x}_i+h) \le z_i, \ldots , Z(\mathbf{x}_{i+k}+h) \le z_{i+k})$$

für alle $k \in \mathbb{N}$ und für alle $\mathbf{x}_i$, $\mathbf{x}_i + h \in D$, wobei P die Wahrscheinlichkeit eines Ereignisses bezeichnet.

Aus der strengen Stationarität einer Zufallsfunktion folgt:

1. $P(Z(\mathbf{x}_1) \le z) = P(Z(\mathbf{x}_2) \le z)$, d. h. alle eindimensionalen Randverteilungen sind identisch
2. falls $E[Z(\mathbf{x})]$ existiert, gilt $E[Z(\mathbf{x})] = m$ für alle $\mathbf{x} \in D$
3. falls $\text{Cov}[Z(\mathbf{x}_1),Z(\mathbf{x}_2)]$ existiert, gilt:
   $\text{Cov}[Z(\mathbf{x}_1),Z(\mathbf{x}_2)] = K[\mathbf{x}_1\!-\!\mathbf{x}_2]$
4. $\text{Var}[Z(\mathbf{x}_1) - Z(\mathbf{x}_2)] = 2[K(0) - K(\mathbf{x}_1\!-\!\mathbf{x}_2)]$
   mit $K(0) = \text{Cov}[Z(\mathbf{x}),Z(\mathbf{x})] = \text{Var}[Z(\mathbf{x})]$,

d. h. die Erwartungswertfunktion ist auf ganz D konstant, die Kovarianz zweier Zufallsvariablen der Zufallsfunktion ist nur eine Funktion ihrer Distanz (und deren Richtung), und die Varianz der Inkremente $\Delta(\mathbf{x}_1,\mathbf{x}_2) = Z(\mathbf{x}_1) - Z(\mathbf{x}_2)$ ist translationsinvariant.

————— Eine Zufallsfunktion $Z(\mathbf{x})$, $\mathbf{x} \in D$, heißt <u>schwach stationär</u> (i.w.S.), falls

$$E[Z^2(\mathbf{x})] < \infty$$
$$E[Z(\mathbf{x})] = m \quad \text{für alle } \mathbf{x} \in D$$
$$\text{Cov}[Z(\mathbf{x}_1),Z(\mathbf{x}_2)] = K(\mathbf{x}_1\!-\!\mathbf{x}_2) \qquad \mathbf{x}_1,\mathbf{x}_2 \in D \quad ,$$

d. h. falls alle Momente zweiter Ordnung existieren, die Erwartungswertfunktion auf ganz D konstant ist und die Kovarianzfunktion zweier Zufallsvariablen nur eine Funktion ihrer Distanz (und deren Richtung) ist.

Aus der schwachen Stationarität einer Zufallsfunktion folgt:

$$1. \quad E[Z(x_1) - Z(x_2)] = 0$$
$$2. \quad Var[Z(x)] = K(0)$$
$$3. \quad Var[Z(x_1) - Z(x_2)] = 2[K(0) - K(x_1-x_2)] \ ,$$

d. h. die Erwartungswertfunktion der Inkremente ist Null und ihre Varianzfunktion ist translationsinvariant auf ganz D.

----- Eine Zufallsfunktion $Z(x)$, $x \in D$, genügt der <u>intrinsischen Hypothese</u> (schwache Stationarität ihrer Zuwächse), falls

$$E[Z(x + h) - Z(x)] = m(h) \text{ für alle } x, x+h \in D$$
$$Var[Z(x + h) - Z(x)] = 2\gamma(h) \text{ für alle } x, x+h \in D \ ,$$

d. h. falls die Erwartungswertfunktion und die Varianzfunktion der Inkremente auf ganz D nur eine Funktion der entsprechenden Distanzen (und ihrer Richtungen) ist. Ohne Beschränkung der Allgemeinheit kann man $m(h) = 0$ annehmen.

Für eine schwachstationäre Zufallsfunktion $Z(x)$, $x \in D$, gilt:

$$Var[Z(x + h) - Z(x)] = E\{[Z(x) - Z(x + h)]^2\}$$
$$= 2[K(0) - K(h)] = 2\gamma(h) \ ,$$

d. h. für schwachstationäre Zufallsfunktionen sind die Kovarianzfunktionen und die Variogramme äquivalente Hilfsmittel.

Für die Kovarianzfunktion K gilt:

$$\left| K(h) \right| \leq K(0)$$

und für das Variogramm

$$\lim_{h \to \infty} \frac{\gamma(h)}{h^2} = 0 \ ,$$

d. h. das Variogramm wächst schließlich langsamer als h^2. Dies bedeutet für die Praxis, daß ein experimentelles Variogramm, das für große h mindestens wie h^2 wächst, anzeigt, daß das untersuchte Phänomen im gewählten Maßstab nicht durch eine intrinsische Zufallsfunktion modelliert werden kann, d. h. daß eine Drift vorhanden ist.

Weiterhin, falls

$$\lim_{h \to \infty} K(h) = 0 \text{ ist,}$$

dann gilt:

$$\lim_{h \to \infty} \gamma(h) = K(0) \ .$$

––––– Kovarianzfunktion und Variogramm. Sei die Zufallsfunktion $Z(x)$, $x \in D$, schwachstationär und sei

$$Z^* = \sum \lambda_i Z(x_i) \qquad \lambda_i \in \mathbb{R} \ .$$

Da die Kovarianzfunktion der Hypothese gemäß existiert, gilt

$$0 \leq \mathrm{Var}[Z^*] = \sum_i \sum_j \lambda_i \lambda_j K(x_i - x_j) \ ,$$

d. h. jede Kovarianzfunktion ist positiv definit. In diesem Fall besitzt jede endliche Linearkombination von Zufallsvariablen der Zufallsfunktion $Z(x)$ eine endliche Varianz.

Unter der Annahme der intrinsischen Hypothese existiert i. a. nur das Variogramm, nicht aber die Kovarianzfunktion. Man kann zeigen, daß in diesem Fall nur solche endlichen Linearkombinationen von Zufallsvariablen eine endliche Varianz besitzen, für die $\sum \lambda_i = 0$. Dann gilt:

$$\mathrm{Var}[Z^*] = - \sum_i \sum_j \lambda_i \lambda_j \gamma(x_i - x_j) \geq 0 \ ,$$

d. h. man braucht zur Berechnung der Varianz im Falle $\sum \lambda_i = 0$ formal nur K durch $-\gamma$ zu ersetzen.

3. Elementare Regeln für das Rechnen mit Erwartungswert– und Varianzfunktionen

$----$ Sei Z^* eine endliche Linearkombination von Zufallsvariablen $Z(\mathbf{x}_i)$ einer Zufallsfunktion $Z(\mathbf{x})$, $\mathbf{x} \in D$, d. h.

$$Z^* = \sum_i \lambda_i Z(\mathbf{x}_i), \qquad \lambda_i \in \mathbb{R} \;,$$

dann gilt

$$\mathrm{Var}[Z^*] = \mathrm{Var}[\sum_i \lambda_i Z(\mathbf{x}_i)]$$

$$= \mathrm{Cov}[\sum_i \lambda_i Z(\mathbf{x}_i), \sum_j \lambda_j Z(\mathbf{x}_j)]$$

$$= \sum_i \sum_j \lambda_i \lambda_j \mathrm{Cov}[Z(\mathbf{x}_i), Z(\mathbf{x}_j)]$$

$$= \sum_i \sum_j \lambda_i \lambda_j \; K(\mathbf{x}_i - \mathbf{x}_j) = \bar{K}(\mathbf{x}_i - \mathbf{x}_j)$$

$$\mathrm{Var}(Z^*) = -\sum_i \sum_j \lambda_i \lambda_j \; \gamma(\mathbf{x}_i - \mathbf{x}_j) = -\bar{\gamma}\mathbf{x}_i - \mathbf{x}_j) \;\;.$$

Da die Varianz nicht negativ sein kann, gilt wie vorher auch in diesem Fall

$$\mathrm{Var}[Z^*] = -\bar{\gamma}(\mathbf{x}_i - \mathbf{x}_j) \geq 0$$

d. h. $-\bar{\gamma}(\mathbf{x}_i - \mathbf{x}_j)$ ist eine nicht negative Zahl, d. h. $\sum\sum \lambda_i \lambda_j \; \gamma(\mathbf{x}_i - \mathbf{x}_j) \leq 0$.

$----$ Sei Z^* der Mittelwert einer Zufallsfunktion $Z(\mathbf{x})$, $\mathbf{x} \in D$, über eine Teilmenge $V \subset D$, d. h.

$$Z^* = \frac{1}{|V|} \int_V Z(\mathbf{x}) d\mathbf{x} \;,$$

wobei $|V|$ das n–dimensionale Volumen der Menge V bezeichnet. Dann gilt

$$\mathrm{Var}[Z^*] = \mathrm{Var}[\frac{1}{|V|} \int_V Z(\mathbf{x}) d\mathbf{x}]$$

$$= \frac{1}{|V|^2} \mathrm{Cov}[\int_V Z(\mathbf{x}_1) d\mathbf{x}_1, \int_V Z(\mathbf{x}_2) d\mathbf{x}_2]$$

$$= \frac{1}{|V|^2} \iint\limits_{V\,V} \mathrm{Cov}[Z(\mathbf{x}_1),Z(\mathbf{x}_2)]\,d\mathbf{x}_1 d\mathbf{x}_2$$

$$= \frac{1}{|V|^2} \iint\limits_{V\,V} K(\mathbf{x}_1-\mathbf{x}_2)\,d\mathbf{x}_1 d\mathbf{x}_2 = \bar{K}(V,V) \quad \text{bzw.}$$

$$\mathrm{Var}[Z^*] = -\frac{1}{|V|^2} \iint\limits_{V\,V} \gamma(\mathbf{x}_1-\mathbf{x}_2)\,d\mathbf{x}_1 d\mathbf{x}_2 = -\bar{\gamma}(V,V) \quad .$$

4. Geostatistische Varianzen

–––– Die Ausdehnungsvarianz: Der Mittelwert Z_v über einer Teilmenge $v \subset D$ soll auf den Mittelwert Z_V über einer Teilmenge $v \subset V \subset D$ "ausgedehnt" werden.

Ein Maß für die statistische Variabilität zwischen Z_v und Z_V ist die "Ausdehnungsvarianz":

$$Z_v = \frac{1}{|v|} \int\limits_v Z(\mathbf{x})\,d\mathbf{x}$$

$$Z_V = \frac{1}{|V|} \int\limits_V Z(\mathbf{x})\,d\mathbf{x}$$

$$\mathrm{Var}[Z_V-Z_v] = \mathrm{Cov}[Z_V,Z_V] + \mathrm{Cov}[Z_v,Z_v] - 2\mathrm{Cov}[Z_V,Z_v]$$

$$= \frac{1}{|V|^2} \iint\limits_{V\,V} K(\mathbf{x}_1-\mathbf{x}_2)\,d\mathbf{x}_1 d\mathbf{x}_2 + \frac{1}{|v|^2} \iint\limits_{v\,v} K(\mathbf{x}_1-\mathbf{x}_2)\,d\mathbf{x}_1 d\mathbf{x}_2$$

$$- \frac{2}{|v||V|} \iint\limits_{v\,V} K(\mathbf{x}_1-\mathbf{x}_2)\,d\mathbf{x}_1 d\mathbf{x}_2$$

$$= \bar{K}(V,V) + \bar{K}(v,v) - 2\bar{K}(v,V)$$

$$\mathrm{Var}[Z_V-Z_v] = 2\bar{\gamma}(v,V) - \bar{\gamma}(v,v) - \bar{\gamma}(V,V)$$

----- Die Verteilungs- oder Dispersionsvarianz: Der Träger bzw. die Stützung V sei zusammengesetzt aus n (kleineren) volumengleichen Trägern v_i, i = 1, ..., n , d. h.

$$V = \bigcup v_i, \quad v_i \cap v_j = \emptyset \text{ falls } i \neq j, \quad |v_i| = |v| \text{ für alle } i = 1, ..., n .$$

Setzt man

$$Z_V = \frac{1}{n} \sum_{i=1}^{n} Z_{v_i}$$

und

$$s^2 = \frac{1}{n} \sum_{i=1}^{n} (Z_{v_i} - Z_V)^2 ,$$

dann gilt für den Erwartungswert der Zufallsvariablen S^2, deren Realisierung als experimentelle Varianz s^2 interpretiert wird:

$$E(S^2) = E[\frac{1}{n} \sum_{i=1}^{n} (Z_{v_i} - Z_V)^2]$$

$$= \frac{1}{n} \sum_{i=1}^{n} [\bar{K}(V,V) + \bar{K}(v_i,v_i) - 2\bar{K}(v_i,V)]$$

$$= \bar{K}(V,V) + \bar{K}(v,v) - 2\bar{K}(V,V)$$

$$= \bar{K}(v,v) - \bar{K}(V,V) .$$

Dieser wird als Varianz der Verteilung oder Dispersionsvarianz und mit $\sigma^2(v/V)$ bezeichnet (s. Abb. 4.1.4). Es gilt:

$$\sigma^2(v/V) = \bar{\gamma}(V,V) - \bar{\gamma}(v,v) .$$

Die Verteilungsvarianz $\sigma^2(v,V)$ ist gleich dem Mittelwert bezüglich i der Ausdehnungsvarianzen $\text{Var}[Z_V - Z_{v_i}]$ von v_i nach V. Daraus folgt unmittelbar die "Volumen–Varianz–Beziehung":

$$\sigma^2(O/D) = \sigma^2(O/V) + \sigma^2(V/D) \quad \text{für } O \subset V \subset D$$

und weiter

$$\sigma^2(O/D) > \sigma^2(V/D)$$

Darüber hinaus erkennt man hier einen Berührungspunkt zur klassischen Statistik. Für einen Punkt O gilt nämlich

$$\sigma^2(O/D) = \overline{\gamma}(D,D)$$

$$\lim_{D\to\infty} \sigma^2(O/D) = \lim_{h\to\infty} \gamma(h) = K(O) = \mathrm{Var}[Z] \quad,$$

falls das Variogramm einen Schwellenwert besitzt.

Insgesamt stellt das Konzept der Verteilungsvarianz einen quantitativen Ausdruck für die Erfahrung dar, daß und wie die Variabilität von der Stützung abhängt.

5. Schätzprobleme und Schätzvarianzen

----- Ein einfaches Schätzproblem: Der Mittelwert

$$Z_V = \frac{1}{|V|} \int\limits_V Z(\mathbf{x})d\mathbf{x} \quad, \quad V \subset D$$

soll durch eine geeignete Linearkombination von $Z(\mathbf{x}_i)$, $\mathbf{x}_i \in V$, geschätzt werden

$$Z^* = \sum_i \lambda_i Z(\mathbf{x}_i) \quad, \quad \lambda_i \in \mathbb{R} \quad.$$

Diese Schätzung ist mit einem Fehler behaftet, für dessen Varianz gilt

$$\mathrm{Var}[Z_V - Z^*] = \mathrm{Cov}[Z_V,Z_V] + \mathrm{Cov}[Z^*,Z^*] - 2\mathrm{Cov}[Z_V,Z^*]$$

$$= \overline{K}(V,V) + \sum_i\sum_j \lambda_i\lambda_j K(\mathbf{x}_i-\mathbf{x}_j) - \frac{2}{|V|} \sum_i \lambda_i \int\limits_V K(\mathbf{x}_i-\mathbf{x}) \quad.$$

Diese Varianz wird als Schätzvarianz und mit $\sigma_E^2(Z_V,Z^*)$ bezeichnet:

$$\sigma_E^2(Z_V,Z^*) = \frac{2}{|V|} \sum_i \lambda_i \int\limits_V \gamma(\mathbf{x}_i-\mathbf{x}) - \sum_i\sum_j \lambda_i\lambda_j \, \gamma(\mathbf{x}_i-\mathbf{x}_j) - \overline{\gamma}(V,V) \quad.$$

----- Ein elementares Schätzproblem: Im Zusammenhang mit Schätzproblemen wird eine neue Interpretation des Variogramms möglich. Soll nämlich $Z = Z(\mathbf{x}_i+h)$ geschätzt werden durch $Z^* = Z(\mathbf{x}_i)$, dann gilt im intrinsischen Fall für die Schätzvarianz

$$\mathrm{Var}[Z-Z^*] = \mathrm{Var}[Z(\mathbf{x}_i+h) - Z(\mathbf{x}_i)] = 2\gamma(h)$$

d.h. das Variogramm kann als fundamentale Schätzvarianzfunktion interpretiert werden.

$-----$ Ein typisches Schätzproblem: Der mittlere Gehalt $Z_V(\mathbf{x}_0)$ bezüglich einer Stützung V an der Stelle $\mathbf{x}_0$

$$Z_V(\mathbf{x}_0) = \frac{1}{|V|} \int\limits_{V} Z(\mathbf{x})d\mathbf{x}$$

soll durch eine endliche Linearkombination Z_V^* von Mittelwerten $Z_{v_i}(\mathbf{x}_i)$ bezüglich Stützungen v_i an den Stellen $\mathbf{x}_i$

$$Z_V^*(\mathbf{x}_0) = \sum_i \lambda_i Z_{v_i}(\mathbf{x}_i)$$

$$= \sum_i \lambda_i \frac{1}{|v_i|} \int\limits_{v_i} Z(\mathbf{x})d\mathbf{x}$$

so geschätzt werden, daß die Schätzung (1.) unverzerrt und (2.) ihre Schätzvarianz minimal ist, d. h.

1. $E[Z_V - Z_V^*] = 0$
2. $Var[Z_V - Z_V^*] = \sigma_E^2 = \min$.

Sind (1.) und (2.) durch geeignete Wahl der λ_i erfüllt, so heißt der entsprechende Schätzer der beste lineare unverzerrte Schätzer (BLUE = best linear unbiased estimate). Das Gleichungssystem zur Bestimmung seiner λ_i heißt Krigesystem, seine minimale Schätzvarianz heißt Krigevarianz σ_k^2 .

$-----$ Für die drei elementaren Fälle einer
(a) stationären Zufallsfunktion ohne Drift bzw. mit bekannter konstanter Drift,
(b) stationärer Zufallsfunktion mit unbekannter konstanter Drift,
(c) intrinsischer Zufallsfunktion ohne Drift
werden im folgenden die Krigegleichungssysteme aufgestellt und die Krigeschätzvarianzen angegeben:

$-$ (a) Zunächst nimmt man o. B. d. A. an, daß $E[Z(\mathbf{x})] = 0$ für alle $\mathbf{x} \in D$. Bedingung 1 ist genau dann erfüllt, wenn $\sum_i \lambda_i = 1$. Für die Schätzvarianz σ_E^2 ergibt sich:

$$\sigma_E^2(\lambda_i) = \overline{K}(V,V) + \sum_i\sum_j \lambda_i\lambda_j \, \overline{K}(v_i,v_j) - 2\sum_i \lambda_i \int\limits_{V} \overline{K}(v_i,V) \ ,$$

die nun minimiert werden soll. Zur Anwendung der Lagrange−Methode bildet man die Lagrange−Funktion

$$L(\lambda_i,\mu) = \sigma_E^2(\lambda_i) - 2\mu(\sum_i \lambda_i - 1) \ ,$$

275

deren Minimum gesucht wird. Einsetzen und partielle Differentiation ergibt für das Krigegleichungssystem

$$
\begin{cases}
\sum_j \lambda_j \bar{K}(v_i, v_j) + \mu = \bar{K}(v_i, V) & i = 1 \cdots\cdots n \\[2ex]
\sum_i \lambda_i = 1
\end{cases}
$$

und, ohne das Gleichungssystem tatsächlich zu lösen, für die Krigeschätzvarianz

$$
\sigma_E^2 = \bar{K}(V,V) + \mu - \sum_i \lambda_i \bar{K}(v_i, V) = \sigma_K^2 \; .
$$

Sei nun $E[Z(x)] = m \neq 0$ für alle $x \in D$, dann definiert man eine neue Zufallsfunktion $Y(x)$, $x \in D$, durch

$$
Y(x) = Z(x) - m.
$$

für diese gilt

$$
E[Y(x)] = 0 \text{ für alle } x \in D
$$

$$
\mathrm{Cov}[Y(x_1), Y(x_2)] = \mathrm{Cov}[Z(x_1), Z(x_2)] = K(x_1 - x_2) \; .
$$

Wegen $\sum_i \lambda_i = 1$ gilt für den Schätzer Z_V^*

$$
Z_V^*(x_0) = m + \sum_i \lambda_i (Z_{V_i}(x_i) - m)
$$

und man erhält identische λ_i und σ_K^2 wie vorher.

– (b) Nun ist $E[Z(x)] = m$ für alle $x \in D$, aber mit unbekanntem m. Die Bedingung 1 ist wieder genau dann erfüllt, wenn $\sum_i \lambda_i = 1$. Für die Schätzvarianz σ_E^2 ergibt sich:

$$
\begin{aligned}
\sigma_E^2 &= \mathrm{Var}[Z_V - Z_V^*] \\[1ex]
&= E[(Z_V - Z_V^*)^2] - E^2[Z_V - Z_V^*] \\[1ex]
&= E[(Z_V - Z_V^*)^2] - m^2(1 - \sum_i \lambda_i) \\[1ex]
&= E[(Z_V - Z_V^*)^2] \; ,
\end{aligned}
$$

also Unabhängigkeit von m und damit das gleiche Gleichungssystem wie im Fall (a).

Es werde nun

$$m = E[Z(\mathbf{x})] \quad \text{geschätzt durch} \quad m_k^* = \sum_i \lambda_i^0 \, Z_{v_i}(\mathbf{x}_i)$$

so daß

(1) $E[m-m_k^*] = 0$ und

(2) $Var[m-m_k^*] = \min$.

Es gilt

$$E[m-m_k^*] = m - \sum_i \lambda_i^0 \, m = m(1-\sum_i \lambda_i^0)$$

und damit ist Bedingung (1) genau dann erfüllt, wenn $\sum \lambda_i^0 = 1$. Weiter gilt

$$Var[m-m_k^*] = E[(m-m_k^*)^2] - E^2[m-m_k^*]$$

$$= Var[m_k^*]$$

$$= \sum_i \sum_j \lambda_i^0 \, \lambda_i^0 \, \bar{K}(v_i,v_j) \ .$$

Mit der Lagrange-Methode

$$L(\lambda_i^0,\mu) = \sum_i \sum_j \lambda_i^0 \, \lambda_j^0 \, \bar{K}(v_i,v_j) - \mu^0(\sum_i \lambda_i^0-1)$$

$$\frac{\partial L}{\partial \lambda_i^0} = \sum_j \lambda_j^0 \, \bar{K}(v_i,v_j) - \mu^0$$

$$\frac{\partial L}{\partial \mu^0} = \sum_j \lambda_j^0 - 1 \ ,$$

erhält man das Gleichungssystem

$$\begin{cases} \sum_j \lambda_j^0 \, \bar{K}(v_i,v_j) = \mu^0 & \qquad i=1\cdots\cdots n \\[2mm] \sum_i \lambda_i^0 = 1 \ , & \end{cases}$$

und als minimalen Wert für $E[(m-m_k^*)^2] = \mu^0\sum_i \lambda_i^0 = \mu^0$, d. h. die Varianz des besten linearen unverzerrten Schätzers m_k^* für m ist gleich dem Lagrange-Multiplikator μ^0.

Insgesamt gilt

$$Z_V^*(\mathbf{x}_0) = m_k^* + \sum_i \lambda_i(Z_{v_i}(\mathbf{x}_i) - m_k^*)$$

mit den gleichen Krigekoeffizienten λ_i, d. h. man kann schätzen, als ob m bekannt ist, wenn man den tatsächlich unbekannten Wert von m durch seinen besten Schätzer m_k^* ersetzt.

– (c) Die im Fall der intrinsischen Zufallsfunktion ohne Drift zu erfüllenden Bedingungen konstituieren gerade den Fall, daß überall K durch $-\gamma$ zu ersetzen ist.

6. Bemerkungen zum Nuggeteffekt

Aufgrund der großen Bedeutung des Nuggeteffektes (s. Kap. 2.3) für geostatistische Berechnungen werden im folgenden einige ergänzende Bemerkungen aufgeführt.

Es liege ein Variogramm mit einer geschachtelten Struktur (s. Kap. 3.1.1) vor. Dieses bestehe aus:

1. Einer Mikrostruktur mit der Reichweite a_0; diese Struktur werde durch das Variogramm $\gamma_0(h)$ beschrieben:

$$\gamma_0(h) = C_0(0) - K_0(h) = C_0 - K_0(h) \ ,$$

2. Einer Makrostruktur mit der Reichweite $a_1 \gg a_0$; diese zweite Struktur werde durch das Variogramm $\gamma_1(h)$ beschrieben.

Die gesamte Struktur wird durch die Überlagerung der beiden einzelnen Variogramme beschrieben:

$$\gamma(h) = \gamma_0(h) + \gamma_1(h) \ ;$$

bezüglich des Maßstabes der Makrostruktur mit $h > a_0$ gilt:

$$\gamma_0(h) = C_0 \ , \qquad h > a_0$$

und

$$\gamma(h) = C_0 + \gamma_1(h) \ , \quad h > a_0 \ ,$$

d. h. das Variogramm $\gamma(h)$ zeigt einen Nuggeteffekt der Größe C_0. Im experimentell zugänglichen Variogramm $\gamma(h)$ wird die Mikrostruktur durch eine Unstetigkeit im Ursprung sichtbar.

Ein reiner Nuggeteffekt besitzt das Variogramm

$$\gamma_0(h) = \begin{cases} 0 \ , & h = 0 \\ C_0 \ , & h > \varepsilon \ , \end{cases}$$

und die entsprechende Kovarianzfunktion

$$K_0(h) = \begin{cases} C_0 \ , & h = 0 \\ C_0 - \gamma_0(h) = 0 \ , & h > \varepsilon \ ; \end{cases}$$

er entspricht also räumlicher Unabhängigkeit (Hierbei stellt ε einen "beliebig kleinen Wert" für den Abstandvektor h dar.)

Für die Mittelwerte $\overline{K}_0(v,v)$, $\overline{K}_0(v,V)$ bzw. $\overline{\gamma}_0(v,v)$, $\overline{\gamma}_0(v,V)$ ergibt sich für

(1) $v \equiv V$, d. h. falls v und V identisch sind: $\qquad \overline{K}_0(v,v) = \frac{A}{V} \ , \qquad \overline{\gamma}_0(v,v) = C_0 - \frac{A}{V} \ ,$

(2) $v \subset V$, d. h. falls v vollständig in V enthalten ist: $\qquad \overline{K}_0(v,V) = \frac{A}{V} \ , \qquad \overline{\gamma}_0(v,V) = C_0 - \frac{A}{V} \ ,$

(3) $v \cap V = \emptyset$, $\mathrm{dist}(v,V) \gg a_0$, d. h. falls v und V disjunkt sind und ihr Abstand größer als a_0 ist:

$$\overline{K}_0(v,V) = 0 \ , \qquad \overline{\gamma}_0(v,V) = C_0$$

mit einer Konstanten A, die gegeben ist durch $\int\limits_V K_0(x-y)dy = A, \ x \in v.$

Vergleichmäßigt man ein Variogramm bezüglich punktweiser Stützung zu einem Variogramm bezüglich der Stützung $v \gg a_0$, wobei v die kleinste realistische Stützung ist, so erhält man

$$\sigma^2(v/\infty) = \mathrm{Var}[Z_V(x)] = \gamma_{0_V}(\infty) = \frac{A}{v} = C_{0_V} \ .$$

Für die Varianz $\sigma_E^2(v,V)$ der Schätzung von Z_V durch Z_v ergibt sich

$$\sigma_E^2(v,V) = \begin{cases} A(\frac{1}{v} - \frac{1}{V}) & \text{falls } v \subset V \\ A(\frac{1}{v} + \frac{1}{V}) & \text{falls } v \cap V = \emptyset \ , \end{cases}$$

und schließlich

$$\sigma_E^2(v,V) = \frac{A}{v} = C_{0_v} \quad \text{falls } V \gg v \gg a_0 \quad .$$

Im speziellen Fall

$$Z_V^{*\prime} = \frac{1}{n}\sum_{i=1}^{n} Z_{v_i(x)}(x) \quad \text{mit } V' = nv \quad , \text{ erhält man}$$

$$\sigma_E^2(Z_V, Z_{V'}^{*}) = \frac{1}{n} C_{0_v} \quad .$$

Für die Verteilungsvarianz $\sigma^2(v/V)$ gilt

$$\sigma^2(v/V) = A\left(\frac{1}{v} + \frac{1}{V}\right) \quad .$$

An dieser Stelle ergibt sich ein weiterer Berührungspunkt zur klassischen Statistik. Für den Fall des reinen Nuggeteffekts erhält man als Lösung des Krigesystems:

$$\lambda_i = \frac{1}{n} \quad \text{für alle } i = 1, \cdots, n \quad ,$$

und

$$\sigma_k^2 = \frac{A}{v}\left(\frac{1}{n} + \frac{v}{V}\right) \approx \frac{A}{nv} = \frac{1}{n} C_{0_v} \quad .$$

Diese Ergebnisse hätte man auch erhalten, wenn die $Z_i = Z(x_i)$, $x_i \in D$ als stochastisch unabhängige, identisch verteilte Familie von Zufallsvariablen behandelt worden wären. D. h. der reine Nuggeteffekt "simuliert" stochastische Unabhängigkeit. Ein relativ großer Nuggeteffekt zeigt also eine schwach entwickelte strukturelle Abhängigkeit an. Von daher ist das Krigeverfahren empfindlich bezüglich des Nuggeteffekts.

In der geostatistischen Praxis sollte deshalb das Verhältnis C_0/C von Nuggetvarianz zu Schwellenwert nicht zu groß sein. Ein größerer Wert von z. B. C_0/C ($> 0,5$) sollte jedenfalls Anlaß sein, zumindest die Ursachen zu klären.

LITERATURVERZEICHNIS

Aboufirassi M, Marino MA (1983)
Kriging of Water Levels in the Souss Aquifer, Morocco.
Mathematical Geology 15: 537-551

Aboufirassi M, Marino MA (1984)
A Geostatistical Based Approach to the Identification of
Aquifer Transmissivities in Yolo Basin, California.
Mathematical Geology 16: 125-137

Akin H (1983a)
Anwendung der Geostatistischen Methoden in der Praxis
In: Ehrismann W, Walther HW (Hrsg): 44-81,
Heft 39 der Schriftenreihe der GDMB.
Chemie, Weinheim Deerfield Basel, 164 S.

Akin H (1983b)
Beispiel einer Geostatistischen Vorratsermittlung für eine
sedimentäre Uranerzlagerstätte (Napperby, Zentral-Australien)
In: Ehrismann W, Walther HW (Hrsg): 101-129,
Heft 39 der Schriftenreihe der GDMB.
Verlag Chemie, Weinheim Deerfield Beach Basel, 164 S.

Akin H (1983c)
Ermittlung der bauwürdigen Vorräte über dem Cut-off mit
Hilfe des Disjunktiven Krigingverfahrens.
Glückauf-Forschungshefte 44: 180-184

Akin H (1984)
Lagerstättensimulation mit Hilfe der Geostatistik.
Erzmetall 37: 47-52

Armstrong M (1982)
A Cross-Classification of the Internal Reports on
Geostatistics of the Centre de Géostatistique et de
Morphologie Mathématique, Fontainebleau, France.
Mathematical Geology 14: 509-537

Armstrong M (1984a)
Improving the Estimation and Modelling of the Variogram.
In: Verly G et al. (Hrsg): Band 1, 1-19.
D. Reidel, Dordrecht Boston, 1092 S. (2 Bände)

Armstrong M (1984b)
Common Problems Seen in Variograms.
Mathematical Geology 16: 305-313

Armstrong M (1984c)
Problems with Universal Kriging.
Mathematical Geology 16: 101-108

Armstrong M, Matheron G (1986)
Disjunctive Kriging Revisited: Part I & Part II.
Mathematical Geology 18: 711-728, 729-742

Baafi EY, Kim YC, Szidarovszky F (1986)
On Nonnegative Weights of Linear Kriging Estimation.
Mining Engineering 38: 437-442

Barnes TE (1982)
Orebody Modeling, The Transformation of Coordinate Systems
to Model Continuity at Mount Emmons.
In: Johnson TB, Barnes RJ (Hrsg): 765-770.
American Institute of Mining, Metallurgical, and Petroleum
Engineers, New York, 806 S.

Bilodeau ML, Mackenzie BW (1979)
Delineation Drilling Investment Decisions.
In: Weiss A (Hrsg) Computer Methods for the 80ies in Mineral Industry:
190-201. AIME, Baltimore, 975 S.

Bilonick RA (1983)
Risk-Qualified Maps for a Long Term Sparse Network -
Mapping the USGS New York Acid Precepitation Data.
In: Verly G et al. (Hrsg): Band 2, 851-862.
D. Reidel, Dordrecht Boston, 1092 S. (2 Bände)

Bryan RC, Ellis TR (1982)
Economic Sensibility Analysis Using Geostatistics.
In: Johnson TB, Barnes RJ (Hrsg): 101-108
American Institute of Mining, Metallurgical, and Petroleum
Engineers, New York, 806 S.

Burger H, Schoele R, Skala W (1982)
Kohlenvorratsberechnung mit Hilfe Geostatistischer Methoden.
Glückauf-Forschungshefte 43: 63-67

Cahalan MJ (Hrsg) (1984)
18th International Symposium: Application of Computers and
Mathematics in the Mineral Industries (APCOM).
Institution of Mining and Metallurgy, London, 892 S.

Carr JR (1986)
Letter to the Editor "An Application for Estimation of
Tripartite Earthquake Response Spectra"
(Zur Anwendung des Programms COKRIG, Carr et al. 1985).
Mathematical Geology 18: 577–578

Carr JR, McCallister PG (1985)
An Application of Cokriging For Estimation of Tripartite
Earthquake Response Spectra.
Mathematical Geology 17: 527–545

Carr JR, Myers DE (1985)
Cosim: A Fortran IV Program for Coconditional Simulation.
Computers & Geosciences 11: 675–705

Carr JR, Baily RE, Deng ED (1985a)
Use of Indicator Variograms for an Enhanced Spatial Analysis.
Mathematical Geology 17: 797–811

Carr JR, Myers DE, Glass CE (1985b)
Cokriging – a Computer Program.
Computers & Geosciences 11: 111–127

Carr JR, Deng ED, Glass CE (1986)
An Application of Disjunctive Kriging for Earthquake Ground
Motion Estimation.
Mathematical Geology 18: 197–213

Chauvet P (1982)
The Variogram Cloud
In: Johnson TB, Barnes RJ (Hrsg): 757–764.
American Institute of Mining, Metallurgical, and Petroleum
Engineers, New York, 806 S.

Chung KL (1975)
Elementare Wahrscheinlichkeitstheorie und Stochastische Prozesse.
Springer, Berlin Heidelberg New York, 343 S.

Clark I (1976)
Some Auxiliary Functions for the Spherical Model of Geostatistics.
Computers & Geosciences 1: 255–263

Clark I (1977a)
    Regularization of a Semivariogram.
    Computers & Geosciences 3: 341–346

Clark I (1977b)
    Practical Kriging in Three Dimensions.
    Computers & Geosciences 3: 173–180

Clark I (1979)
    Practical Geostatistics.
    Applied Science Publishers, London, 129 S.

Cressie N (1984)
    Towards Resistant Geostatistics
    In: Verly G et al. (Hrsg): Band 1, 19–44.
    D. Reidel, Dordrecht Boston, 1092 S. (2 Bände)

Cressie N (1985)
    Fitting Variogram Models by Weigthed Least Squares.
    Mathematical Geology 17: 563–586

Cressie N, Hawkins DM (1980)
    Robust Estimation of the Variogram: I.
    Mathematical Geology 12: 115–125

Crozel D, David M (1985)
    Global Estimation Variance: Formulas and Calculation.
    Mathematical Geology 17: 785–796

Dagbert M (1980)
    The Use of Simulated Spatially Distributed Data in Geology.
    Computers & Geosciences 6: 175–192

Dagbert M, David M, Crozel D, Desbarats A (1983)
    Computing Variograms in Folded Strata–Controlled Deposits.
    In: Verly G et al. (Hrsg): Band 1, 71–89
    D. Reidel, Dordrecht, 1092 S. (2 Bände)

David M (1977)
    Geostatistical Ore Reserve Estimation.
    Elsevier Scientific, Amsterdam Oxford New York, 364 S.

Davis BM (1987)
    Uses and Abuse of Cross–Validation in Geostatistics.
    Mathematical Geology 19: 241–248

Davis JC (1986)
  Statistics and Data Analysis in Geology (2. Auflage).
  John Wiley & Sons, New York, 646 S.

Davis MWD, David M (1978)
  Automatic Kriging and Contouring in the Presence of Trends
  (Universal Kriging Made Simple).
  Jour. Canadian Petroleum Technolgy 17: 1—10

Davis MWD, David M, Belisle J—M (1978)
  A Fast Method for the Solution of a System of Simultaneous
  Linear Equations — A Method adapted to a Particular Problem.
  Mathematical Geology 10: 369—374

Delfiner P (1979)
  The Intrinsic Model of Order K
  In: Specialized Techniques of Geostatistics.
  École Nationale Supérieure des Mines de Paris
  Fontainebleau, 49 S.

Deraisme J (1982)
  Étude de Planification d'une Exploitation Miniere par Simu-
  lation sur Modele de Gisement. Application a une Mine de
  Fer du Bassin Lorrain.
  Documents du BRGM, B 1955, 153—159

de Wijs HJ (1951)
  Statistics of Ore Distribution. Part 1: Frequency
  Distribution of Assay Values.
  Geologie en Mijnbouw 13: 365—375

De Wijs HJ (1953)
  Statistics of Ore Distribution. Part 2: Theory of Binomial
  Distribution Applied to Sampling and Engineering Problems.
  Geologie en Mijnbouw 15: 12—24

Diehl P (1981)
  Eine Klassifikation der Erzvorräte auf geostatistischer Grundlage.
  Glückauf-Forschungshefte 42: 39—48

Diehl P (1982)
  Geostatistische Vorratsberechnung für einen Erztagebau.
  Glückauf-Forschungshefte 43: 155—161

Diehl P, Kern H (1979)
   Geostatistische Vorratsberechnung einer schichtgebundenen
   Pb-Zn-Lagerstätte in Karbonaten.
   Erzmetall 32: 366-374

Dowd PA (1982)
   Lognormal Kriging - The General Case.
   Mathematical Geology 14: 475-499

Dubrule O (1983a)
   Cross Validation of Kriging in a Unique Neighborhood.
   Mathematical Geology 15: 687-699

Dubrule O (1983b)
   Two Methods with Different Objectives: Splines and Kriging.
   Mathematical Geology 15: 245-257

Ehrismann W, Walther HW (Hrsg) (1983)
   Klassifikation von Lagerstättenvorräten mit Hilfe der Geostatistik.
   Heft 39 der Schriftenreihe der GDMB.
   Verlag Chemie, Weinheim Deerfield Beach Basel, 154 S.

Formery P (1964)
   Course de Géostatique.
   École Polytechnique, Université de Montréal, 306 S.

Francois-Bongarcon DM (1986)
   Geostatistical Education.
   Geostatistics - An Interdisciplinary Geostatistics Newsletter
   of the North American Council of Geostatistics, V1 N1: 8-9

Froidevaux R (1982)
   Geostatistics and Ore Reserve Classification.
   Canadian Inst. Min. Metall. Bulletin 75: 77-83

GDMB (1959)
   Eine Klassifikation der Lagerstättenvorräte -
   Empfohlen vom Lagerstättenausschuß
   der Gesellschaft Deutscher Metallhütten- und Bergleute.
   Zeitschrift für Erzbergbau und Metallhüttenwesen 12: 55-57

Guarascio M, David M, Huijbregts C (Hrsg) (1976)
   Advanced Geostatistics in Mining Industry
   Nato Advanced Study Institute Series, Rome 1975.
   D. Reidel, Dordrecht Boston, 461 S.

Gy PM (1979)
Sampling Particulate Materials, Theory and Practice.
Elsevier, Amsterdam, 431 S.

Hayes WB, Koch GS (1984)
Constructing and Analyzing Area-of-Influence Polygons by Computer.
Computers & Geosciences 10: 411–430

Johnson TB, Barnes RJ (Hrsg) (1982)
17th International Symposium: Application of Computers and
Operations Research in the Mineral Industry (APCOM).
American Institute of Mining, Metallurgical, and Petroleum
Engineers, New York, 806 S.

Journel AG (1974a)
Simulation Conditionelle de Gisement Miniers – Théorie et Practique.
These de Docteur–Ingénieur, Université de Nancy

Journel AG (1974b)
Geostatistics for Conditional Simulation of Ore Bodies.
Economic Geology 69: 673–687

Journel AG (1980)
The Lognormal Approach to Predicting Local Distributions of
Selective Mining Unit Grades.
Mathematical Geology 12: 285–303

Journel AG (1983)
Nonparametric Estimation of Spatial Distributions.
Mathematical Geology 15: 445–468

Journel AG (1984a)
Recoverable Reserves Estimation / The Geostatisical Approach
Society of Mining Engineers of AIME Repr. No. 84–42.
SME–AIME Meeting, Littleton, Colorado

Journel AG (1984b)
The Place of Non–Parametric Geostatistics
In: Verly G et al. (Hrsg): Band 1, 307–335.
D. Reidel, Dordrecht Boston, 1092 S. (2 Bände)

Journel AG (1985)
The Deterministic Side of Geostatistics.
Mathematical Geology 17: 1–15

Journel AG (1986a)
    Geostatistics: Models and Tools for the Earth Sciences.
    Mathematical Geology 18: 119-140

Journel AG (1986b)
    Constrained Interpolation and Qualitative Information -
    The Soft Kriging Approach.
    Mathematical Geology 18: 269-286

Journel AG (1987)
    Reply to "Comments" by Jean Serra.
    Mathematical Geology 19: 357-359

Journel AG, Froidevaux R (1982a)
    Anisotropic Hole-Effect Modelling.
    Mathematical Geology 14: 217-239

Journel AG, Froidevaux R (1982b)
    Anisotropic Hole-Effect Modelling
    In: Johnson TB, Barnes RJ (Hrsg): 572-585.
    American Institute of Mining, Metallurgical and
    Petroleum Engineers, New York, 806 S.

Journel AG, Huijbregts CJ (1978)
    Mining Geostatistics.
    Academic Press, London New York San Francisco, 600 S.

Kim YC, Knudsen HP (1979)
    Development and Verification of Variogram Models in
    Rollfront Type Uranium Deposits.
    Mining Engineering 31: 1215-1219

Kim YC, Knudsen HP (1977)
    Geostatistical Ore Reserve Estimation for a Roll-Front Type
    Uranium Deposit (Practioner's Guide).
    Univ. of Arizona, Dept. of Mininig and Geol. Eng., Tuscon
    U.S. Energy Research and Development Administration,
    Grand Junction, Colorado, 61 S.

Kim YC, Myers DE, Knudsen HP (1977)
    Advanced Geostatistics in Ore Reserve Estimation and Mine
    Planning (Practioner's Guide).
    Univ. of Arizona, Dept. of Mining and Geol. Eng., Tuscon
    U.S. Energy Research and Development Administration,
    Grand Junction, Colorado, 153 S.

Kim YC, Baafi EY, Martino F (1983)
Application of Geostatistics in Solving Environmental
Emission Control Problems.
In: Verly G et al. (Hrsg): Band 2: 863–875.
D. Reidel, Dordrecht Boston, 1092 S. (2 Bände)

Koch GS, Link RF (1970–71)
Statistical Analysis of Geological Data.
John Wiley & Sons, New York, Band 1: 375 S., Band 2: 438 S.

Kreyszig E (1979)
Statistische Methoden und ihre Anwendungen (7. Auflage).
Vandenhoeck & Ruprecht, Göttingen, 451 S.

Krige DG (1951a)
A Statistical Approach to Some Mine Valuations and Allied
Problems at the Witwatersrand.
M.Sc. Thesis, University of Witwatersrand

Krige DG (1951b)
A Statistical Approach to some Basic Mine Valuation Problems
on the Witwatersrand.
J. Chem. Metall. Min. Soc. S. Africa 52 (6): 119–139

Krige DG (1972)
Capital Investment and Risk Analysis for a New Mining Project
The Investment Analysis Jour. Nov. No. 1

Krige DG (1978)
Lognormal–De Wijsian Geostatistics for Ore Evaluation
(2. Auflage 1981).
The South African Institute of Mining and Metallurgy.
Johannesburg, Monograph Series, Band 1, 50 S.

Krige DG (1984)
Geostatistics and the Definition of Uncertainty.
Trans. Institute Mining Metallurgy 93: A41–A47

Krumbein WC, Graybill FA (1965)
An Introduction to Statistical Models in Geology.
McGraw Hill, New York, 475 S.

L'Etoile R de (1985)
Updated Estimation of the Gaertner Ore–Reserves –Phase 3–.
Unveröffentlichter Bericht, Geostat Systems Int. Inc.
KLMC Montreal, 119 S.

LeMaitre RW (1982)
    Numerical Petrology, Statistical Interpretation of Geochemical Data.
    Elsevier, Amsterdam, 281 S.

Lemmer IC (1986)
    Mononodal Indicator Variography – Part I: Theory
    Part II: Application to a Computer–Simulated Deposit.
    Mathematical Geology 18: 589–604, 605–623

Mackenzie BW (1979)
    Economic Guidelines for Exploration Planning
    Course Manuscript.
    Dept. Geol. Sciences, Queen's University

Marcotte D, David M (1985)
    The Bi–Gaussian Approach: A Simple Method for Recovery Estimation.
    Mathematical Geology 17: 625–644

Maréchal A (1976)
    The Practice of Transfer Functions: Numerical Methods and
    their Application. In: Guarescio M et al. (Hrsg): 253–276.
    Nato Advanced Study Institute Series, Rome 1975.
    D. Reidel, Dordrecht Boston, 461 S.

Maréchal A (1979)
    Gaussian Anamorphosis Models
    In: Specialized Techniques of Geostatistics.
    École Nationale Supérieure des Mines de Paris,
    Fontainebleau, 22 S.

Maréchal A (1984)
    Recovery estimation: A review of Models and Methods.
    In: Verly G et al. (Hrsg.): Band 1, 385–420.
    Nato Advanced Study Institute Series, Lake Tahoe 1983.
    D. Reidel, Dordrecht Boston, 1092 S. (2 Bände)

Marsal D (1979)
    Statistische Methoden für Erdwissenschaftler (2. Auflage).
    E.Schweizerbartsche Verlagsbuchhandlung, Stuttgart, 192 S.

Marsily de G (1986)
    Quantitative Hydrogeology, Groundwater Hydrology for Engineers.
    Academic Press, Orlando San Diego New York, 440 S.

Matern B (1959)
Spatial Variation.
Almaenna Foerlaget, Stockholm, 1960

Matheron G (1957)
Théorie Lognormale de l'Échantillonnage   l'Estimation Gisements.
Ann. Mines 9: 566—584

Matheron G (1962—63)
Traité de Géostatistique Appliquée.
Technip, Paris, Tome 1 (1962) 334 S., Tome 2 (1963) 172 S.

Matheron G (1963)
Principles of Geostatistics.
Economic Geology 58: 1246—1266

Matheron G (1965)
Les Variables Regionalisées et leur Estimation.
Masson, Paris, 212 S.

Matheron G (1971)
The Theory of Regionalized Variables and its Applications.
Les Cahiers du Centre de Morphologie Mathématique
de Fontainebleau No. 5, 211 S.

Matheron G (1976a)
A Simple Substitute for Conditional Expectations: The
Disjunctive Kriging. In: Guarescio M et al. (Hrsg): 237—251.
Nato Advanced Study Institute Series, Rome 1975.
D. Reidel, Dordrecht Boston, 461 S.

Matheron G (1976b)
Forecasting Block Grade Distributions: The Transfer
Functions. In: Guarescio M et al. (Hrsg): 221—236.
Nato Advanced Study Institute Series, Rome 1975.
D. Reidel, Dordrecht Boston, 461 S.

Matheron G, Armstrong M (Hrsg) (1987)
Geostatistical Case Studies.
D. Reidel, Dordrecht, Boston, 264 S.

Myers DE (1982)
Matrix Formulation of Cokriging.
Mathematical Geology 14: 249—257

Myers DE, Begovich CL, Butz TR, Kane VE (1982)
Variogram Models for Regional Groundwater Geochemical Data.
Mathematical Geology 14: 629-644

Narboni PH (1979)
Application de le Méthode des Variables Regionalisées à deux
Forêts du Gabon.
Statistical Report No. 18, Centre Technique Forestier.
Tropical, 49130, Nogent-sur-Marne, France, 51 S.

Nienhuis PR (1987a)
Letter to the Editor: Comment on "Letter to the Editor" by
J Carr (1986): Mit Bemerkungen zu den Programmen COKRIG
(Carr et al. 1985) und COSIM (Carr & Myers, 1985).
Mathematical Geology 19: 451-452

Nienhuis PR (1987b)
CROSSV, A Simple Fortran 77 Program for Calculating
2-Dimensional Experimental Cross-Variograms.
Computers & Geosciences 13: 375-387

O'Hara TA (1982)
Analysis of Risk in Mining Projects.
Canad. Inst. Mining Bull. No. 843, 75: 84-90

Olea RA (1975)
Optimum Mapping Techniques Using Regionalized Variable Theory.
Kansas Geological Survey, Series on Spatial Analysis No. 2, 137 S.

O'Neil TJ (Hrsg) (1979)
16th International Symposium: Application of Computers and
Operations Research in the Mineral Industry (APCOM).
American Institute of Mining, Metallurgical, and Petroleum
Engineers, New York, 635 S.

Patterson JA (1959)
Estimating Ore Reserves Follows Logical Steps.
Engineering and Mining Journal 160: (9) 111-115

Philip GM, Watson DF (1986)
Matheronian Geostatistics - Quo Vadis ?
Mathematical Geology 18: 93-117

Reedman JH (1979)
Techniques in Mineral Exploration.
Applied Science Publishers, London, 533 S.

Rendu JM (1978)
    An Introduction to Geostatistical Methods of Mineral
    Evaluation (2. Auflage 1981).
    The South African Institute of Mining and Metallurgy
    Johannesburg, Monograph Series, Band 2, 100 S.

Rendu JM (1979)
    Kriging, Logarithmic Kriging, and Conditional Expectation:
    Comparison of Theory with Actual Results.
    In: O'Neil TJ (Hrsg): 199—212.
    American Institute of Mining, Metallurgical and Petroleum
    Engineers, New York, 635 S.

Rendu JM (1984)
    Geostatistical Modelling and Geological Controls
    In: Cahalan MJ (Hrsg): 467—476.
    Institution of Mining and Metallurgy, London, 892 S.

Rendu JM, Readdy L (1982)
    Geology and the Semivariogram — A Critical Relationship.
    In: Johnson TB, Barnes RJ (Hrsg): 771—783.
    American Institute of Mining, Metallurgical and Petroleum
    Engineers, New York, 806 S.

Royle AG (1971/75)
    A Practical Introduction to Geostatistics
    (Course Manuscript, 3 Parts incl. Geostatistical Tables and
    Exercises in Geostatistics).
    Department of Mining and Mineral Sciences.
    University of Leeds, 103 S.

Royle AG, Hosgit E (1974)
    Local Estimation of Sand and Gravel Reserves by
    Geostatistical Methods.
    Transactions Inst. Min. Metall. No. 83: A53—A62

Sabourin R (1983)
    Geostatistics as a Tool to Define Various Categories of Resources.
    Mathematical Geology 15: 131—143

Sachs L (1971)
    Statistische Auswertungsmethoden.
    Springer, Berlin Heidelberg New York, 545 S.

Schönwiese C—D (1985)
    Praktische Statistik für Meteorologen und Geowissenschaftler.
    Gebr. Bornträger, Berlin Stuttgart, 231 S.

Serra J (1967)
Échantionnage et Estimation Locale des Phénomènes
de Transition Minière.
Doctoral Thesis, IRSID und CG, Fontainebleau 1967, 670 S.

Serra J (1987)
Comments on "Geostatistics: Models and Tools for the Earth
Sciences" by A. G. Journel.
Mathematical Geology 19: 349–355

Shurtz RF (1985)
A Critique of A.Journel's 'The Deterministic side of Geostatistics'.
Mathematical Geology 17: 861–868

Sichel HS (1966)
The Estimation of Means and Associated Confidence Limits for
Small Samples form Lognormal Populations.
In: Symposium on Mathematical Statistics and Computer
Applications in Ore Evaluation, Journal of the South African
Institute of Mining and Metallurgy, 106–123

Siemes H, Garcia AM (1982)
Geostatistische Vorratsberechnung der Kupfer–Gold–Erzlager-
stätte Bajo La Alumbrera.
Glückauf–Forschungshefte 43: 265–273

Sinclair AJ, Giroux GH (1984)
Geological Controls of Semi–Variograms in Precious Metal Deposits.
In: Verly G et al. (Hrsg): Band 2, 965–978.
D. Reidel, Dordrecht Boston, 1092 S. (2 Bände)

Solow AR, Gorelick SM (1986)
Estimating Monthly Streamflow Values by Cokriging.
Mathematical Geology 18: 785–809

Stammberger F (1956)
Einführung in die Berechnung von Lagerstättenvorräten
fester mineralischer Rohstoffe.
Akademie, Berlin, 153 S.

Stange K (1970, 1971)
Angewandte Statistik I und II, Eindimensionale Probleme / Mehrdimensionale Probleme.
Springer, Berlin Heidelberg New York, 592 S. bzw. 505 S.

Stange K, Henning H–J (1966)
  Graf/Henning/Stange.
  Formeln und Tabellen der Mathematischen Statistik.
  Springer, Berlin Heidelberg New York, 362 S.

Starks TH (1986)
  Determination of Support in Soil Sampling.
  Mathematical Geology 18: 529–537

Sullivan J (1984)
  Conditional Recovery Estimation through Probability Kriging–
  Theory and Practice.
  In: Verly G et al. (Hrsg): Band 1, 365–384.
  Nato Advanced Study Institute Series, Lake Tahoe 1983.
  D. Reidel, Dordrech Boston, 1092 S. (2 Bände)

Szidarovszky F, Baafi EY, Kim YC (1987)
  Kriging without Negative Weights.
  Mathematical Geology 19: 549–559

Taylor CC, Burrough PA (1986)
  Multiscale Sources of Spatial Variation in Soil.
  III. Improved Methods of Fitting the Nested Model to One–
  dimensional Semivariograms.
  Mathematical Geology 18: 811–821

Till R (1974)
  Statistical Methods for the Earth Scientist.
  Macmillan, London, 154 S.

Verly G (1984)
  The Block Distribution Given a Point Multivariate Normal
  Distribution. In: Verly G et al. (Hrsg): Band 1, 495–515.
  Nato Advanced Study Institute Series, Lake Tahoe 1983.
  D. Reidel, Dordrecht Boston, 1092 S. (2 Bände)

Verly G, David M, Journel AG, Marechal A (Hrsg) (1984)
  Geostatistics for Natural Resources Characterization.
  Nato Advanced Study Institute Series, Lake Tahoe 1983.
  D. Reidel, Dordrecht Boston, 1092 S. (2 Bände)

Wackernagel H (1988)
  Geostatistical Techniques for Interpreting Multivariate Spatial Information
  In: Chung C F, Fabbri AG & Sinding–Larsen R (Hrsg):
  Quantitative Analysis of Mineral and Energy Resources, 393–409.
  D. Reidel, Dordrecht, Boston, 738 S.

Wahl S von (1983)
Investment Appraisal and Economic Evaluation of Mining Enterprise.
Series on Mining Engineering, Trans Tech Publications,
Clausthal-Zellerfeld, Band 4, 196 S.

Wainstain BM (1975)
An Extension of Lognormal Theory and its Application to Risk.
Analysis Models for New Mining Ventures.
Jour. South African Inst. Min. Metall 75: 221-238

Walther HW (1968)
Berechnung und Einteilung von Lagerstättenvorräten.
In: Bentz A, Martini H-J (Hrsg) Lehrbuch der Angewandten
Geologie, Band 2, Teil 1: 99-129.
Enke, Stuttgart, 1355 S.

Walther HW (1981)
Einteilung und Ermittlung von Lagerstättenvorräten
In: Hesemann J et al. (Hrsg): Untersuchung und Bewertung von
Lagerstätten der Erze, nutzbarer Minerale und Gesteine
(Vademecum 1): 83-98.
Geol. Landesamt Nordrhein-Westfalen, Krefeld, 236 S.

Watson DF, Philip GM (1986)
Automatic Mineral Deposit Assessment Using Triangular Prisms.
Computers & Geosciences 12: 221-224

Wellmer F-W (1983a)
Klassifikation von Lagerstätten mit Hilfe der Geostatistik -
Bisherige Ergebnisse der Diskussionen in der GDMB-Arbeits-
gruppe, In: Ehrismann W, Walter HW (Hrsg): 9-43.
Heft 39 der Schriftenreihe der GDMB.
Verlag Chemie, Weinheim Deerfield Beach Basel, 164 S.

Wellmer F-W (1983b)
Classification of Ore Reserves by Geostatistical Methods. To
Date Results of the Discussion within the GDMB-Working-Group.
Erzmetall 36: 315-321

Wellmer F-W (1984)
Kosten-Nutzen-Analyse von Explorationsmethoden (II).
Erzmetall 37: 144-150

Wellmer F-W (1985)
Rechnen für Lagerstättenkundler und Rohstoffwirtschaftler.
Teil 1: Berechnen, Bewerten von Lagerstätten sowie Umrechnen von Einheiten.
Clausthaler Tektonische Hefte 22.
Ellen Pilger, Clausthal-Zellerfeld, 193 S.

Wellmer F-W (1989)
Rechnen für Lagerstättenkundler und Rohstoffwirtschaftler: Teil 2.
Clausthaler Tektonische Hefte (in Vorbereitung).
Ellen Pilger, Clausthal-Zellerfeld

Wilke A (1986)
Probenahme.
In: Bender F (Hrsg).
Angewandte Geowissenschaften, Band 4: 11-23.
Enke, Stuttgart, 422 S.

Yates SR, Warrick AW, Myers DE (1986)
A Disjunctive Kriging Program for Two Dimensions.
Computers & Geosciences 12: 281-313

SCHLAGWORTVERZEICHNIS